高等学校水利类教材

水 力 学

（第二版）

李大美　杨小亭　主编

WUHAN UNIVERSITY PRESS
武汉大学出版社

图书在版编目(CIP)数据

水力学/李大美,杨小亭主编. —2 版. —武汉:武汉大学出版社,2015.3
高等学校水利类教材
ISBN 978-7-307-15210-6

Ⅰ. 水…　Ⅱ. ①李…　②杨…　Ⅲ. 水力学—高等学校—教材
Ⅳ. TV13

中国版本图书馆 CIP 数据核字(2015)第 028743 号

责任编辑:王金龙　　　责任校对:汪欣怡　　　版式设计:马　佳

出版发行:**武汉大学出版社**　　(430072　武昌　珞珈山)
(电子邮件:cbs22@ whu. edu. cn 网址:www. wdp. com. cn)
印刷:武汉中科兴业印务有限公司
开本:787×1092　1/16　印张:20　字数:478 千字　插页:1
版次:2004 年 8 月第 1 版　　2015 年 3 月第 2 版
　2015 年 3 月第 2 版第 1 次印刷
ISBN 978-7-307-15210-6　　定价:39. 00 元

第二版前言

《水力学》教材自 2004 年面世以来,得到广大同行及使用该教材师生的广泛关注和认同,现已连续四次印刷,仍不能满足要求,经多方协商,决定再版。

水力学作为工程技术专业的一门重要的技术基础课,其教材应具有很强的系统性、科学性及完整性。本次再版在保持原教材优点与特色的前提下,未作大的修改。

其中第 1 章、第 3 章、第 4 章、第 5 章、第 9 章主要由李大美教授修编;第 2 章、第 6 章、第 7 章、第 8 章、第 10 章主要由杨小亭副教授修编。由于编者水平所限,谬误和疏漏之处仍在所难免,恳请广大读者继续给予关注,并提出宝贵意见,在此一并感谢!

编 者

2014 年 12 月于武昌珞珈山

前　言

　　水力学是工程技术专业的一门重要的技术基础课,它除了要结合专业的特点和要求外,还必须兼顾水力学本身所具有的完整性和系统性,即该教材内容既要有相当广阔和系统的理论基础,还要力图结合专业知识,培养学生具有初步分析和解决有关水力学工程实际问题的能力,以及进一步开展这方面科学研究工作的能力,同时还应让学生对当前水力学研究领域的发展趋势有所了解。

　　在各章节内容的安排上,我们根据多年的教学经验,力图遵循学生的认知规律,贯彻理论联系实际的原则,即从具体流动现象或从工程实际问题的要求出发,在分析水力现象和运用实验方法来处理问题的基础上,进行理论的概括,然后再回来指导实践,也就是说,用水力学理论和方法解决一般或专业性质的问题。我们为编写本教材所做的努力,希望能有助于读者学习这门课程。本书由武汉大学水力学教研室李大美教授和杨小亭副教授共同编写,其中第1、第3、第4、第5章和第9章由李大美教授编写,第2、第6、第7、第8章和第10章由杨小亭副教授编写。另外,赵明登副教授为第6章的管网水力计算编写了计算程序(FOR-TRAN语言和C语言)。随着计算机技术的飞速发展和先进计算工具的高度普及,我们删除了传统水力学教材中的许多计算图表(尽管它们在水力学发展中发挥过巨大作用),并用自然对数取代了传统水力学公式中的常用对数,从而避免了公式中的繁琐系数,有利于学生学习推导和记忆。本书可作为工程技术专业的本(专)科学生的教材,也可作为非工程专业的教师和研究生的参考书。

　　由于编者的水平所限,谬误和疏漏之处在所难免,恳切希望得到读者的多方指正。

　　河海大学王惠民教授为本教材担任主审,并提出了许多宝贵的意见和建议,对此,我们表示衷心的感谢。

编　者

2003 年 12 月　武汉

目　　录

1

第1章 绪 论

1.1 水力学的任务与研究对象

水力学(Hydraulics)是介于基础课和专业课之间的一门技术基础课,属力学的一个分支,主要研究以水为主的液体平衡和机械运动规律及其实际应用。一方面根据基础科学中的普遍规律,结合水流特点,建立基本理论,同时又紧密联系工程实际,发展学科内容。

1.1.1 水力学的任务及研究对象

水力学所研究的基本规律主要包括两部分:①液体的平衡规律,研究液体处于平衡状态时,作用于液体上的各种力之间的关系,称为水静力学;②液体的运动规律,研究液体在运动状态时,作用于液体上的力与运动之间的关系,以及液体的运动特性与能量转化等,称为水动力学。水力学所研究的液体运动是指在外力作用下的宏观机械运动,而不包括微观分子运动。水力学在研究液体平衡和机械运动规律时,需应用物理学和理论力学中的有关原理,如力系平衡定理、动量定理、能量守恒与转化定理等,由于液体也遵循这些基本规律,所以物理学和理论力学知识是学习水力学课程必要的基础。

1.1.2 液体的连续介质假定

自然界的物质具有固体、液体和气体三态。固体具有一定的体积和一定的形状,表现为不易压缩和不易流动;液体具有一定的体积而无一定的形状,表现为不易压缩和易流动;气体既无一定的体积,又无一定的形状,表现为易压缩和易流动。

液体和气体都具有易流动性,故统称流体。流体分子间距较大,内聚力很小,易变形(流动),只要有极小的外力(包括自重)作用,就会发生连续变形,即流体几乎没有抵抗变形的能力。所谓液体的**连续介质假定**,就是认为液体是由许多微团——质点组成的(每个质点包含无穷多个液体分子),这些质点之间没有间隙,也没有微观运动,连续分布在液体所占据的空间,即认为液体是一种无间隙地充满所在空间的连续介质(Continuum)。

1.1.3 水力学的应用领域

水力学在实际工程中有广泛的应用,如农业水利、水力发电、交通运输、土木建筑、石油化工、采矿冶金、生物技术以及信息、物资、资金等流动问题,都需要水力学的基本原理。在土建工程中,如城市的生活和工业用水,一般都是由水厂集中供应的,水厂用水泵把河流、湖泊或水井中的水抽上来,经过净化处理后,再经过管路系统把水送到各用户。有时为了均衡用水负荷,还需修建水塔。仅这一供水系统,就要解决一系列水力学问题,如取水口和管路的布置、管径和水塔高度计算、水泵容量和井的产水量计算等。

随着工农业生产的发展和城市化进程,交通运输业也在飞速发展。在修建铁路、公路、开凿航道、设计港口等工程时,也必须解决一系列水力学问题,如桥涵孔径计算、站场路基排水设计、隧洞通风排水设计等。

随着科学技术的发展,正在不断出现新的研究领域,如环境水力学、生态水力学、灾害水力学,以及人流、物流、车流、资金流和信息流等。学习水力学的目的,就是学习它的基本理论、基本方法和基本技能,以期获得分析和解决有关水力学问题的能力,为进一步的科学研究打下基础。

1.1.4　量纲和单位

在水力学研究中涉及许多物理量,这就必须了解这些物理量的量纲和单位。水力学采用国际单位制(SI)。

1)国际单位制的单位(Unit)

包括长度:m、cm、km 等;时间:s、h、d 等;质量:g、kg、mg 等;力:N、kN 等。

2)国际单位制的量纲(Dimension)

量纲是用来表示物理量物理性质的符号。

国际单位制的基本量纲有 3 个,包括长度:[L]、时间:[T]、质量:[M]。

水力学的所有物理量都能用上述 3 个基本量纲来表示,如体积:$[V] = [L^3]$;密度:$[\rho] = [ML^{-3}]$;重度:$[\gamma] = [ML^{-2}T^{-2}]$。

即任何物理量都能表示为:

$$[x] = [L^\alpha T^\beta M^\gamma] \tag{1-1}$$

根据 α、β、γ 的数值不同,可把水力学的物理量分为 4 类:

(1)无量纲量:$\alpha = \beta = \gamma = 0$;

(2)几何学量:$\alpha \neq 0, \beta = \gamma = 0$;

(3)运动学量:$\beta \neq 0, \gamma = 0$;

(4)动力学量:$\gamma \neq 0$。

1.2　液体的主要物理力学性质

水力学是研究液体机械运动规律的科学。本节仅讨论液体与机械运动有关的主要物理力学性质。

1.2.1　惯性、质量和密度

(1)惯性(Inertia):液体具有保持原有运动状态的物理性质;

(2)质量(Mass)(m):质量是惯性大小的量度;

(3)密度(Density)(ρ):单位体积所包含的液体质量。

若质量为 M、体积为 V 的均质液体,其密度为:

$$\rho = \frac{M}{V} \tag{1-2}$$

对于非均匀质液体，

$$\rho = \rho(x,y,z) = \lim_{\Delta V \to 0} \frac{\Delta M}{\Delta V} \quad (1\text{-}3)$$

密度的单位为 kg/m³；密度的量纲为 $[\rho] = [ML^{-3}]$。

液体的密度随温度和压力变化，但这种变化很小，所以水力学中常把水的密度视为常数，即采用一个大气压下，4℃纯净水的密度（$\rho = 1\,000\text{kg/m}^3$）作为水的密度。

1.2.2 重力和重度

（1）重力（Gravity）（G）：液体受到地球的万有引力作用，称为重力。

$$G = Mg \quad (1\text{-}4)$$

式中，g 为重力加速度。

（2）重度（Unit Weight）（γ）：单位体积液体的重力称为重度或容重。

$$\gamma = \frac{G}{V} = \frac{Mg}{V} = \rho g \quad (1\text{-}5)$$

重度的单位为 N/m³；重度的量纲为 $[\gamma] = [ML^{-2}T^{-2}]$，液体的重度也随温度变化。空气和几种常见液体的重度见表 1-1。

表 1-1　　　　　　　　　　空气和几种常见液体的重度

流体名称	空气	水银	汽油	酒精	四氯化碳	海水
重度/N·m⁻³	11.82	133 280	6 664~7 350	7 778.3	15 600	9 996~10 084
测定温度/℃	20	0	15	15	20	15

在一个大气压下，纯净水的密度和重度随温度的变化见表 1-2。

表 1-2　　　　　　　　　　水的密度和重度

t/℃	0	4	10	20	30
密度/kg·m⁻³	999.87	1 000.00	999.73	998.23	995.67
重度/N·m⁻³	9 798.73	9 800.00	9 797.35	9 782.65	9 757.57
t/℃	40	50	60	80	100
密度/kg·m⁻³	992.24	988.07	983.24	971.83	958.38
重度/N·m⁻³	9 723.95	9 683.09	9 635.75	9 523.94	9 392.12

在水力计算中，常取 4℃纯净水的重度作为水的重度，$\gamma = 9\,800\text{N/m}^3$。

1.2.3 粘性和粘度

粘性（Viscosity）：液体抵抗剪切变形（相对运动）的物理性质。

当液体处在运动状态时，若液体质点之间（或流层之间）存在相对运动，则质点之间将产生一种内摩擦力来抗拒这种相对运动。液体的这种物理性质称为粘性(或粘滞性)。

由于液体具有粘性,液体在流动过程中就必须克服流层间的内摩擦力做功,这就是液体运动必然要损失能量的根本原因。因此,液体的粘性在水动力学研究中具有十分重要的意义。

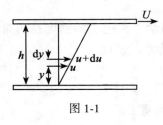

图 1-1

1686 年,著名科学家牛顿(Newton)做了如下实验:他在两层很大的平行平板间夹一层很薄的液体(见图 1-1),将下层平板固定,而使上层平板运动,则夹在两层平板间的液体发生了相对运动。

实验发现,两层平板间液体的内摩擦力 F 与接触面积 A 成正比,与液体相对运动的速度梯度 U/δ 成正比。因平板间距 δ 很小,可认为液体速度呈线性分布 $U/\delta \sim du/dy$,

$$F \propto A \frac{du}{dy} \tag{1-6}$$

引入比例系数 μ,可将上式写成等式:

$$F = \mu A \frac{du}{dy} \tag{1-7}$$

这就是著名的牛顿内摩擦定律。式中,μ 称为动力粘度(或动力粘性系数)(Dynamic Viscosity)。μ 值的大小与液体的种类和温度有关。粘性大的液体 μ 值高,粘性小的液体 μ 值低。

牛顿内摩擦定律也可用单位面积上的内摩擦力 τ 来表示:

$$\frac{F}{A} = \tau = \mu \frac{du}{dy} \tag{1-8}$$

可以证明:流速梯度 $\frac{du}{dy}$ 实质上代表液体微团的剪切变形速率。

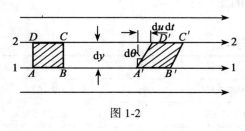

图 1-2

如图 1-2 所示,从图 1-1 中将相距为 dy 的两层液体 1-1 及 2-2 分离出来,取两液层间矩形微团 $ABCD$,经过 dt 时段后,该液体微团运动至 $A'B'C'D'$。因液层 2-2 与液层 1-1 间存在流速差 du,微团除平移运动外,还有剪切变形,即由矩形 $ABCD$ 变成平行四边形 $A'B'C'D'$。AD 或 BC 都发生了角变形 $d\theta$,其角变形速率为 $\frac{d\theta}{dt}$。因为 dt 为微分时段,$d\theta$ 也为微量,可认为

$$d\theta \approx \tan(d\theta) = \frac{dudt}{dy}$$

故

$$\frac{d\theta}{dt} = \frac{du}{dy}$$

因此,式(1-8)又可写成:

$$\tau = \mu \frac{du}{dy} = \mu \frac{d\theta}{dt} \tag{1-9}$$

表明粘性也是液体抵抗角变形速率的能力。

牛顿内摩擦定律只适用于一般流体,对于某些特殊流体是不适用的。一般把符合牛顿内摩擦定律的流体称为牛顿流体,如水、空气、汽油、煤油、甲苯、乙醇等;不符合的叫做非牛顿流体,如接近凝固的石油、聚合物溶液、含有微粒杂质或纤维的液体(如泥浆)等。它们的差别可用图 1-3 表示。本教材仅讨论牛顿流体。

μ 的单位为牛·秒/米^2(N·s/m^2)或帕·秒(Pa·s),或称之为"泊司",其单位换算关系为:

$$1 \text{ 泊司} = 0.1 \text{ 牛·秒/米}^2$$

动力粘度的量纲为

$$[\mu] = [ML^{-1}T^{-1}]。$$

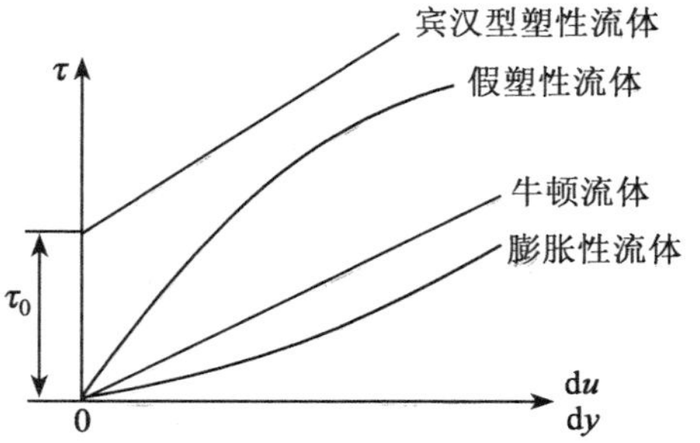

液体的粘性还可以用 $\nu = \dfrac{\mu}{\rho}$ 来表示,ν 称为运动粘性系数或运动粘度(Kinematic Viscosity),其单位是米^2/秒(m^2/s),过去习惯上把 1 厘米^2/秒(cm^2/s)称为 1"斯托克斯",其换算关系为:

$$1 \text{ 斯托克斯} = 0.000\ 1 \text{m}^2/\text{s}$$

运动粘度的量纲为 $[\nu] = [L^2T^{-1}]$。

水的运动黏性系数 ν 可用下列经验公式计算:

$$\nu = \frac{0.017\ 75}{1 + 0.033\ 7t + 0.000\ 221t^2} \tag{1-10}$$

式中,t 为水温,以℃计;ν 以 cm^2/s 计。为了使用方便,在表 1-3 中列出不同温度时水的 ν 值。

图 1-3

表 1-3　　　　　　　　　　　　　　　不同水温时的 ν 值

温度/℃	0	2	4	6	8	10	12
ν/cm^2·s^{-1}	0.017 75	0.016 74	0.015 68	0.014 73	0.013 87	0.013 10	0.012 39
温度/℃	14	16	18	20	22	24	26
ν/cm^2·ss^{-1}	0.011 76	0.011 8	0.010 62	0.010 10	0.009 89	0.009 19	0.008 77
温度/℃	28	30	35	40	45	50	60
ν/cm^2·s^{-1}	0.008 39	0.008 03	0.007 25	0.006 59	0.006 03	0.005 56	0.004 78

任何实际液体都具有粘性,因此液体在流动过程中,就必须克服粘性阻力做功,损失能量,故粘性在水动力学研究中具有十分重要的意义。

在水力计算中,有时为了简化分析,对液体的粘性暂不考虑,而引出没有粘性的**理想液体**模型。在理想液体模型中,动力粘性系数 $\mu = 0$。由理想液体模型分析所得的结论,必须对没有考虑粘性而引起的偏差进行修正。

1.2.4 压缩性和膨胀性

压强增高时,分子间的距离减小,液体宏观体积减小,这种性质称为压缩性

（Compessibility），也称弹性（Elasticity）。温度升高，液体宏观体积增大，这种性质称为膨胀性（Expansibility）。

液体的压缩性大小可用体积压缩系数 β 或体积弹性系数 K 来量度。设压缩前的体积为 V，压强增加 Δp 后，体积减小 ΔV，体应变为 $\dfrac{\Delta V}{V}$，则体积压缩系数为：

$$\beta = -\frac{\dfrac{\Delta V}{V}}{\Delta p} \tag{1-11}$$

当 Δp 为正时，ΔV 必为负值，故式（1-11）右端加一负号，保持 β 为正数。β 的单位为米²／牛顿（m²/N），量纲为 $[\beta] = [M^{-1}LT^2]$。

体积弹性系数 K 是体积压缩系数 β 的倒数，即

$$K = \frac{1}{\beta} = -\frac{\Delta p}{\dfrac{\Delta V}{V}} \tag{1-12}$$

其单位为牛顿／米²（N/m²），量纲为 $[K] = [ML^{-1}T^{-2}]$。

液体种类不同，其 β 或 K 值不同。同一液体，β 或 K 随温度和压强而变化，但变化不大。因此，液体并不完全符合弹性体的虎克定律。

在一般工程设计中，水的体积弹性系数 K 可近似地取为 2×10^9 帕。此值说明，若 Δp 为一个大气压，$\dfrac{\Delta V}{V}$ 约为两万分之一，因此，在 Δp 不大的条件下，水的压缩性可以忽略，相应地，水的密度和重度可视为常数。但在讨论管道水击问题时，则要考虑水的压缩性。

至于气体，它的压缩性和膨胀性要比液体大。但是在一定的条件下，如在距离不太长的输气系统中，若各点气体流速远小于音速，则气体压缩性对气体流动的影响也可以忽略，也就是说，这时的气体也可视为不可压缩的。

总之，在可以忽略液体或气体压缩性时，引出"**不可压缩液（流）体模型**"（Incompressible Fluid Model），可使分析简化。

水力学一般不考虑水的膨胀性。

1.2.5 表面张力系数

表面张力（Surface Tension）是指液体表面在分子作用半径内的一薄层分子，由于引力大于斥力在液体表层沿表面方向产生的拉力。表面张力的大小可用表面张力系数 σ 来量度。σ 是液体表面单位长度上所受的拉力，单位为牛／米（N/m），量纲为 $[\sigma] = [MT^{-2}]$。

σ 值随液体种类和温度而变化，对 20℃ 的水，$\sigma = 0.074$（N/m），对水银，$\sigma = 0.54$（N/m）。

液体的表面张力很小，在水力学计算中一般不考虑它的影响。但在某些情况下，它的影响也是不可忽略的，如微小液滴（如雨滴）的运动、水深很小的明渠水流和堰流等。

在水力学实验中，经常使用盛水或水银的细玻璃管做测压管，由于表层液体分子与固壁分子的相互作用会发生毛细现象（Capillarity），如图 1-4 所示。

对 20℃ 的水，玻璃管中的水面高出容器水面的高度 h 约为：

$$h = \frac{29.8}{d}(\text{mm})$$

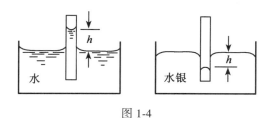

图 1-4

对水银,玻璃管中汞面低于容器汞面的高度 h 约为:

$$h = \frac{10.5}{d}(\text{mm})$$

上两式中, d 为玻璃管的内径,以 mm 计。由于毛细管现象的影响,使测压管读数产生误差。 h 称为毛细影响高度(Capillarity Suction Head)。因此,通常测压管的直径不小于 1cm。

1.2.6 汽化压强

液体分子逸出液面向空间扩散的过程称为汽化(Vaporization),液体汽化为蒸汽。汽化的逆过程称为凝结,蒸汽凝结为液体。在液体中,汽化和凝结同时存在,当这两个过程达到动平衡时,宏观的汽化现象停止,此时液体的压强称为饱和蒸汽压强(Saturated Vapour PressuRe)或汽化压强(Vaporization Pressure)。液体的汽化压强与温度有关,水的汽化压强见表 1-4。

表 1-4 　　　　　　　　　　　　　水的汽化压强

水温/℃	0	5	10	15	20	25	30
汽化压强/kN·m^{-2}	0.61	0.87	1.23	1.70	2.34	3.17	4.24
水温/℃	40	50	60	70	80	90	100
汽化压强/kN·m^{-2}	7.38	12.33	19.92	31.16	47.34	70.10	101.33

当水流某处的压强低于汽化压强时,该处会发生汽化,形成气泡,称为空化现象(CavitY Phenomenon)。当气泡被水流带到压力较高的地方,就会溃灭。大量气泡的溃灭会使邻近的固壁颗粒松动、脱落,称为气蚀(Cavitation Erosion)现象。

综上所述,从水力学观点来看,在一般情况下,所研究的液体是一种易于流动的(静止时不能承受切应力)、具有粘性、不易压缩的连续介质。在特殊情况下,要考虑压缩性、表面张力及汽化压强等特性。即使施同样的力于不同的物体(固体、液体或气体),却可能发生不同的机械运动,这是因为物体具有不同的物理力学特性的缘故,因此形成了固体力学、水力学、气体力学等不同的力学独立分支。

1.3 作用在液体上的力

液体的机械运动是由外力作用引起的,外力是液体机械运动的外因,液体的物理力学特性是其内因。作用在液体上的力按其物理性质分,有重力、摩擦力、惯性力、弹性力、表面张力等。但在水力学中分析液体运动时,主要是从液体中分出一封闭表面所包围的液体,作为隔离体来分析。从这一角度出发,可将作用在液体上的力分为表面力和质量力两大类。

1.3.1 表面力(Surface Force)

作用在液体表面上的力称为表面力,是相邻液体或与其他物体壁面相互作用的结果。根据连续介质的概念,表面力连续分布在隔离体表面上,因此,在分析时常采用应力的概念。与作用面正交的应力称为压应力或压强;与作用面平行的应力称为切应力。其中压强 p 垂直于作用面,

$$p = \lim_{\Delta A \to 0} \frac{\Delta P}{\Delta A} \tag{1-13}$$

切应力平行于作用面,

$$\tau = \lim_{\Delta A \to 0} \frac{\Delta T}{\Delta A} \tag{1-14}$$

顺便指出,在静止液体中,液体间没有相对运动,即 $\frac{\mathrm{d}u}{\mathrm{d}y} = 0$,或者在理想液体中,$\mu = 0$,则 $\tau = 0$,则作用在 ΔA 上的力就只有法向力 ΔP。

在国际单位制中,ΔP 及 ΔT 的单位是牛顿(N),简称牛,p 及 τ 的单位是牛/米²(N/m²),或称为帕斯卡(Pa),简称帕,其量纲为 $[p] = [\tau] = [ML^{-1}T^{-2}]$。

1.3.2 质量力(Mass Force)

质量力是指作用在隔离体内每个液体质点上的力,其大小与液体的质量成正比。最常见的是重力;此外,对于非惯性坐标系,质量力还包括惯性力。

质量力常用单位质量力来度量。若隔离体中的液体是均质的,其质量为 M,总质量力为 F,则单位质量力 f 为:

$$f = \frac{F}{M} \tag{1-15}$$

总质量力在坐标上的投影分别为 F_x、F_y、F_z,则单位质量力在相应坐标的投影为 X、Y、Z。

$$X = \frac{F_x}{M}$$

$$Y = \frac{F_y}{M}$$

$$Z = \frac{F_z}{M}$$

即

$$\vec{f} = \vec{X_i} + \vec{Y_j} + \vec{Z_k}$$

单位质量力具有加速度的单位:m/s²;单位质量力的量纲为 $[f] = [LT^{-2}]$。

1.4　水力学的研究方法

在历史的发展过程中,水力学研究液体运动不仅使用过实验方法,也使用理论分析方法。在研究实际液体运动中,总是通过实验认识液流的特点,在此基础上运用思维能力进行理论分析,再回到实验中去检验修正,如此反复,使人们的认识逐渐深化。

1.4.1　理论分析和数值模拟

水力学对液体运动进行理论分析,首先要研究作用在液体上的力,引用连续介质模型和有关概念,运用经典力学的基本原理,如牛顿力学三大定律、动能定理、动量定理、质量守恒定律等来建立液流运动的基本方程(见第 3 章)。

如果引用的隔离体为微元体,基本方程为微分方程的形式,如 2.2,3.3,3.5 等节所讨论的欧拉微分方程等,再根据定解条件进行求解,称为理论分析方法。但由于方程的非线性和定解条件的复杂性,对于某些复杂的运动形态,采用理论分析至今仍有困难。随着计算机技术的发展,对基本方程进行数值解,已发展成一种数值模拟方法。

1.4.2　科学实验

科学实验的目的有:①在理论分析之前,通过对液体运动形态的观察,抽象出液体运动的主要影响因素,提出液体运动的简化计算模型;得到初步理论分析结果后,再通过实验来检验成果的正确性。②当理论分析还不能完全解决问题时,在实验结果的基础上提出一些经验性的规律,以满足实际应用的需要。

针对实验目的①的实验,称为系统实验。在实验室内造成某种液流运动,进行系统的实验观测,从中找出规律。

针对实验目的②的实验,又可分为原型观测和模型实验两类。原型观测是在野外或水工建筑物现场对液体运动进行观测,如水在河段或海岸中的运动、水流经水工建筑物时与水工建筑物的相互作用等,获得有关数据和资料,为检验理论分析成果或总结某些基本规律提供依据。由于现有理论分析成果的局限性,使得有些实际工程的水力学问题得不到可靠的解答。这样可在实验室内,以水力相似理论(第 10 章)为指导,把实际工程缩小为模型,在模型上预演相应的水流运动,得出模型水流的某些经验性的规律,然后按照水流运动的相似关系换算到原型中去,以解决工程设计的需要。这就是模型实验。

在科学实验中,为了得到液流的运动规律,必须运用理论思维,才能去粗取精,去伪存真,由此及彼,由表及里,抓住主要矛盾。这当中除了涉及数理知识、数据处理方法外,还应强调一下"量纲分析"的重量性。量纲分析的基本原理见第 10 章。

习　　题

1-1　水的重度 $\gamma = 9.71 \text{kN/m}^3$,粘滞系数 $\mu = 0.599 \times 10^{-3} \text{N} \cdot \text{s/m}^2$,求其运动粘滞系数 ν。空气的重度 $\gamma = 11.5 \text{N/m}^3$,$\nu = 0.157 \text{cm}^2/\text{s}$,求其粘滞系数。

1-2　水的体积弹性系数为 $1.962 \times 10^9 \text{Pa}$,其体积相对压缩率为 1%时,求压强增量 ΔP

相当于多少个工程大气压。

1-3　容积为 $4m^3$ 的水，温度不变，当压强增加 $4.905 \times 10^5 Pa$ 时，容积减少 $1\,000cm^3$，求水的体积压缩系数 β 和体积弹性系数 K。

1-4　题 1-4 图所示平板在油面上作水平运动，已知运动速度 $u=1m/s$，板与固定边界的距离 $\delta=1mm$，油的粘滞系数 $\mu=1.15N \cdot s/m^2$，由平板所带动的油层的运动速度呈直线分布，求作用在平板单位面积上的粘滞阻力为多少？

1-5　一底面积为 $40cm \times 45cm$ 的木块，质量为 5kg，沿着涂有润滑油的斜面向下等速运动，如题 1-5 图所示。已知木块运动速度 $u=1m/s$，油层厚度 $\delta=1mm$，由木块所带动的油层的运动速度呈直线分布，求油的粘滞系数。

1-6　题 1-6 图所示测量液体粘滞系数的仪器。固定的内圆筒半径 $r=20cm$，高度 $h=40cm$。外圆筒以角速度 $\omega=10rad/s$ 旋转，两筒间距 $\delta=0.3cm$，内放待测液体。此时测出内筒所受力矩 $M=4.905N \cdot m$，求油的粘滞系数 μ。圆筒底部液体也有粘滞力，但比圆筒侧壁所受的阻力小得多，可以略去不计。

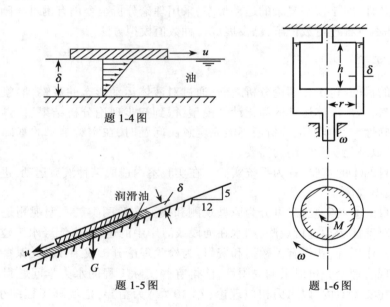

题 1-4 图

题 1-5 图

题 1-6 图

第2章 水静力学

水静力学(Hydrostatics)是研究液体处于静止状态时的力学规律及其在实际工程中的应用。"静止"是一个相对的概念,所谓"静止状态"是指液体质点之间不存在相对运动,而处于相对静止或相对平衡状态的液体,作用在每个液体质点上的全部外力之和等于零。

绪论中曾指出,液体质点之间没有相对运动时,液体的粘滞性便不起作用,故静止液体质点间无切应力;又由于液体几乎不能承受拉应力,所以,静止液体质点间以及质点与固壁间的相互作用是通过压应力(称静水压强)形式呈现出来的。水静力学的主要任务是根据力的平衡条件导出静止液体中的压强分布规律,并根据其分布规律,进而确定各种情况下固体壁面上的静水总压力。因此,水静力学是解决工程中水力荷载问题的基础,同时也是学习水动力学的基础。

2.1 静水压强及其特性

2.1.1 静水压强的定义

在静止液体中,围绕某点取一微小作用面,设其面积为 ΔA,作用在该面积上的压力为 ΔP。当 ΔA 无限缩小到一点时,平均压强 $\Delta P/\Delta A$ 便趋近于某一极限值,此极限值便定义为该点的静水压强(Hydrostatic Pressure),通常用符号 p 表示,即

$$p = \lim_{\Delta A \to 0} \frac{\Delta P}{\Delta A} = \frac{\mathrm{d}P}{\mathrm{d}A} \tag{2-1}$$

静水压强的单位为 N/m^2(Pa(帕)),量纲为 $[p] = [ML^{-1}T^{-2}]$。

2.1.2 静水压强的特性

静水压强具有如下两个重要的特性。

(1)静水压强方向与作用面的内法线方向重合。

在静止的液体中取出一团液体,用任意平面将其切割成两部分,则切割面上的作用力就是液体之间的相互作用力。现取下半部分为隔离体,如图 2-1 所示。假如切割面上某一点 M 处的静水压强 p 的方向不是内法线方向,而是任意方向,则 p 可以分解为切应力 τ 和法向应力 p_n。从绪论中知道,静止的液体不能承受剪切力,也不可能承受拉力,否则将平衡破坏,与静止液体的前提不符。所以,静水压强惟一可能的方向就是和作用面的内法线方向一致。

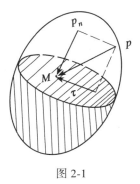

图 2-1

(2)静水压强的大小与其作用面的方位无关,亦即任何一点处各方向上的静水压强大

小相等。

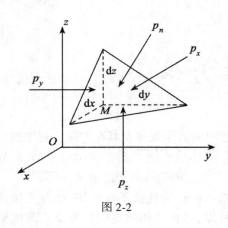

图 2-2

在静止的液体中点 $M(x,y,z)$ 附近,取一微分四面体如图 2-2 所示。

为方便起见,三个正交面与坐标平面方向一致,棱长分别为 dx、dy、dz。任意方向的倾斜面积为 dA_n,其外法线 n 的方向余弦为 $\cos(n,x)$、$\cos(n,y)$、$\cos(n,z)$,则

$$dA_n\cos(n,x) = \frac{1}{2}dydz$$

$$dA_n\cos(n,y) = \frac{1}{2}dzdx$$

$$dA_n\cos(n,z) = \frac{1}{2}dxdy$$

四面体所受的力包括表面力和质量力。在静止液体中,表面力只有四个面上的压力 P_x、P_y、P_z 和 P_n。设各面上的平均压强分别为 p_x、p_y、p_z、p_n,则

$$P_x = \frac{1}{2}p_x dydz$$

$$P_y = \frac{1}{2}p_y dzdx$$

$$P_z = \frac{1}{2}p_z dxdy$$

$$P_n = \frac{1}{2}p_n dA_n$$

四面体的体积是 $\frac{1}{6}dxdydz$,质量是 $\frac{1}{6}\rho dxdydz$,设单位质量力在坐标轴方向的分量分别为 X、Y、Z,则质量力 F 在坐标轴方向的分量是:

$$F_x = \frac{1}{6}\rho dxdydz X$$

$$F_y = \frac{1}{6}\rho dxdydz Y$$

$$F_z = \frac{1}{6}\rho dxdydz Z$$

根据力的平衡条件,四面体处于静止状态下时,各个方向的作用力之和应分别为零。以 x 方向为例,

$$P_x - P_n\cos(n,x) + F_x = 0$$

将上面各式代入后得:

$$\frac{1}{2}p_x dydz - \frac{1}{2}p_n dydz + \frac{1}{6}\rho dxdydz X = 0$$

当 dx、dy、dz 趋近于零,也就是四面体缩小到 M 点时,上式中左边最后一项质量力和前两项表面力相比为高阶微量,可以忽略不计,因而可得出:

$$p_x = p_n$$

同理,在 y 方向得 $p_y = p_n$,在 z 方向可得 $p_z = p_n$,所以

$$p_x = p_y = p_z = p_n \qquad (2\text{-}2)$$

因为 n 方向是任意选定的,故式(2-2)表明,静水中同一点各个方向上的静水压强均相等,与作用面的方位无关,可以把各个方向的压强均写成 p。因为 p 只是位置的函数,在连续介质中,它是空间点坐标的连续函数,即

$$p = p(x, y, z) \qquad (2\text{-}3)$$

2.2 液体平衡微分方程及其积分

2.2.1 液体平衡的微分方程

在静止液体中,任取一边长为 $\mathrm{d}x$、$\mathrm{d}y$、$\mathrm{d}z$ 的微小正六面体,如图 2-3 所示。设其中心点 $O'(x, y, z)$ 的密度为 ρ,液体静水压强为 p,单位质量力为 X、Y、Z。以 x 方向为例,过点 O' 作平行于 x 轴的直线与六面体左右两端面分别交于点 $M\left(x - \dfrac{1}{2}\mathrm{d}x, y, z\right)$ 和 $N\left(x + \dfrac{1}{2}\mathrm{d}x, y, z\right)$。因静水压强是空间坐标的连续函数,又 $\mathrm{d}x$ 为微量,故点 M 和 N 的静水压强,可按泰勒级数展开并略去二阶以上微量后,分别为:

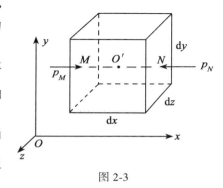

图 2-3

$$p_M = p - \frac{1}{2}\frac{\partial p}{\partial x}\mathrm{d}x$$

$$p_N = p + \frac{1}{2}\frac{\partial p}{\partial x}\mathrm{d}x$$

由于六面体各面的面积微小,可以认为平面中点的静水压强即为该面的平均静水压强,于是可得作用在六面体左右两端面上的表面力为:

$$P_M = \left(p - \frac{1}{2}\frac{\partial p}{\partial x}\mathrm{d}x\right)\mathrm{d}y\mathrm{d}z$$

$$P_N = \left(p + \frac{1}{2}\frac{\partial p}{\partial x}\mathrm{d}x\right)\mathrm{d}y\mathrm{d}z$$

此外,作用在六面体上的质量力在 x 方向的分量为 $X \cdot \rho\mathrm{d}x\mathrm{d}y\mathrm{d}z$。

由静力平衡方程,在 x 方向上有:

$$\left(p - \frac{1}{2}\frac{\partial p}{\partial x}\mathrm{d}x\right)\mathrm{d}y\mathrm{d}z - \left(p + \frac{1}{2}\frac{\partial p}{\partial x}\mathrm{d}x\right)\mathrm{d}y\mathrm{d}z + X \cdot \rho\mathrm{d}x\mathrm{d}y\mathrm{d}z = 0$$

化简上式并考虑 y、z 方向可得:

13

$$\left. \begin{array}{l} X - \dfrac{1}{\rho}\dfrac{\partial p}{\partial x} = 0 \\[2mm] Y - \dfrac{1}{\rho}\dfrac{\partial p}{\partial y} = 0 \\[2mm] Z - \dfrac{1}{\rho}\dfrac{\partial p}{\partial z} = 0 \end{array} \right\} \tag{2-4}$$

式(2-4)为液体平衡微分方程,是由瑞士学者欧拉(Euler)于 1775 年首先导出的,故又称欧拉平衡方程。它表明了处于平衡状态的液体中压强的变化率和单位质量力之间的关系。可以看出,在平衡液体中,对于单位质量液体来说,质量力分量 (X,Y,Z) 和表面力分量 $\left(\dfrac{1}{\rho}\dfrac{\partial p}{\partial x}, \dfrac{1}{\rho}\dfrac{\partial p}{\partial y}, \dfrac{1}{\rho}\dfrac{\partial p}{\partial z} \right)$ 是对应相等的。因此,哪一方向有质量力的作用,哪一方向就有压强的变化,哪一方向不存在质量力的作用,哪一方向就没有压强的变化。

2.2.2　液体平衡微分方程的积分

在给定质量力的作用下,对式(2-4)积分,便可得到平衡液体中压强 p 的分布规律。为便于积分,将式(2-4)依次乘以任意的 dx、dy、dz, 然后相加,得:

$$\frac{\partial p}{\partial x}dx + \frac{\partial p}{\partial y}dy + \frac{\partial p}{\partial z}dz = \rho(Xdx + Ydy + Zdz)$$

因 $p = p(x,y,z)$,故上式左端为 p 的全微分 dp, 于是上式成为:

$$dp = \rho(Xdx + Ydy + Zdz) \tag{2-5}$$

这是液体平衡方程式的另一种形式。该式表明,平衡液体中压强增量等于质量力所做功之和。现在的问题是上式是否有解析解? 怎样才能有解析解? 也就是要解决液体在什么性质的质量力作用下才能得到平衡的问题。

对于不可压缩均质液体,$\rho =$ 常数,可将式(2-5)写成:

$$d\left(\frac{p}{\rho} \right) = Xdx + Ydy + Zdz$$

上式左端为全微分,根据数学分析理论可知,它的右端也必须是某一坐标函数 $W(x,y,z)$ 的全微分,即

$$dW = Xdx + Ydy + Zdz \tag{2-6}$$

又 　 $dW = \dfrac{\partial W}{\partial x}dx + \dfrac{\partial W}{\partial y}dy + \dfrac{\partial W}{\partial z}dz$,而 dx、dy 和 dz 为任意变量,故有:

$$X = \frac{\partial W}{\partial x}, Y = \frac{\partial W}{\partial y}, Z = \frac{\partial W}{\partial z} \tag{2-7}$$

由理论力学知道,若某一函数对各坐标的偏导数分别等于力场的力在对应坐标轴上的投影,则称该函数为力的势函数,而相应的力称为有势力。由式(2-7)可知,坐标函数 W 正是力的势函数,而质量力则是有势力。由此可见,液体只在有势的质量力作用下才能保持平衡。

将式(2-6)代入式(2-5),得:

$$dp = \rho dW \tag{2-8}$$

积分式(2-8)得：

$$p = \rho W + C$$

式中，C 为积分常数，可由液体中某一已知边界条件决定。若已知某边界的力势函数 W_0 和静水压强 p_0，则由上式可得：

$$p = p_0 + \rho(W - W_0) \qquad (2\text{-}9)$$

这就是不可压缩均质液体平衡微分方程积分后的普遍关系式。通常在实际问题中，力的势函数 W 的一般表达式并非直接给出，因此实际计算液体静水压强分布时，采用式(2-5)进行计算较式(2-9)更为方便。

2.2.3　帕斯卡定律

在式(2-9)中，$\rho(W - W_0)$ 是由液体密度和质量力的势函数决定的，与 p_0 的大小无关。因此，当 p_0 增减 Δp 时，只要液体原有的平衡状态未受到破坏，则 p 也必然随着增减 Δp，即

$$p \pm \Delta p = p_0 \pm \Delta p + \rho(W - W_0)$$

由此可得，在平衡液体中，一点压强的增减值将等值的传给液体内所有各点，这就是著名的压强传递帕斯卡(B.Pascal)定律。水压机、水力起重机、液压传动装置等都是根据这一定律设计的。

2.2.4　等压面

在相连通的液体中，由压强相等的各点所组成的面叫做等压面(Isobaric surface)。在静止的或相对平衡的液体中，由式(2-8)容易推知，等压面同时也是等势面(Isopotential surface)。

在相对平衡液体中，因在等压面上，$\mathrm{d}p = 0$，由式(2-5)得：

$$X\mathrm{d}x + Y\mathrm{d}y + Z\mathrm{d}z = 0 \qquad (2\text{-}10)$$

这就是等压面的微分方程。如单位质量力在各轴向的分量 X、Y、Z 为已知，则可代入式(2-10)，通过积分求得表征等压面形状的方程式。

等压面的重要特性是：在相对平衡的液体中，等压面与质量力正交。这可证明如下。

设想液体的某一质点 M 在等压面上移动一微分距离 $\mathrm{d}s$，则作用在这一质点上的质量力所做的功应为(图 2-4)：

$$W = (f\mathrm{d}m\cos\theta) \cdot \mathrm{d}s$$

式中，f 为作用于该质点的单位质量力；$\mathrm{d}m$ 为该质点的质量；θ 为质量力与 $\mathrm{d}s$ 之间的夹角。设 $\mathrm{d}s$ 在各轴向上的投影分别为 $\mathrm{d}x$、$\mathrm{d}y$ 及 $\mathrm{d}z$，因质量力的合力所作之功应等于它在各轴向的分力所作功的和，故

$$(f\mathrm{d}m\cos\theta)\mathrm{d}s = \mathrm{d}m(X\mathrm{d}x + Y\mathrm{d}y + Z\mathrm{d}z)$$

然而在相对平衡液体中的等压面上，

$$\mathrm{d}p = X\mathrm{d}x + Y\mathrm{d}y + Z\mathrm{d}z = 0$$

即得：

$$f\mathrm{d}s\cos\theta = 0$$

在上式中，根据假设 f 及 $\mathrm{d}s$ 都不等于 0，故必有 $\cos\theta = 0$，亦即 θ 必须等于 $90°$。由于等压面上 $\mathrm{d}s$ 的方向是任意选择的，既然质量力与 $\mathrm{d}s$ 正交，它与等压面也必然是正交

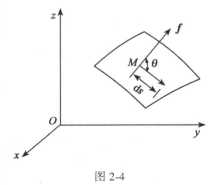

图 2-4

的。可见,二者的方向只要知道一个,其他一个便可随之确定。如只有重力作用下的静止液体中的等压面为水平面;如果在相对平衡液体中,如除重力外还作用着其他质量力,那么,等压面就应与这些质量力的合力成正交,此时等压面就不再是水平面了。

常见的等压面有液体的自由表面(因其上作用的压强一般是相等的大气压强),平衡液体中不相混合的两种液体的交界面等。等压面是计算静水压强时常用的一个概念。

2.3　重力作用下静水压强分布规律

工程实际中经常遇到的液体平衡问题是液体相对于地球没有运动的静止状态,此时液体所受的质量力仅限于重力。下面就针对静止液体中点压强的分布规律进行分析讨论。

2.3.1　重力作用下静水压强的基本公式

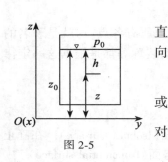

图 2-5

在质量力只有重力的静止液体中,将直角坐标系的 z 轴取为铅直向上,如图 2-5 所示。在这种情况下,单位质量力在各坐标轴方向的分量分别为 $X = 0, Y = 0, Z = -g$。代入式(2-5)得:

$$dp = -\rho g dz = -\gamma dz$$

或

$$dz + \frac{dp}{\gamma} = 0$$

对不可压缩均质流体,重度 $\gamma = cosnt$,积分上式得:

$$z + \frac{p}{\gamma} = C \qquad (2-11)$$

式中,C 为积分常数。式(2-11)表明,在重力作用下,不可压缩静止液体中各点的 $\left(z + \frac{p}{\gamma}\right)$ 值相等。式中,z 代表某点到基准面的位置高度,称为位置水头(Elevation Head);$\frac{p}{\gamma}$ 代表该点到自由液面间单位面积的液柱重量,称为压强水头(Pressure Head);$z+\frac{p}{\gamma}$ 称为测压管水头(Piezomeric Head)。对其中的任意两点 1 和 2,式(2-11)可写成:

$$z_1 + \frac{p_1}{\gamma} = z_2 + \frac{p_2}{\gamma} \qquad (2-12)$$

这就是重力作用下静止液体应满足的基本方程式,是水静力学的基本方程式。

在自由表面上,$z = z_0, p = p_0$,则 $C = z_0 + \frac{p_0}{\gamma}$。代入式(2-11)即可得出重力作用下静止液体中任意点的静水压强计算公式:

$$p = p_0 + \gamma(z_0 - z)$$

或

$$p = p_0 + \gamma h \qquad (2-13)$$

式中,$h = z_0 - z$ 表示该点在自由液面以下的淹没深度。式(2-13)即计算静水压强的基本公式。它表明,静止液体内任意点的静水压强由两部分组成:一部分是表面压强 p_0,它遵从帕斯卡定律等值地传递到液体内部各点;另一部分是液重压强 γh,也就是从该点到液体自由表面的单位面积上的液柱重量。

由式(2-13)还可以看出,淹没深度相等的各点静水压强相等,故水平面即为等压面,它与质量力(即重力)的方向相垂直。如图2-6(a)所示,连通容器中过1、2、3、4各点的水平面即等压面。但必须注意,这一结论仅适用于质量力只有重力的同一种连续介质。对于不连续的液体(如液体被阀门隔开,见图2-6(b)),或者一个水平面穿过两种及以上不同介质(见图2-6(c)),则位于同一水平面上的各点压强并不一定相等,水平面不一定是等压面。

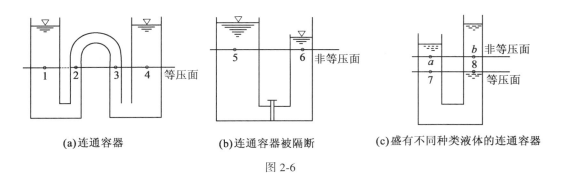

(a)连通容器　　　　　　(b)连通容器被隔断　　　　　(c)盛有不同种类液体的连通容器

图 2-6

2.3.2　压强的量度

量度压强的大小,首先要明确起算的基准,其次要了解计量的单位。

2.3.2.1　量度压强的基准

压强可从不同的基准算起,因而有不同的表示方法。

(1)绝对压强(Absolute Pressure):以设想的没有气体存在的完全真空作为零点算起的压强称为绝对压强,用符号 p' 表示。

(2)相对压强(Relative Pressure):在实际工程中,水流表面或建筑物表面多为当地大气压强,并且很多测压仪表测得的压强都是绝对压强和当地大气压强的差值,所以,当地大气压强又常作为计算压强的基准。以当地大气压强作为零点算起的压强称为相对压强,又称计示压强或表压强,用符号 p 表示。于是可得相对压强与绝对压强之间的关系为:

$$p = p' - p_a \tag{2-14}$$

式中, p_a 为当地大气压强。

如自由液面上的压强为当地大气压强,则式(2-13)成为:

$$p = \gamma h \tag{2-15}$$

(3)真空及真空压强(Vacuum Pressure):绝对压强值总是正的,而相对压强值则可正可负。当液体某处绝对压强小于当地大气压强时,该处相对压强为负值,称为负压,或者说该处存在着真空。真空压强 p_v 用绝对压强比当地大气压强小多少来表示,即

$$p_v = p_a - p = |p| \qquad (p' < p_a) \tag{2-16}$$

由式(2-16)可知,在理论上,当绝对压强为零时,真空压强达到最大值 $p_v = p_a$,即"完全真空"状态。但实际液体中一般无法达到这种"完全真空"状态,因为如果容器中液体的表面压强降低到该液体的汽化压强(饱和蒸汽压强(Saturation Vapour Pressure)) p_{vp} 时,液体就会迅速蒸发、汽化,因此,只要液面压强降低到液体的汽化压强,该处压强便不会再往下

降,所以液体的最大真空压强不能超过当地大气压强与该液体汽化压强之差。水的汽化压强随着温度的降低而降低。表2-1列出了水在不同温度下的汽化压强值。

表2-1　　　　　　　　　　　水在不同温度下的汽化压强值

温度/℃	0	5	10	15	20	25	30
p_{vp} /kPa	0.61	0.87	1.23	1.70	2.34	3.17	4.24
p_{vp}/γ/m 水柱	0.06	0.09	0.12	0.17	0.25	0.33	0.44
温度/℃	40	50	60	70	80	90	100
p_{vp} /kPa	7.38	12.33	19.92	31.16	47.34	70.10	101.33
p_{vp}/γ/m 水柱	0.76	1.26	2.03	3.20	4.96	7.18	10.33

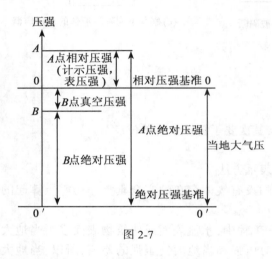

图2-7

图2-7为用几种不同方法表示的压强值的关系图,其绝对压强与相对压强之间相差一个大气压强。

2.3.2.2　压强的计量单位

(1)用一般的应力单位表示,即从压强定义出发,以单位面积上的作用力来表示,如Pa、kPa。

(2)用大气压强的倍数表示,即大气压强作为衡量压强大小的尺度。国际单位制规定:一个标准大气压$p_{atm}=101\,325(Pa)$,它是纬度45°海平面上,当温度为0℃时的大气压强。工程上为便于计算,常用工程大气压来衡量压强。一个工程大气压$p_{at}=98(KPa)$。

(3)用液柱高表示。由式(2-15)可得:

$$h=\frac{p}{\gamma} \tag{2-17}$$

式(2-17)说明,任一点的静水压强p可化为任何一种重度为γ的液柱高度h,因此也常用液柱高度作为压强的单位。用液柱高度表示的真空压强称为真空度,$h_v=p_v/\gamma$。如一个工程大气压,用水柱高表示,则为:

$$h=\frac{p_{at}}{\gamma}=\frac{98\,000}{9\,800}=10(mH_2O)$$

如用水银柱表示,因水银的重度取为$\gamma_H=133\,230(Pa/m)$,故有:

$$h=\frac{p_{at}}{\gamma_H}=\frac{98\,000}{133\,230}=0.735\,6(mHg)=735.6(mmHg)$$

2.3.3　水头和单位势能

前面已经导出水静力学的基本方程式(2-11)。若在一盛有液体的容器的侧壁打一小孔,接上开口玻璃管与大气相通,就形成一根测压管(Piezometer)。如容器中的液体仅受重力的作用,液面上为大气压,则无论连在哪一点上,测压管内的液面都是与容器内液面齐平的,如图 2-8 所示。测压管液面到基准面的高度由 z 和 $\frac{p}{\gamma}$ 两部分组成,z 表示该点到基准面的位置高度,$\frac{p}{\gamma}$ 表示该点压强的液柱高度。在水力学中常用"水头"代表高度,所以 z 又称为位置水头,$\frac{p}{\gamma}$ 称为压强水头,$\left(z + \frac{p}{\gamma}\right)$ 则称为测压管水头。故

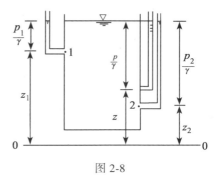

图 2-8

式(2-11)表明,重力作用下的静止液体内,各点测压管水头相等。

下面进一步说明位置水头、压强水头和测压管水头的物理意义。位置水头 z 表示的是单位重量液体从某一基准面算起所具有的位置势能(简称位能)。众所周知,把重量为 G 的物体从基准面移到高度 z 后,该物体所具有的位能是 Gz,对于单位重量物体来说,位能就是 $Gz/G = z$。它具有长度的量纲。基准面不同,z 值不同。

压强水头 $\frac{p}{\gamma}$ 表示的是单位重量液体从压强为大气压算起所具有的压强势能(简称压能)。压能是一种潜在的势能。如果液体中某点的压强为 p,在该处安置测压管后,在压力的作用下,液面会上升的高度为 $\frac{p}{\gamma}$,也就是把压强势能转变为位置势能。对于重量为 G、压强为 p 的液体,在测压管中上升 $\frac{p}{\gamma}$ 后,位置势能的增量 $G\frac{p}{\gamma}$ 就是原来液体具有的压强势能。所以对原来单位重量液体来说,压能即 $G\frac{p}{\gamma}/G = \frac{p}{\gamma}$。

静止液体中的机械能只有位能和压能,合称为势能。$\left(z + \frac{p}{\gamma}\right)$ 表示的就是单位重量流体所具有的势能。因此,水静力学基本方程表明,静止液体内各点单位重量液体所具有的势能相等。

2.3.4 压强的量测和点压强的计算

在工程实际中,往往需要量测和计算液流中的点压强或两点的压强差(压差)。量测压强的仪器很多,大致可分为液柱式测压计、金属测压计(如压力表、真空表等均系利用金属受压变形的大小来量测压强的)及非电量电测仪表(这是利用传感器将压强转变为各种电学量如电压、电流、电容、电感等,用电学仪表直接量出这些量,然后经过相应的换算以求出压强的一种仪器)等。这里只介绍一些利用水静力学原理而制作的液柱式测压计。

2.3.4.1 测压管

简单的测压管是用一开口玻璃管直接与被测液体连通而成的,如图 2-9 所示。读出测压管液面到测点的高度就是该点的相对压强水头,因此该点的相对压强为 $p = \gamma h$(γ 为液体重度)。

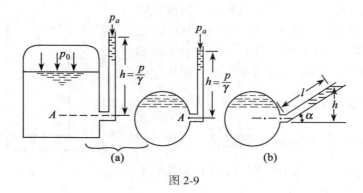

图 2-9

如所测压强较小,为了提高精度,可将测压管倾斜放置,如图 2-9(b)所示。此时,标尺读数 l 比 h 放大了一些,便于测读,但压强应为:

$$p = \gamma h = \gamma l \sin\alpha \tag{2-18}$$

也可在测压管内装入与水不相混的轻质液体(如乙醇的比重为 0.79,汽油的比重为0.74等),则同样的压强 p 可以有较大的液柱高 h。还可采用上述二者相结合的方法,使量测精度更高。

量测较大的压强,则可采用装入较重液体(如水银的比重可取为 13.6)的 U 形测压管,如图 2-10 所示。如测得 h 及 h',则 A 点的压强为:

$$p = \gamma_H h' - \gamma h \tag{2-19}$$

2.3.4.2　比压计(Differential Manometer)(差压计)

比压计用以量测液体中两点的压强差或测压管水头差。常用的有空气比压计和水银比压计等(见图 2-11)。

图 2-11 为一空气比压计,顶端连通,上装开关,可使顶部空气压强 p_0 大于或小于大气压强 p_a。当水管内液体不流动时,比压计两管内的液面齐平。如有流动,比压计两管液面即出现高差,读取这一高差 Δh,并结合其他数据如 z_A 和 z_B,即可求出 A、B 两点的压差和测管水头差。

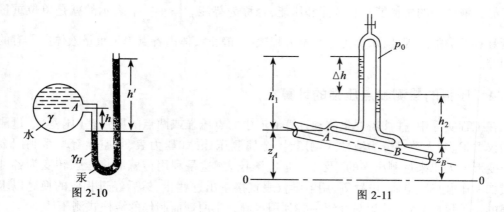

图 2-10　　　　　　　　　　　图 2-11

忽略空气柱重量所产生的压强(20℃标准大气压下,空气的重度为 11.82(N/m^3),只是水的 $\dfrac{1}{830}$,故一般可不考虑空气柱的重量压强),则顶部空气内的压强可看成一样的,即两管

液面上的压强均为 p_0 ,故有:

$$p_A = p_0 + \gamma h_1 , \quad p_B = p_0 + \gamma h_2$$

所以

$$p_A - p_B = \gamma(h_1 - h_2)$$

由图 2-11 处,

$$h_1 = \Delta h + h_2 - (z_A - z_B)$$

从而

$$p_A - p_B = \gamma(\Delta h) - \gamma(z_A - z_B) \tag{2-20}$$

由式(2-20)即可得出:

$$\left(z_A + \frac{p_A}{\gamma}\right) - \left(z_B + \frac{p_B}{\gamma}\right) = \Delta h \tag{2-21}$$

故 A 、B 两点的测压管水头差就是液面差 Δh (从概念上看, p_A 、p_B 都是作为绝对压强计算的,但就压差或测管水头差而论,不管是绝对压强还是相对压强,结果都一样,故出现在测压管水头差中的绝对压强 p_A 、p_B 无须改换为相对压强)。

图 2-12 为量测较大压差用的水银比压计。设 A 、B 两处的液体重度为 γ ,水银重度为 γ_H 。取

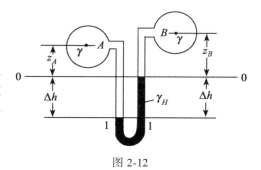

图 2-12

$0-0$ 为基准面,测得 z_A 、z_B 和 Δh 。由等压面 1-1,即可根据点压强计算公式写如下等式:

左侧

$$p_1 = p_A + \gamma z_A + \gamma(\Delta h)$$

右侧

$$p_1 = p_B + \gamma z_B + \gamma_H(\Delta h)$$

故得:

$$p_A - p_B = (\gamma_H - \gamma)\Delta h + \gamma(z_B - z_A) \tag{2-22}$$

A 、B 两点的测管水头差为:

$$\left(z_A + \frac{p_A}{\gamma}\right) - \left(z_B + \frac{p_B}{\gamma}\right) = \left(\frac{\gamma_H - \gamma}{\gamma}\right)\Delta h \tag{2-23}$$

如被测的 A 、B 之间压差甚微,如图 2-13 所示,水银比压计读数 Δh 将很小,测读精度较低,则可将 U 形比压计倒装,并在其顶部装入重度为 γ' 的轻质液体。仿上分析,可得:

$$p_1 = p_A - (-\gamma z_A) - \gamma \Delta h = p_B - \gamma' \Delta h - (-\gamma z_B)$$

或

$$\left(z_A + \frac{p_A}{\gamma}\right) - \left(z_B + \frac{p_B}{\gamma}\right) = \left(\frac{\gamma - \gamma'}{\gamma}\right)\Delta h \tag{2-24}$$

图 2-13

必须注意,此时的位置高度 z_A 、z_B 相对于基准面 $0-0$ 均为负值。

需要特别指出的是,公式(2-21)、(2-23)和(2-24)与 A 、B 容器的形状和相对位置、基准面的选择以及与 A 、B 中是静水还是动水无关,在实际问题中经常要用到,无须再重新推导,可直接用上述结果。

例 2-1　一封闭水箱如图 2-14 所示,若水面上的压强 $p_0 = -44.5\mathrm{kN/m^2}$,试求 h ,并求水下 0.3m 处 M 点的压强(要求:①分别以绝对压强、相对压强及真空度表达;②用各种单位表示)及该点相对于基准面 $0-0$ 的测管水头。

解:先计算 h 。应找有关等压面。利用右侧测压管中分界面为等压面这一特性,画 1-1 水平面,则该面处在连通的静止、均质液体中的部分均为等压面。显然,此等压面上的压强,

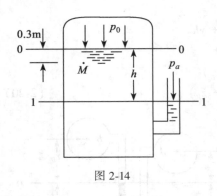

图 2-14

如以绝对压强表示应为大气压,以相对压强表示则为零。而题中 $p_0 = -44.5 \text{kN/m}^2$,应是相对压强,故有 $p_0 + \gamma h = 0$,代入题中数据得: $-44.5 + 9.8h = 0$,因此, $h = 4.54\text{m}$ 。

求 M 点的压强和测管水头。

（1）用相对压强表示:

$$p_M = p_0 + \gamma h = -44.5 + 9.8 \times 0.3 = -41.56 (\text{kN/m}^2)$$

$$p_M = -\frac{41.56}{98} = -0.424 p_{\text{at}} (p_{\text{at}} \text{ 表示工程大气压})$$

$$\frac{p_M}{\gamma} = \frac{-41.56}{9.8} = -4.24 (\text{mH}_2\text{O})$$

（2）用绝对压强表示:

$$p_M' = p_M + p_{\text{at}} = -41.56 + 98 = 56.44 (\text{kN/m}^2)$$

$$p_M' = \frac{56.44}{p_{\text{at}}} = \frac{56.44}{98} = 0.576 p_{\text{at}}$$

$$\frac{p_M'}{\gamma} = \frac{56.44}{9.8} = 5.76 (\text{mH}_2\text{O})$$

（3）用真空度表示:

真空压强: $\qquad p_{M(v)} = 41.56 \text{kN/m}^2 = 0.424 p_{\text{at}}$

真空度: $\qquad \dfrac{p_{M(v)}}{\gamma} = \dfrac{41.56}{9.8} = 4.24 (\text{mH}_2\text{O})$

（4） M 点的测管水头为:

$$z_M + \frac{p_M}{\gamma} = -0.3 + (-4.24) = -4.54\text{m}$$

2.4 几种质量力同时作用下的液体平衡

若液体相对于地球虽有运动,但液体本身各质点之间却没有相对运动,这种运动状态称为相对平衡(Relative Equilibrium)。如相对于地面做等加速(或等速)直线运动或等角速旋转运动的容器中的液体,便是相对平衡液体的实例。

研究处于相对平衡的液体中的压强分布规律,最好的方法是采用理论力学中处理相对运动问题的方法,即将坐标系置于运动容器上,液体相对于该坐标系是静止的,于是这种运动问题便可作为静力学问题来处理。但需注意,与重力作用下的平衡液体所不同的是,相对平衡液体的质量力除了重力外,还有牵连惯性力。

下面以等角速旋转容器内液体的相对平衡为例,说明这类问题的一般分析方法。

设盛有液体的直立圆筒容器绕其中心轴以等角速度 ω 旋转,如图 2-15 所示。液体在器壁的带动下也以同一角速度 ω 随容器一起旋转,从而形成了液体对容器的相对平衡。现将坐标系置于旋转圆筒上, z 轴向上并与中心轴重合,坐标原点位于液面上(见图 2-15)。由于坐标系转动,作用在液体质点上的质量力,除重力外,还有牵连离心惯性力。

对于液体内任一质点 $A(x,y,z)$，其所受单位质量力在各坐标轴方向的分量为：

$$X = \omega^2 x, Y = \omega^2 y, Z = -g$$

将其代入液体平衡微分方程综合式(2-5)，得：

$$dp = \rho(\omega^2 x dx + \omega^2 y dy - g dz)$$

积分上式，得：

$$p = \rho\left(\frac{1}{2}\omega^2 x^2 + \frac{1}{2}\omega^2 y^2 - gz\right) + C$$

式中，C 为积分常数，由边界条件决定。在坐标原点($x=0,y=0,z=0$)处，$p=p_0$，由此得：$C=p_0$。将其代入上式，并注意到 $x^2 + y^2 = r^2$，$\rho g = \gamma$，得：

$$p = p_0 + \gamma\left(\frac{\omega^2 r^2}{2g} - z\right) \tag{2-25}$$

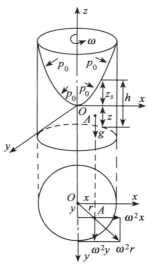

图 2-15

这就是等角速度旋转直立容器中液体压强分布规律的一般表达式。

若 p 为任一常数，则由式(2-25)可得等压面族(包括液面)方程为：

$$\frac{\omega^2 r^2}{2g} - z = C' \text{(常数)} \tag{2-26}$$

式(2-26)表明，等角速度旋转直立容器中液体的等压面族是一绕中心轴的旋转抛物面。

对于液面，$p=p_0$，代入式(2-25)可得液面方程：

$$z_s = \frac{\omega^2 r^2}{2g} \tag{2-27}$$

式中，z_s 为液面上某点的竖直坐标，将其代入式(2-25)，得：

$$p = p_0 + \gamma(z_s - z) = p_0 + \gamma h \tag{2-28}$$

式中：$h = z_s - z$ 为液体中任意一点的淹没深度。式(2-28)表明，在相对平衡的旋转液体中，各点的静水压强随淹没深度的变化仍是线性关系。但需指出，在旋转平衡液体中各点的测压管水头却不等于常数。

例 2-2 有一盛水圆柱形容器，高 $H = 1.2\text{m}$，直径 $D = 0.7\text{m}$，盛水深度恰好为容器高度的一半。试问当容器绕其中心轴旋转的转速 n 为多大时，水开始溢出？

解：因旋转抛物体的体积等于同底同高圆柱体体积的一半，因此，当容器旋转使水上升至容器顶部时，旋转抛物体自由液面的顶点恰好在容器底部，如图 2-16 所示。

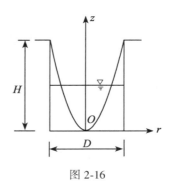

图 2-16

在自由液面上，当 $r = \frac{D}{2}$ 时，$z_s = H$，将其代入式(2-27)得：

$$\omega = \frac{1}{D}\sqrt{8gH} = \frac{1}{0.7}\sqrt{8\times9.8\times1.2} = 13.86 \text{ (rad/s)}$$

故转速为：

$$n = \frac{30\omega}{\pi} = \frac{30 \times 13.86}{3.14} = 132.4(\,r/\min\,)$$

2.5 平面上的静水总压力

作用在物体表面上的静水总压力,是许多工程技术上(如分析水池、水闸、水坝及路基等的作用力)必须解决的力学问题。只要掌握了前面所讲的静水压强分布规律,就不难确定静水总压力的大小、方向和作用点。这一节介绍平面上静水总压力的计算。

2.5.1 静水压强分布图

静水压强分布规律可用几何图形表示出来,即以线条长度表示点压强的大小,以线端箭头表示点压强的作用方向,亦即受压面的内法线方向。由于建筑物的四周一般都处在大气中,各个方向的大气压力将互相抵消,故压强分布图只需绘出相对压强值。图 2-17 为一直立矩形平板闸门,一面受水压力作用,其在水下的部分为 ABB_1A_1,深度为 H,宽度为 b。 图 2-17(a)便是作用在该闸门上的压强分布图,为一空间压强分布图;图 2-17(b)为垂直于闸门的剖面图,为一平面压强分布图。从前面知道,静水压强与淹没深度成线性关系,故作用在平面上的平面压强分布图必然是按直线分布的,因此,只要直线上两个点的压强为已知,就可确定该压强分布直线。一般绘制的压强分布图都是指这种平面压强分布图。图 2-18 为各种情况的压强分布图。

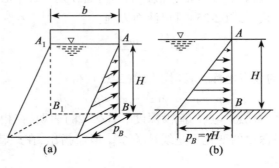

图 2-17

2.5.2 利用压强分布图求矩形平面上的静水总压力

求矩形平面上的静水总压力实际上就是平行力系求合力的问题。通过绘制压强分布图,求一边与水面平行的矩形平面上的静水总压力最为方便。

图 2-19 表示一任意倾斜放置但一边与水面平行的矩形平面 ABB_1A_1 的一面受水压力作用。可先画出该平面上的压强分布图,然后根据压强分布图确定总压力的大小、方向和作用点。当做出作用于矩形平面上的压强分布图 $ABEF$ 后,便不难看出,作用于整个平面上的静水总压力 P 的大小应等于该压强分布图的面积 Ω 与矩形平面的宽度 b 的乘积,即

$$P = \Omega \cdot b = \frac{1}{2}(\gamma h_1 + \gamma h_2) l \cdot b = \frac{1}{2}\gamma(h_1 + h_2) l \cdot b = \gamma h_c A \qquad (2\text{-}29)$$

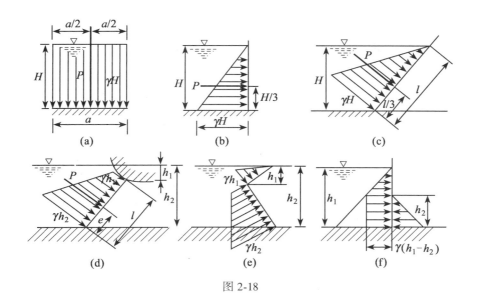

图 2-18

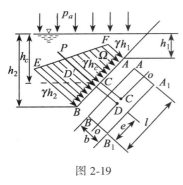

图 2-19

式中,l 为矩形平面的长度;$h_c = (h_1 + h_2)/2$,为矩形平面的形心在水下的深度;A 为受水压力作用的平面面积。总压力的作用方向与受作用面的内法线方向一致,总压力的作用点应在作用面的纵向对称轴 $O-O$ 上的 D 点,该点是压强分布图形心点沿作用面内法线方向在作用面上的投影点,称为压力中心(Pressure Center)。如图 2-18(a)所示,压强分布图为矩形,总压力作用点必在中点 $a/2$ 处;图 2-18(b)和图 2-18(c)的压强分布图为三角形,合力必在距底 1/3 高度处;而图 2-18(d)的压强分布图为梯形,总压力作用点在距底 $e = \dfrac{1}{3} \cdot \dfrac{2h_1 + h_2}{h_1 + h_2}$ 处。

2.5.3 用解析法求任意平面上的静水总压力

对任意形状的平面,需要用解析法来确定静水总压力的大小和作用点。如图 2-20 所示,EF 为一任意形状的平面,倾斜放置于水中任意位置,与水面相交成 α 角。设想该平面的一面受水压力作用,其面积为 A,形心位于 C 处,形心处水深为 h_c,自由表面上的压强为当地大气压强。作用于这一平面上的相对静水总压力的大小及作用点的位置 D 可按以下的方法来确定。

取平面的延展面与水面的交线为 Ox 轴,以通过平面 EF 中任意选定点 N 并垂直于 Ox 轴的直线为 Oy 轴。在平面中的 M 处取一微小面积 dA,其上的压力为 $dP = \gamma h dA$,由于每一微小面积上作用的静水压力方向相同,因此,作用于整个 EF 平面上的静水总压力可直接积分:

$$P = \int_A \gamma h dA = \int_A \gamma y \sin\alpha dA = \gamma \sin\alpha \int_A y dA$$

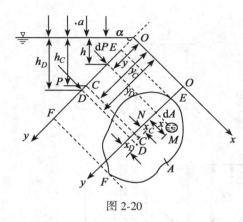

图 2-20

式中，$\int_A y\mathrm{d}A$ 代表平面 EF 对 Ox 轴的静面矩，它等于平面面积 A 与其形心坐标 y_C 的乘积，即 $\int_A y\mathrm{d}A = y_C A$。如以 p_C 代表形心 C 处的静水压强，则有：

$$P = \gamma\sin\alpha y_C A = \gamma h_C A = p_C A \qquad (2\text{-}30)$$

式(2-30)表明，任意平面上的静水总压力的大小等于该平面的面积与其形心处静水压强的乘积。因此，形心处的静水压强相当于该平面的平均压强。

下面分析静水总压力的作用点——压力中心的位置 y_D 和 x_D。这一位置可通过合力对任意轴的力矩等于各分力对该轴的力矩和来确定。对 Ox 轴取力矩得：

$$Py_D = \int_A \gamma h y\mathrm{d}A = \gamma\sin\alpha\int_A y^2\mathrm{d}A$$

式中，$\int_A y^2\mathrm{d}A$ 为平面 EF 对 Ox 轴的惯性矩，以 J_x 表示。故得：

$$Py_D = \gamma\sin\alpha J_x$$

若以 J_{Cx} 表示平面 EF 对通过形心 C 并与 Ox 轴平行的轴的惯性矩，则根据惯性矩的平行移轴定理可得：$J_x = J_{Cx} + y_C^2 A$。因此有：

$$Py_D = \gamma\sin\alpha(J_{Cx} + y_C^2 A)$$

由此得：

$$y_D = \frac{\gamma\sin\alpha(J_{Cx} + y_C^2 A)}{\gamma y_C \sin\alpha A} = y_C + \frac{J_{Cx}}{y_C A} \qquad (2\text{-}31)$$

除平面水平放置外，总压力作用点总是在作用面形心点之下。常见平面图形的面积 A、形心至上边界点长 y_C 以及惯性矩 J_{Cx} 的计算式见表 2-2。

表 2-2　　　　　　　　　　　　　常见平面的 A、y_C 及 J_{Cx}

几何图形及名称	面积 A	形心至上边界点长 y_C	相对于图上 Cx 轴的惯性矩 J_{Cx}	相对于图上底边的惯性矩 J_b
矩形	bh	$\frac{1}{2}h$	$\frac{1}{12}bh^3$	$\frac{1}{3}bh^3$
三角形	$\frac{1}{2}bh$	$\frac{2}{3}h$	$\frac{1}{36}bh^3$	$\frac{1}{12}bh^3$

几何图形及名称	面积 A	形心至上边界点长 y_C	相对于图上 C_x 轴的惯性矩 J_{Cx}	相对于图上底边的惯性矩 J_b
梯形	$\dfrac{h(a+b)}{2}$	$\dfrac{h}{3}\left(\dfrac{a+2b}{a+b}\right)$	$\dfrac{h^3}{36}\left(\dfrac{a^2+4ab+b^2}{a+b}\right)$	
圆	πr^2	r	$\dfrac{1}{4}\pi r^4$	
半圆	$\dfrac{1}{2}\pi r^2$	$\dfrac{4}{3}\cdot\dfrac{r}{\pi}$	$\dfrac{9\pi^2-64}{72\pi}r^4$	$\dfrac{\pi}{8}r^4$

根据同样道理,对 Oy 轴取力矩,可求得压力中心的另一个坐标 x_D 为:

$$x_D = x_C + \frac{J_{Cxy}}{y_C A} \qquad (2\text{-}32)$$

式中,J_{Cxy} 为平面 EF 对通过形心 C 并与 Ox、Oy 轴平行的轴的惯性积。因为惯性积 J_{Cxy} 可正可负,x_D 可能大于或小于 x_C。也就是对于任意形状的平面,压力中心 D 可能在形心 C 的这边或那边。

应当指出,以上分析作用于平面上的总压力的大小及压力中心时,讨论的均是液体的表面处于大气之中的情况。若液体表面上的压强不是当地大气压强,则不能照搬以上结果。实际工程中的被作用平面一般具有纵向对称轴,则压力中心 D 必落在对称轴上,不必计算 x_D。

例 2-3 设有一铅直放置的水平底边矩形闸门,如图 2-21 所示。已知闸门高度 $H=2\mathrm{m}$,宽度 $b=3\mathrm{m}$,闸门上缘到自由表面的距离 $h_1=1\mathrm{m}$。试用绘制压强分布图的方法和解析法求解作用于闸门的静水总压力。

解: (1)利用压强分布图求解:

绘制静水压强分布图 $ABEF$,如图 2-21 所示。根据式 (2-29) 可得静水总压力大小为:

$$P = \Omega b = \frac{1}{2}\left[\gamma h_1 + \gamma(h_1 + H)\right]Hb$$

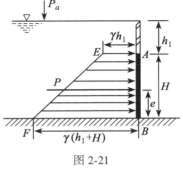

图 2-21

$$= \frac{1}{2}\left[9.8 \times 10^3 \times 1 + 9.8 \times 10^3 \times (1+2)\right] \times 2 \times 3$$

$$= 1.176 \times 10^5 (\mathrm{N}) = 117.6(\mathrm{kN})$$

静水总压力 P 的方向垂直于闸门平面,并指向闸门。压力中心 D 距闸门底部的位置 e 为:

$$e = \frac{H}{3} \cdot \frac{2h_1 + (h_1 + H)}{h_1 + (h_1 + H)} = \frac{2}{3} \cdot \frac{2 \times 1 + (1 + 2)}{1 + (1 + 2)} = 0.83(\mathrm{m})$$

其距自由表面的位置为:

$$y_D = h_1 + H - e = 1 + 2 - 0.83 = 2.17(\mathrm{m})$$

(2)用分析法求解:

由式(2-30)可得静水总压力大小为:

$$P = \gamma h_C A = \gamma \left(h_1 + \frac{H}{2} \right)(H + b)$$

$$= 9.8 \times 10^3 \times \left(1 + \frac{2}{2} \right)(2 \times 3) = 1.176 \times 10^5 (\mathrm{N}) = 117.6(\mathrm{kN})$$

静水总压力 P 的方向垂直指向闸门平面。由式(2-32)得压力中心 D 距自由表面的位置为:

$$y_D = y_C + \frac{J_{Cx}}{y_C A} = \left(h_1 + \frac{H}{2} \right) + \frac{\dfrac{bH^3}{12}}{\left(h_1 + \dfrac{H}{2} \right)(H \times b)}$$

$$= \left(1 + \frac{2}{2} \right) + \frac{\dfrac{3 \times 2^3}{12}}{\left(1 + \dfrac{2}{2} \right)(2 \times 3)} = 2 + \frac{24}{144} = 2.17(\mathrm{m})$$

2.6 曲面上的静水总压力

在实际工程中,常常会遇到受液体压力作用的曲面,如拱坝坝面、弧形闸门、U 形液槽、泵的球形阀、圆柱形油箱等,这就要求确定作用于曲面上的静水总压力。作用于曲面上任意点的静水压强也是沿着作用面的法线指向作用面,并且其大小与该点所在的水下深度成线性关系。因而与平面情况相类似,也可以由此画出曲面上的压强分布图,如图 2-22 所示。

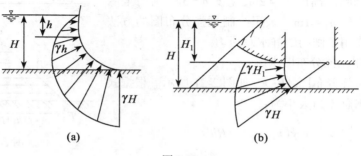

图 2-22

由于曲面上各点的法线方向各不相同,因此不能像求平面上的总压力那样通过直接积分求其合力。

为了将求曲面上的总压力问题也变为平行力系求合力的问题,以便于积分求和,通常将曲面上的静水总压力 P 分解成水平分力和铅直分力,然后再合成 P。在工程上,有时不必求合力,只需求出水平分力和铅直分力即可。因为工程上多数曲面为二维曲面,即具有平行母线的柱面或球面。在此先着重讨论柱面情况,然后再将结论推广到一般曲面。

当二维曲面的母线为水平线时,可取 Oz 轴铅直向下,Oy 轴与曲面的母线平行,此时二维曲面在 xOy 平面上的投影将是一根曲线,如图 2-23 上的 EF。在这种情况下,$P_y = 0$,问题转化为求 P_x 和 P_z 的大小及其作用线的位置。

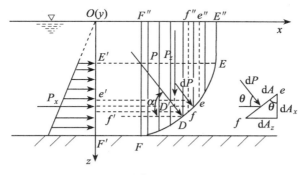

图 2-23

图 2-23 为一母线与水平轴 Oy 平行的二维曲面,面积为 A,曲面左侧承受静水压力作用,自由表面上的压强为当地大气压强。在深度为 h 处,取一微元柱面 ef,面积为 dA。由于该柱面极小,故可将其近似为一平面,则作用在此微元柱面上的水压力 $dP = pdA = \gamma h dA$,它垂直于该微元柱面,与水平线成 θ 角,dP 可以分解成水平分力 dP_x 和铅直分力 dP_z 两部分:

$$dP_x = dP\cos\theta = \gamma h dA\cos\theta$$
$$dP_z = dP\sin\theta = \gamma h dA\sin\theta$$

式中,θ 是该微元柱面与铅直面的夹角,所以 $dA\cos\theta$ 可以看成是该微元柱面在铅直面 yOz 上的投影面积 dA_x;$dA\sin\theta$ 可以看成是微元柱面在水平面上的投影面积 dA_z。于是得作用于整个曲面上静水总压力的水平分力 P_x 为:

$$P_x = \int_A dP_x = \int_A \gamma h dA\cos\theta = \gamma \int_{Ax} h dA_x$$

$\int_{Ax} h dA_x$ 表示曲面 EF 在铅直面 yOz 上的投影面对水平轴 Oy 的静面矩。如以 h_C 表示铅直投影面的形心在液面下的深度,则由静面矩定理得:

$$\int_{Ax} h dA_x = h_C A_x$$

于是得:

$$P_x = \gamma h_C A_x \qquad\qquad (2\text{-}33)$$

式(2-33)表明,作用于二维曲面 EF 上的静水总压力 P 的水平分力 P_x 等于作用于该曲面的铅直投影面 A_x 上的静水总压力。因此,可按确定平面上静水总压力(包括大小和作用点)的方法来求解 P_x。

作用于曲面上静水总压力 P 的铅直分力 P_z 为：

$$P_z = \int_A dP_z = \int_A \gamma h dA\sin\theta = \int_{A_z} \gamma h dA_z = \gamma V_p$$

从图 2-23 可以看出，$\gamma h dA_z$ 为微小柱面 ef 上的液体重，即图中 $efe''f'$ 柱状体内的液体重。因此，$\int_{A_z} \gamma h dA_z$ 应是整个曲面 EF 上的液体重，即柱状体 $EFE''F''$ 内的液体重，即 $EFE''F''$ 这部分体积乘以 γ。于是，将柱体 $EFE''F''$ 称为压力体（Pressure Volume），其体积以 V_ρ 表示。

压力体应由下列界面所围成：

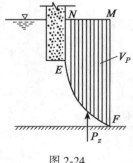

图 2-24

（1）受压曲面本身；

（2）受压曲面在自由液面（或自由液面的延展面）上的投影面，如图 2-23 或图 2-24 所示；

（3）从曲面的边界向自由液面（或自由液面的延展面）所作的铅直面。

铅直分力 P_z 的方向，则应根据曲面与压力体的关系而定：当液体与压力体位于曲面的同侧（见图 2-23）时，P_z 向下；当液体与压力体分别在曲面的一侧（见图 2-24）时，P_z 向上。对于简单柱面，P_z 的方向可以根据实际作用在曲面上的静水压力垂直指向作用面这个性质很容易确定。

求得水平分力 P_x 和铅直分力 P_z 后，则可得液体作用于曲面上的静水总压力 P 为：

$$P = \sqrt{P_x^2 + P_z^2} \tag{2-34}$$

总压力 P 的作用线与水平线的夹角 α 为：

$$\alpha = \arctan\frac{P_z}{P_x} \tag{2-35}$$

P 的作用线应通过 P_x 与 P_z 的交点 D'，但这一交点不一定在曲面上，总压力 P 的作用线与曲面的交点 D 即为总压力 P 在曲面上的作用点。

以上讨论的虽是简单的二维曲面上的静水总压力，但所得结论完全可以应用于任意的三维曲面，所不同的是：对于三维曲面，水平分力除了在 yOz 平面上有投影外，在 xOz 平面上也有投影，因此水平分力除了有 Ox 轴方向的 P_x 外，还有 Oy 轴方向的 P_y。与确定 P_x 的方法相类似，P_y 等于曲面在 xOz 平面的投影面上的总压力。作用于三维曲面的铅直分力 P_z 也等于压力体内的液体重。三维曲面上的总压力 P 由 P_x、P_y、P_z 合成，即

$$P = \sqrt{P_x^2 + P_y^2 + P_z^2} \tag{2-36}$$

例 2-4　图 2-25 为一坝顶圆弧形闸门的示意图。门宽 $b=6$m，弧形门半径 $R=4$m，此门可绕 O 轴旋转。试求当坝顶水头 $H=2$m、水面与门轴同高、闸门关闭时所受的静水总压力。

解：水的重度 $\gamma = 9.8$kN/m³，水平分力为：

$$P_x = \frac{\gamma H^2 b}{2} = \frac{9.8 \times 2^2 \times 6}{2} = 117.6(\text{kN})$$

铅直分力等于压力体 ABC 内水重。压力体 ABC 的体积等于扇形 AOB 的面积减去三角形 BOC 的面积，再乘以宽度 b。已知 $BC=2$m，$OB=4$m，故 $\angle AOB=30°$。

扇形 AOB 的面积 $= \dfrac{30}{360}\pi R^2 = \dfrac{1}{12} \times 3.14 \times 4^2$

$\qquad\qquad\qquad = 4.19(\text{m}^2)$

三角形 BOC 的面积 $= \dfrac{1}{2}\overline{BC}\cdot\overline{OC} = \dfrac{1}{2} \times 2 \times 4\cos30° =$

$3.46(\text{m}^2)$

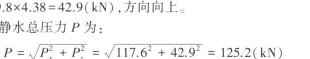

图 2-25

压力体 ABC 的体积 $V = (4.19-3.46)\times 6 = 0.72 \times 6 =$ $4.38(\text{m}^3)$

所以,铅直分力 $P_z = 9.8\times4.38 = 42.9(\text{kN})$,方向向上。

作用在闸门上的静水总压力 P 为:

$$P = \sqrt{P_x^2 + P_z^2} = \sqrt{117.6^2 + 42.9^2} = 125.2(\text{kN})$$

P 与水平线的夹角为 α,则

$$\tan\alpha = \frac{P_z}{P_x} = \frac{42.9}{117.6} = 0.365, \alpha = 20.04°$$

因为曲面是圆柱面的一部分,各点的压强均与圆柱面垂直且通过圆心 O 点,所以总压力 P 的作用线亦必通过 O 点。

2.7 潜体及浮体的平衡与稳定性

2.7.1 物体的沉浮

一切沉没于液体中漂浮于液面上的物体都受有两个力作用,即物体的重力 G 和所受的浮力 P_z。重力的作用线通过重心,竖直向下;浮力的作用线通过浮心(Buoyancy Center),竖直向上。物体的重力 G 与所受浮力 P_z 的相对大小,决定着物体的沉浮。

(1)当 $G > P_z$ 时,物体下沉至底,称为沉体;

(2)当 $G = P_z$ 时,物体潜没于液体中的任意位置而保持平衡,称为潜体(SubmergeD Bodies);

(3)当 $G < P_z$ 时,物体浮出液面,直至液面下部分所排开的液重恰等于物体的重量才保持平衡,这称为浮体(Floating Bodies)。船是其中最显著的例子。

2.7.2 潜体的平衡及稳定性

上面提到的重力与浮力相等,物体既不上浮也不下沉,只是潜体保持平衡的必要条件。若要求潜体在水中不发生转动,还必须重力和浮力对任何一点的力矩矢量和都为零,即重心 C 和浮心 D 在同一铅垂线上。这样,物体潜没在液体中既不发生移动,也不发生转动,潜体保持平衡。但这种平衡的稳定性,也就是遇到外界扰动,潜体倾斜后,恢复到它原来平衡状态的能力,则取决于重心 C 和浮心 D 在铅垂线上的相对位置。

(1)当浮心 D 与重心 C 重合时(见图 2-26(a)),潜体在液体中处于任意方位都是平衡的,称为随遇平衡(Neutral Equilibrium);

(2)当浮心 D 在重心 C 之上时(图 2-26(b)),这样的潜体在去掉使潜体发生倾斜的外

力后,力 P_z 和 G 组成的力偶能使它恢复到原来的平衡位置,这种情况下的平衡称为稳定平衡(Stable Equilibrium);

(3) 当浮心 D 在重心 C 之下时(见图 2-26(c)),潜体在去掉外力后 P_z 和 G 组成的力偶能使潜体继续翻转,这种情况下的平衡称为不稳定平衡(Unstable Equilibrium)。

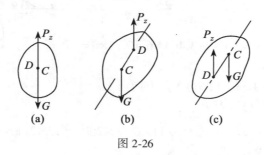

图 2-26

由此可见,要想潜体(如潜艇)处于稳定状态,就必须使重心位于其浮心之下。

2.7.3 浮体的平衡及稳定性

浮体的平衡条件与潜体相同,但它们的稳定性条件是不相同的。

潜体的平衡及稳定性要求重力 G 与浮力 P_z 大小相等,作用在同一铅垂线上,且重心 C 位于浮心 D 之下。

对于浮体,P_z 与 G 相等是自动满足的,这是物体漂浮的必然结果。但是浮体的浮心 D 和其重心 C 的相对位置对于浮体的稳定性,并不像潜体那样,一定要求重心在浮心之下,即使重心在浮心之上也仍有可能稳定。这是因为浮体倾斜后,浮体浸没在液体中的那部分形状改变了,浮心的位置也随之变动,在一定条件下,有可能出现扶正力矩(Restoring Couple),使得浮体仍可保持其稳定性。

图 2-27 为一对称浮体。通过浮心 D 和重心 C 的连线称为浮轴(Floating Axle),在正常情况下,浮轴是铅垂的。当浮体受到某种外力作用(如风吹、浪击等)而发生倾斜时,浮体浸没在液体部分的形状有了改变,从而使浮心 D 的位置移至 D'。此时,通过 D' 的浮力 P_z' 的作用线与浮轴相交于 M 点,称为定倾中心(Metacenter);定倾中心 M 到原浮心 D 的距离称为定倾半径(Metacentric Radius),以 ρ 表示;重心 C 与原浮心 D 的距离称为偏心距,以 e 表示。当浮体倾斜角 α 不太大($\alpha < 10°$)的情况下,在实用上,可近似认为 M 点在浮轴上的位置是不变的。

浮体倾斜后能否恢复到原平衡位置,取决于重心 C 与定倾中心 M 的相对位置。如图 2-27(a) 所示,浮体倾斜后 M 点高于 C 点,即 $\rho > e$,重力 G 与倾斜后的浮力 P_z' 产生扶正力矩,使浮体恢复到原来的平衡位置,这种情况称为稳定平衡。反之,如图 2-27(b) 所示,M 点低于 C 点,即 $\rho < e$,G 与 P_z' 产生一倾覆力矩,使浮体更趋于倾倒,这种情况称为不稳定平衡。当浮体倾斜后,M 点与 C 点重合,即 $\rho = e$,G 与 P_z' 不会产生力矩,此种情况称为随遇平衡。由此可见,浮体保持稳定的条件是:定倾中心 M 高于重心 C,即定倾半径 ρ 大于偏心距 e。

对于重心不变的对称浮体,当浮体的形状和重量一定时,重心与浮心之间的偏心距也就确定了,因而浮体的稳定与否要视定倾半径 ρ 的大小而定。下面讨论确定定倾半径 ρ 的方法。

如图 2-27(a) 所示,浮体倾斜一微小角度 α 以后,浮心 D 移动了一个水平距离 l 至 D'。

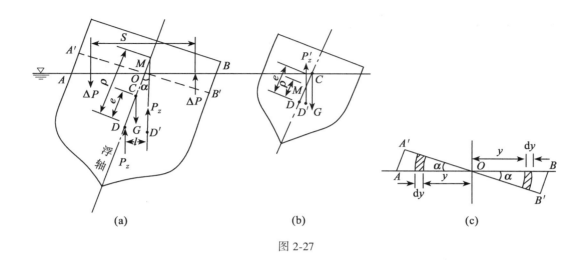

图 2-27

从图 2-27 中知,

$$\rho = \frac{l}{\sin\alpha} \tag{2-37}$$

式中, l 的大小可以通过对浮体倾斜前后所受浮力的分析求得。浮体倾斜后所受浮力 P_z' 可以看成是原浮力 P_z 减去浮出部分 AOA' 失去的浮力,再加上新浸没部分 BOB' 所增加的浮力。根据阿基米德原理知,图中的三棱体 AOA' 与 BOB' 的体积相等,故浮体倾斜后失去的与增加的浮力亦相等,均以 ΔP 表示,则有 $P_z' = P_z + \Delta P - \Delta P$。利用理论力学中的合力矩定理,对原浮心 D 取矩,得:

$$P_z' l = P_z \cdot 0 + \Delta P \cdot S$$

故

$$l = \frac{\Delta P \cdot S}{P_z'} = \frac{\Delta P \cdot S}{\gamma V_P} \tag{2-38}$$

式中, S 为图中两三棱体形心之间的水平距离; V_P 为浮体所排开的液体体积(即浮体的压力体体积)。

从图 2-27 知,当浮体倾斜角 α 较小时,三棱体的微小体积 $\mathrm{d}V$(见图 2-27(c)中阴影处)所受的浮力为:

$$\mathrm{d}P = \gamma \mathrm{d}V = \gamma \cdot \alpha y \cdot L \cdot \mathrm{d}y = \gamma \cdot \alpha y \mathrm{d}A$$

式中, L 为浮体纵向长度; $\mathrm{d}A = L \cdot \mathrm{d}y$ 为原浮面(即浮体与液面相交的平面)上的微小面积,根据合力矩定理,将三棱体所受浮力对 O 取矩,得:

$$\Delta P \cdot S = \int_A y \mathrm{d}P = \gamma\alpha \int_A y^2 \mathrm{d}A = \gamma\alpha J \tag{2-39}$$

式中, $J = \int_A y^2 \mathrm{d}A$ 为全部浮面面积 A 对其中心纵轴 O-O(即浮体倾斜时绕其转动的轴)的惯性矩。

将式(2-38)、(2-39)代入式(2-37),得定倾半径为:

$$\rho = \frac{J}{V_P} \frac{\alpha}{\sin\alpha}$$

当浮体倾斜角 α 比较小($\alpha < 10°$)时,$\alpha \approx \sin\alpha$,上式成为:

$$\rho = \frac{J}{V_P} \qquad\qquad (2\text{-}40)$$

由此可见,浮体定倾半径 ρ 的大小与浮面对中心纵轴 $O\text{-}O$ 的惯性矩 J 及浮体所排开的液体体积 V_P 有关。求出定倾半径 ρ 以后,将其与偏心距 e 比较,便可判明浮体是否稳定。

以上讨论的是浮体的横向稳定性问题,浮体的纵向稳定性远较其横向稳定性高,一般不必再做检算。

例 2-5   一沉箱长度 $L = 8\text{m}$,宽度 $b = 4\text{m}$,重 $G = 1\,000\text{kN}$,重心 C 距底 1.95m(见图2-28)。试校核该沉箱漂浮时的稳定性。

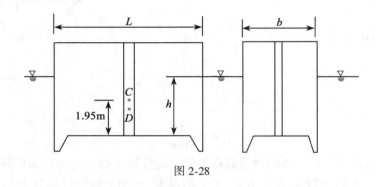

图 2-28

解:设沉箱在水面上漂浮时的吃水深度为 h,则据阿基米德原理有:

$$G = \gamma V_P = \gamma Lbh$$

故

$$h = \frac{G}{\gamma Lb} = \frac{1\,000}{9.8 \times 8 \times 4} = 3.19\text{m}$$

沉箱浮心 D 距底为 $\dfrac{h}{2} = \dfrac{3.19}{2} = 1.60\text{m}$,则偏心距为:

$$e = CD = 1.95 - 1.60 = 0.35\text{m}$$

定倾半径为:

$$\rho = \frac{J}{V_P} = \frac{\dfrac{1}{12}Lb^3}{Lbh} = \frac{b^2}{12h} = \frac{4^2}{12 \times 3.19} = 0.42\text{m}$$

因 $\rho > e$,故沉箱漂浮时是稳定的。

习   题

2-1   一封闭盛水容器如题 2-1 图所示,U 形管测压计液面高于容器液面 $h = 1.5\text{m}$,求容器液面的相对压强 p_0。

2-2   一封闭水箱如题 2-2 图所示,金属测压计测得的压强值为 4 900Pa(相对压强),测压计中心比 A 点高 0.5m,而 A 点在液面下 1.5m。求液面的绝对压强及相对压强。

2-3   一密闭贮液罐,在边上 8.0m 高度处装有金属测压计,其读数为 57.4kPa;另在高度

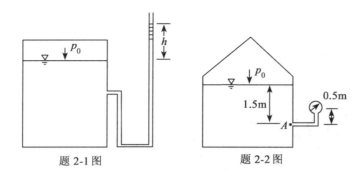

题 2-1 图　　　　　　　　　　题 2-2 图

为 5.0m 处也安装了金属测压计,读数为 80.0kPa。求该贮液罐内液体的重度 γ 和密度 ρ。

2-4　题 2-4 图所示为量测容器中 A 点压强的真空计。已知 $z=1$m,$h=2$m,求 A 点的真空值 p_v 及真空度 h_v。

2-5　一直立煤气管道如题 2-5 图所示。在底部测压管中测得水柱差 $h_1=100$mm,在 H $=20$m 高度处的测压管中测得水柱差 $h_2=115$mm,管外空气重度 $\gamma_a=12.6$N/m^3,求管中静止煤气的重度 γ。

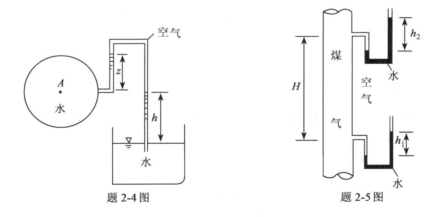

题 2-4 图　　　　　　　　　　题 2-5 图

2-6　根据复式水银测压计(见题 2-6 图)所示读数:$z_1=1.8$m,$z_2=0.8$m,$z_3=2.0$m,$z_4=$ 0.9m,$z_A=1.5$m,$z_0=2.5$m,求压力水箱液面的相对压强 p_0(水银的重度 $\gamma_p=133.28$kN/m^3)。

2-7　题 2-7 图所示,给水管路出口阀门关闭时,试确定管路中 A、B 两点的测压管高度和测压管水头。

2-8　题 2-8 图所示,水压机的大活塞直径 $D=0.5$m,小活塞直径 $d=0.2$m,$a=0.25$m,$b=$ 1.0m,$h=0.4$m,试求当外加压力 $P=200$N 时,A 块受力为多少(活塞重力不计)?

2-9　绘出题 2-9 图所示 AB 壁面上的相对压强分布图。

2-10　设有一密闭盛水容器的水面压强为 p_0,试求该容器作自由落体运动时,容器内水的压强分布规律。

2-11　一洒水车以等加速度 $a=0.98$m/s^2 向前平驶,如题 2-11 图所示。试求车内自由液面与水平面间的夹角 α;若 A 点的运动前位于 $x_A=-1.5$m,$z_A=-1.0$m,试求 A 点的相对压强 p_A。

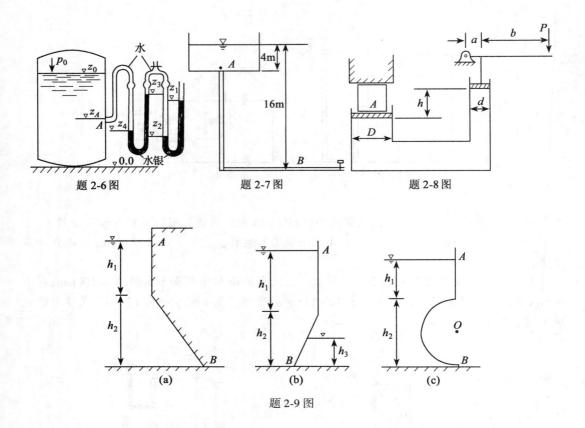

题 2-6 图　　　　　题 2-7 图　　　　　题 2-8 图

题 2-9 图

2-12　题 2-12 图所示一圆柱形敞口容器绕其中心轴作等角速度旋转,已知直径 $D =$ 30cm,高 $H = 50$cm,原水深 $h = 30$cm,试求当水恰好升到容器顶边时的转速 n。

2-13　一矩形闸门的位置和尺寸如题 2-13 图所示,闸门上缘 A 处设转轴,下缘连接铰链以备开闭。若忽略闸门自重及转轴摩擦力,求开启闸门所需的拉力 T。

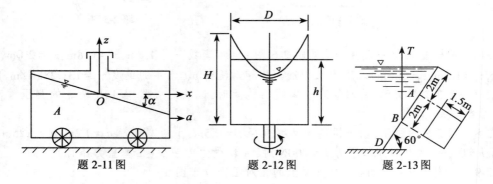

题 2-11 图　　　　　题 2-12 图　　　　　题 2-13 图

2-14　如题 2-14 图所示一矩形闸门两边受到水的压力,左边水深 $h_1 = 3.0$m,右边水深 $h_2 = 2.0$m,闸门与水平面成 $\alpha = 45°$ 倾斜角,假定闸门宽度 $b = 1$m,试求作用在闸门上的静水总压力及其作用点。

2-15　设一受两种液压的平板 ab 如题 2-15 图所示,其倾角 $\alpha = 60°$,上部油深 $h_1 = 1.0$m,

下部水深 $h_2 = 2.0\text{m}$，油的重度 $\gamma_p = 8.0\text{kN/m}^3$，试求作用在平板 ab 单位宽度上的液体总压力及其作用点位置。

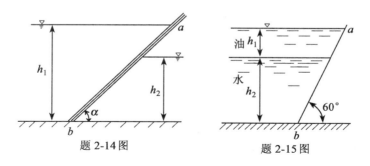

题 2-14 图　　　　　　　　题 2-15 图

2-16　题 2-16 图所示绕铰链 O 转动的倾角 $\alpha = 60°$ 的自动开启式矩形闸门，当闸门左侧水深 $h_1 = 2\text{m}$，右侧水深 $h_2 = 0.4\text{m}$ 时，闸门自动开启，试求铰链至水闸下端的距离 x。

2-17　题 2-17 图所示一矩形闸门，已知 a 及 h，求证 $H > a + \dfrac{14}{15}h$ 时，闸门可自动打开。

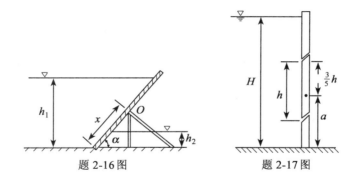

题 2-16 图　　　　　　　　题 2-17 图

2-18　题 2-18 图所示一圆柱，其左半部在水作用下，受有浮力 P_z，问圆柱在该浮力作用下能否绕其中心轴转动不息?

2-19　试绘出题 2-19 图(a)、(b)所示的 AB 曲面上的压力体。

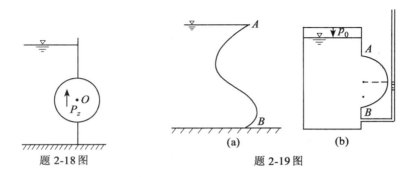

题 2-18 图　　　　　　　　题 2-19 图

2-20　一扇形闸门如题 2-20 图所示，宽度 $b = 1.0\text{m}$，圆心角 $\alpha = 45°$，闸门挡水深 $h = 3\text{m}$，试求水对闸门的作用力的大小及方向。

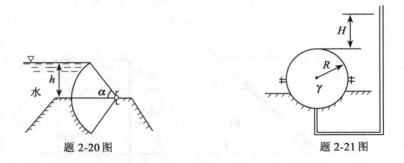

题 2-20 图   题 2-21 图

2-21　如题 2-21 图所示一球形容器由两个半球铆接而成,铆钉有 n 个,内盛重度为 γ 的液体,求每一铆钉所受的拉力。

2-22　如题 2-22 图所示一跨湖抛物线形单跨拱桥,已知两岸桥基相距 9.1m,拱桥矢高 f =2.4m,桥宽 b=6.4m,当湖水上涨后,水面高过桥基 1.8m。假定桥拱不漏水,试求湖水上涨后作用在拱桥上的静水总压力。

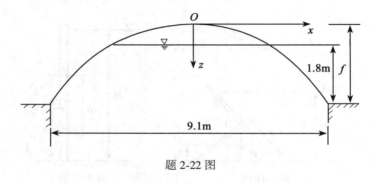

题 2-22 图

2-23　一矩形平底船如题 2-23 图所示,已知船长 L=6m,船宽 b=2m,载货前吃水深度 h_0=0.15m,载货后吃水深度 h=0.8m,若载货后船的重心 C 距船底 h'=0.7m,试求货物重量 G,并校核平底船的稳定性。

2-24　如题 2-24 图所示半径 R=2m 的圆柱体桥墩,埋设在透水土层内,其基础为正方形,边长 a=4.3m,厚度 b=2m,水深 h=6m。试求作用在桥墩基础上的静水总压力。

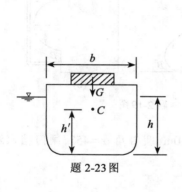

题 2-23 图

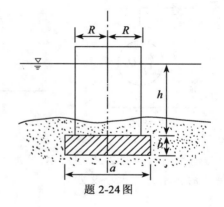

题 2-24 图

第3章 水动力学基础

本章研究液体机械运动的基本规律及其在工程中的初步应用。根据物理学和理论力学中的质量守恒定律、牛顿运动定律及动量定理等,建立水动力学的基本方程,为以后各章的学习奠定理论基础。

液体的机械运动规律也适用于流速远小于音速(约 340 m/s)的低速运动气体。因为当气体的运动速度不大于约 50m/s 时,其密度变化率不超过 1%,这种情况下的气体也可视为不可压缩流体,其运动规律与液体相同。

研究液体的运动规律,也就必须确定描述液体运动状态的物理量,如速度、加速度、压强、切应力等运动要素随空间与时间的变化规律以及相互关系。

由于实际液体存在粘性,使得水流运动分析十分复杂,所以水力学通常先以忽略粘性的理想液体为研究对象,然后进一步研究实际液体。在某些工程实际问题中,也常有将实际液体近似地按理想液体估算的先例。

3.1 描述液体运动的两种方法

描述液体运动的方法有拉格朗日(J.L.Lagrange)法和欧拉(L.Euler)法两种。

3.1.1 拉格朗日法(Lagrangian View)

拉格朗日法是以液体运动质点为对象,研究这些质点在整个运动过程中的轨迹(称为迹线)以及运动要素(Kinematic Parameter)随时间变化的规律。每个质点运动状况的总和就构成了整个液体的运动。所以,这种方法与一般力学中研究质点与质点系运动的方法是一样的。

用拉格朗日法描述液体的运动时,运动坐标不是独立变量,设某质点在初始时刻 $t = t_0$ 时的空间坐标为 a、b、c(称为起始坐标),则它在任意时刻 t 的运动坐标 x、y、z 可表示为确定这个质点的起始坐标与时间变量的函数,即

$$\left. \begin{array}{l} x = x(a,b,c,t) \\ y = y(a,b,c,t) \\ z = z(a,b,c,t) \end{array} \right\} \tag{3-1}$$

式中,变量 a、b、c、t 统称为拉格朗日变量。显然,对于不同的质点,起始坐标 a、b、c 是不同的。根据式(3-1),将某质点运动坐标时间历程描绘出来就得到该质点的迹线(Trace)。

在直角坐标中,给定质点在 x、y、z 方向的流速分量 u_x、u_y、u_z 可通过求相应的运动坐标对时间的一阶偏导数得到,即

$$u_x = \frac{\partial x}{\partial t}$$
$$u_y = \frac{\partial y}{\partial t} \Bigg\}$$
$$u_z = \frac{\partial z}{\partial t}$$

(3-2)

给定质点在 x、y、z 方向的加速度分量 a_x、a_y、a_z，可通过求相应的流速分量对时间的一阶偏导，或求相应的运动坐标对时间的二阶偏导得到，即

$$a_x = \frac{\partial u_x}{\partial t} = \frac{\partial^2 x}{\partial t^2}$$
$$a_y = \frac{\partial u_y}{\partial t} = \frac{\partial^2 y}{\partial t^2} \Bigg\}$$
$$a_z = \frac{\partial u_z}{\partial t} = \frac{\partial^2 z}{\partial t^2}$$

(3-3)

由于液体质点的运动轨迹非常复杂，用拉格朗日法分析流动，在数学上会遇到很多的困难，同时实用上一般也不需要知道给定质点的运动规律，所以除少数情况外（如研究波浪运动），水力学通常不采用这种方法，而是采用较简便的欧拉法。

3.1.2 欧拉法 (Eulerian View)

欧拉法是把液体当做连续介质，以充满运动质点的空间——流场 (Flow field) 为对象，研究各时刻流场中不同质点运动要素的分布与变化规律，而不直接追踪给定质点在某时刻的位置及其运动状况。

用欧拉法描述液体运动时，运动要素是空间坐标 x、y、z 与时间变量 t 的连续可微函数，其中变量 x、y、z、t 统称为欧拉变量。因此，各空间点的流速所组成的流速场可表示为：

$$u_x = u_x(x,y,z,t)$$
$$u_y = u_y(x,y,z,t) \Bigg\}$$
$$u_z = u_z(x,y,z,t)$$

(3-4)

各空间点的压强所组成的压强场可表示为：

$$p = p(x,y,z,t)$$

(3-5)

加速度应是速度对时间的全导数。注意到式(3-4)中 x、y、z 是液体质点在 t 时刻的运动坐标，对同一质点来说，它们不是独立变量，而是时间变量 t 的函数。根据复合函数求导规则，得：

$$a_x = \frac{\mathrm{d}u_x}{\mathrm{d}t} = \frac{\partial u_x}{\partial t} + \frac{\partial u_x}{\partial x} \cdot \frac{\mathrm{d}x}{\mathrm{d}t} + \frac{\partial u_x}{\partial y} \cdot \frac{\mathrm{d}y}{\mathrm{d}t} + \frac{\partial u_x}{\partial z} \cdot \frac{\mathrm{d}z}{\mathrm{d}t}$$

式中

$$\frac{\mathrm{d}x}{\mathrm{d}t} = u_x ; \quad \frac{\mathrm{d}y}{\mathrm{d}t} = u_y ; \quad \frac{\mathrm{d}z}{\mathrm{d}t} = u_z$$

将它们代入上式得：

$$a_x = \frac{\mathrm{d}u_x}{\mathrm{d}t} = \frac{\partial u_x}{\partial t} + u_x \frac{\partial u_x}{\partial x} + u_y \frac{\partial u_x}{\partial y} + u_z \frac{\partial u_x}{\partial z}$$

$$a_y = \frac{\mathrm{d}u_y}{\mathrm{d}t} = \frac{\partial u_y}{\partial t} + u_x \frac{\partial u_y}{\partial x} + u_y \frac{\partial u_y}{\partial y} + u_z \frac{\partial u_y}{\partial z} \right\}$$ (3-6)

$$a_z = \frac{\mathrm{d}u_z}{\mathrm{d}t} = \frac{\partial u_z}{\partial t} + u_x \frac{\partial u_z}{\partial x} + u_y \frac{\partial u_z}{\partial y} + u_z \frac{\partial u_z}{\partial z}$$

式中,右边第一项 $\frac{\partial u_x}{\partial t}$、$\frac{\partial u_y}{\partial t}$、$\frac{\partial u_z}{\partial t}$ 表示通过固定点的液体质点速度随时间的变化率,称为当地加速度;等号右边后三项反映了在同一时刻因地点变更而形成的加速度,称为迁移加速度。所以,用欧拉法描述液体运动时,液体质点的加速度应是当地加速度与迁移加速度之和。例如,由水箱侧壁开口并接出一根收缩管(见图 3-1),水经该管流出。由于水箱中的水位逐渐下降,收缩管内同一点的流速随时间不断减小;另一方面,由于管段收缩,同一时刻收缩管内各点的流速又沿程增加(理由见 3.3 节)。前者引起的加速度就是当地加速度(在本例中为负值),后者引起的加速度就是迁移加速度(在本例中为正值)。

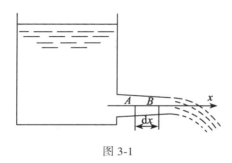

图 3-1

3.2 欧拉法的几个基本概念

3.2.1 恒定流与非恒定流(Steady Flow and Unsteady Flow)

液体运动可分为恒定流与非恒定流两类。若流场中所有空间点上一切运动要素都不随时间改变,这种流动称为恒定流。否则,就叫做非恒定流。例如,图 3-1 中水箱里的水位不恒定时,水流中各点的流速与压强等运动要素随时间而变化,这样的流动就是非恒定流。若设法使箱内水位保持恒定,则液体的运动就成为恒定流。

恒定流中一切运动要素只是坐标 x、y、z 的函数,而与时间 t 无关,因而恒定流中

$$\frac{\partial u_x}{\partial t} = \frac{\partial u_y}{\partial t} = \frac{\partial u_z}{\partial t} = \frac{\partial p}{\partial t} = 0$$ (3-7)

恒定流中当地加速度等于零,但迁移加速度可以不等于零。

恒定流与非恒定流相比较,欧拉变量中少了一个时间变量 t,因而问题要简单得多。在实际工程中,不少非恒定流问题的运动要素随时间非常缓慢地变化,或者是在一段时间内运动要素的平均值几乎不变,此时可近似地把这种流动当做恒定流处理。另外,有些非恒定流

经改变坐标系后可变成恒定流。例如,船在静止的河水中等速直线行驶时,船两侧的水流对于岸上的人看来(即对于固结于岸上的坐标系来说)是非恒定流,但对于站在船上的人看来(即对于固结于船上的坐标系来讲)则是恒定流,它相当于船不动,而远处水流以与船相反的方向等速流过来。

3.2.2　一元流、二元流与三元流(One-, Two- and Three-Dimensional Flow)

恒定流与非恒定流是根据欧拉变量中的时间变量对运动要素有无影响来分类的。若考查运动要素与坐标变量的关系,液体的流动可分为一元流、二元流与三元流。若运动要素是三个空间坐标的函数,这种流动就称为三元流;若是二个坐标(不限于直角坐标)的函数,就叫做二元流;若是一个坐标(如沿流动方向的坐标)的函数,就叫做一元流。

液体一般在三元空间中流动。例如,水在断面形状与大小沿程变化的天然河道中的流动、水对船体的绕流等,这类流动属于三元流。

若液体在平行平面间流动,而且在与这些平面垂直的方向上各点的流动状态相同,则称为平面流动。平面流动就属于二元流动。例如,水在非常宽阔的矩形渠道中流动,远离侧边的与 xz 平面平行的诸铅垂面上(见图 3-2 中 a-a、b-b、c-c 断面)的流动就是直角坐标系中的二元流动。在这些平面上运动要素与直角坐标中的 y 无关,而只是 x、z 的函数。又如,实际液体在圆截面(轴对称)管道中的流动(见图 3-3),运动要素只是柱坐标中 r、x 的函数,而与 θ 角无关,这也是二元流动。其断面流速分布如图所示,由于液体的粘性及对管壁的附着作用,紧靠管壁的液体质点的流速等于零,而管道轴上的液体质点因受管壁的影响最小,故流速最大,中间是过渡状态。

若考虑流道(管道或渠道)中实际液体运动要素的断面平均值(见图 3-4),则运动要素只是曲线坐标 s 的函数,这种流动属于一元流动。

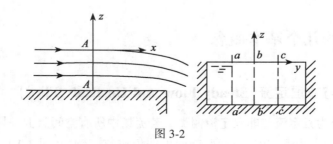

图 3-2

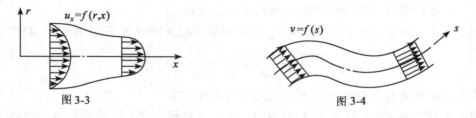

图 3-3　　　　　　　　　　　　　　　　图 3-4

显然,坐标变量越少,问题越简单。因此在工程问题中,在保证一定精度的条件下,尽可能将复杂的三元流动简化为二元流动乃至一元流动,求得它的近似解。在水力学中,经常运用一元分析法或总流分析法来解决管道与渠道中的许多流动问题。

3.2.3 流线,均匀流与非均匀流

1)流线(Streamline)

为了用欧拉法形象地描绘流速矢量场,可引进流线的概念。若某时刻在流速场中画出这样一条空间曲线,它上面所有液体质点的流速矢量都与这一曲线相切,这条曲线就称为该时刻的一条流线。因此,流线表明了某时刻流场中各点的流速方向。流线的作法如下:在流速场中任取一点 1(见图 3-5),绘出在某时刻通过该点的质点的流速矢量 u_1,再在该矢量上取距点 1 很近的点 2,标出同一时刻通过该处的质点的流速矢量 u_2,如此继续下去,得一折线 1、2、3、4、5、6……若折线上相邻各点的间距无限接近,其极限就是某时刻流速场中经过点 1 的流线。

在整个运动液体的空间可绘出一系列的流线,称为流线簇,流线簇构成的流线图称为流谱(见图 3-6)。不可压缩的液体中,流线簇的疏密程度反映了流场各点的速度大小。流线密集的地方流速大,而稀疏的地方速度小(理由见 3.3 节)。

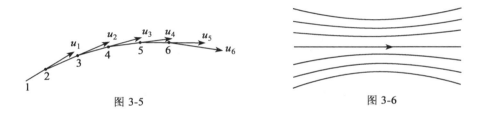

图 3-5   图 3-6

流线和迹线是两个完全不同的概念。非恒定流的流线与迹线不相重合,但恒定流的流线与迹线相重合。可利用图 3-5 作如下说明:设某时刻经过点 1 的质点的流速为 u_1,经 dt_1 时间该质点运动到无限接近的点 2 时,在恒定流条件下,仍以原来的流速 u_2 运动,于是经过 dt_2 时间,它必然到达点 3,如此继续下去,则曲线 1-2-3… 即为迹线。而前面已说明此曲线为流线,因此,液体质点的运动迹线在恒定流时与流线相重合。

根据流线的定义可得到流线的微分方程:设 ds 为流线的微元长度,u 为质点在该点的流速,因两者重合,故流线方程应满足

$$ds \times u = 0$$

在直角坐标系中,即

$$\begin{vmatrix} \boldsymbol{i} & \boldsymbol{j} & \boldsymbol{k} \\ dx & dy & dz \\ u_x & u_y & u_z \end{vmatrix} = 0$$

式中,$\boldsymbol{i}$、$\boldsymbol{j}$、$\boldsymbol{k}$ 分别是 x、y、z 方向的单位矢量。展开后得到流线的微分方程为:

$$\frac{dx}{u_x} = \frac{dy}{u_y} = \frac{dz}{u_z} \tag{3-8}$$

流速分量 u_x、u_y、u_z 是坐标 x、y、z 与时间 t 的函数,这里 t 是以参数形式出现的。非恒定流时,因流场中各点的流速矢量随时间变化,因此,流线在不同时刻有不同的形状;反之,恒定流的流线形状与位置不随时间改变。

43

例 3-1　已知流速场为：

$$u_x = \frac{Cx}{x^2 + y^2}, u_y = \frac{Cy}{x^2 + y^2}, u_z = 0$$

式中, C 为常数,求流线方程。

解： 由式(3-8),

$$\frac{dx}{\dfrac{Cx}{x^2+y^2}} = \frac{dy}{\dfrac{Cy}{x^2+y^2}}$$

化简为：
$$\frac{dx}{x} = \frac{dy}{y}$$

积分得：
$$\ln x + \ln C_1 = \ln y$$

则
$$y = C_1 x$$

此外,由 $u_z = 0$,得：
$$dz = 0$$

则
$$z = C_2$$

因此,流线为 xOy 平面上的一簇通过原点的直线(见图 3-7)。这种流动称为平面点源流动($C > 0$ 时) 或平面点汇流动($C < 0$ 时)。

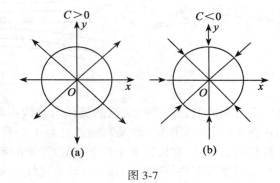

图 3-7

2)流线的性质

①恒定流的流线形状不随时间变化,非恒定流的流线形状随时间变化;

②恒定流的流线与迹线重合,非恒定流的流线与迹线不重合;

③流线一般不会相交,也不会转折(驻点除外)。

推论:过流场中一点,只能引一条流线。

3)均匀流与非均匀流(Uniform Flow and Nonuniform Flow)

根据流线形状不同,可将液体流动分为均匀流与非均匀流两种。若诸流线是平行直线,这种流动就称为均匀流;否则,称为非均匀流。例如,液体在等截面直管中的流动,或液体在断面形状与尺寸沿程不变的直长渠道中的流动都是均匀流。若液体在收缩管、扩散管或弯管中的流动以及液体在断面形状或尺寸沿程变化的渠道中的流动都形成非均匀流。在均匀流中,位于同一流线上各质点的流速大小和方向均相同,而在非均匀流中的情况与上述相反。

均匀流与恒定流、非均匀流与非恒定流是两种不同的概念。恒定流的当地加速度等于零,而均匀流的迁移加速度等于零。所以,液体的流动分为恒定均匀流、恒定非均匀流、非恒定非均匀流和非恒定均匀流四种情况。在明渠流中,由于存在自由液面,所以一般不存在非恒定均匀流这一情况。

根据流线的概念还可引入以下几个重要的概念。

3.2.4 流管、元流、总流、过水断面、流量与断面平均流速

1) 流管(Streamtube)

在流场中画出任一微小封闭曲线 l(不是流线),它所围的面积为无限小,经该曲线上各点作流线,这些流线所构成的封闭管状面称为流管(见图 3-8(a))。根据流线的性质,在各个时刻,液体质点只能在流管内部或沿流管表面流动,而不能穿破流管。

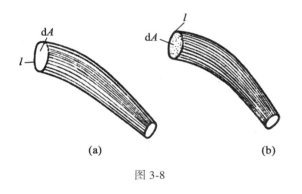

图 3-8

2) 元流(Filament)

流管所包含的液流称为元流或微小流束(见图 3-8(b))。因恒定流时,流线的形状与位置不随时间改变,故恒定流时,流管及元流的形状与位置也不随时间改变。

3) 总流(Total Flow)

具有一定边界和规模的实际流动称为总流。总流可视为无数个元流之和。

4) 过水断面(Cross Section)

与元流或总流正交的横断面称为过水断面。过水断面不一定是平行面,流线互不平行的非均匀流过水断面是曲面;流线相互平行的均匀流过水断面才是平面(见图 3-9)。

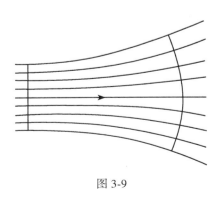

图 3-9

总流的过水断面面积 A 等于无数元流的过水断面面积 $\mathrm{d}A$ 之和。

元流的过水断面面积为无限小,断面上各点的运动要素,如流速、压强等,在同一时刻可认为是相同的,而总流的过水断面上各点的运动要素一般是不同的。

5) 流量(Discharge)

单位时间内通过过水断面的液体体积称为流量,以 Q 表示。流量的单位是米³/秒($\mathrm{m^3/s}$)或升/秒($\mathrm{L/s}$)等,量纲为 $[\mathrm{L^3T^{-1}}]$。

因为元流过水断面上各点的速度在同一时刻可认为是相同的,而过水断面又与流速矢量正交,所以元流的流量为:

$$\mathrm{d}Q = u\mathrm{d}A \tag{3-9}$$

而总流的流量等于所有元流的流量之和,即

$$Q = \int_A \mathrm{d}Q = \int_A u\mathrm{d}A \tag{3-10}$$

若流速 u 在过水断面上的分布已知,则可通过积分求得通过该过水断面的流量。

一般流量指的是体积流量,但有时也引用重量流量(γQ)与质量流量(ρQ),它们分别表示单位时间通过过水断面的液体重量与质量。重量流量的单位为牛/秒($\mathrm{N/s}$)或牛/小时($\mathrm{N/h}$)等,质量流量的单位为千克/秒($\mathrm{kg/s}$)或千克/小时($\mathrm{kg/h}$)等。

6) 断面平均流速(Mean Velocity)

一般断面流速分布不易确定,此时可根据积分中值定理引进断面平均流速 v 确定,积分式(3-10)得:

$$\int_A u\mathrm{d}A = vA = Q \tag{3-11}$$

这就是说,假定总流过水断面上流速按 v 值均匀分布,由此算得的流量 vA 应等于实际流量 Q。其几何解释是:以底为 A、高为 v 的柱形体积等于流速分布曲线与过水断面所围的体积 $\int_A u\mathrm{d}A$(见图 3-10)。显然

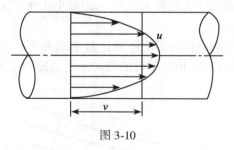

图 3-10

$$v = \frac{\int_A u\mathrm{d}A}{A} = \frac{Q}{A} \tag{3-12}$$

从上述分析可知,引进断面平均流速后可将实际三元或二元问题简化为一元问题,这就是一元分析法或总流分析法(参见图 3-4)。

3.3　连续性方程(Continuity Equation)

液体一元流动的连续方程是水力学的一个基本方程,它是质量守恒原理在水力学中的应用。

从总流中任取一段(见图 3-11),其进口过水断面 1-1,面积为 A_1,出口过水断面 2-2,面积为 A_2;再从中任取一元流,其进口过水断面面积为 dA_1,流速为 u_1,出口过水断面面积为 dA_2,流速为 u_2。考虑到:

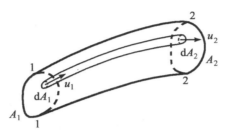

图 3-11

(1)在恒定流条件下,元流的形状与位置不随时间改变;

(2)不可能有液体经元流侧面流进或流出;

(3)液体是连续介质,元流内部不存在空隙。

根据质量守恒原理,单位时间内流进 dA_1 的质量等于流出 dA_2 的质量,因元流过水断面很小,可认为 ρu 均布,即

$$\rho_1 u_1 dA_1 = \rho_2 u_2 dA_2 = 常数 \tag{3-13}$$

对于不可压缩的液体,密度 $\rho_1 = \rho_2 =$常数,则有:

$$u_1 dA_1 = u_2 dA_2 = dQ \tag{3-14}$$

这就是元流的连续性方程。它表明,不可压缩元流的流速与其过水断面面积成反比,因而流线密集的地方流速大,而流线稀疏的地方流速小。

总流是无数个元流之和,将元流的连续性方程在总流过水断面上积分可得总流的连续性方程:

$$\int dQ = \int_{A1} u_1 dA_1 = \int_{A2} u_2 dA_2$$

引入断面平均流速后成为:

$$v_1 A_1 = v_2 A_2 = Q \tag{3-15}$$

这就是不可压缩恒定总流的连续性方程,它在形式上与元流的连续性方程相似。应注意的是,总流是以断面平均流速 v 代替点流速 u。式(3-15)表明,不可压缩液体的恒定总流中,任意两过水断面,其平均流速与过水断面面积成反比。

连续性方程是不涉及任何作用力的方程,所以,它无论对于理想液体或实际液体都适用。

连续性方程不仅适用于恒定流条件下,而且在边界固定的管流中,即使是非恒定流,对

于同一时刻的两过水断面仍然适用。当然,非恒定管流中流速与流量都要随时间改变。

上述总流的连续性方程是在流量沿程不变的条件下导得的。若沿程有流量汇入或分出,则总流的连续性方程在形式上需做相应的修正。如图 3-12 所示的情况:

$$Q_1 = Q_2 + Q_3 \tag{3-16}$$

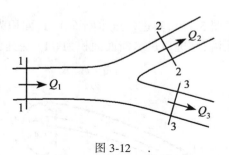

图 3-12 .

例 3-2　直径 d 为 $100(\text{mm})$ 的输水管道中有一变截面管段(见图 3-13),若测得管内流量 Q 为 $10(\text{l}/\text{s})$,变截面弯管段最小截面处的断面平均流速 $v_0 = 20.3(\text{m}/\text{s})$,求输水管的断面平均流速 v 及最小截面处的直径 d_0。

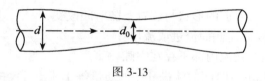

图 3-13

解: 由式(3-12)得:

$$v = \frac{Q}{\frac{1}{4}\pi d^2} = \frac{10 \times 10^{-3}}{\frac{1}{4} \times 3.14 \times 0.1^2} = 1.27\text{m}/\text{s}$$

根据式(3-15)得:

$$d_0^2 = \frac{v}{v_0}d^2 = \frac{1.27}{20.3} \times 0.1^2 = 0.000\,626$$

故
$$d_0 = 0.025\,0\text{m} = 25\text{mm}$$

3.4　连续性微分方程(Differential Equation of Continuity)

将质量守恒原理应用于流场中的微元空间,可导得三元流动的连续性微分方程。

假定液体连续地充满着整个流场,从中任取一个以 $O'(x,y,z)$ 点为中心的微分六面体(见图 3-14),边长为 $\text{d}x$、$\text{d}y$、$\text{d}z$,分别平行于坐标轴 x、y、z。设某时刻通过 O' 点的液体质点的三个流速分量为 u_x、u_y、u_z,将它们按泰勒级数展开,并略去高阶小量,可得到该时刻通过六面体的六个表面中心点的质点流速。例如,沿 x 方向通过左表面中心点 M 的流速等于:

$$u_x - \frac{1}{2}\frac{\partial u_x}{\partial x}\text{d}x$$

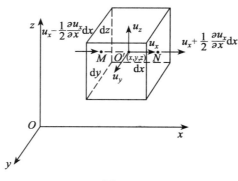

图 3-14

通过右表面中心点 N 的流速等于:

$$u_x + \frac{1}{2}\frac{\partial u_x}{\partial x}\mathrm{d}x$$

再分析在单位时间内通过六面体的质量变化。因为六面体无限小,可认为其各表面上的流速为均匀分布,所以单位时间流进左表面的质量为:

$$\left[\rho u_x - \frac{1}{2}\frac{\partial(\rho u_x)}{\partial x}\mathrm{d}x\right]\mathrm{d}y\mathrm{d}z$$

单位时间流出右表面的质量为:

$$\left[\rho u_x + \frac{1}{2}\frac{\partial(\rho u_x)}{\partial x}\mathrm{d}x\right]\mathrm{d}y\mathrm{d}z$$

单位时间沿 x 方向流出与流进六面体的质量差为:

$$\left[\rho u_x + \frac{1}{2}\frac{\partial(\rho u_x)}{\partial x}\mathrm{d}x\right]\mathrm{d}y\mathrm{d}z - \left[\rho u_x - \frac{1}{2}\frac{\partial(\rho u_x)}{\partial x}\mathrm{d}x\right]\mathrm{d}y\mathrm{d}z = \frac{\partial(\rho u_x)}{\partial x}\mathrm{d}x\mathrm{d}y\mathrm{d}z$$

同理,单位时间沿 y 方向及 z 方向,流出与流进六面体的质量差为:

$$\frac{\partial(\rho u_y)}{\partial y}\mathrm{d}x\mathrm{d}y\mathrm{d}z$$

与

$$\frac{\partial(\rho u_z)}{\partial z}\mathrm{d}x\mathrm{d}y\mathrm{d}z$$

若液体是连续的,则根据质量守恒原理,单位时间内流出与流入六面体的质量差应等于六面体内因密度变化而减少的质量,即

$$\left[\frac{\partial(\rho u_x)}{\partial x} + \frac{\partial(\rho u_y)}{\partial y} + \frac{\partial(\rho u_z)}{\partial z}\right]\mathrm{d}x\mathrm{d}y\mathrm{d}z = -\frac{\partial\rho}{\partial t}\mathrm{d}x\mathrm{d}y\mathrm{d}z$$

整理得:

$$\frac{\partial\rho}{\partial t} + \frac{\partial(\rho u_x)}{\partial x} + \frac{\partial(\rho u_y)}{\partial y} + \frac{\partial(\rho u_z)}{\partial z} = 0 \qquad (3\text{-}17)$$

这就是连续性微分方程的一般形式。

对于恒定流,$\frac{\partial\rho}{\partial t} = 0$, 式(3-17)成为:

$$\frac{\partial(\rho u_x)}{\partial x} + \frac{\partial(\rho u_y)}{\partial y} + \frac{\partial(\rho u_z)}{\partial z} = 0 \tag{3-18}$$

对于均匀不可压缩的液体，ρ = 常数，式(3-17)成为：

$$\frac{\partial u_x}{\partial x} + \frac{\partial u_y}{\partial y} + \frac{\partial u_z}{\partial z} = 0 \tag{3-19}$$

这就是运动液体的连续性微分方程。方程(3-19)给出了通过一固定空间点液体的三个流速分量之间的关系，它表明：对于不可压缩液体，单位时间单位体积空间内流出与流入的液体体积之差等于零，即液体体积守恒。

不可压缩液体的连续性微分方程(3-19)对于理想液体或实际液体都适用。

液体总流的连续性方程还可通过液体的连续性微分方程对总流体积积分导得。设总流1—1—2—2—1 中的体积为 V(见图 3-11)，其微分体积为 dV，则有：

$$\int_V \left[\frac{\partial u_x}{\partial x} + \frac{\partial u_y}{\partial y} + \frac{\partial u_z}{\partial z} \right] dV = 0$$

假定总流的表面积为 S，其微面积为 dS，根据数学分析中的奥斯特洛格拉斯基-高斯(Отроградский-Gauss)定理，则有

$$\int_V \left[\frac{\partial u_x}{\partial x} + \frac{\partial u_y}{\partial y} + \frac{\partial u_z}{\partial z} \right] dV = \int_s u_n dS$$

式中，u_n 为总流表面的法向分速度。

则

$$\int_s u_n dS = 0$$

对于总流的形状不随时间改变的流动，注意到总流侧面上的法向流速等于零，而过水断面上的流速即法向流速，则上式成为：

$$\int_{A2} u_2 dA_2 - \int_{A1} u_1 dA_1 = 0$$

式中，第一项为正值是因为 u_2 与 A_2 的外法向一致，而第二项取负值是因为 u_1 与 A_1 的外法向相反。

利用断面平均流速的概念，上式可改写为：

$$v_1 A_1 = v_2 A_2 = Q = 常数$$

得到总流的连续性方程(3-15)。

3.5　理想液体的运动微分方程(Euler's Equation of Motion)

运用牛顿第二运动定律，可导得理想液体三元流动的运动微分方程。

从运动的理想液体中，任取一个以 $O'(x,y,z)$ 点为中心的微分六面体，边长为 dx、dy、dz，分别平行于坐标轴 x、y、z(见图 3-15)，它与推导连续性微分方程时所取的微分六面体不同，微分体不是代表固定空间，而是代表一个运动质点(微团)。

设 $O'(x,y,z)$ 点的流速分量为 u_x、u_y、u_z；对于理想液体，表面力中不存在切应力，而只有动水压强，它是空间点坐标与时间变量的单值可微函数，故可设 O' 点的动水压强为 $p(x,y,z,t)$。

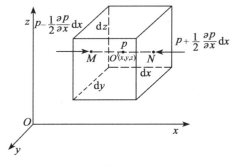

图 3-15

作用于理想液体微分六面体的外力有表面力与质量力,根据牛顿第二运动定律,作用于六面体的外力在某轴方向投影的代数和,等于该液体质量乘以在同轴方向的加速度 $\sum \boldsymbol{F} = m\boldsymbol{a}$。 x 轴方向有:

$$\left(p - \frac{1}{2}\frac{\partial p}{\partial x}\mathrm{d}x\right)\mathrm{d}y\mathrm{d}z - \left(p + \frac{1}{2}\frac{\partial p}{\partial x}\mathrm{d}x\right)\mathrm{d}y\mathrm{d}z + X\rho\mathrm{d}x\mathrm{d}y\mathrm{d}z = \rho\mathrm{d}x\mathrm{d}y\mathrm{d}z\frac{\mathrm{d}u_x}{\mathrm{d}t}$$

两边除以 $\rho\mathrm{d}x\mathrm{d}y\mathrm{d}z$(即对单位质量而言),整理并顺及 y 轴和 z 轴方向得:

$$\left.\begin{array}{l} X - \dfrac{1}{\rho}\dfrac{\partial p}{\partial x} = \dfrac{\mathrm{d}u_x}{\mathrm{d}t} \\[2mm] Y - \dfrac{1}{\rho}\dfrac{\partial p}{\partial y} = \dfrac{\mathrm{d}u_y}{\mathrm{d}t} \\[2mm] Z - \dfrac{1}{\rho}\dfrac{\partial p}{\partial z} = \dfrac{\mathrm{d}u_z}{\mathrm{d}t} \end{array}\right\} \tag{3-20}$$

若将式(3-20)右侧按式(3-6)展开,得:

$$\left.\begin{array}{l} X - \dfrac{1}{\rho}\dfrac{\partial p}{\partial x} = \dfrac{\partial u_x}{\partial t} + u_x\dfrac{\partial u_x}{\partial x} + u_x\dfrac{\partial u_x}{\partial y} + u_z\dfrac{\partial u_x}{\partial z} \\[2mm] Y - \dfrac{1}{\rho}\dfrac{\partial p}{\partial y} = \dfrac{\partial u_y}{\partial t} + u_x\dfrac{\partial u_y}{\partial x} + u_x\dfrac{\partial u_y}{\partial y} + u_z\dfrac{\partial u_y}{\partial z} \\[2mm] Z - \dfrac{1}{\rho}\dfrac{\partial p}{\partial z} = \dfrac{\partial u_z}{\partial t} + u_x\dfrac{\partial u_z}{\partial x} + u_y\dfrac{\partial u_z}{\partial y} + u_z\dfrac{\partial u_z}{\partial z} \end{array}\right\} \tag{3-21}$$

方程(3-20)或方程(3-21)称为理想液体的运动微分方程,又称为欧拉运动微分方程。该方程对于恒定流或非恒定流,对于不可压缩流体或可压缩流体都适用。当液体平衡时,$\dfrac{\mathrm{d}u_x}{\mathrm{d}t} = \dfrac{\mathrm{d}u_y}{\mathrm{d}t} = \dfrac{\mathrm{d}u_z}{\mathrm{d}t} = 0$,则得欧拉平衡微分方程式。

欧拉运动微分方程只适用于理想液体。对于实际液体,需进一步考虑切应力的作用。实际液体的运动微分方程的一般形式称为纳维尔-斯托克斯(Navier-Stokes)方程。因其推导繁杂,因受学时所限,在此仅介绍所得结果,有兴趣的读者可参阅其他水力学教材。

$$X - \frac{1}{\rho} \frac{\partial p}{\partial x} + \nu \nabla^2 u_x = \frac{\mathrm{d}u_x}{\mathrm{d}t}$$

$$Y - \frac{1}{\rho} \frac{\partial p}{\partial y} + \nu \nabla^2 u_y = \frac{\mathrm{d}u_y}{\mathrm{d}t} \qquad (3\text{-}22)$$

$$Z - \frac{1}{\rho} \frac{\partial p}{\partial z} + \nu \nabla^2 u_z = \frac{\mathrm{d}u_z}{\mathrm{d}t}$$

式中，$\nabla^2 = \frac{\partial^2}{\partial x^2} + \frac{\partial^2}{\partial y^2} + \frac{\partial^2}{\partial z^2}$ 称为拉普拉斯（Laplace）算子符；ν 为液体的运动粘性系数；$\nu \nabla^2 u$ 表示切应力作用的粘性项。

3.6　理想液体运动微分方程的伯努利积分

对于不可压缩液体，理想液体运动微分方程中有 4 个未知数 u_x、u_y、u_z 与 p，它与连续性微分方程一起共 4 个方程，因而从原则上讲，理想液体运动微分方程是可解的。但由于它是一个一阶非线性的偏微分方程组（迁移加速度的三项中包含了未知函数与其偏导数的乘积），所以至今仍未能找到它的通解，只是在几种特殊情况下得到了它的特解。水力学中最常见的伯努利（D.Bernoulli）积分，是在以下具体条件下积分得到的。

（1）恒定流，此时　　　　　　　$\frac{\partial u_x}{\partial t} = \frac{\partial u_y}{\partial t} = \frac{\partial u_z}{\partial t} = 0$

因而　　　　　　　$\frac{\partial p}{\partial x}\mathrm{d}x + \frac{\partial p}{\partial y}\mathrm{d}y + \frac{\partial p}{\partial z}\mathrm{d}z = \mathrm{d}p$

（2）液体是均质不可压缩的，即 $\rho =$ 常数。

（3）质量力有势。设 $W(x,y,z)$ 为质量力的力势函数（见式(2-7)），则

$$X = \frac{\partial W}{\partial x}, Y = \frac{\partial W}{\partial y}, Z = \frac{\partial W}{\partial z}$$

对于恒定的有势质量力，

$$X\mathrm{d}x + Y\mathrm{d}y + Z\mathrm{d}z = \frac{\partial W}{\partial x}\mathrm{d}x + \frac{\partial W}{\partial y}\mathrm{d}y + \frac{\partial W}{\partial z}\mathrm{d}z = \mathrm{d}W$$

（4）沿流线积分（在恒定流条件下为沿迹线积分），此时

$$\frac{\mathrm{d}x}{\mathrm{d}t} = u_x, \frac{\mathrm{d}y}{\mathrm{d}t} = u_y, \frac{\mathrm{d}z}{\mathrm{d}t} = u_z$$

首先将欧拉运动微分方程(3-20)三式分别乘以 $\mathrm{d}x$、$\mathrm{d}y$、$\mathrm{d}z$，然后相加得：

$$(X\mathrm{d}x + Y\mathrm{d}y + Z\mathrm{d}z) - \frac{1}{\rho}\left(\frac{\partial p}{\partial x}\mathrm{d}x + \frac{\partial p}{\partial y}\mathrm{d}y + \frac{\partial p}{\partial z}\mathrm{d}z\right)$$

$$= \frac{\mathrm{d}u_x}{\mathrm{d}t}\mathrm{d}x + \frac{\mathrm{d}u_y}{\mathrm{d}t}\mathrm{d}y + \frac{\mathrm{d}u_z}{\mathrm{d}t}\mathrm{d}z$$

利用上述 4 个条件得：

$$\mathrm{d}W - \frac{1}{\rho}\mathrm{d}p = u_x\mathrm{d}u_x + u_y\mathrm{d}u_y + u_z\mathrm{d}u_z$$

$$= \frac{1}{2}\mathrm{d}(u_x^2 + u_y^2 + u_z^2) = \mathrm{d}\left(\frac{u^2}{2}\right)$$

因 $\rho =$ 常数,故上式可写成:

$$\mathrm{d}\left(W - \frac{p}{\rho} - \frac{u^2}{2}\right) = 0$$

积分得:

$$W - \frac{p}{\rho} - \frac{u^2}{2} = 常数 \tag{3-23}$$

这就是伯努利积分。它表明:对于不可压缩的理想液体,在有势的质量力作用下作恒定流时,在同一条流线上, $\left(W - \dfrac{p}{\rho} - \dfrac{u^2}{2}\right)$ 值保持不变。但对于不同的流线,伯努利积分常数一般是不同的。

3.7　伯努利方程(**Bernoulli's Equation**)

若作用在理想液体上的质量力只有重力,当 z 轴铅垂向上时,有:

$$W = - gz$$

将其代入式(3-23)得:

$$gz + \frac{p}{\rho} + \frac{u^2}{2} = 常数 \tag{3-24}$$

式(3-24)中各项是对单位质量而言,若各项除以 g ,则是对单位重量而言,注意到 $\gamma = \rho g$,则有:

$$z + \frac{p}{\gamma} + \frac{u^2}{2g} = C \tag{3-25}$$

对于同一流线的任意两点 1 与 2,式(3-25)可改写成:

$$z_1 + \frac{p_1}{\gamma} + \frac{u_1^2}{2g} = z_2 + \frac{p_2}{\gamma} + \frac{u_2^2}{2g} \tag{3-26}$$

这是理想元流的伯努利方程(又称为能量方程)。由于元流的过水断面面积无限小,流线是元流的极限状态,所以沿流线的伯努利方程也就是元流的伯努利方程。这一方程在水力学中极为重要,它反映了重力场中理想元流(或者说沿流线)作恒定流时,位置标高 z 、动水压强 p 与流速 u 之间的关系。

理想元流的伯努利方程还可简单地利用动能定理导得。1738 年伯努利本人就是这样得到的。

在理想液体中任取一段元流(见图 3-16)。进口过水断面为 1—1,面积为 $\mathrm{d}A_1$,形心距离某基准面 0—0 的铅垂高度为 z_1 ,流速为 u_1 ,动水压强为 p_1 ;而出口过水断面为 2—2,其相应的参数为 $\mathrm{d}A_2 、 z_2 、 u_2$ 与 p_2 。元流同一过水断面上各点的流速与动水压强可认为是均布的。

假定是恒定流,经过时间 $\mathrm{d}t$,所取流段从 1—2 位置变形运动到 1′—2′位置。1—1 断面与 2—2 断面移动的距离分别是:

$$\mathrm{d}l_1 = u_1\mathrm{d}t, \quad \mathrm{d}l_2 = u_2\mathrm{d}t$$

根据动能定理,运动液体的动能增量等于作用在它上面各力作功的代数和。其各项具体分析如下:

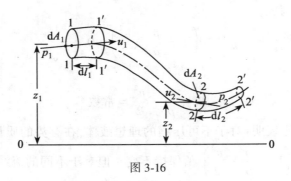

图 3-16

1)动能增量 dE_u

元流从 1—2 位置运动到 1′—2′ 位置,其动能增量 dE_u 在恒定流时等于 2—2′ 段动能与 1—1′ 段动能之差,因为恒定流时,公共部分 1′—2 段的形状与位置及其各点流速不随时间变化,因而其动能也不随时间变化。

根据质量守恒原理,2—2′ 段与 1—1′ 段的质量同为 dM,注意到对于不可压缩的液体, $\rho = \dfrac{\gamma}{g} = 常数$,$dQ = 常数$,于是

$$dE_u = dM\frac{u_2^2}{2} - dM\frac{u_1^2}{2} = dM\left(\frac{u_2^2}{2} - \frac{u_1^2}{2}\right)$$

$$= \rho dQ dt\left(\frac{u_2^2}{2} - \frac{u_1^2}{2}\right) = \gamma dQ dt\left(\frac{u_2^2}{2g} - \frac{u_1^2}{2g}\right)$$

2)重力做功 dA_G

对于恒定流,公共部分 1′—2 段的形状与位置不随时间改变,重力对它不做功。所以,元流以 1—2 位置运动到 1′—2′ 位置重力做功 dA_G 等于 1—1′ 段液体运动到 2—2′ 位置时重力所做的功,即

$$dA_G = dMg(z_1 - z_2) = \rho g dQ dt(z_1 - z_2)$$

$$= \gamma dQ dt(z_1 - z_2)$$

3)压力做功 dA_p

元流从 1—2 位置运动到 1′—2′ 位置时作用在过水断面 1—1 上的动力压力 $p_1 dA_1$ 与运动方向相同,做正功;作用在过水断面 2—2 上的动水压力 $p_2 dA_2$ 与运动方向相反,做负功;而作用在元流侧面上的动水压强与运动方向垂直,不做功。于是

$$dA_p = p_1 dA_1 dl_1 - p_2 dA_2 dl_2$$

$$= p_1 dA_1 u_1 dt - p_2 dA_2 u_2 dt = dQ dt(p_1 - p_2)$$

对于理想液体,不存在切应力,其做功为零。根据动能定理,

$$dE_u = dA_G + dA_p$$

将各项代入得:

$$\gamma dQ dt\left(\frac{u_2^2}{2g} - \frac{u_1^2}{2g}\right) = \gamma dQ dt(z_1 - z_2) + dQ dt(p_1 - p_2)$$

消去 $dQ dt$ 并整理得:

$$z_1 + \frac{p_1}{\gamma} + \frac{u_1^2}{2g} = z_2 + \frac{p_2}{\gamma} + \frac{u_2^2}{2g} \tag{3-27}$$

或

$$z + \frac{p}{\gamma} + \frac{u^2}{2g} = 常数 \tag{3-28}$$

3.8 理想元流伯努利方程的物理意义与几何意义

3.8.1 物理意义

理想元流伯努利方程中的三项分别表示单位重量液体的三种不同形式的能量。其中：

(1) z 为单位重量液体的位能(位置势能或重力势能)，这是因为重量为 Mg，高度为 z 的液体质点的位能是 Mgz。

(2) $\frac{p}{\gamma}$ 为单位重量液体的压能(压强势能)。压能是压强场中移动液体质点时压力做功而使液体获得的一种势能。可作如下说明:设想在运动液体中某点插入一根测压管，液体就会沿着测压管上升(见图 3-17)。若 p 是该点的相对压强，则液体的上升高度 $h = \frac{p}{\gamma}$。这说明压强具有做功的本领而使液体位置势能增加，所以压能是液体的一种势能形式。因为重量为 Mg 的液体质点，当它沿测压管上升后，相对压强由 p 变为零，它所做的功为 $Mgh = Mg\frac{p}{\gamma}$，所以单位重量液体的压能等于 $\frac{p}{\gamma}$。可见，p 为相

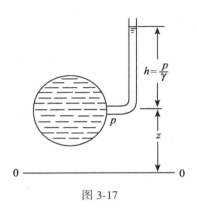

图 3-17

对压强时，$\frac{p}{\gamma}$ 是单位重量液体相对于大气压强(可认为大气压等于零)的压能。不言而喻，p 为绝对压强时，是单位重量液体相对于绝对真空的压能。

于是 $z + \frac{p}{\gamma}$ 是单位重量液体的势能，即位置势能与压强势能之和。

(3) $\frac{u^2}{2g}$ 为单位重量液体的动能，因重量为 Mg 的液体质点的动能是 $\frac{1}{2}Mu^2$。$z + \frac{p}{\gamma} + \frac{u^2}{2g}$ 是单位重量液体的总机械能。

理想元流的伯努利方程表明，对于同一恒定元流(或沿同一流线)，其单位重量液体的总机械能守恒。所以，伯努利方程体现了能量守恒原理，又称能量方程。

3.8.2 几何意义

理想元流伯努利方程的各项表示了某种高度，具有长度的量纲。

z 是元流过水断面上某点的位置高度(相对于某基准面)，称为位置水头(Elevation Head)。显然，其量纲为:

$$[z] = [L]$$

$\dfrac{p}{\gamma}$ 是压强水头(Pressure Head),p 为相对压强时,也即测压管高度,压强水头的量纲为:

$$\left[\frac{p}{\gamma}\right] = \frac{\left[MLT^{-2}/L^2\right]}{\left[MLT^{-2}/L^3\right]} = [L]$$

$\dfrac{u^2}{2g}$ 称为流速水头(Velocity Head),也即液体以速度 u 垂直向上喷射到空中时所达到的高度(不计阻力)。流速水头的量纲为:

$$\left[\frac{u^2}{2g}\right] = \frac{[L/T]^2}{[L/T^2]} = [L]$$

通常 p 为相对压强,此时 $z + \dfrac{p}{\gamma}$ 称为测压管水头(Piezometric Head),以 H_p 表示,而 $z + \dfrac{p}{\gamma} + \dfrac{u^2}{2g}$ 叫做总水头(Total Head),以 H 表示。所以总水头与测压管水头之差等于流速水头。

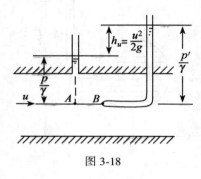

图 3-18

流速水头或流速可利用下面装置实测。如图 3-18 所示,在运动液体(如管流)中放置一根测速管,它是弯成直角的两端开口的细管,一端正对来流,置于测定点 B 处,另一端垂直向上。B 点的运动质点由于测速管的阻滞因而流速等于零,动能全部转化为压能,使得测速管中液面升高为 $\dfrac{p'}{\gamma}$。B 点称为滞止点或驻点。另一方面,在 B 点上游同一水平流线上相距很近的 A 点未受测速管的影响,流速为 u,其测压管高度 $\dfrac{p}{\gamma}$ 可通过同一过水断面壁上的测压管测定。应用恒定流理想液体沿流线的伯努利方程于 A、B 两点,有:

$$\frac{p}{\gamma} + \frac{u^2}{2g} = \frac{p'}{\gamma}$$

得:

$$\frac{u^2}{2g} = \frac{p'}{\gamma} - \frac{p}{\gamma} = h_u \tag{3-29}$$

由此说明了流速水头等于测速管与测压管的液面差 h_u。这是流速水头几何意义的另一种解释。则

$$u = \sqrt{2g\frac{p'-p}{\gamma}} = \sqrt{2gh_u} \tag{3-30}$$

根据这个原理,可将测压管与测速管组合制成一种测定点流速的仪器,称为皮托(H.Pitot)管。其构造如图 3-19 所示,其中与前端迎流孔相通的是测速管,与侧面顺流孔(一般有 4 至 8 个)相通的是测压管。考虑到实际液体从前端小孔至侧面小孔的粘性效应,还有毕托管放入后对流场的干扰,以及前端小孔实测到的测速管高度 $\dfrac{p'}{\gamma}$ 不是一点的值,而是小孔截面的平均值,所以使用时应引入修正系数 ζ,即

$$u = \zeta \sqrt{2g \frac{p' - p}{\gamma}} = \zeta \sqrt{2gh_u} \tag{3-31}$$

式中,ζ 值由实验测定,通常接近于 1。

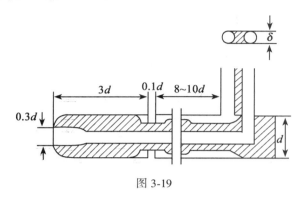

图 3-19

3.9 实际元流的伯努利方程

由于实际液体具有粘性,在流动过程中须克服内摩擦阻力做功,消耗一部分机械能,使之不可逆地转变为热能等能量形式而耗散掉,因而液流的机械能沿程减小。设 h'_w 为元流单位重量液体从 1—1 过水断面流至 2—2 过水断面的机械能损失,称为元流的水头损失(Head Loss)。根据能量守恒原理,实际液体元流的伯努利方程应为:

$$z_1 + \frac{p_1}{\gamma} + \frac{u_1^2}{2g} = z_2 + \frac{p_2}{\gamma} + \frac{u_2^2}{2g} + h'_w \tag{3-32}$$

显然,水头损失 h'_w 也具有长度的量纲:$[h'_w] = [L]$。

实际元流的伯努利方程中各项及总水头、测压管水头的沿程变化可用几何曲线来表示。

设想元流各过水断面放置测压管与测速管,各测压管液面的连线称为测压管水头线(Pressure Head Line),记为 PHL;而各测速管液面的连线称为总水头线(Total Head Line),记为 THL(见图 3-20)。这两条线清晰地显示了液流三种能量及其组合的沿程变化过程。

由于实际液体在流动中总机械能沿程减小,所以实际液体的总水头线总是沿程下降的;而测压管水头线可能下降、水平或上升,这取决于水头损失及动能与势能相互转化的情况。

实际元流之总水头线沿程下降的快慢可用总水头线的坡度 J 表示,称为水力坡度(Energy Slope),它表示单位重量液体沿元流单位长度的能量损失,即

$$J = -\frac{\mathrm{d}H}{\mathrm{d}L} = \frac{\mathrm{d}h'_w}{\mathrm{d}L} \tag{3-33}$$

式中,$\mathrm{d}L$ 为元流的微元长度;$\mathrm{d}H$ 为单位重量液体在 $\mathrm{d}L$ 长度上的总机械能(总水头)增量;$\mathrm{d}h'_w$ 为相应长度的单位重量液体的能量损失(水头损失)。式(3-33)引入负号是因总水头线总是沿程下降的,引入负号后使 J 永为正值。测压管水头线沿程的变化可用测压管坡度 J_p 表示,它是单位重量液体沿元流单位长度的势能减少量,即

$$J_p = -\frac{\mathrm{d}H_p}{\mathrm{d}L} = -\frac{\mathrm{d}\left(z + \frac{p}{\gamma}\right)}{\mathrm{d}L} \tag{3-34}$$

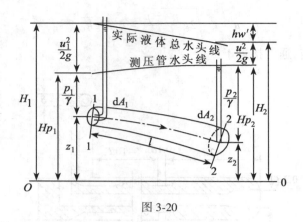

图 3-20

式中,$\mathrm{d}H_p = \mathrm{d}\left(z + \dfrac{p}{\gamma}\right)$ 为元流微元长度单位重量液体的势能增量。按上述定义,测压管水头线下降时 J_p 为正,上升时为负。

3.10 实际总流的伯努利方程

3.10.1 渐变流过水断面上的动水压强分布规律

液体的流动可分为渐变流(Gradually Varied Flow)与急变流(Rapidly Varied Flow)两类。渐变流(又称为缓变流)是指诸流线接近于平行直线的流动(见图 3-21)。这就是说,各流线的曲率很小(即曲率半径 R 很大),而且流线间的夹角 β 也很小;否则,就称为急变流。渐变流与急变流没有明确的界限,往往由边界条件决定。另外,渐变流的极限情况是流线为平行直线的均匀流。

渐变流过水断面具有以下两个性质:

(1)渐变流过水断面近似为平面;

(2)恒定渐变流过水断面上,动水压强的分布与静水压强的分布规律相同。现就均匀流情况证明如下:在均匀流过水断面上、任意两相邻流线间取微小柱体,长为 $\mathrm{d}n$,底面积为 $\mathrm{d}A$(见图 3-22)。分析该柱体所受轴线方向的作用力:上下底面的压强 p 与 $p + \mathrm{d}p$;柱体自重沿轴线方向的投影 $\gamma \mathrm{d}A\mathrm{d}n\cos\alpha$,其中 α 为重力与轴线的夹角;侧面上的动水压强在轴向投影为 0,侧面上的摩擦力 $\tau_n = \mu \dfrac{\mathrm{d}u_n}{\mathrm{d}x} = 0$;两底面上的摩擦力在轴线方向投影为零。

在均匀流条件下惯性力可略去不计。

根据达朗伯原理,沿轴线方向的各作用力与惯性力之代数和等于零,即

$$pdA - (p + \mathrm{d}p)dA + \gamma \mathrm{d}A\mathrm{d}n\cos\alpha = 0$$

注意到

$$\mathrm{d}n\cos\alpha = -\mathrm{d}z$$

化简为:

$$\mathrm{d}p + \gamma \mathrm{d}z = 0$$

积分得:

$$z + \frac{p}{\gamma} = C \tag{3-35}$$

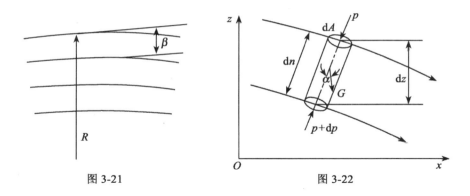

图 3-21   图 3-22

式(3-35)说明了均匀流同一过水断面上的动水压强按静压规律分布,但是对于不同的过水断面,常数 C 一般是不同的。应该指出,因为渐变流是一种近似的均匀流,所以渐变流过水断面的动水压强也符合静压分布规律。

3.10.2 实际总流的伯努利方程

前面已经得到了实际元流的伯努利方程(3-32),但要解决实际工程问题,还需通过在过水断面上积分把它推广到总流。将式(3-32)各项乘以 $\gamma \mathrm{d}Q$,得到单位时间内通过元流两过水断面的全部液体的能量关系式为:

$$\left(z_1 + \frac{p_1}{\gamma} + \frac{u_1^2}{2g}\right)\gamma \mathrm{d}Q = \left(z_2 + \frac{p_2}{\gamma} + \frac{u_2^2}{2g}\right)\gamma \mathrm{d}Q + h_w^{'}\gamma \mathrm{d}Q$$

注意到 $\mathrm{d}Q = u_1 \mathrm{d}A_1 = u_2 \mathrm{d}A_2$,在总流过水断面上积分,得到通过总流两过水断面的能量关系为:

$$\int_{A1}\left(z_1 + \frac{p_1}{\gamma} + \frac{u_1^2}{2g}\right)\gamma u_1 \mathrm{d}A_1 = \int_{A2}\left(z_2 + \frac{p_2}{\gamma} + \frac{u_2^2}{2g}\right)\gamma u_2 \mathrm{d}A_2 + \int_{Q} h_w^{'}\gamma \mathrm{d}Q$$

可分写成:

$$\gamma \int_{A1}\left(z_1 + \frac{p_1}{\gamma}\right) u_1 \mathrm{d}A_1 + \gamma \int_{A2} \frac{u_1^3}{2g}\mathrm{d}A_1$$

$$= \gamma \int_{A2}\left(z_1 + \frac{p_2}{\gamma}\right) u_2 \mathrm{d}A_2 + \gamma \int_{A2} \frac{u_2^3}{2g}\mathrm{d}A_2 + \int_{1-1}^{2-2} h_w^{'}\gamma \mathrm{d}Q \tag{3-36}$$

式(3-36)共有三种类型的积分,现分别确定如下:

(1) $\gamma \int_{A}\left(z + \dfrac{p}{\gamma}\right) u \mathrm{d}A$ 是单位时间内通过总流过水断面的液体势能。若将过水断面取在渐变流上,则

$$\gamma \int_{A}\left(z + \frac{p}{\gamma}\right) u \mathrm{d}A = \gamma\left(z + \frac{p}{\gamma}\right) \int_{A} u \mathrm{d}A$$

$$= \gamma\left(z + \frac{p}{\gamma}\right) vA = \left(z + \frac{p}{\gamma}\right)\gamma Q \tag{3-37}$$

(2) $\gamma \int_{A} \dfrac{u^2}{2g}\mathrm{d}A$ 是单位时间通过总流过水断面的液体动能。由于流速 u 在总流过水断面

上的分布一般难以确定,故可根据积分中值定理,且用断面平均流速 v 来表示实际动能,令 $u^3 = \alpha v^3$,则

$$\gamma \int_A \frac{u^3}{2g} \mathrm{d}A = \frac{\gamma}{2g}\alpha v^3 A = \frac{\alpha v^2}{2g}\gamma Q \qquad (3\text{-}38)$$

因为按断面平均流速计算的动能与实际动能存在差异,所以需要引入动能修正系数 α(实际动能与按断面平均流速计算的动能之比值)。α 值取决于总流过水断面上的流速分布,α 一般大于 1。流速分布较均匀时,$\alpha = 1.05 \sim 1.10$,流速分布不均匀时,α 值较大,甚至可达到 2(见 5.4 节)或更大。在工程计算中,常取 $\alpha = 1$。

(3)$\displaystyle\int_{1-1}^{2-2} h_w' \gamma \mathrm{d}Q$ 是单位时间总流过水断面 1—1 与 2—2 之间的机械能损失,同样可用单位重量液体在这两断面间的平均能量损失(称为总流的水头损失)h_w 来表示,则

$$\int_{1-1}^{2-2} h_w' \gamma \mathrm{d}Q = h_w \gamma Q \qquad (3\text{-}39)$$

将式(3-37)、式(3-38)与式(3-39)一起代入式(3-36),注意到 $Q_1 = Q_2 = Q$,再两边除以 γQ,则得:

$$z_1 + \frac{p_1}{\gamma} + \frac{\alpha_1 v_1^2}{2g} = z_2 + \frac{p_2}{\gamma} + \frac{\alpha_2 v_2^2}{2g} + h_w \qquad (3\text{-}40)$$

这就是实际总流的伯努利方程(能量方程)。它在形式上类似于实际元流的伯努利方程,只是以断面平均流速 v 代替点流速 u(相应地考虑动能修正系数 α),以平均水头损失 h_w 代替元流的水头损失 h_w'。总流伯努利方程的物理意义和几何意义与元流的伯努利方程相类似。

综上所述,总流伯努利方程在推导过程中的限制条件可归纳如下:

(1)恒定流;

(2)不可压缩流体;

(3)质量力限有重力;

(4)所选取的两过水断面必须是平均势能已知的渐变流断面,但两过水断面间的流动可以是急变流;

(5)总流的流量沿程不变。若在两断面间有流量分出(如图 3-12 所示的情况)或汇入,因总流的伯努利方程是对单位重量液体而言的,因而这种情况下只需计入相应的能量损失,该方程仍可近似应用。当两断面间有连续的流量分出或汇入,为沿程变量流。沿程变量流的伯努利方程则具有另外的形式;

(6)两过水断面间除了水头损失以外,总流没有能量的输入或输出。但当总流在两断面间通过水泵、风机或水轮机等流体机械时,流体额外地获得或失去能量,则总流的伯努利方程应作如下的修正:

$$z_1 + \frac{p_1}{\gamma} + \frac{\alpha_1 v_1^2}{2g} \pm H_m = z_2 + \frac{p_2}{\gamma} + \frac{\alpha_2 v_2^2}{2g} + h_w \qquad (3\text{-}41)$$

式中, $+ H_m$ 表示单位重量流体流经水泵、风机所获得的能量; $- H_m$ 表示单位重量流体流经水轮机所失去的重量。

最后补充说明几点:

(1)选取渐变流过水断面是运用伯努利方程解题的关键,应将渐变流过水断面取在已

知参数较多的断面上,并使伯努利方程含有所要求的未知数。

（2）过水断面上的计算点原则上可任意取,因为断面上各点势能 $z + \dfrac{p}{\gamma} =$ 常数,而且断面上各点平均动能 $\dfrac{\alpha v^2}{2g}$ 相同。为方便起见,通常对于管流取在管轴线上,明渠流取在自由液面上。

（3）方程中动水压强 p_1 与 p_2 原则上可取绝对压强,也可取相对压强,但对同一问题必须采用相同的标准。在一般水力计算中,以取相对压强为宜。

（4）位置水头的基准面可任选,但对于两个过水断面必须选取同一基准面,通常使 $z \geqslant 0$。

下面举例说明总流伯努利方程的应用。

例 3-3 自流管从水库取水(见图 3-23),已知 $H = 12\mathrm{m}$,管径 $d = 100(\mathrm{mm})$,水头损失 $h_w = 8\dfrac{v^2}{2g}$,求自流管流量 Q。

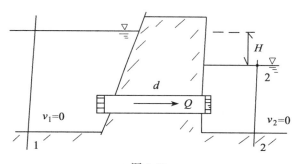

图 3-23

解:（1）基准面(下游水面);

（2）渐变流端断面(见图 3-23);

（3）代表点:水面。

建立能量方程:

$$z_1 + \frac{p_1}{\gamma} + \frac{\alpha_1 v_1^2}{2g} = z_2 + \frac{p_2}{\gamma} + \frac{\alpha_2 v_2^2}{2g} + h_w$$

$$H + O + O = O + O + O + h_w$$

$$H = h_w = 8\frac{v^2}{2g}, \qquad h_w = 8\frac{v^2}{2g}$$

$$v = 5.42\mathrm{m/s}, \; Q = vA = 42.6\mathrm{L/s}$$

例 3-4 如图断面突然缩小管道,已知 $d_1 = 200\mathrm{mm}$, $d_2 = 150\mathrm{mm}$, $Q = 50\mathrm{L/s}$,水银比压计读数 $h = 500\mathrm{mmHg}$,求 h_w。

解:（1）基准面(任取);

（2）渐变流端断面(见图 3-24);

（3）代表点(管轴线)。

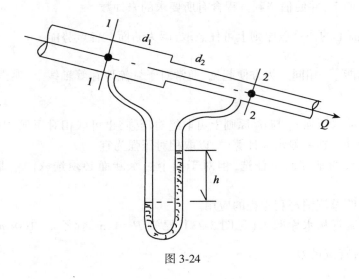

图 3-24

建立能量方程：

$$z_1 + \frac{p_1}{\gamma} + \frac{\alpha_1 v_1^2}{2g} = z_2 + \frac{p_2}{\gamma} + \frac{\alpha_2 v_2^2}{2g} + h_w$$

（1）由连续方程：

$$v_1 = \frac{Q}{A_1} = 1.59\text{m/s}, \qquad \frac{v_1^2}{2g} = 0.129\text{m}$$

$$v_2 = \frac{Q}{A_2} = 2.83\text{m/s}, \qquad \frac{v_2^2}{2g} = 0.408\text{m}$$

（2）由水银比压计公式得：

$$\left(z_1 + \frac{p_1}{\gamma}\right) - \left(z_2 + \frac{p_2}{\gamma}\right) = \frac{\gamma' - \gamma}{\gamma} h = 12.6h = 0.63\text{m}$$

代入能量方程

$$h_w = \left(z_1 + \frac{p_1}{\gamma} + \frac{\alpha_1 v_1^2}{y}\right) - \left(z_2 + \frac{p_2}{\gamma} + \frac{\alpha_2 v_2^2}{y}\right)$$

取 $\quad \alpha_1 \approx \alpha_2 \approx \alpha \approx 1.0$

$h_w = 0.35\text{m}$

3.11　恒定总流的动量方程

恒定总流的动量方程是继总流的连续性方程与伯努利方程之后，研究液体一元流动的又一基本方程，统称为水力学三大方程。

工程实践中往往需要计算运动液体与固体边壁间的相互作用力，若利用伯努利方程，通过确定接触面上的压强分布与切应力分布而后积分的方法求解，则计算比较复杂，特别是当有些流动的水头损失以及压强与切应力分布难以确定时无法求解。为此，需要利用动量方程。该方程将运动液体与固体边壁间的作用力直接与运动液体的动量变化联系起来,它的优点是不必知道流动范围内部的流动过程,而只需知道端面上的流动状况。

恒定总流的动量方程是根据理论力学动量定理导得的。这一定理可表述为:物体的动量变化率 $\dfrac{\mathrm{d}K}{\mathrm{d}t}$ 等于所受外力的合力 F, 即

$$\frac{\mathrm{d}K}{\mathrm{d}t} = \frac{\mathrm{d}(\sum mu)}{\mathrm{d}t} = F$$

它是个矢量方程,同时方程中不出现内力。

从恒定总流中任取一束元流(见图 3-25),初始时刻在 1—2 位置,经 $\mathrm{d}t$ 时段运动到 1′—2′ 位置,设通过过水断面 1—1 与 2—2 的流速分别为 u_1 与 u_2。

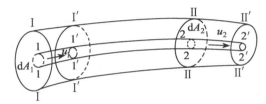

图 3-25

$\mathrm{d}t$ 时段内元流的动量增量 $\mathrm{d}K$ 等于 1′—2′ 段与 1—2 段液体各质点动量的矢量和之差,由于恒定流公共部分 1′—2 段的形状与位置及其动量不随时间改变,因而元流段的动量增量等于 2—2′ 段动量与 1′—1 段动量的矢量差。根据质量守恒原理,2—2′ 段的质量与 1′—1 段的质量相等(设为 $\mathrm{d}M$), 则元流的动量增量为:

$$\mathrm{d}K = \mathrm{d}Mu_2 - \mathrm{d}Mu_1 = \mathrm{d}M(u_2 - u_1)$$

对于不可压缩的液体,$\mathrm{d}Q_1 = \mathrm{d}Q_2 = \mathrm{d}Q$, 故

$$\mathrm{d}K = \rho \mathrm{d}Q \mathrm{d}t(u_2 - u_1)$$

根据动量定理,得恒定元流的动量方程为:

$$\rho \mathrm{d}Q(u_2 - u_1) = F \tag{3-42}$$

式中, F 是作用在元流段 1—2 上外力的合力。

再建立恒定总流的动量方程。总流的动量变化 $\sum \mathrm{d}K$ 等于所有元流的动量变化之矢量和,若将总流段端断面取在渐变流上,则 $\mathrm{d}t$ 时间段总流的动量变化等于元流积分,

$$\sum \mathrm{d}K = \int_{A2} \rho \mathrm{d}Q \mathrm{d}t u_2 - \int_{A1} \rho \mathrm{d}Q \mathrm{d}t u_1$$

$$= \rho \mathrm{d}t \left(\int_{A2} u_2 u_2 \mathrm{d}A_2 - \int_{A1} u_1 u_1 \mathrm{d}A_1 \right)$$

由于流速 u 在过水断面上的分布一般难以确定,故用断面平均流速 v 来计算总流的动量增量,得:

$$\sum \mathrm{d}K = \rho \mathrm{d}t(\beta_2 v_2 v_2 A_2 - \beta_1 v_1 v_1 A_1)$$

按断面平均流速计算的动量 $\rho v^2 A$ 与实际动量存在差异,为此需要修正。因断面 1—1 与断面 2—2 是渐变流过水断面,即 v 方向与各点 u 方向几乎相同,则可引入动量修正系数 β(实际动量与按断面平均流速计算的动量的比值)。β 值总是大于 1。β 值决定于总流过水断面

的流速分布,一般渐变流动的 $\beta = 1.02 \sim 1.05$,但有时可达到 1.33(见 5.4 节) 或更大,工程上常取 $\beta = 1$。

注意到
$$v_1 A_1 = v_2 A_2 = Q , 则$$
$$\sum \mathrm{d}K = \rho Q \mathrm{d}t(\beta_2 v_2 - \beta_1 v_1)$$

根据质点系的动量定理,对于总流有 $\dfrac{\sum \mathrm{d}K}{\mathrm{d}t} = \sum F$,得:

$$\rho \int_{A2} u_2 u_2 \mathrm{d}A_2 - \rho \int_{A1} u_1 u_1 \mathrm{d}A_1 = \sum F \tag{3-43}$$

或
$$\rho Q(\beta_2 v_2 - \beta_1 v_1) = \sum F \tag{3-44}$$

式中, $\sum F$ 是作用在总流段 1—2 上所有外力的合力。

现在用欧拉法研究液体的流动,可认为单位时间内恒定总流的动量变化等于不随流体一起运动的封闭曲面 Ⅰ—Ⅰ—Ⅱ—Ⅱ—Ⅰ 内在该时段的动量变化(流出动量与流入动量之差),这一封闭曲面称为控制面。相应地, $\sum F$ 应等于作用在该控制面内所有液体质点的质量力(对于惯性坐标系即为重力) $\sum F_m$ 与作用在该控制面上所有表面力 $\sum F_s$ 的合力,即

$$\sum F = \sum F_m + \sum F_s \tag{3-45}$$

恒定总流的动量方程(3-43)或方程(3-44)表明,总流作恒定流动时,单位时间控制面内总流的动量变化(流出与流入的动量之差)等于作用在该控制面内所有液体质点的质量力与作用在该控制面上的表面力的合力。

恒定流动的动量方程不仅适用于理想液体,而且也适用于实际液体。

实际上,即使是非恒定流,只要流体在控制面内的动量不随时间改变(如泵与风机中的流动),这一方程仍可适用。

用动量方程解题的关键在于如何选取控制面,一般应将控制面的一部分取在运动液体与固体边壁的接触面上,另一部分取在渐变流过水断面上,并使控制面封闭。

因动量方程是矢量方程,故在实用上是利用它在某坐标系上的投影式进行计算的。为方便起见,应使有的坐标轴垂直于不要求的作用力或动量(速度)。写投影式时,应注意各项的正负号。

例 3-5　水流从喷嘴中水平射向一相距不远的静止固体壁面,接触壁面后分成两股并沿其表面流动,其水平图如图 3-26 所示。设固壁及其表面液流对称于喷嘴的轴线,若已知喷嘴出口直径 $d = 40\mathrm{mm}$,喷射流量 $Q = 0.025\ 2\mathrm{m}^3/\mathrm{s}$,求液流偏转角 θ 分别等于 $60°$、$90°$ 与 $180°$时射流对固壁的冲击力 R,并比较它们的大小。

解:利用总流的动量方程计算液体射流对固壁的冲击力。取渐变流过水断面 0—0、1—1 与 2—2 以及液流边界面所围的封闭曲面为控制面。

流入与流出控制面的流速以及作用在控制面上的表面力如图所示,其中 R' 是固壁对液流的作用力,即为所求射流对固壁冲击力 R 的反作用力。因固壁及表面的液流对称于喷嘴的轴线,故 R' 位于喷嘴轴线上。控制面四周大气压强的作用因相互抵消而不需计及。同时,因只研究水平面上的液流,故与其正交的重力也不必考虑。

为方便起见,选喷嘴轴线为 x 轴(设向右为正)。若略去水平面上液流的能量损失,则由总流的伯努利方程得:

$$v_1 = v_2 = v_0 = \frac{Q}{\frac{1}{4}\pi d^2} = \frac{0.025\,2}{\frac{1}{4}\times 3.14 \times 0.04^2} = 20 \text{m/s}$$

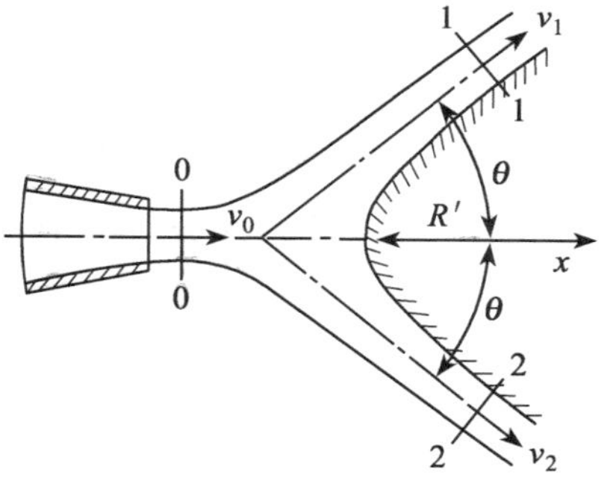

因液流对称于 x 轴,故 $Q_1 = Q_2 = Q/2$。取 $\beta_1 = \beta_2 = 1$,规定动量及力的投影与坐标轴同向为正,反向为负。总流的动量方程(3-44)在 x 轴上的投影为:

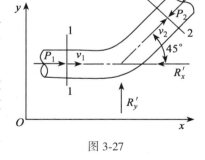

图 3-26

$$\frac{\rho Q}{2}v_0\cos\theta + \frac{\rho Q}{2}v_0\cos\theta - \rho Q v_0 = -R'$$

得: $$R' = \rho Q v_0 (1 - \cos\theta) \qquad (3\text{-}46)$$

而 $R = -R'$,即两者大小相等,方向相反。

由式(3-46)得:

当 $\theta = 60°$ 时(固壁凸向射流),

$$R = R' = 1\,000 \times 0.025\,2 \times 20 \times 1(1 - \cos 60°) = 252 \text{N}$$

当 $\theta = 90°$ 时(固壁为垂直平面),

$$R = R' = 1\,000 \times 0.025\,2 \times 20 \times 1(1 - \cos 90°) = 504 \text{N}$$

当 $\theta = 180°$ 时(固壁凹向射流),

$$R = R' = 1\,000 \times 0.025\,2 \times 20 \times 1(1 - \cos 180°) = 1\,008 \text{N}$$

由此可见,三种情况以 $\theta = 180°$ 时(固壁凹向射流)的 R 值最大。斗叶式水轮机的叶片开状就是根据这一原理设计的,以求获得最大的冲击力与输出功率。当然,此时叶片并不固定而作圆周运动,有效作用力应由相对速度所决定。

例 3-6 管路中一段水平放置的等截面弯管,直径 $d = 200$(mm),弯角为 $45°$(见图 3-27)。管中 1—1 断面的平均流速 $v_1 = 4$(m/s),其形心处的相对压强 $p_1 = 1$ 个大气压。若不计管流的水头损失,求水流对弯管的作用力 R_x 与 R_y(坐标轴 x 与 y 如图所示)。

解:利用总流的动量方程求解 R_x 与 R_y。取渐变流过水断面 1—1 与 2—2 以及管内壁所围成的封闭曲面为控制面。

作用在控制面上的表面力以及流入与流出控制面的流速如图 3-27 所示,其中 R_x' 与 R_y' 是弯管对水流的反作用力,p_1 与 p_2 分别是 1—1 断面与 2—2 断面形心处的相对压强,所以作用在这两断面上的总压力分别为 $P_1 = p_1 A_1$,$P_2 = p_2 A_2$。作用在控制面内的水流重力,因与所研究的水平面垂直,故不必考虑。

总流的动量方程(3-44)在 x 轴与 y 轴上的投影为:

$$\left.\begin{array}{l} \rho Q(\beta_2 v_2 \cos 45° - \beta_1 v_1) = p_1 A_1 - p_2 A_2 \cos 45° - R_x' \\ \rho Q(\beta_2 v_2 \sin 45° - 0) = 0 - p_2 A_2 \sin 45° - R_y' \end{array}\right\}$$

图 3-27

则
$$R_x' = p_1A_1 - p_2A_2\cos45° - \rho Q(\beta_2 v_2\cos45° - \beta_1 v_1)$$
$$R_y' = p_2A_2\sin45° + \rho Q\beta_2 v_2\sin45°$$

(3-47)

式中, $Q = \dfrac{1}{4}\pi d^2 v_1 = \dfrac{1}{4}\times 3.14\times 0.2^2\times 4 = 0.126\,\mathrm{m^3/s}$。

根据总流的连续性方程(3-15), $v_2 = v_1 = 4\mathrm{m/s}$,同时,因弯管水平,且不计水头损失,则由总流的伯努利方程得到 $p_2 = p_1 = 1$ 大气压 $= 9.8\mathrm{N/cm^2}$,于是

$$p_2A_2 = p_1A_1 = p_1\frac{1}{4}\pi d_1^2 = 9.8\times\frac{1}{4}\times 3.14\times 20^2 = 3\,077\mathrm{N}$$

取
$$\beta_1 = \beta_2 = 1$$

将它们代入式(3-47)得:

$$R_x' = 3\,077 - 3\,077\times\frac{\sqrt{2}}{2} - 1\,000\times 0.126\times 4\times\left(\frac{\sqrt{2}}{2} - 1\right) = 1\,049\mathrm{N}$$

$$R_y' = 3\,077\times\frac{\sqrt{2}}{2} + 1\,000\times 0.126\times 4\times\frac{\sqrt{2}}{2} = 2\,532\mathrm{N}$$

R_x 与 R_x'、R_y 与 R_y' 分别大小相等,方向相反。

3.12　恒定总流的动量矩方程

当要确定运动液体与固体边壁相互间作用的力矩时,一般运用恒定总流的动量矩方程。利用恒定元流的动量方程(3-42)对某固定点取矩,可得到恒定元流的动量矩方程为:

$$\rho\mathrm{d}Q(\boldsymbol{r}_2\times\boldsymbol{u}_2 - \boldsymbol{r}_1\times\boldsymbol{u}_1) = \boldsymbol{r}\times\boldsymbol{F}$$

(3-48)

式中, $\boldsymbol{r}_1$、$\boldsymbol{r}_2$ 分别是从固定点到流速矢量 $\boldsymbol{u}_1$、$\boldsymbol{u}_2$ 的作用点的矢径。再在总流过水断面上求矢量积分,则得恒定总流的动量矩方程为:

$$\rho\int_{A2}\boldsymbol{r}_2\times\boldsymbol{u}_2 u_2\mathrm{d}A_2 - \rho\int_{A1}\boldsymbol{r}_1\times\boldsymbol{u}_1 u_1\mathrm{d}A_1 = \sum(\boldsymbol{r}\times\boldsymbol{F})$$

(3-49)

这就是说,单位时间里控制面内恒定总流的动量矩变化(流出的动量矩与流入的动量矩之矢和差)等于作用于该控制面内所有液体质点的外力矩之和。

动量矩方程的一个最重要的应用是利用它导出叶片式流体机械(泵、风机、水轮机及涡轮机等)的基本方程。现以离心泵或风机为例作推导。如图 3-28(a)所示,流体从叶轮的内缘流入,经叶片槽道于外缘流出。叶轮中流体质点作复合运动:一方面,在离心力的作用下相对叶片流动(相对运动);另一方面,流体质点受旋转叶片的作用作圆周运动(牵连运动)。流体质点的绝对速度 c 应等于其相对速度 w 与牵连速度(又称为圆周速度) u 的矢量和,即

$$c = w + u$$

(3-50)

离心泵或风机的进出口速度三角形如图所示,其中 α_1 与 α_2 分别是进出口绝对速度与相应圆周速度的夹角。

取进出口轮缘(两圆柱面)为控制面。此时,尽管对于固结在机壳上的惯性坐标系来说,叶轮中流体是非恒定流,但控制面内的动量矩不随时间改变,故仍可运用恒定总流的动量矩方程(3-29)。假定断面流速分布是均匀的(一元流动),注意到对轮心的外力矩中,重力的合力矩等于零,叶轮进出口圆柱面上的动水压强 p_1 与 p_2 因通过轮心,其力矩也等于零,

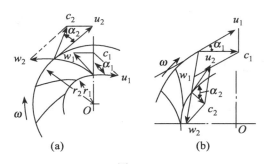

图 3-28

流体与叶片间的切应力指向轮心,其力矩仍等于零,只有叶片对流体的作用力对转轴产生了力矩 M。利用总流的动量矩方程对轮心取矩得:

$$\rho Q(c_2 r_2 \cos\alpha_2 - c_1 r_1 \cos\alpha_1) = M \qquad (3\text{-}51)$$

设叶轮的旋转角速度为 ω,则叶轮对流体的功率(输入功率)为:

$$N = M\omega = \rho Q(u_2 c_2 \cos\alpha_2 - u_1 c_1 \cos\alpha_1) \qquad (3\text{-}52)$$

另外,理想流体作一元流动时 $N = \gamma Q H_m$(输出功率),则单位重量流体所获得的能量为:

$$H_m = \frac{1}{g}(u_2 c_2 \cos\alpha_2 - u_1 c_1 \cos\alpha_1) \qquad (3\text{-}53)$$

这就是泵与风机的基本方程。该式首先由欧拉在 1754 年得到,故又称为欧拉方程。

对于水轮机或涡轮机(见图 3-28(b)),流体从叶轮外缘流向内缘,其基本方程类似地为:

$$H_m = \frac{1}{g}(u_1 c_1 \cos\alpha_1 - u_2 c_2 \cos\alpha_2) \qquad (3\text{-}54)$$

例 3-7　如图 3-29 所示,水流经管段以均匀流速 $v_2 = 10\text{m/s}$ 从喷嘴出流。喷嘴出口直径 $d_2 = 20\text{mm}$,出口截面形心的标高 $y_c = 1\text{m}$。试求管段及喷嘴保持不动时所需对 A 点之力矩 M。假定可不计重力的作用。

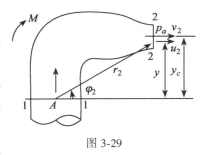

图 3-29

解:应用恒定总流的动量矩方程(3-49),取管段与喷嘴内壁及过水断面 1—1 与 2—2 所围成的封闭曲面 1—1—2—2—1 为控制面,注意到 p_a 等于大气压强,而作用于控制面的大气压强相互抵消,且 1—1 断面上各点之相对压强与流速矢量对于点 A 对称,它们对点 A 之合力矩等于零,再利用已知条件,对 A 点取矩则得管段及喷嘴对水流的反力矩,即其保持不动,所需对 A 点的力矩为:

$$M = \rho\int_{A_2} r_2 u_2 \sin\varphi_2 u_2 \,\mathrm{d}A_2 = \rho\beta_2 v_2^2 \int_{A_2} y\,\mathrm{d}A_2$$

取

$$\beta_2 = 1$$

则

$$M = \rho v_2^2 \int_{A_2} y\,\mathrm{d}A_2 = \rho v_2^2 y_c A_2 = \frac{1}{4}\pi d_2^2 \rho v_2^2 y_c$$

$$= \frac{1}{4} \times 3.14 \times 0.2^2 \times 1\,000 \times 10^2 \times 1 = 3\,140\text{N} \cdot \text{m}$$

3.13　液体微团的运动

前面讨论了一元流动总流的连续性方程(见 3.3 节)、伯努利方程(见 3.10 节)、动量方程(见 3.11 节)及动量矩方程(见 3.12 节),它们是描述一元水动力学问题的四个基本方程,是可应用于一般管流与明渠流水动力学问题水力计算的四个基本方程,但是,自然界与工程中广泛存在的是二元流动及三元流动,有必要进一步研究流速与压强等参数在平面与空间的分布规律(如渗流流场)。以下介绍二元流动与三元流动的分析方法。

从理论力学知道,一般情况下,刚体的运动是由平移和绕某瞬时轴的转动两部分所组成。液体的运动比较复杂,因为液体微团(质点)的运动一般除了平移和转动以外,还要发生变形(包括线变形与角变形)。现在通过分析微团上邻近两点的速度关系来说明液体质点运动与变形之间的关系。

如图 3-30 所示,若已知时刻 t 流场中任一液体微团的点 $A(x,y,z)$ 的速度分量为 $u_x(x, y, z)$、$u_y(x,y,z)$ 与 $u_z(x,y,z)$,则相邻点 $M(x + \mathrm{d}x, y + \mathrm{d}y, z + \mathrm{d}z)$ 的速度分量可按泰勒级数展开得到,若略去二阶以上的微量,则为:

$$\left.\begin{aligned}
u_{Mx} &= u_x + \frac{\partial u_x}{\partial x}\mathrm{d}x + \frac{\partial u_x}{\partial y}\mathrm{d}y + \frac{\partial u_x}{\partial z}\mathrm{d}z \\
u_{My} &= u_y + \frac{\partial u_y}{\partial x}\mathrm{d}x + \frac{\partial u_y}{\partial y}\mathrm{d}y + \frac{\partial u_y}{\partial z}\mathrm{d}z \\
u_{Mz} &= u_z + \frac{\partial u_z}{\partial x}\mathrm{d}x + \frac{\partial u_z}{\partial y}\mathrm{d}y + \frac{\partial u_z}{\partial z}\mathrm{d}z
\end{aligned}\right\} \qquad (3\text{-}55)$$

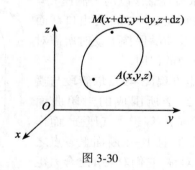

图 3-30

为显示液体微团运动的上述三个组成部分,将式(3-55)中第一个式子 $\pm \dfrac{1}{2}\dfrac{\partial u_y}{\partial x}\mathrm{d}y \pm \dfrac{1}{2}\dfrac{\partial u_z}{\partial x}\mathrm{d}z$,并重新组织,得到:

$$u_{M_x} = u_x + \frac{\partial u_x}{\partial x}\mathrm{d}x + \frac{1}{2}\left(\frac{\partial u_x}{\partial y} + \frac{\partial u_y}{\partial x}\right)\mathrm{d}y + \frac{1}{2}\left(\frac{\partial u_x}{\partial z} + \frac{\partial u_z}{\partial x}\right)\mathrm{d}z$$

$$- \frac{1}{2}\left(\frac{\partial u_y}{\partial x} - \frac{\partial u_x}{\partial y}\right) \mathrm{d}y + \frac{1}{2}\left(\frac{\partial u_x}{\partial z} - \frac{\partial u_z}{\partial x}\right) \mathrm{d}z$$

类似地,将式(3-55)中第二个与第三个式子变成:

$$u_{M_y} = u_y + \frac{\partial u_y}{\partial y}\mathrm{d}y + \frac{1}{2}\left(\frac{\partial u_y}{\partial z} + \frac{\partial u_z}{\partial y}\right)\mathrm{d}z + \frac{1}{2}\left(\frac{\partial u_y}{\partial x} + \frac{\partial u_x}{\partial y}\right)\mathrm{d}x$$

$$- \frac{1}{2}\left(\frac{\partial u_z}{\partial y} - \frac{\partial u_y}{\partial z}\right)\mathrm{d}z + \frac{1}{2}\left(\frac{\partial u_y}{\partial x} - \frac{\partial u_x}{\partial y}\right)\mathrm{d}x$$

$$u_{M_z} = u_z + \frac{\partial u_z}{\partial z}\mathrm{d}z + \frac{1}{2}\left(\frac{\partial u_z}{\partial x} + \frac{\partial u_x}{\partial z}\right)\mathrm{d}x + \frac{1}{2}\left(\frac{\partial u_z}{\partial y} + \frac{\partial u_y}{\partial z}\right)\mathrm{d}y$$

$$- \frac{1}{2}\left(\frac{\partial u_x}{\partial z} - \frac{\partial u_z}{\partial x}\right)\mathrm{d}x + \frac{1}{2}\left(\frac{\partial u_z}{\partial y} - \frac{\partial u_y}{\partial z}\right)\mathrm{d}y$$

进一步引入符号 θ、ε 和 ω,其中 θ 为质点的线变形速度,ε 为角度变形速度,ω 为质点的旋转角速度,则

$$\left. \begin{array}{l} \theta_x = \dfrac{\partial u_x}{\partial x}, \varepsilon_x = \dfrac{1}{2}\left(\dfrac{\partial u_z}{\partial y} + \dfrac{\partial u_y}{\partial z}\right) \\[3mm] \theta_y = \dfrac{\partial u_y}{\partial y}, \varepsilon_y = \dfrac{1}{2}\left(\dfrac{\partial u_x}{\partial z} + \dfrac{\partial u_z}{\partial x}\right) \\[3mm] \theta_z = \dfrac{\partial u_z}{\partial z}, \varepsilon_z = \dfrac{1}{2}\left(\dfrac{\partial u_y}{\partial x} + \dfrac{\partial u_x}{\partial y}\right) \\[3mm] \omega_x = \dfrac{1}{2}\left(\dfrac{\partial u_z}{\partial y} - \dfrac{\partial u_y}{\partial z}\right) \\[3mm] \omega_y = \dfrac{1}{2}\left(\dfrac{\partial u_x}{\partial z} - \dfrac{\partial u_z}{\partial x}\right) \\[3mm] \omega_z = \dfrac{1}{2}\left(\dfrac{\partial u_y}{\partial x} + \dfrac{\partial u_x}{\partial y}\right) \end{array} \right\} \quad (3\text{-}56)$$

则上述确定 u_{M_x}、u_{M_y} 与 u_{M_z} 的式子成为:

$$\left. \begin{array}{l} u_{M_x} = u_x + \theta_x \mathrm{d}x + \varepsilon_z \mathrm{d}y + \varepsilon_y \mathrm{d}z - \omega_z \mathrm{d}y + \omega_y \mathrm{d}z \\ u_{M_y} = u_y + \theta_y \mathrm{d}y + \varepsilon_x \mathrm{d}z + \varepsilon_z \mathrm{d}x - \omega_x \mathrm{d}z + \omega_z \mathrm{d}x \\ u_{M_z} = u_z + \theta_z \mathrm{d}z + \varepsilon_y \mathrm{d}x + \varepsilon_x \mathrm{d}y - \omega_y \mathrm{d}x + \omega_x \mathrm{d}y \end{array} \right\} \quad (3\text{-}57)$$

现在说明式(3-56)及式(3-57)的物理意义。为简单起见,先分析六面体微团的一个面在其所在的 xOy 平面上的运动(见图3-31),然后将其结果推广到 yOz 与 zOx 平面上去,得到液体微团的三元流动情况。设在 t 时刻的矩形平面 $ABCD$ 上 A 点的分速为 u_x 与 u_y,则 B 点的速度分量为:

$$u_{B_x} = u_x + \frac{\partial u_x}{\partial x}\mathrm{d}x, u_{B_y} = u_y + \frac{\partial u_y}{\partial x}\mathrm{d}x$$

D 点的速度分量为:

$$u_{D_x} = u_x + \frac{\partial u_x}{\partial y}\mathrm{d}y, u_{D_y} = u_y + \frac{\partial u_y}{\partial y}\mathrm{d}y$$

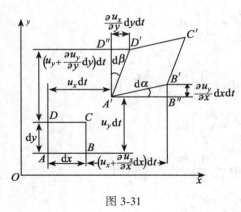

图 3-31

经 dt 时间矩形平面 $ABCD$ 变形运动到 $A'B'C'D'$，点 A'、B'、D' 的移动距离如图 3-31 所示，现对液体微团的运动分析如下。

（1）u_x、u_y 与 u_z 分别是液体微团在 x、y、z 方向的平移速度，这是显而易见的，如 A 点移至 A'，B 点移至 B'' 等。

（2）θ_x、θ_y 及 θ_z 分别是液体微团在 x、y、z 方向的线变形速度。

因沿 x 方向的绝对变形（伸长或缩短）为 $A'B''$

$$- AB = \left(u_x + \frac{\partial u_x}{\partial x}dx \right) dt - u_x dt = \frac{\partial u_x}{\partial x}dxdt,$$

故沿 x 方向单位时间、单位长度线段的线变形是 $\dfrac{\partial u_x}{\partial x}$，即 $\theta_x = \dfrac{\partial u_x}{\partial x}$ 为 x 方向的线变形速度。同理，$\theta_y = \dfrac{\partial u_y}{\partial y}$，$\theta_z = \dfrac{\partial u_z}{\partial z}$ 分别是 y 方向与 z 方向的线变形速度。

根据材料力学所述，体积变形速度 θ 应等于三个方向线变形速度之和。再利用不可压缩液体的连续性微分方程（3-19），可得：

$$\theta = \theta_x + \theta_y + \theta_z = \frac{\partial u_x}{\partial x} + \frac{\partial u_y}{\partial y} + \frac{\partial u_z}{\partial z} = 0$$

用不可压缩液体的连续性微分方程描述了不可压缩液体的体积变形速度为零这一事实。

（3）ε_z 及 ε_x、ε_y 分别是液体微团在 xOy 及 yOz、zOx 平面上的角变形速度。

因角变形

$$d\alpha \approx \tan d\alpha = \frac{\partial u_y}{\partial x}dxdt / dx = \frac{\partial u_y}{\partial x}dt$$

同理：

$$d\beta = \frac{\partial u_x}{\partial y}dt$$

故液体微团在 xOy 平面上的角变形速度为：

$$\varepsilon_z = \frac{1}{2}\frac{d\alpha + d\beta}{dt} = \frac{1}{2}\left(\frac{\partial u_y}{\partial x} + \frac{\partial u_x}{\partial y} \right)$$

同理，液体微团在 yOz 及 zOx 平面上的角变形速度分别为：

$$\varepsilon_x = \frac{1}{2}\left(\frac{\partial u_z}{\partial y} + \frac{\partial u_y}{\partial z} \right)$$

$$\varepsilon_y = \frac{1}{2}\left(\frac{\partial u_x}{\partial z} + \frac{\partial u_z}{\partial x} \right)$$

（4）ω_z 及 ω_x、ω_y 分别是液体微团绕 z 及 x、y 轴的旋转角速度：

定义矩形平面中 $\angle BAD$ 之平分线绕 z 轴的旋转角速度为液体微团绕 z 轴的旋转角速度 ω_z，根据几何关系，ω_z 应等于直角边 AB 与 AD 的旋转角速度的平均值，即

$$\omega_z = \frac{1}{2}\frac{d\alpha - d\beta}{dt} = \frac{1}{2}\left(\frac{\partial u_y}{\partial x} - \frac{\partial u_x}{\partial y} \right)$$

类似地,液体微团绕 x、y 轴的旋转角速度分别为:

$$\omega_x = \frac{1}{2}\left(\frac{\partial u_z}{\partial y} - \frac{\partial u_y}{\partial z}\right)$$

$$\omega_y = \frac{1}{2}\left(\frac{\partial u_x}{\partial z} - \frac{\partial u_z}{\partial x}\right)$$

综上所述,式(3-57)中第一项是平移速度分量,第二项与第三、第四项是角变形运动引起的速度分量,第五项与第六项是旋转运动所引起的速度分量,由此说明了液体微团运动是由平动、转动和变形运动(包括线变形与角变形)三部分组成。

3.14　有旋流动与无旋流动

液体的流动可分为无旋流(Irrotational Flow)与有旋流(Rotational Flow)两种类型。若运动液体微团的旋转角速度矢量为:

$$\boldsymbol{\omega} = \omega_x \boldsymbol{i} + \omega_y \boldsymbol{j} + \omega_z \boldsymbol{k} = 0$$

即

$$\left.\begin{aligned}
\omega_x &= \frac{1}{2}\left(\frac{\partial u_z}{\partial y} - \frac{\partial u_y}{\partial z}\right) = 0 \quad \text{或} \quad \frac{\partial u_z}{\partial y} = \frac{\partial u_y}{\partial z} \\
\omega_y &= \frac{1}{2}\left(\frac{\partial u_x}{\partial z} - \frac{\partial u_z}{\partial x}\right) = 0 \quad \text{或} \quad \frac{\partial u_x}{\partial z} = \frac{\partial u_z}{\partial x} \\
\omega_z &= \frac{1}{2}\left(\frac{\partial u_y}{\partial x} - \frac{\partial u_x}{\partial y}\right) = 0 \quad \text{或} \quad \frac{\partial u_y}{\partial x} = \frac{\partial u_x}{\partial y}
\end{aligned}\right\} \tag{3-58}$$

这种流动就称为无旋流或有势流(Potential Flow),否则就叫做有旋流或旋涡流。

无旋流与有旋流决定于液本微团是否绕自身轴旋转,而与其运动轨迹无关。如图 3-32 所示,在图 3-32(a)中,液体运动轨迹虽是个圆,但可证明这是无旋流;在图 3-32(b)中,液体运动虽是一条直线,但是有旋流。

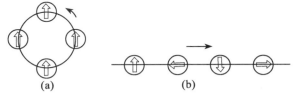

(a)　　　　　　　　(b)

图 3-32

一般无旋流存在于无粘性的理想液体中,而实际液体多为有旋流动。但是,实际液体的层状渗流却是无旋流(见第 9 章)。本节及后面几节主要介绍理想液体无旋流动的一些运动规律。

过去曾指出,理想液体恒定流动的伯努利积分常数对于不同的流线一般是不同的(见 3.6 节),实际上是指有旋流的情况,而无旋流的伯努利积分常数在全流场都相同,现证明如下。

将理想液体的运动微分方程(3-21)的三个式子分别乘以 $\mathrm{d}x$、$\mathrm{d}y$ 与 $\mathrm{d}z$,然后相加,对于恒定流动,得:

$$(X\mathrm{d}x + Y\mathrm{d}y + Z\mathrm{d}z) - \frac{1}{\rho}\left(\frac{\partial p}{\partial x}\mathrm{d}x + \frac{\partial p}{\partial y}\mathrm{d}y + \frac{\partial p}{\partial z}\mathrm{d}z\right) = \mathrm{d}W - \frac{1}{\rho}\mathrm{d}p$$

$$= \left(u_x\frac{\partial u_x}{\partial x} + u_y\frac{\partial u_x}{\partial y} + u_z\frac{\partial u_x}{\partial z}\right)\mathrm{d}x + \left(u_x\frac{\partial u_y}{\partial x} + u_y\frac{\partial u_y}{\partial y} + u_z\frac{\partial u_y}{\partial z}\right)\mathrm{d}y + \left(u_x\frac{\partial u_z}{\partial x} + u_y\frac{\partial u_z}{\partial y} + u_z\frac{\partial u_z}{\partial z}\right)\mathrm{d}z$$

式中,$\mathrm{d}x$、$\mathrm{d}y$、$\mathrm{d}z$ 分别是空间任意微元长度(可不在一条流线上)在 x、y、z 轴上的投影。利用无旋流的条件:

$$\frac{\partial u_x}{\partial y} = \frac{\partial u_y}{\partial x}, \quad \frac{\partial u_y}{\partial z} = \frac{\partial u_z}{\partial y}, \quad \frac{\partial u_z}{\partial x} = \frac{\partial u_x}{\partial z}$$

得:

$$\mathrm{d}W - \frac{1}{\rho}\mathrm{d}p = \left(u_x\frac{\partial u_x}{\partial x} + u_y\frac{\partial u_x}{\partial y} + u_z\frac{\partial u_x}{\partial z}\right)\mathrm{d}x + \left(u_x\frac{\partial u_y}{\partial x} + u_y\frac{\partial u_y}{\partial y} + u_z\frac{\partial u_y}{\partial z}\right)\mathrm{d}y$$

$$+ \left(u_x\frac{\partial u_z}{\partial x} + u_y\frac{\partial u_z}{\partial y} + u_z\frac{\partial u_z}{\partial z}\right)\mathrm{d}z = \frac{\partial}{\partial x}\left(\frac{u_x^2}{2} + \frac{u_y^2}{2} + \frac{u_z^2}{2}\right)\mathrm{d}x$$

$$+ \frac{\partial}{\partial y}\left(\frac{u_x^2}{2} + \frac{u_y^2}{2} + \frac{u_z^2}{2}\right)\mathrm{d}y + \frac{\partial}{\partial z}\left(\frac{u_x^2}{2} + \frac{u_y^2}{2} + \frac{u_z^2}{2}\right)\mathrm{d}z$$

$$= \frac{\partial}{\partial x}\left(\frac{u^2}{2}\right)\mathrm{d}x + \frac{\partial}{\partial y}\left(\frac{u^2}{2}\right)\mathrm{d}y + \frac{\partial}{\partial z}\left(\frac{u^2}{2}\right)\mathrm{d}z = \mathrm{d}\left(\frac{u^2}{2}\right)$$

对于不可压缩的液体,应有:

$$\mathrm{d}\left(w - \frac{p}{\rho} - \frac{u^2}{2}\right) = 0$$

积分得:

$$W - \frac{p}{\rho} - \frac{u^2}{2} = C \tag{3-59}$$

在重力场中,即

$$z + \frac{p}{\gamma} + \frac{u^2}{2g} = C \tag{3-60}$$

式(3-60)称为理想恒定势流的欧拉积分。显然该式适用于整个势流场。

例 3-8　已知液体流动的流速场为:

$$\begin{cases} u_x = ax \\ u_y = by \\ u_z = 0 \end{cases}$$

问该流动是无旋流还是有旋流?

解:因

$$\begin{cases} \omega_x = \dfrac{1}{2}\left(\dfrac{\partial u_z}{\partial y} - \dfrac{\partial u_y}{\partial z}\right) = 0 \\[2mm] \omega_y = \dfrac{1}{2}\left(\dfrac{\partial u_x}{\partial z} - \dfrac{\partial u_z}{\partial x}\right) = 0 \\[2mm] \omega_z = \dfrac{1}{2}\left(\dfrac{\partial u_y}{\partial x} - \dfrac{\partial u_x}{\partial y}\right) = 0 \end{cases}$$

故流动是无旋流。

3.15 流速势与流函数、流网

本节讨论理想恒定平面势流。

3.15.1 流速势(Velocity Potential)

从数学分析知道,对于无旋流,式(3-58)是使 $u_x \mathrm{d}x + u_y \mathrm{d}y + u_z \mathrm{d}z$ 成为某一函数 $\varphi(x,y,z)$ 的全微分的充分与必要条件,则

$$u_x \mathrm{d}x + u_y \mathrm{d}y + u_z \mathrm{d}z = \mathrm{d}\varphi \tag{3-61}$$

函数 $\varphi(x,y,z)$ 的全微分可写成:

$$\mathrm{d}\varphi = \frac{\partial \varphi}{\partial x}\mathrm{d}x + \frac{\partial \varphi}{\partial y}\mathrm{d}y + \frac{\partial \varphi}{\partial z}\mathrm{d}z$$

比较以上两式得:

$$u_x = \frac{\partial \varphi}{\partial x}, u_y = \frac{\partial \varphi}{\partial y}, u_z = \frac{\partial \varphi}{\partial z} \tag{3-62}$$

这个函数 φ 称为无旋流动的流速势。所以,无旋流必为有势流,反之亦然。

从式(3-62)知道,对于无旋(势)流,只要能确定流速势 φ,便可方便地求得 u_x、u_y、u_z 三个未知数,再利用势流的欧拉积分式(3-60)进一步可求得压强分布。所以,无旋(有势)流的关键在于确定流速势 φ。

对于不可压缩的液体,利用连续性微分方程(3-19)

$$\frac{\partial u_x}{\partial x} + \frac{\partial u_y}{\partial y} + \frac{\partial u_z}{\partial z} = 0$$

将式(3-62)代入得:

$$\frac{\partial^2 \varphi}{\partial x^2} + \frac{\partial^2 \varphi}{\partial y^2} + \frac{\partial^2 \varphi}{\partial z^2} = 0 \tag{3-63}$$

或 $\qquad\qquad\qquad \nabla^2 \varphi = 0$

式中,$\nabla^2 = \dfrac{\partial^2}{\partial x^2} + \dfrac{\partial^2}{\partial y^2} + \dfrac{\partial^2}{\partial z^2}$ 是拉普拉斯算子符。在数学上,式(3-63)称为拉普拉斯(Laplace)方程。满足该方程的函数称为调和函数(Harmonic Function)。所以,流速势 φ 满足拉普拉斯方程,是一个调和函数。对于不可压缩液体的无旋流,问题归结为在特定的边界条件下求解流速势所满足的拉普拉斯方程。求解这一线性方程要比求解非线性的欧拉运动微分方程及连续性微分方程确定 u_x、u_y、u_z、p 方便得多。

对于 xOy 平面上的不可压缩液体的平面(二元)势流,式(3-62)与式(3-63)分别成为:

$$u_x = \frac{\partial \varphi}{\partial x}, u_y = \frac{\partial \varphi}{\partial y} \tag{3-64}$$

与

$$\frac{\partial^2 \varphi}{\partial x^2} + \frac{\partial^2 \varphi}{\partial y^2} = 0 \tag{3-65}$$

3.15.2　流函数(Stream Function)

根据不可压缩液体平面流动的连续性微分方程,有:

$$\frac{\partial u_x}{\partial x} = -\frac{\partial u_y}{\partial y}$$

它是使 $-u_y \mathrm{d}x + u_x \mathrm{d}y$ 成为某一函数 $\psi(x,y)$ 的全微分的充分与必要条件,则有:

$$\mathrm{d}\psi = -u_y \mathrm{d}x + u_x \mathrm{d}y = \frac{\partial \psi}{\partial x}\mathrm{d}x + \frac{\partial \psi}{\partial y}\mathrm{d}y \tag{3-66}$$

得到:

$$u_x = \frac{\partial \psi}{\partial y}, u_y = -\frac{\partial \psi}{\partial x} \tag{3-67}$$

ψ 称为不可压缩液体平面流动的流函数。实际上,无论是无旋势流还是有旋流动,无论是理想液体还是实际液体,在不可压缩液体的平面流动中必存在流函数。式(3-67)说明,若能确定流函数 ψ,则也可求得 u_x 与 u_y。

至于 xOy 平面上的平面势流,有:

$$\frac{\partial u_y}{\partial x} - \frac{\partial u_x}{\partial y} = 0$$

将式(3-67)代入得:

$$\frac{\partial^2 \psi}{\partial x^2} + \frac{\partial^2 \psi}{\partial y^2} = 0 \tag{3-68}$$

或　　　　　　　　　　　　　$\nabla^2 \psi = 0$

式中,

$$\nabla^2 = \frac{\partial^2}{\partial x^2} + \frac{\partial^2}{\partial y^2}$$

式(3-68)说明了不可压缩液体平面势流中流函数也是调和函数,它也满足拉普拉斯方程。不可压缩液体平面势流也可认为是在特定边界条件下求解流函数所满足的拉普拉斯方程。

若 $\psi(x,y)$ = 常数,则

$$\mathrm{d}\psi = -u_y \mathrm{d}x + u_x \mathrm{d}y = 0$$

得到:

$$\frac{\mathrm{d}x}{u_x} = \frac{\mathrm{d}y}{u_y}$$

显然,这是平面流线方程。因此,等流函数线(ψ =常数)就是流线。

流函数还有另外一个物理意义,即在不可压缩液体的平面流动中,任意两条流线的流函数之差等于这两条流线间所通过的液体流量。现证明如下:如图 3-33 所示,在流函数 ψ_1 与 ψ_3 的两条流线间有任一曲线 AB(不一定垂直于流线),在它上面任取一微元线段 $\mathrm{d}l$,假定垂直于流动平面的宽度等于 1,则通过它的单宽流量为:

$$\mathrm{d}q = u_n \mathrm{d}l$$
$$= u_x \mathrm{d}y - u_y \mathrm{d}x = \mathrm{d}\psi$$

故

$$q = \int_A^b \mathrm{d}q = \int_A^B \mathrm{d}\psi = \psi_3 - \psi_1 \tag{3-69}$$

式中，u_n 是流速 u 在微元线段 dl 的法向分量。这一积分与曲线 AB 的形状无关，仅决定于 A、B 两点的 ψ 值。由此得证。

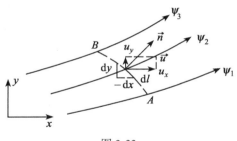

图 3-33

3.15.3 流网(Flow Net)

在不可压缩液体的平面势流中，势函数与流函数有一定关系，即等势线($\phi=c$)与等流线($\psi=c$)，现在证明如下。

在等势线上，

$$\mathrm{d}\varphi = \frac{\partial\varphi}{\partial x}\mathrm{d}x + \frac{\partial\varphi}{\partial y}\mathrm{d}y = 0$$

在等流函数上，

$$\mathrm{d}\psi = \frac{\partial\psi}{\partial x}\mathrm{d}x + \frac{\partial\psi}{\partial y}\mathrm{d}y = 0$$

由第一个式子再利用式(3-64)，得：

$$\frac{\mathrm{d}y}{\mathrm{d}x}\bigg|_{\varphi=常数} = -\frac{\frac{\partial\varphi}{\partial x}}{\frac{\partial\varphi}{\partial y}} = -\frac{u_x}{u_y}$$

由第二个式子再利用式(3-67)，得：

$$\frac{\mathrm{d}y}{\mathrm{d}x}\bigg|_{\psi=常数} = -\frac{\frac{\partial\psi}{\partial x}}{\frac{\partial\psi}{\partial y}} = \frac{u_y}{u_x}$$

从解析几何知道，上式说明了等势线与流线应相互垂直。

等势线与流线构成的正交网格称为流网(见图 3-34)。在工程上，可利用绘制流网的方法，图解与计算势流流速场，再运用势流的伯努利方程便可计算压强场。在第 9 章将具体介绍流网法及其在渗流中的应用。

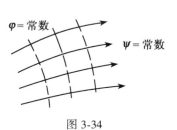

图 3-34

例 3-9 对于例 3-1 中的平面点源(汇)流动：

$$u_x = \frac{Cx}{x^2+y^2}, u_y = \frac{Cy}{x^2+y^2}, u_z = 0$$

(1)问是无旋流还是有旋流；
(2)若是无旋流，求其流速势 φ；
(3)求平面流动的流函数 ψ；
(4)求压强分布。

解:(1)因

$$\frac{\partial u_x}{\partial y} = -\frac{2Cxy}{(x^2+y^2)^2}, \frac{\partial u_y}{\partial x} = -\frac{2Cyx}{(x^2+y^2)^2}$$

$$\frac{\partial u_y}{\partial z} = 0, \frac{\partial u_z}{\partial y} = 0$$

75

$$\frac{\partial u_z}{\partial x} = 0, \frac{\partial u_x}{\partial z} = 0$$

故

$$\left. \begin{aligned} \frac{\partial u_x}{\partial y} &= \frac{\partial u_y}{\partial x} \\ \frac{\partial u_y}{\partial z} &= \frac{\partial u_z}{\partial y} \\ \frac{\partial u_z}{\partial x} &= \frac{\partial u_x}{\partial z} \end{aligned} \right\}$$

所以是无旋流。

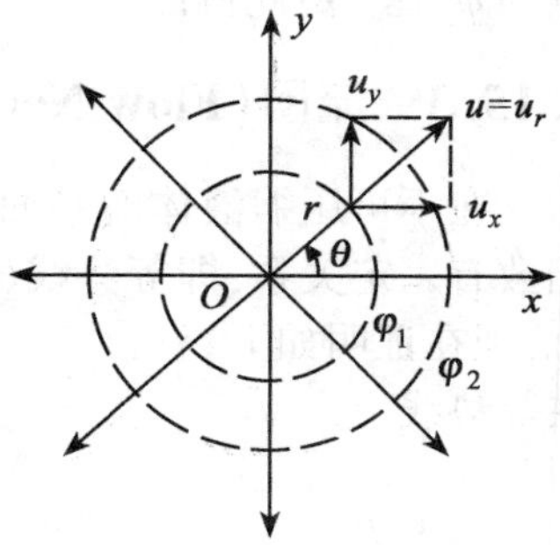

（2）对于点源（汇）流动，为方便起见，采用极坐标系。此时，如图 3-35 所示，

图 3-35

$$u_\theta = 0$$

$$u_r = u = \sqrt{u_x^2 + u_y^2}$$

$$= \sqrt{\left(\frac{Cx}{x^2 + y^2}\right)^2 + \left(\frac{Cy}{x^2 + y^2}\right)^2} = \frac{C}{\sqrt{x^2 + y^2}} = \frac{C}{r}$$

因

$$\mathrm{d}\varphi = u_x \mathrm{d}x + u_y \mathrm{d}y$$

故

$$\varphi = \int u_x \mathrm{d}x + u_y \mathrm{d}y = \int u \cdot \mathrm{d}r = \int u_r \mathrm{d}r = \int \frac{C}{r} \mathrm{d}r = C\ln r = C\ln \sqrt{x^2 + y^2}$$

上式中的积分常数可任意给定，现取积分常数等于零。从该式可见，等势线是一簇以原点为圆心的同心圆（r = 常数）。

（3）因 $\mathrm{d}\psi = -u_y \mathrm{d}x + u_x \mathrm{d}y$

故

$$\psi = \int -u_y \mathrm{d}x + u_x \mathrm{d}y = \int -\frac{Cy}{x^2 + y^2} \mathrm{d}x + \frac{Cx}{x^2 + y^2} \mathrm{d}y$$

$$= C\int \frac{x\mathrm{d}y - y\mathrm{d}x}{x^2 + y^2} = C\int \frac{\mathrm{d}\left(\dfrac{y}{x}\right)}{1 + \left(\dfrac{y}{x}\right)^2} = C\tan^{-1}\frac{y}{x} = C\theta$$

上式中，令 $\theta = 0$ 时，$\psi = 0$，则积分常数等于零。可见，流线是一簇通过原点的射线（θ = 常数），由此说明了等势线与流线互相正交。

（4）由式（3-60），若可不计重力的影响，应有：

$$\frac{p}{\gamma} + \frac{u^2}{2g} = C'$$

将 $u = \dfrac{C}{r}$ 代入整理得：

$$p = C' - \frac{\rho}{2}\left(\frac{C}{r}\right)^2$$

可设 $r \to \infty$ 时，$u = 0$，$p = p_\infty$，则 $C' = p_\infty$，于是

$$p = p_\infty - \frac{\rho}{2}\left(\frac{C}{r}\right)^2$$

所以 p 沿 r 方向按抛物线规律分布,如图 3-36 所示。

最后指出以上式中 C 的确定:由单位长度($z = 1$)的流量

$$Q = \int_0^{2\pi} u_r \cdot r\mathrm{d}\theta = \int_0^{2\pi} \frac{C}{r}r\mathrm{d}\theta = C\int_0^{2\pi} \mathrm{d}\theta = 2\pi C$$

得:

$$C = \frac{Q}{2\pi}$$

称为平面点源(汇)强度。

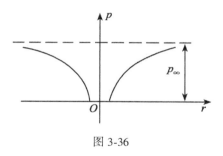

图 3-36

3.16 势流叠加原理

平面势流问题归结于在具体的边界条件下求解流速势或流函数所满足的拉普拉斯方程。由于拉普拉斯方程是线性的,所以几个流速势或流函数的线性叠加仍然满足拉普拉斯方程。这就是说,几个势流叠加后的流动仍然是势流。现在证明如下。

设有 n 个流速势 $\varphi_1, \varphi_2, \cdots, \varphi_n$ 满足拉普拉斯方程:

$$\nabla^2\varphi_1 = 0, \nabla^2\varphi_2 = 0, \cdots, \nabla^2\varphi_n = 0$$

将这些流速势相叠加:$\varphi = \varphi_1 + \varphi_2 + \cdots + \varphi_n$,则有:

$$\nabla^2\varphi = \nabla^2\varphi_1 + \nabla^2\varphi_2 + \cdots + \nabla^2\varphi_n$$

同样,几个平面势流的流函数相叠加仍然满足拉普拉斯方程,即

$$\nabla^2\psi = \nabla^2\psi_1 + \nabla^2\psi_2 + \cdots + \nabla^2\psi_n = 0$$

另外指出,几个势流叠加后的流速等于每个势流流速之矢量和。这是因为:将 φ 对 x 取偏导得:

$$\frac{\partial\varphi}{\partial x} = \frac{\partial\varphi_1}{\partial x} + \frac{\partial\varphi_2}{\partial x} + \cdots + \frac{\partial\varphi_n}{\partial x}$$

即

$$u_x = u_{x1} + u_{x2} + \cdots + u_{xn}$$

同理,由 φ 对 y 取偏导可得:

$$u_y = u_{y1} + u_{y2} + \cdots + u_{yn}$$

势流的叠加原理为我们提供了一种求解较复杂流动的方法,可以将几种最简单的已知势流叠加起来得到较复杂的势流。当然,叠加的结果还应满足所考查问题中的边界条件。因为合乎边界条件的解一般说来只有一个,所以问题的解是唯一的。均匀流(题 3-4)、平面涡流(题 3-5)、点源或点汇等都是一些最简单的已知势流。将几个点源或点汇叠加起来可求解第 9 章所述井群的渗流问题。至于其他已知简单势流及其叠加可参见一般流体力学书籍,在此不再赘述。

例 3-10 求均匀流与点源叠加后的流动。已知 x 方向流速为 U 的均匀流为:

$$\begin{cases} \varphi = Ux \\ \psi = Uy \end{cases}$$

置于原点强度为 $\frac{Q}{2\pi}$ 的点源:

$$\begin{cases} \varphi = \dfrac{Q}{2\pi}\ln r = \dfrac{Q}{2\pi}\ln\sqrt{x^2 + y^2} \\[2mm] \psi = \dfrac{Q}{2\pi}\theta = \dfrac{Q}{2\pi}\tan^{-1}\dfrac{y}{x} \end{cases}$$

解:叠加后的流动为:

$$\begin{cases} \varphi = Ux + \dfrac{Q}{2\pi}\ln r = Ux + \dfrac{Q}{2\pi}\ln\sqrt{x^2 + y^2} \\[2mm] \psi = Uy + \dfrac{Q}{2\pi}\theta = Uy + \dfrac{Q}{2\pi}\tan^{-1}\dfrac{y}{x} \end{cases}$$

故

$$u_x = \frac{\partial \varphi}{\partial x} = U + \frac{Q}{2\pi}\frac{x}{x^2 + y^2} = U + \frac{Q}{2\pi}\frac{\cos\theta}{r}$$

$$u_y = \frac{\partial \varphi}{\partial y} = \frac{Q}{2\pi}\frac{y}{x^2 + y^2} = \frac{Q}{2\pi}\frac{\sin\theta}{r}$$

滞止点 A 为:
$$\theta = \pi,\ r = \frac{Q}{2\pi U}$$

通过滞止点的流线为:

$$Ur\sin\theta + \frac{Q}{2\pi}\theta = C$$

显然,通过滞止点时的常数为:
$$C = \frac{Q}{2}$$

则
$$Ur\sin\theta + \frac{Q}{2\pi}(\theta - \pi) = 0$$

得:
$$r = \frac{Q}{2\pi U}\frac{\pi - \theta}{\sin\theta}$$

或
$$y = \frac{Q}{2\pi U}(\pi - \theta) = \frac{Q}{2\pi U}\left(\pi - \tan^{-1}\frac{y}{x}\right)$$

当 $x \to \infty$ 时,$r \to \infty$,$y \to \dfrac{Q}{2U}$。

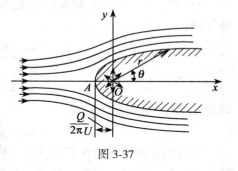

图 3-37

还可作出其他一些流线,如图 3-37 所示。通过滞止点的流线将流场分为两部分:由均匀流引起的这部分流量皆在这条流线之外流动,而由点源引起的那部分流量皆在这条流线之内流动。这样便可把通过滞止点的这一条流线视为固壁,并且仅考察其外部绕流,这就是所谓的"二元半体绕流"。

根据二元半体绕流表面的流速分布,利用伯努利方程可得到其表面的压强分布。

习 题

3-1 已知流速场

$$\begin{cases} u_x = 2t + 2x + 2y \\ u_y = t - y + z \\ u_z = t + x - z \end{cases}$$

求流场 $x = 2, y = 2, z = 1$ 的点在 $t = 3$ 时的加速度。

3-2　已知流速场

$$\begin{cases} u_x = xy^2 \\ u_y = -\dfrac{1}{3}y^3 \\ u_z = xy \end{cases}$$

(1) 求点 $(1, 2, 3)$ 的加速度。

(2) 是几元流动?

(3) 是恒定流还是非恒定流?

(4) 是均匀流还是非均匀流?

3-3　已知流速场

$$u = (4x^3 + 2y + xy)\boldsymbol{i} + (3x - y^3 + z)\boldsymbol{j}$$

(1) 求 $(2, 2, 3)$ 点的加速度。

(2) 是几元流动?

(3) 是恒定流还是非恒定流?

(4) 是均匀流还是非均匀流?

3-4　已知平面流动的流速分布为:

$$\begin{cases} u_x = a \\ u_t = b \end{cases}$$

式中, a、b 为常数, 求流线方程并画出若干条 $y > 0$ 时的流线。

3-5　已知平面流动流速分布为:

$$\begin{cases} u_x = -\dfrac{Cy}{x^2 + y^2} \\ u_y = \dfrac{Cx}{x^2 + y^2} \end{cases}$$

式中, C 为常数。求流线方程并画出若干条流线。

3-6　如题 3-6 图所示的管路水流中, 过水断面上各点流速按下列抛物线方程轴对称分布为:

$$u = u_{max}\left[1 - \left(\dfrac{r}{r_0}\right)^2\right]$$

式中, 水管半径 $r_0 = 3\mathrm{cm}$, 管轴上最大流速 $u_{max} = 0.15\mathrm{m/s}$。试求总流量 Q 与断面平均流速 v。

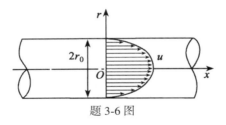

题 3-6 图

3-7　有一过水断面为矩形的人工渠道,其宽度 $B = 1\mathrm{m}$(见题 3-7 图)。测得断面 1—1 与 2—2 处的水深 $h_1 = 0.4\mathrm{m}, h_2 = 0.2\mathrm{m}$。若断面平均流速 $v_2 = 5\mathrm{m/s}$,试求通过此渠道的流量 Q 及断面 1—1 的平均流速 v_1。

3-8　如题 3-8 图所示,一直径 $D = 1\mathrm{m}$ 的盛水圆筒铅垂放置,现接出一根直径 $d = 10\mathrm{cm}$ 的水平管子。已知某时刻水管中断面平均流速 $v_2 = 2\mathrm{m/s}$,求该时刻圆筒中液面下降的速度 v_1。

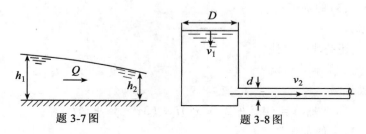

题 3-7 图　　　　　　　　题 3-8 图

3-9　输水管道通过三通管形成分支流(见题 3-9 图)。管径 d_1、d_2 均为 200mm,$d_3 = 100\mathrm{mm}$,若断面平均流速 $v_1 = 3\mathrm{m/s}, v_2 = 2\mathrm{m/s}$,求 v_3。

3-10　试利用题 3-10 图证明不可压缩液体二元流动的连续性微分方程的极坐标形式为:

$$\frac{\partial u_r}{\partial r} + \frac{u_r}{r} + \frac{1}{r}\frac{\partial u_\theta}{\partial \theta} = 0$$

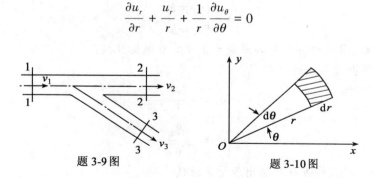

题 3-9 图　　　　　　　　题 3-10 图

3-11　对于不可压缩液体,下面的流动是否满足连续性条件:

(1) $u_x = 2t + 2x + 2y, u_y = t - y - z, u_z = t + x - z$;

(2) $u_x = x^2 + xy - y^2, u_y = x^2 + y^2, u_z = 0$;

(3) $u_x = 3\ln(xy), u_y = -3\dfrac{y}{x}, u_z = 4$;

(4) $u_r = C\left(1 - \dfrac{a^2}{r^2}\right)\cos\theta, u_\theta = -C\left(1 + \dfrac{a^2}{r^2}\right)\sin\theta, u_z = 0$。

3-12　利用题 3-12 图及牛顿第二定律证明重力场中沿流线坐标 S 方向的欧拉运动微分方程为:

$$-g\frac{\partial z}{\partial S} - \frac{1}{\rho}\frac{\partial p}{\partial S} = \frac{\mathrm{d}u_S}{\mathrm{d}t}$$

3-13　利用皮托管原理测量输水管中的流量(见题 3-13 图)。已知输水管直径 $d =$

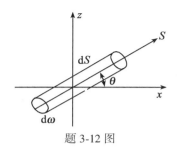

题 3-12 图

200mm，测得水银差压计读数 $h_p = 60$mm，若此时断面平均流速 $v = 0.84u_A$，u_A 是皮托管前管轴上未受扰动水流的 A 点的流速。求输水管中的流量 Q 及断面平均流速。

3-14　如题 3-14 图所示，一障碍物置于均匀水平水流中。若未受扰动的水流速度 $u_A = 10$m/s，其相对压强 $p_A = 1$ 个大气压，求障碍物滞止点 B 的相对压强。

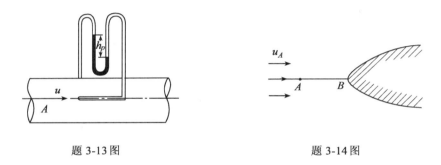

题 3-13 图　　　　　　　　　　题 3-14 图

3-15　用皮托管测定气流中某点的流速。将皮托管接向水差压计，读得其水面差 $h = 0.1$m，求未设置皮托管前该点的流速 u。已知气体的密度 $\rho = 1.25$kg/m^3，水的密度 $\rho' = 1\,000$kg/m^3。假定不考虑皮托管的校正系数。

3-16　如题 3-16 图所示，若两固定平行平板间液体的断面流速分布为：

$$\frac{u}{u_{\max}} = \left(\frac{\frac{B}{2} - y}{B/2}\right)^{1/7}, \ y \geq 0$$

计算总流的动能修正系数 α。

3-17　试证明渐变流过水断面的动能修正系数 α 大于或等于动量修正系数 β 且大于或等于 1：$\alpha \geq \beta \geq 1$。

3-18　有一管路，由两根不同直径的管子与一渐变连接管组成（见题 3-18 图）。已知 $d_A = 200$mm，$d_B = 400$mm；A 点的相对压强 $p_A = 0.7$ 个大气压，B 点的相对压强 $p_B = 0.4$ 个大气压；B 点处的断面平均流速 $v_B = 1$m/s。A、B 两点高差 $\Delta z = 1$m。要求判别流动方向，并计算这两断面间的水头损失 h_w。

3-19　为了测量石油管道的流量，安装一文丘里流量计（见题 3-19 图）。管道直径 $d_1 = 20$cm，文丘里管喉道直径 $d_2 = 10$cm，石油密度 $\rho = 850$kg/m^3，文丘里管的流量系数 $\mu = 0.95$。现测得水银差压计读数 $h_p = 15$cm，求此时石油流量 Q 多大？

3-20　一孔板流量计如题 3-20 图所示，开孔孔径 $d_0 = 6.5$mm，管子直径 $d = 152$mm，相应的流量系数 $\mu = 0.61$。孔板前后接一水银差压计，若水银柱高差 $h_p = 18.4$cm，求管中水流量。

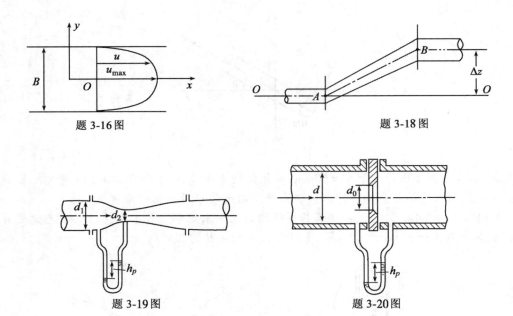

题 3-16 图　　　　　　题 3-18 图

题 3-19 图　　　　　　题 3-20 图

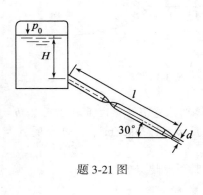

题 3-21 图

3-21　如题 3-21 图所示,一盛水的密闭容器,液面上气体的相对压强 p_0 为 0.5 个大气压。若在容器底部接一段管路,管长为 4m,与水平面夹角 30°,出口断面直径 d = 50mm。管路进口断面中心位于水下深度 H = 5m 处,水出流时总的水头损失 h_w = 2.3m,求水的流量 Q。

3-22　一水平变截面管段接于输水管路中,管段进口直径 d_1 = 10cm,出口直径 d_2 = 5cm(见题 3-22 图)。当进口断面平均流速 v_1 = 1.4m/s,相对压强 p_1 = 0.6 个大气压时,若不计两断面间的水头损失,试计算出口断面的相对压强 p_2。

3-23　水轮机的直锥形尾水管如题 3-23 图所示。已知 A—A 断面之直径 d_A = 0.6m,流

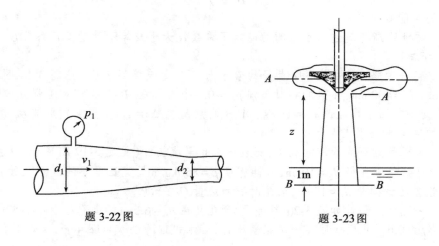

题 3-22 图　　　　　　题 3-23 图

速 $v_A = 6\text{m/s}$，B—B 断面之直径 $d_B = 0.9\text{m}$，若由 A 流至 B 的水头损失 $h_w = 0.14\dfrac{v_A^2}{2g}$，试计算：

（1）当 $z = 5\text{m}$ 时，求 A—A 断面的真空压强 p_{vA}；

（2）当允许真空度 $\dfrac{p_{vA}}{r} = 5.1\text{m}$ 水柱时，A—A 断面的位置 z 等于多少？

3-24 如题 3-24 图所示，水管通过的流量等于 9l/s。若测压管水头差 $h = 100.6\text{cm}$，直径 $d_2 = 5\text{cm}$，试确定直径 d_1。假定水头损失可忽略不计。

3-25 水箱中的水从一扩散短管流到大气中（见题 3-25 图）。若直径 $d_1 = 100\text{mm}$，该处绝对压强 p_1 为 0.5 个大气压，而直径 $d_2 = 150\text{mm}$，求水头 H。水头损失可忽略不计。

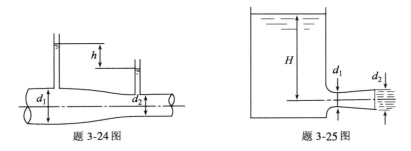

题 3-24 图　　　　　　　　　　题 3-25 图

3-26 一大水箱的水通过一铅垂管与收缩管嘴流入大气（见题 3-26 图）。直管直径 $d = 10\text{cm}$，收缩管嘴出口断面直径 $d_B = 5\text{cm}$，若不计水头损失，求直管中 A 点的相对压强 p_A。铅垂方向尺寸如题 3-25 图所示。

3-27 在水平的管路中所通过的水流量 $Q = 2.5\text{l/s}$，直径 $d_1 = 5\text{cm}$，$d_2 = 2.5\text{cm}$，相对压强 p_1 为 0.1 个大气压。两断面间水头损失可忽略不计。问连接于该管收缩断面上（见题 3-27 图）的水管可将水自容器内吸上多大高度 h？

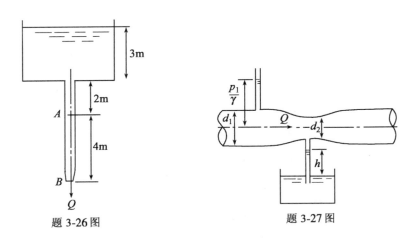

题 3-26 图　　　　　　　　　　题 3-27 图

3-28 离心式风机借集流器 A 从大气中吸入空气（见题 3-28 图）。在直径 $d = 200\text{mm}$ 的圆柱形管段接一根玻璃管，管的下端插入水槽中。若玻璃管中的水面上升 $H = 150\text{mm}$，求集流器的空气流量 Q。空气的密度 $\rho = 1.29\text{kg/m}^3$。

3-29　一矩形断面平底的渠道,其宽度 $B = 2.7\mathrm{m}$,河床在某断面处抬高 0.3m,抬高前的水深为 1.5m,抬高后水面降低 0.12m(见题 3-29 图)。若水头损失 h_w 为尾渠流速水头的一半,问流量 Q 等于多少?

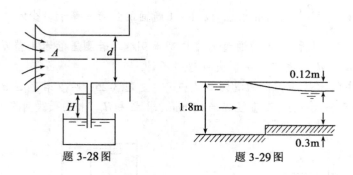

题 3-28 图　　　　　　　　题 3-29 图

3-30　一水平喷射水流作用在铅垂平板上(水平图见题 3-30 图),射流的流量 $Q = 10\ \mathrm{l/s}$,流速 $v = 1\mathrm{m/s}$,求射流对该平板的作用力 F。

3-31　如题 3-31 图所示,水自喷嘴射向一与其交角成 60° 的光滑平板上(不计摩擦阻力)。若喷嘴出口直径 $d = 25\mathrm{mm}$,喷射流量 $Q = 33.4\ \mathrm{l/s}$,试求射流沿平板向两侧的分流流量 Q_1 与 Q_2,(喷嘴轴线水平见题 3-30 图)以及射流对平板的作用力 F。假定水头损失可忽略不计。

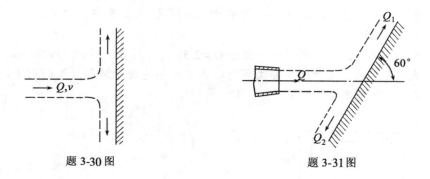

题 3-30 图　　　　　　　　题 3-31 图

3-32　将一平板放在自由射流之中,并垂直于射流的轴线。该平板截去射流量的一部分 Q_1,并引起射流的剩余部分偏转(见题 3-32 图)。已知 $v = 30\mathrm{m/s}$,$Q = 36\mathrm{l/s}$,$Q_1 = 12\ \mathrm{l/s}$,试求射流对平板的作用力 R 以及射流偏转角 θ。 不计摩擦力与重力的影响。

3-33　嵌入支座内的一段输水管,其直径由 $d_1 = 1.5\mathrm{m}$ 变化到 $d_2 = 1\mathrm{m}$(见题 3-33 图)。当支座前的压强 p 为 4 个大气压(相对压强),流量 $Q = 1.8\mathrm{m}^3/\mathrm{s}$ 时,试确定渐变段支座所受的轴向力 R。不计水头损失。

3-34　水流通过变截面弯管(见题 3-34 图)。若已知弯管的直径 $d_A = 25\mathrm{cm}$,$d_B = 20\mathrm{cm}$,流量 $Q = 0.12\mathrm{m}^3/\mathrm{s}$。断面 A—A 的相对压强 p_A 为 1.8 个大气压,管轴线均在同一水平面上,求固定此弯管所需的力 F_x 与 F_y。 可不计水头损失。

3-35　水由一容器经小孔口流出(见题 3-35 图)。孔口直径 $d = 10\mathrm{cm}$,若容器中水面高度 $H = 3\mathrm{m}$,求射流的反作用力 R。

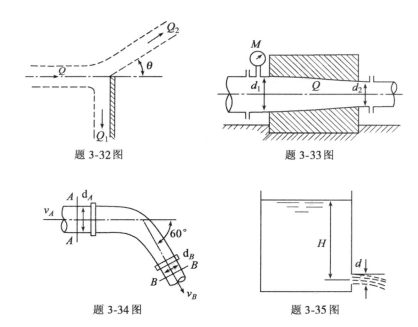

题 3-32图　　　　　　　　　　题 3-33图

题 3-34图　　　　　　　　　　题 3-35图

3-36　在浅水中航行的一艘喷水船,以水泵作为动力装置(见题 3-36 图)。若水泵的流量 $Q = 80$ l/s,船前吸水的相对速度 $w_1 = 0.5$ m/s,船尾出水的相对速度 $w_2 = 12$ m/s。试求喷水船的推进力 R。

3-37　在矩形渠道中修筑一大坝(见题 3-37 图)。已知单位宽度流量为 15 m^2/s,上游水深 $h_1 = 5$ m,求下游水深 h_2 及作用于单位宽度坝上的力 F。假定摩擦力与水头损失可忽略不计。

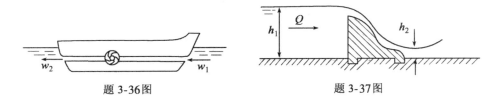

题 3-36图　　　　　　　　　　题 3-37图

3-38　两直管用折管相连接,如题 3-38 图所示。若管道截面积为 A,管中液体速度为 v,密度为 ρ,求阻止管道转动所需的力矩 M。

3-39　如题 3-39 图所示,一水平放置的具有对称臂的洒水器,旋臂半径 $R = 25$ cm,喷嘴直径 $d = 1$ cm,喷嘴倾角 $45°$,若总流量 $Q = 0.56$ l/s,求:

(1)不计摩擦时的最大旋转角速度 ω;

(2)$\omega = 5$ l/s 时,为克服摩擦应施加多大的扭矩 M 及功率 N。

3-40　下面各流场是无旋流还是有旋流?

(1)$u_x = C, u_y = u_z = 0$;

(2)$u_x = y + 2z, u_y = z + 2x, u_z = x + 2y$;

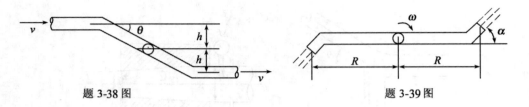

题 3-38 图　　　　　　　　　　题 3-39 图

（3）$u_x = -\dfrac{Cy}{x^2 + y^2}$，$u_y = \dfrac{Cx}{x^2 + y^2}$，$u_z = 0$。

3-41　对于 $u_x = 2xy$，$u_y = a^2 + x^2 - y^2$ 的平面流动，

（1）是否不可压缩液体的流动？

（2）求流函数 ψ。

（3）是无旋流还是有旋流？若是无旋流，确定其流速势 φ。

3-42　已知不可压缩液体平面流动的流函数为：

$$\psi = \frac{y^3}{3} - x^2 y + 2xy$$

（1）求流速分量；

（2）流动是否无旋？若是无旋，确定其流速势 φ。

3-43　已知不可压缩平面流动的流速势 $\varphi = xy$，试求其流速分量与流函数，并画出等势线与流线。

3-44　已知理想不可压缩流体平面流动的流速势为：

$$\varphi = x^2 - y^2$$

（1）求流场的速度分布，并找出滞止点的位置；

（2）求流函数 $\psi(x,y)$，并画出 $y > 0$ 时的等势线和流线；

（3）若滞止点的压强为 p_0，求水平面 (x,y) 面上的压强分布，并画出等压线。

3-45　在 x 轴上 $x = \pm a$ 处，各有强度为 $\dfrac{Q}{2\pi}$ 的两个平面点源，求它们叠加后的流动，并说明其中 y 轴是一条可视为固壁的流线。

第4章 流动型态与水头损失

任何实际液体都具有粘性,粘性的存在会使液流具有不同于理想流体的流速分布,并使相邻两层运动液体之间、液体与边界之间除压强外还相互作用着切向力(Frictional Resistance)(或摩擦力),此时低速层对高速层的切向力显示为阻力。而克服阻力做功过程中就会将一部分机械能不可逆地转化为热能而散失,形成能量损失。单位重量液体的机械能损失称为水头损失(Head Loss)。

本章主要研究恒定流的阻力和水头损失规律,它是水动力学基本理论的重要组成部分。首先,从雷诺实验出发介绍流动的两种型态——层流和紊流;然后着重对两种流态的内部机理进行分析,并在此基础上引出液体在管道和明渠内流动时水头损失的分析计算。对于与损失密切相关的边界层理论和绕流阻力仅作概念性的简介。

4.1 水流阻力与水头损失的两种类型

液流边界不同,对断面流速分布有一定影响,进而影响流动阻力(Flow Resistance)和水头损失。为了便于计算,水力学一元分析法根据流动边界情况,把水头损失 h_w 分为沿程水头损失(Friction Head Loss)h_f 和局部水头损失(Local Head Loss)h_j 两种类型。

4.1.1 沿程阻力和沿程水头损失

当流动的固体边界使液体作均匀流动时,水流阻力中只有沿程不变的切应力,称为沿程阻力(Frictional Resistance)(或摩擦力);克服沿程阻力做功而引起的水头损失则称为沿程水头损失,以 h_f 表示。沿程阻力的特征是沿流程连续分布,因而沿程损失的大小与流程的长短成正比。由伯努利方程得出均匀流的沿程水头损失为:

$$h_f = h_w = \left(z_1 + \frac{p_1}{\gamma} \right) - \left(z_2 + \frac{p_2}{\gamma} \right)$$

此时用于克服阻力所消耗的能量由势能提供,从而总水头线坡度 J 沿程不变,总水头线是一条直线。

当液体作较接近于均匀流的渐变流动时(如明渠渐变流),水流阻力虽已不是全部,但却主要为沿程阻力,此时沿程阻力的大小如同流速分布一样,沿程发生变化。可将十分接近的两过水断面之间的渐变流动看做是均匀流动,并引用均匀流的沿程水头损失计算公式,实践表明是完全可行的。在第7章中计算明渠渐变流水头损失时就是这样处理的。

4.1.2 局部阻力及局部水头损失

液流因固体边界急剧改变而引起速度分布的急剧改组,由此产生的阻力称为局部阻力

(Local Drag),其相应的水头损失称为局部水头损失,以 h_j 表示。它一般发生在水流边界突变处附近,如图 4-1 中水流经过"弯头"、"缩小"、"放大"及"闸门"等处。

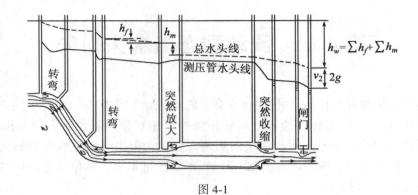

图 4-1

沿程水头损失和局部水头损失都是由于液体在运动过程中克服阻力做功而引起的,但又具有不同的特点。沿程阻力主要显示为摩擦阻力的性质,而局部阻力主要是因为固体边界突然改变,从而引起水流内部结构遭受破坏,产生旋涡以及在局部阻力之后,水流还要重新调整整体结构适应新的均匀流条件的过渡过程所造成的。

管路或明渠中的水流阻力都是由几段等直径圆管或几段几何形状相同的等截面渠道的沿程阻力和以断面形式急剧改变引起的局部阻力所组成。因此,流段两截面间的水头损失可以表示为两截面间的所有沿程损失和所有局部损失的总和,即

$$h_w = \sum_{i=1}^{n} h_{fi} + \sum_{k=1}^{m} h_{jk}$$

式中,n 为等截面的段数;m 为局部阻力个数。该式称为水头损失的叠加原理。

4.2　实际流动的两种型态

早在 19 世纪初,人们就已经发现圆管中液流的水头损失和流速有一定关系。在流速很小的情况下,水头损失和流速的一次方成正比;在流速较大的情况下,水头损失则和流速的二次方或接近二次方成正比。直到 1883 年,英国物理学家雷诺(Osborne Reynolds)的试验研究才使人们认识到水头损失与流速间的关系之所以不同,是因为液体运动存在着两种型态:层流和紊流。

4.2.1　雷诺实验

雷诺实验的装置如图 4-2 所示。由水箱 A 中引出水平固定的玻璃管 B,上游端连接一光滑钟形进口,另一端有阀门 C 用以调节流量。容器 D 内装有重度与水相近的色液,经细管 E 流入玻璃管中,阀门 F 可以调节色液的流量。

试验时,容器中装满水,并始终保持液面稳定,使水流为恒定流。先徐徐开启阀门 C,使玻璃管内水的流速十分缓慢。再打开阀门 F,放出少量颜色水,此时可以见到玻璃管内色液呈一细股界线分明的直流束,如图 4-2(a) 所示,它与周围清水互不混合。这一现象说明玻

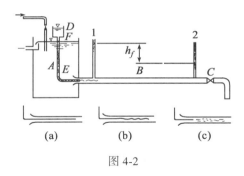

图 4-2

璃管中水流呈层状流动,各层的质点互不掺混。这种流动状态称为层流(Laminar Flow)。如阀门 C 逐渐开大到玻璃管中流速足够大时,颜色水流出现波动,如图 4-2(b)所示。继续开大阀门,当管中流速增至某一数值时,颜色水流突然破裂、扩散遍至全管,并迅速与周围清水混掺,玻璃管中整个水流都被均匀染色(如图 4-2(c))所示,层状流动已不存在。这种流动称为紊流(Turbulence)。由层流转化成紊流时的管中平均流速称为上临界流速 v_c'。如果用灯光把液体照亮,可以看出紊流状态下的颜色水体是由许多小漩涡组成。这时液体质点的运动轨迹是极不规则的,不仅有沿管轴方向(质点主流方向)的位移,而且有垂直于管轴的各方位位移。各点的瞬时速度随时间无规律地变化其方向和大小,具有明显的随机性。

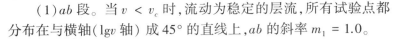

试验如以相反程序进行,即管中流动先处于紊流状态,再逐渐关小阀门 C。当管内流速减低到不同于 v_c' 的另一个数值时,可发现细管 E 注出的色液又重现直线元流。这说明圆管中水流又由紊流恢复为层流。不同的只是由紊流转变为层流时的平均流速要比层流转变为紊流的流速小,称为下临界流速 v_c。

为了分析沿程水头损失随速度的变化规律,通常在玻璃管的某段(如图 4-2 中的 1～2 段)上,针对不同的流速 v,测定相应的水头损失 h_f。将所测得的试验数据画在对数坐标纸上,绘出 h_f 与 v 的关系曲线,如图 4-3 所示。试验曲线明显地分为三部分:

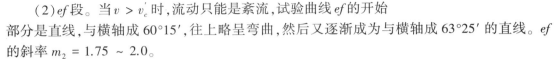

(1)ab 段。当 $v < v_c$ 时,流动为稳定的层流,所有试验点都分布在与横轴($\lg v$ 轴)成 45° 的直线上,ab 的斜率 $m_1 = 1.0$。

图 4-3

(2)ef 段。当 $v > v_c'$ 时,流动只能是紊流,试验曲线 ef 的开始部分是直线,与横轴成 60°15′,往上略呈弯曲,然后又逐渐成为与横轴成 63°25′ 的直线。ef 的斜率 $m_2 = 1.75$～2.0。

(3)be 段。当 $v_c < v < v_c'$,水流状态不稳定,既可能是层流(如 bc 段),也可能是紊流(be 段),取决于水流的原来状态。应注意的是,在此条件下,层流状态会被任何偶然的干扰所破坏,很不稳定。例如,层流状态如果被管壁上的个别凸起所破坏,那么在 $v_c < v < v_c'$ 时,它就不会回到原来的层流状态而呈紊流的形态。

上述试验结果可用下列方程表示:

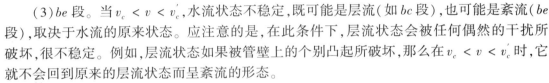

$$\lg h_f = \lg k + m \lg v$$

即

$$h_f = kv^m$$

层流时, $m_1 = 1.0$, $h_f = k_1 v$, 说明沿程损失与流速的一次方成正比; 紊流时, $m_2 = 1.75 \sim 2.0$, $h_f = k_2 v^{1.75 \sim 2.0}$, 说明沿程损失与流速的 1.75~2.0 次方成正比。

雷诺实验虽然是在圆管中进行, 所用液体是水, 但在其他边界形状, 其他实际液体或气体流动的实验中, 都能发现这两种流动型态。因而雷诺等人的实验的意义在于, 它揭示了液体流动存在两种性质不同的型态——层流和紊流。层流与紊流不仅是液体质点的运动轨迹不同, 其内部结构也完全不同, 反映在水头损失规律上不一样。所以分析实际液体流动, 如计算水头损失时, 首先必须判别流动的形态。

4.2.2　层流、紊流的判别标准——临界雷诺数

雷诺曾用不同管径圆管对多种液体进行实验, 发现下临界流速 v_c 的大小与管径 d、液体密度 ρ 和动力粘性系数 μ 有关, 即 $v_c = f(d, \rho, \mu)$。这 4 个物理量之间的关系可以借助于量纲分析方法得到:

$$v_c = Re_c \frac{\mu}{\rho d} = Re_c \frac{\nu}{d}$$

或

$$Re_c = \frac{v_c d}{\nu}$$

式中, ν 为液体的运动粘性系数; Re_c 为不随管径大小和液体的物理性质而变的无量纲常数, 称为下临界雷诺数。

同理, 对上临界流速 v_c', 则有:

$$Re_c' = \frac{v_c' d}{\nu}$$

式中, Re_c' 为上临界雷诺数。

前已说明, 水流处于层流状态时, 必须 $v < v_c$。如将 v 及 v_c 各乘以 $\dfrac{d}{\nu}$, 则有:

$$\frac{vd}{\nu} < \frac{v_c d}{\nu}$$

令

$$Re = \frac{vd}{\nu} \tag{4-1}$$

得到层流状态下

$$Re < Re_c$$

式中, Re 为无量纲数, 称为雷诺数。它综合反映了影响流态的有关因素, 反映了水流的惯性力与粘滞力之比。

同理, 当水流处于紊流状态下, $v > v_c'$,

因而

$$\frac{vd}{\nu} > \frac{v_c' d}{\nu}$$

$$Re > Re_c'$$

由此可见, 临界雷诺数是判别流动状态的普遍标准。当 $Re < Re_c$ 时为层流; $Re > Re_c'$ 时为紊流。

大量实验资料表明, 对于圆管有压流动, 下临界雷诺数为 $Re_c \approx 2\,300$, 是一个相当稳定

的数值,外界扰动几乎与它无关。而上临界雷诺数 Re'_e 却是一个不稳定的数值,主要与进入管道以前液体的平静程度及外界扰动条件有关。由实验得圆管有压流的上临界雷诺数为:

$$Re'_c = \frac{v'_c d}{\nu} \approx 12\,000 \text{ 或更大}(40\,000 \sim 50\,000)。$$

实际工程中总存在扰动,因此 Re'_c 没有实际意义,因此采用下临界雷诺数 Re_c 与水流的雷诺数 Re 比较来判别流动形态。在圆管中,

$$Re = \frac{vd}{\nu}$$

若 $Re < Re_c = 2\,300$,   为层流

         $Re > Re_c = 2\,300$,   为紊流

这里需要指出的是,在上面各雷诺数中引用的 d 表示取管径作为流动的特征长度。对于非圆管,其特征长度也可以取其他的流动长度来表示,如水力半径 R,此时的雷诺数记作为:

$$Re = \frac{vR}{\nu}$$

式中, $R = \dfrac{A}{\chi}$ 称为水力半径(Hydraulic Redius),是过水断面面积 A 与湿周(Wetted Perimeter)χ(断面中固体边界与液体相接触部分的周线长)之比,这时临界雷诺数中的特征长度也应取相应的特征长度来表示,而临界雷诺数应为 575。

对于明渠水流(无压流动),通常以水力半径 R 为雷诺数中的特征长度,即临界雷诺数 $Re_c = \dfrac{v_c R}{\nu} = 575$。 一般明渠流的雷诺数都相当大,多属于紊流,因而很少进行流态的判别。

例 4-1 某段自来水管,其管径 $d = 100(\text{mm})$,管中流速 $v = 1.0(\text{m/s})$,水的温度为 10℃,试判明管中水流型态。

解: 在温度为 10℃ 时,水的粘性运动系数,由式(1-10)得:

$$\nu = \frac{0.017\,75}{1 + 0.033\,7t + 0.000\,221t^2} = \frac{0.017\,75}{1.359\,1} = 0.013\,1\text{cm}^2/\text{s}$$

管中水流的雷诺数为:

$$Re = \frac{vd}{\nu} = \frac{100 \times 10}{0.013\,1} = 7\,660$$

$$Re > Re_c = 2\,300$$

因此,管中水流处在紊流型态。

例 4-2 用直径 $d = 25(\text{mm})$ 的管道输送 30℃ 的空气。问管内保持层流的最大流速是多少?

解: 30℃ 时空气运动粘性系数 $\nu = 16.6 \times 10^{-6}(\text{m}^2/\text{s})$,最大流速就是临界流速,由于

$$Re_c = \frac{v_c d}{\nu} = 2\,300$$

得: $$v_c = \frac{Re_c \nu}{d} = \frac{2\,300 \times 16.6 \times 10^{-6}}{0.025} = 1.527\text{m/s}$$

从以上两例可以看出,水和空气的流动绝大多数都是紊流。

4.3　均匀流的沿程水头损失和基本方程式

4.3.1　均匀流的沿程水头损失

在均匀流的情况下,只存在沿程水头损失。为了确定均匀流自断面 1—1 流至断面 2—2 的沿程水头损失,可写出断面 1—1 和断面 2—2 的伯努利方程式(见图 4-4)为:

$$z_1 + \frac{p_1}{\gamma} + \frac{\alpha_1 v_1^2}{2g} = z_2 + \frac{p_2}{\gamma} + \frac{\alpha_2 v_2^2}{2g} + h_f$$

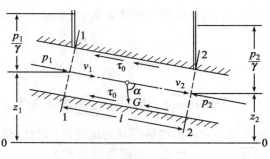

图 4-4

对均匀流,有:

$$\frac{\alpha_1 v_1^2}{2g} = \frac{\alpha_2 v_2^2}{2g}$$

因此,

$$h_f = \left(z_1 + \frac{p_1}{\gamma} \right) - \left(z_2 + \frac{p_2}{\gamma} \right) \tag{4-2}$$

式(4-2)说明,在均匀情况下,两过水断面间的沿程水头损失等于两过水断面测压管水头的差值,即克服沿程阻力所消耗的能量全部由势能提供。

由于沿程水头损失是克服沿程阻力(切应力)所做的功,因此有必要讨论并建立沿程阻力和水头损失的关系——均匀流基本方程。

4.3.2　均匀流基本方程

取出自过水断面 1—1 至断面 2—2 的一段圆管均匀流,其长度为 l,过水断面面积 $A_1 = A_2 = A$,湿周为 χ。现分析其作用力的平衡条件。

断面 1—1 至断面 2—2 间的流段是在断面 1—1 上的动水压力 P_1,断面 2—2 上的动水压力 P_2,流段本身的重量 G 及流段表面切力(沿程阻力)T 共同作用下保持均匀流动的。

写出在水流运动方向上诸力投影的平衡方程式:

$$P_1 - P_2 + G\cos\alpha - T = 0$$

因 $P_1 = p_1 A$,$P_2 = p_2 A$,且 $\cos\alpha = \dfrac{z_1 - z_2}{l}$,并设液流与固体边壁接触面上的平均切应力为 τ_0。

代入上式,得:

$$p_1A - p_2A - \gamma Al \frac{z_1 - z_2}{l} - \tau_0 \chi l = 0$$

以 γA 除全式,得:

$$\frac{p_1}{\gamma} - \frac{p_2}{\gamma} + z_1 - z_2 = \frac{\tau_0}{\gamma} \frac{\chi}{A} l$$

由式(4-2)知,

$$\left(z_1 + \frac{p_1}{\gamma} \right) - \left(z_2 + \frac{p_1}{\gamma} \right) = h_f$$

于是

$$h_f = \frac{\tau_0}{\gamma} \cdot \frac{\chi}{A} l = \frac{\tau_0}{\gamma} \frac{l}{R} \tag{4-3}$$

或

$$\tau_0 = \gamma R \frac{h_f}{l} = \gamma R J \tag{4-4}$$

式(4-3)及式(4-4)给出了沿程水头损失与切应力的关系,是研究沿程水头损失的基本公式,称为均匀流基本方程。式中,J 为单位长流程的水头损失,称为水力坡度(Hydraulic Slope)。对于无压均匀流,按上述步骤列出沿流动方向的力平衡方程式。同样可得与式(4-3)、式(4-4)相同的结果,所以该方程对层流、紊流、有压流和无压流均适用。

4.3.3 均匀流过水断面切应力分布

在推导式(4-3)时,是考虑了 1~2 流段内整个液流的力的平衡。如果对于圆管均匀流,只取流段内一圆柱体液流来分析作用力的平衡(见图4-5),圆柱的轴与管轴重合,圆柱半径为 r,作用在圆柱表面上的切应力为 τ,则仿照前述步骤,亦可得出:

$$\tau = \gamma \frac{r}{2} J \tag{4-5}$$

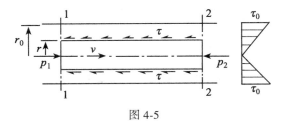

图 4-5

由式(4-4)得圆管壁上的切应力 τ_0 为:

$$\tau_0 = \gamma \frac{r_0}{2} J \tag{4-6}$$

比较式(4-5)与式(4-6),可得:

$$\frac{\tau}{\tau_0} = \frac{r}{r_0} \tag{4-7}$$

式(4-7)说明,在圆管均匀流的过水断面上,切应力呈直线分布,管壁处切应力为最大值 τ_0,

管轴处切应力为零。

4.4　圆管中的层流运动

4.4.1　圆管层流的流速分布

因为 τ 的大小与水流的流动形态有关,为进一步研究切应力 τ 与平均速度 v 的关系,本节先就圆管中的层流运动进行分析。圆管中的层流运动也称为哈根-泊肃叶(Hagen-Poseuille)流动。

这个问题可以用积分实际液体运动方程式(3-22)得到解答。这里,仅用较为简单且物理意义明显的方法求得。

液体在层流运动时,液层间的切应力可由牛顿内摩擦定律求出,由式(1-8)

$$\tau = \mu \frac{\mathrm{d}u}{\mathrm{d}y}$$

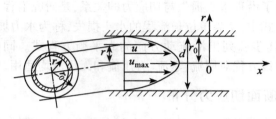

图 4-6

圆管中有压均匀流是轴对称流。为了计算方便,现采用圆柱坐标 r、x(见图 4-6),此时为二元流。

由于 $r = r_0 - y$,

因此,

$$\frac{\mathrm{d}u}{\mathrm{d}y} = -\frac{\mathrm{d}u}{\mathrm{d}r}$$

$$\tau = -\mu \frac{\mathrm{d}u}{\mathrm{d}r}$$

圆管均匀流在半径 r 处的切应力可用均匀流方程式(4-5)表示:

$$\tau = \frac{1}{2}r\gamma J$$

由上面两式得:

$$\tau = -\mu \frac{\mathrm{d}u}{\mathrm{d}r} = \frac{1}{2}r\gamma J$$

于是,

$$\mathrm{d}u = -\frac{\gamma}{2}\frac{J}{\mu}r\mathrm{d}r$$

注意到 J 对均匀流中各元流来说都是相等的,上式积分得:

$$u = -\frac{\gamma J}{4\mu}r^2 + C$$

在管壁上,即 $r = r_0$ 处,$u = 0$(固体边界无滑动条件),则

$$C = \frac{\gamma J}{4\mu} r_0^2$$

所以
$$u = \frac{\gamma J}{4\mu}(r_0^2 - r^2) \qquad (4\text{-}8)$$

式(4-8)说明,圆管层流过水断面上流速分布是一个旋转抛物面,这是层流的重要特征之一。

流动中的最大速度在管轴上,由式(4-8),有:

$$u_{\max} = \frac{\gamma J}{4\mu} r_0^2 \qquad (4\text{-}9)$$

4.4.2 圆管层流的断面平均流速

因为流量 $Q = \int_A u\mathrm{d}A = vA$,选取宽 $\mathrm{d}r$ 的环形断面为微元面积 $\mathrm{d}A$,可得圆管层流的断面平均流速为:

$$v = \frac{Q}{A} = \frac{\int_A u\mathrm{d}A}{A} = \frac{1}{\pi r_0^2}\int_0^{r_0} \frac{\gamma J}{4\mu}(r_0^2 - r^2)2\pi r\mathrm{d}r = \frac{\gamma J}{8\mu} r_0^2 \qquad (4\text{-}10)$$

比较式(4-9)、式(4-10),得:

$$v = \frac{1}{2} u_{\max} \qquad (4\text{-}11)$$

即圆管层流的断面平均流速为最大流速的一半,这是层流的又一重要特征。与下节论及的圆管紊流相比,层流流速在断面上的分布是很不均匀的。

由式(4-8)及式(4-10)得无量纲关系式:

$$\frac{u}{v} = 2\left[1 - \left(\frac{r}{r_0}\right)^2\right] \qquad (4\text{-}12)$$

4.4.3 圆管层流的沿程水头损失

为了实用上计算方便,沿程水头损失通常用平均流速 v 的函数表示。对于圆管层流,由式(4-10)得:

$$J = \frac{h_f}{l} = \frac{8\mu v}{\gamma r_0^2} = \frac{32\mu v}{\gamma d^2}$$

或
$$h_f = \frac{32\mu vl}{\gamma d^2} \qquad (4\text{-}13)$$

式(4-13)说明,在圆管层流中,沿程水头损失和断面平均流速的一次方成正比。与前述雷诺实验证实的论断一致。

一般情况下,沿程水头损失可以用速度水头 $\left(\frac{v^2}{2g}\right)$ 表示,式(4-13)可改写成:

$$h_f = \frac{64}{\frac{vd}{\nu}} \cdot \frac{l}{d} \cdot \frac{v^2}{2g} = \frac{64}{Re} \cdot \frac{l}{d} \cdot \frac{v^2}{2g}$$

令
$$\lambda = \frac{64}{Re} \tag{4-14}$$

则
$$h_f = \lambda\ \frac{l}{d}\ \frac{v^2}{2g} \tag{4-15}$$

这是常用的沿程水头损失计算公式,称为魏斯巴赫 - 达西(J.Weisbach-H.P.G.Darcy)公式,适用于层流、紊流、有压流和无压流。式中,λ 称为沿程阻力系数,在圆管层流中,只与雷诺数成反比,与管壁粗糙程度无关。4.8 节中将介绍的实验研究也得到同样的结论。

4.4.4　管道进口的流动

上面所推导出的一些计算公式只适用于均匀流动情况,在管路进口附近是无效的。当液体由水箱经光滑圆形进口流入管内,其速度最初在整个过水断面上几乎是均匀分布的(见图 4-7)。接着,管壁切应力就使得接近管壁部分的质点速度逐渐降低;为了满足连续性要求,管中心区域的质点必须加快速度。一直到过水断面(AB)上流速呈抛物面分布,断面流速分布才不再沿程而变,从进口速度接近均匀到管中心流速到达最大值的距离称管道进口起始段,长度为 l'。l' 可根据 H.L.Langhaas 推导的公式
$$l'/D = 0.058Re$$

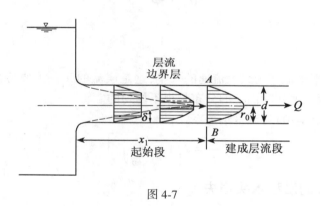

图 4-7

进行计算。式中,D 为管径;Re 为液体的雷诺数。

在起始段中,各断面的动能改正系数 $\alpha \neq 2$,阻力系数 $\lambda = \dfrac{A}{Re}$,式中,A 为无量纲系数。α 及 A 随入口后的距离而改变,其值可查根据实验资料整理出得表 4-1。

在计算 h_f 时,如管长 $l \gg l'$,则不必考虑起始段;否则要加以考虑,分别计算。

表 4-1　　　　　　　　　　　　　　　　　层流起始段的 α 及 A 值表

$\dfrac{l}{DRe}\cdot 10^3$	2.5	5	7.5	10	12.5	15	17.5	20	25	28.75
α	1.405	1.552	1.642	1.716	1.779	1.820	1.866	1.906	1.964	2
A	122	105	96.66	88	82.4	79.16	76.41	74.375	71.5	69.56

4.5　液体的紊流运动

4.5.1　紊流运动要素的脉动及时均化

紊流运动的基本特征是质点不断地互相混掺,使液流各点的流速、压强等运动要素在空间上和时间上都具有脉动性,如图 4-8 所示。

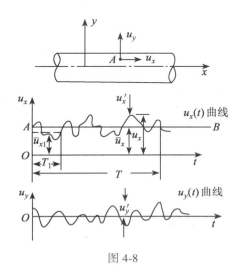

图 4-8

在恒定水位下的水平圆管紊流中,采用激光测速仪测得液体质点通过某固定空间点 A 的各方向瞬时(Instantaneous)流速 u_x、u_y 对时间的关系曲线 $u_x(t)$、$u_y(t)$。可以看出,某空间点的瞬时速度虽然随时间不断变化,但却始终围绕着某一平均值而不断跳动。这种跳动叫脉动(Pulsation),这一平均值称做时间平均流速,用 $\bar{u}_x$、$\bar{u}_y$ 表示。图中 AB 线的纵坐标就是瞬时速度 u_x 在 T 时段内的平均值 $\bar{u}_x$(可用毕托管测得)。其数学关系式表示为:

$$\bar{u}_x = \frac{1}{T}\int_0^T u_x(t)\,\mathrm{d}t \tag{4-16}$$

式(4-16)就是时均流速的定义。由图 4-8 可以看出,时均值和所取时段长短有关,如时段较短(取 T_1),则时均值为 $\bar{u}_{x1}$。但是因为水流中脉动周期较短,所以只要时段 T 取得足够长,就可以消除时段对时均值的影响。

显然,瞬时流速由时均流速和脉动流速两部分组成,即

$$u_x = \bar{u}_x + u_x' \tag{4-17}$$

$$u_y = \bar{u}_y + u_y' \tag{4-18}$$

$$u_z = \bar{u}_z + u_z' \tag{4-19}$$

式中, u_x、u_y、u_z 为 x、y、z 方向的瞬时流速; $\bar{u}_x$、$\bar{u}_y$、$\bar{u}_z$ 为 x、y、z 方向时均流速; u_x'、u_y'、u_z' 为 x、y、z 方向的脉动流速。将式(4-17)代入式(4-16)展开,可得:

$$\frac{1}{T}\int_0^T u_x'\,\mathrm{d}t = 0$$

即脉动流速 $u_x^{'}$ 的时均值 $\bar{u}_x^{'} = 0$。同理，$\bar{u}_y^{'} = 0, \bar{u}_z^{'} = 0$。

以上这种把速度时均化的方法也可以用到其他运动要素上。如瞬时压强

$$p = \bar{p} + p'$$

式中，时均压强 $\bar{p} = \dfrac{1}{T}\displaystyle\int_0^T p\mathrm{d}t$；$p'$ 为脉动压强。

这样，就可以把紊流运动看做时间平均流动和脉动的叠加，而分别加以研究。

严格来说，紊流总是非恒定流，但可根据运动要素时均值是否随时间变化，将紊流分为恒定流与非恒定流。根据恒定流导出的水动力学基本方程，对于时均恒定流同样适用。以后本书中所提到的关于在紊流状态下，水流中各点的运动要素都是指的时间平均值，如时间平均流速 $\bar{u}$、时间平均强度 $\bar{p}$ 等。为了方便起见，以后就省去字母上的横画，而仅以 u、p 表示。

应当指出，以时均值代替瞬时值固然为研究紊流运动带来了很大方便，但是时均值只能描述总体运动，不能反映脉动的影响。如图 4-9 所示的两组脉动值，它们的脉动幅度、频率各不同，但其时均值却可以相等。紊流的固有特征并不因时均而消失。因此，对于与紊流的特征直接有关系的问题，如紊流中的阻力和过水断面上流速分布问题，必须考虑到紊流具有脉动与混掺的特点，才能得出符合客观实际的结论。

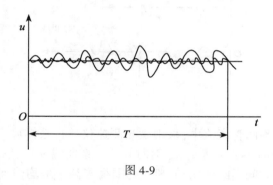

图 4-9

4.5.2　紊流切应力、普朗特混和长度理论

在层流运动中，质点成层状相对运动，其切应力仅由粘性引起，可用牛顿内摩擦定律进行计算。然而，紊流的切应力由两部分组成：①从时均紊流的概念出发，可将运动液体分层。因为液层的时均流速不同，存在相对运动，所以各液层之间也存在粘性切应力（Viscous Shear Stress），这种粘性切应力也可用牛顿内摩擦定律表示，即

$$\bar{\tau}_1 = \mu \frac{\mathrm{d}\bar{u}}{\mathrm{d}y}$$

式中，$\dfrac{\mathrm{d}\bar{u}}{\mathrm{d}y}$ 为时均流速梯度。②由于紊流中质点存在脉动，相邻液层之间就有质量的交换。低速液层的质点由于横向脉动进入高速液层后，对高速液层起阻滞作用；相反，高速液层的质点在进入低速液层后，对低速液层却起推动作用。也就是质量交换带来了动量交换，从而在液层分界面上产生了紊流附加切应力（Additional Turbulent Shear Stress）$\bar{\tau}_2$。

$$\bar{\tau}_2 = -\rho \overline{u_x^{'} u_y^{'}} \tag{4-20}$$

现用动量方程来说明式(4-20)。如图 4-10 所示,在空间点 A 处,具有 x 和 y 方向的脉动流速 u_x' 和 u_y'。在 Δt 时段内,通过 ΔA_y 的脉动质量为:

$$\Delta m = \rho \Delta A_y u_y' \Delta t$$

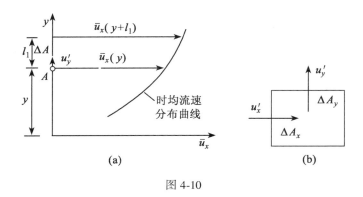

图 4-10

这部分液体质量,在脉动分速 u_x' 的作用下,在水流方向的动量增量为:

$$\Delta m \cdot u_x' = \rho \Delta A_y u_x' u_y' \Delta t$$

此动量增量等于紊流附加切力 ΔT 的冲量,即

$$\Delta T \cdot \Delta t = \rho \Delta A_y u_x' u_y' \Delta t$$

因此,附加切应力 $\tau_x = \dfrac{\Delta T}{\Delta A_y} = \rho u_x' u_y'$。

现取时均值

$$\overline{\tau_x} = \rho \, \overline{u_x' u_y'} \tag{4-21}$$

$\rho \, \overline{u_x' u_y'}$ 就是单位时间内通过单位面积的脉动微团进行动量交换的平均值。

取微分体(图 4-10(b)),以分析纵向脉动速度 u_x' 与横向脉动速度 u_y' 的关系。根据连续性原理,若 Δt 时段内,A 点处微小空间有 $\rho u_y' \Delta A_y \Delta t$ 质量自 ΔA_y 面流出,则必有 $\rho u_x' \Delta A_x \Delta t$ 的质量自 ΔA_x 面流入,即

$$\rho u_y' \Delta A_y \Delta t + \rho u_x' \Delta A_x \Delta t = 0$$

于是
$$u_y' = -\frac{\Delta A_x}{\Delta A_y} u_x' \tag{4-22}$$

由式(4-21)可见,纵向脉动流速 u_x' 与横向脉动流速 u_y' 成比例。A_y 与 A_x 总为正值,因此 u_x' 与 u_y' 符号相反。为使附加切应力 $\overline{\tau_2}$ 以正值出现,在式(4-21)中加以负号,得:

$$\overline{\tau_2} = -\rho \, \overline{u_x' u_y'} \tag{4-23}$$

上式就是用脉动流速表示的紊流附加切应力基本表达式。它表明紊流附加切应力与粘性切应力不同,它与液体粘性无直接关系,只与液体密度和脉动强弱有关,是由微团惯性引起,因此又称 $\overline{\tau_2}$ 为惯性切应力或雷诺应力(Reynolds Stress)。

在紊流流态下,紊流切应力为粘性切应力与附加切应力之和,即

$$\tau = \mu \frac{\mathrm{d}u}{\mathrm{d}y} + \left(-\rho \, \overline{u_x' u_y'} \right) \tag{4-24}$$

上式两部分切应力的大小随流动情况而有所不同。在雷诺数较小时,即脉动较弱时,前者占主要地位。随着雷诺数增加,脉动程度加剧,后者逐渐加大。当雷诺数很大,在充分发展的紊流中,粘性切应力与附加切应力相比甚小,前者可以忽略不计。

图 4-11 是由一矩形断面风洞中测量到的切应力数据。风洞断面宽 $B = 1\text{m}$,高 $H = 24.4\text{cm}$。量测是在中心断面 $\dfrac{B}{2}$ 处进行的,最大流速为 100cm/s。y 为某点至风洞壁的距离(高度方向)。

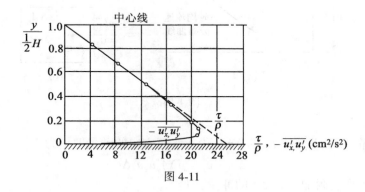

图 4-11

以上说明了紊流切应力的组成,并扼要地介绍了紊流附加切应力产生的力学原因。然而,脉动速度瞬息万变,由于对紊流机理还未彻底了解,式(4-23)不便于直接应用。目前主要采用半经验的办法,即一方面对紊流进行一定的机理分析,另一方面还得依靠一些具体的实验结果来建立附加切应力和时均流速的关系。这种半经验理论至今已提出了不少。下面介绍德国学者普朗特(L.Prandtl)提出的混合长度(Mixing Length)理论。

普朗特设想液体质点的紊流运动与气体分子运动类似。气体分子运行一个平均自由路程才与其他分子碰撞,同时发生动量交换。普朗特认为,液体质点从某流速的液层因脉动进入另一流速的液层时,也要运行一段与时均流速垂直的距离 l' 后才和周围质点发生动量交换。在运行 l' 距离之内,微团保持其本来的流动特征不变。普朗特称此 l' 为实际混合长度。如空间点 A 处(见图 4-10(a))质点 A 沿 x 方向的时均流速为 $\bar{u}_x(y)$,距 A 点 l' 处,质点 x 方向的时均流速为 $\bar{u}_x(y + l')$,这两个空间点上质点沿 x 方向的时均流速差为:

$$\Delta \bar{u}_x = \bar{u}_x(y + l') - \bar{u}_x(y) = \bar{u}_x(y) + l'\frac{\mathrm{d}\bar{u}_x}{\mathrm{d}y} - \bar{u}_x(y) = l'\frac{\mathrm{d}\bar{u}_x}{\mathrm{d}y}$$

普朗特假设脉动速度与时均流速差成比例(为了简便,时均值以后不再标以横画),即

$$u_x' = \pm c_1 l'\frac{\mathrm{d}u_x}{\mathrm{d}y}$$

从式(4-22)可知 u_x' 与 u_y' 具有相同数量级,但符号相反,即

$$u_y' = \mp c_2 l'\frac{\mathrm{d}u_x}{\mathrm{d}y}$$

于是

$$\tau_2 = -\rho u_x' u_y' = \rho c_1 c_2 (l')^2 \left(\frac{\mathrm{d}u_x}{\mathrm{d}y}\right)^2$$

略去下标 x，并令 $l^2 = c_1 c_2 (l')^2$，得到紊流附加切应力的表达式为：

$$\tau_2 = \rho l^2 \left(\frac{\mathrm{d}u}{\mathrm{d}y} \right)^2 \tag{4-25}$$

式中，l 称为普朗特混合长度(Prandtl's Mixing Length)，其没有直接物理意义。在固体边壁或近壁处，因质点交换受到制约而被减少至零，故普朗特假定混合长度 l 正比于质点到管壁的径向距离 y，即

$$l = ky$$

式中，k 为卡门(T.von Kárman)常数，其值等于0.4。

而在紊流流核，混合长度应按萨特克奇(А.А.Саткевич)公式计算：

$$l = ky \sqrt{1 - \frac{y}{r_0}}$$

混合长度理论给出了紊流切应力和流速分布规律(将在4.6节中介绍)，但是推导过程不够严谨。尽管如此，由于这一半经验理论比较简单，计算所得结果又与实验数据能较好地符合，所以至今仍然是工程上应用最广的紊流理论。

4.6 圆管中的紊流

4.6.1 圆管紊流流核与粘性底层

由于液体与管壁间的附着力，所以无论流速有多高，圆管中总有极薄的一层液体贴附在管壁上不动，即速度为零。在紧靠管壁附近的液层流速从零增加到有限值，速度梯度很大，因管壁抑制了附近液体质点的紊动，混合长度几乎为零。因此，在该液层内，紊流附加切应力可以忽略。在紊流中紧靠管壁附近，这一薄层称为粘性底层(Viscous Sublayer)或层流底层，如图4-12所示(为清晰起见，图中粘性底层的厚度被夸大了)。在粘性底层之外的液流，统称为紊流流核(Turbulent Core)。

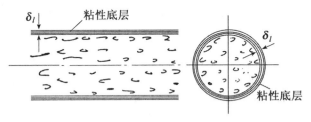

图 4-12

粘性底层厚度 δ_l 可由层流流速分析和牛顿内摩擦定律以及实验资料求得。

由式(4-8)得知，当 $r \to r_0$ 时，有：

$$u = \frac{\gamma J}{4\mu} (r_0^2 - r^2) = \frac{\gamma J}{4\mu} (r_0 + r)(r_0 - r)$$

$$\approx \frac{\gamma J}{2\mu} r_0 (r_0 - r) = \frac{\gamma J r_0}{2\mu} y \tag{4-26}$$

式中，$y = r_0 - r$。由此可见，厚度很小的粘性底层中的流速分布近似为直线分布。

再由牛顿内摩擦力定律得管壁附近的切应力 τ_0 为：

$$\tau_0 = \mu \frac{\mathrm{d}u}{\mathrm{d}y} \approx \mu \frac{u}{y}$$

即

$$\frac{\tau_0}{\rho} = \nu \frac{u}{y}$$

由于 $\sqrt{\dfrac{\tau_0}{\rho}}$ 的量纲与速度的量纲相同，称它为剪切流速（Shear Velocity）v_*，$v_* = \sqrt{\dfrac{\tau_0}{\rho}} = \sqrt{gRJ}$。则上式可写成：

$$\frac{v_* y}{\nu} = \frac{u}{v_*}$$

注意到 $\dfrac{v_* y}{\nu}$ 是某一雷诺数，称为粘性底层雷诺数。当 $y < \delta_l$ 时，为层流，而当 $y \to \delta_l$，$\dfrac{v_* \delta_l}{\nu}$ 为某一临界雷诺数。实验资料表明，$\dfrac{v_* \delta_l}{\nu} = 11.6$。因此粘性底部的厚度为：

$$\delta_l = 11.6 \frac{\nu}{v_*}$$

由等量式(4-3)及式(4-15)可得：

$$\tau_0 = \lambda \rho v^2 / 8 \tag{4-27}$$

代入上式可得：

$$\delta_l = \frac{32.8\nu}{v\sqrt{\lambda}} = \frac{32.8d}{Re\sqrt{\lambda}} \tag{4-28}$$

式中，Re 为管内流动雷诺数；λ 为沿程阻力系数。

显而易见，当管径 d 相同时，液体随着流速增大、雷诺数变大，粘性底层变薄。

4.6.2　水力光滑与水力粗糙(Hydraulical Smooth and Hydraulical Rough)

粘性底层的厚度虽然很薄，一般只有十分之几毫米，但它对水流阻力或水头损失有重大影响。因为任何材料加工的管壁，由于受加工条件限制和运用条件的影响，总是或多或少地存在粗糙不平。粗糙突出管壁的平均高度称为绝对粗糙度（Absolute Roughness）Δ。若粗糙突出高度"淹没"在粘性底层中（见图 4-13(a)），此时管内的紊流流核被粘性底层与管壁隔开，管壁粗糙度对紊流结构基本上没有影响，水流就像在光滑的管壁上流动一样，这种情况在水力学上称为"水力光滑管"；反之，若粗糙突出高度伸入到紊流流核中（见图 4-13(b)），

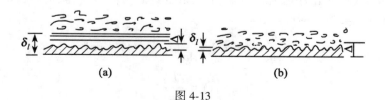

(a)　　　　　　　　　　　　(b)

图 4-13

则成为漩涡的策源地,从而加剧了紊流的脉动作用,水头损失也增大,这种情况称为"水力粗糙管"。至于管道是属于"水力光滑管"还是属于"水力粗糙管",不仅决定于管壁本身的绝对粗糙高度 Δ,而且还取决于和雷诺数等因素有关的粘性底层厚度 δ_l。所以"光滑"或"粗糙"都没有绝对不变的意义,视 Δ 与 δ_l 的比值而定。根据尼古拉兹(J.Nikuradse)的试验资料,可将光滑管、粗糙管和介于二者之间的紊流过渡区的分区规定如下:

(1)水力光滑区 $\Delta < 0.4\delta_l$,或 $\dfrac{\Delta v_*}{\nu} < 5 (Re_* < 5)$;

(2)紊流过渡区 $0.4\delta_l < \Delta < 6\delta_l$,或 $5 < \dfrac{\Delta v_*}{\nu} < 70 (5 < Re_* < 70)$;

(3)完全粗糙区 $\Delta > 6\delta_l$,或 $\dfrac{\Delta v_*}{\nu} > 70 (Re_* > 70)$。

其中,$\dfrac{\Delta v_*}{\nu} = Re_*$,称为粗糙雷诺数。

4.6.3　紊流流速分布

根据紊流混合长度理论推导紊流流核的流速分布。

在紊流流核中,粘性切应力与附加切应力比较,粘性切应力可以忽略不计。于是液层间切应力由式(4-23)决定:

$$\tau = \rho l^2 (\mathrm{d}u/\mathrm{d}y)^2$$

又根据式(4-7)知,均匀流过水断面上切应力成直线分布,即

$$\tau = \tau_0 \frac{r}{r_0} = \tau_0 \left(1 - \frac{y}{r_0}\right)$$

至于混合长度 l,可按萨特克维奇(А.А.Саткевич)提出的公式(该式除管轴附近外,与实验资料基本相符)计算:

$$l = \kappa y \sqrt{1 - \frac{y}{r_0}}$$

式中,κ 为一常数,称卡门常数,$\kappa = 0.4$。

于是

$$\tau_0 \left(1 - \frac{y}{r_0}\right) = \rho \kappa^2 y^2 \left(1 - \frac{y}{r_0}\right) \left(\frac{\mathrm{d}u}{\mathrm{d}y}\right)^2$$

整理得:

$$\mathrm{d}u = \frac{v_*}{k} \frac{\mathrm{d}y}{y}$$

积分为:

$$u = \frac{v_*}{\kappa} \ln y + C_1 \tag{4-29}$$

写成无量纲形式,由

$$\mathrm{d}u = \frac{v_*}{\kappa} \frac{\mathrm{d}y}{y}$$

变换为:

$$\frac{\mathrm{d}u}{v_*} = \frac{1}{\kappa} \frac{\mathrm{d}\left(\dfrac{v_* y}{\nu}\right)}{\left(\dfrac{v_* y}{\nu}\right)}$$

积分得：

$$u = v_* \left[\frac{1}{\kappa} \ln\left(\frac{v_* y}{\nu} \right) + C_2 \right] \qquad (4\text{-}30)$$

也可写成常用对数形式：

$$u = v_* \left[\frac{2.3}{\kappa} \lg\left(\frac{v_* y}{\nu} \right) + C_2 \right] \qquad (4\text{-}31)$$

式(4-29)~式(4~31)就是由混合长度理论得到的紊流流核对数流速分布规律。式中的积分常数 C_2 由实验确定。下面结合实验资料分别讨论光滑管和粗糙管的流速分布。

1）光滑管的流速分布

紊流分为粘性底层和紊流流核两区，在粘性底层中的流速分布近乎呈线性分布，在管壁上流速为零。至于光滑管的紊流流速分布，根据尼古拉兹在人工粗糙管的实验（见 4.7 节）资料，确定式(4-31)的积分常数 $C_2 = 5.5$，$\kappa = 0.4$，于是有：

$$u = v_* \left[2.5\ln\left(\frac{v_* y}{\nu} \right) + 5.5 \right] \qquad (4\text{-}32)$$

2）粗糙管的流速分布

粗糙管中粘性底层的厚度远小于管壁的粗糙高度，因此，粘性底层已无实际意义。在这种情况下，整个过水断面的流速分布均符合式(4-29)，而式中的积分常数 C_1 仅与管壁粗糙度 Δ 有关。卡门和普朗特根据尼古拉兹的实验资料提出，粗糙管过水断面上各点的对数流速分布公式为：

$$u = v_* \left(2.5\ln\frac{y}{\Delta} + 8.5 \right) \qquad (4\text{-}33)$$

在此应当指出的是，方程(4-29)~(4-31)只计入了紊流附加应力，因此它所表示的速度分布规律适用于大雷诺数情况。对于较小的雷诺数，粘性摩擦在粘性底层之外流区也会产生影响。

普朗特-卡门根据实验资料还提出了紊流指数流速分布公式：

$$\frac{u}{u_{\max}} = \left(\frac{y}{r_0} \right)^n \qquad (4\text{-}34)$$

对于光滑管，式中的指数 n 随雷诺数而变化。当 $Re < 10^5$ 时，$n \approx \frac{1}{7}$，此时

$$\frac{u}{u_{\max}} = \left(\frac{y}{r_0} \right)^{1/7} \qquad (4\text{-}35)$$

称为紊流流速分布中的七分之一方定律。

当 $Re > 10^5$ 时，n 则视雷诺数不同而取相应之值（见表 4-2）计算才更准确。

表 4-2

Re	4.0×10^3	2.3×10^4	1.1×10^5	1.1×10^6	2.0×10^6	3.2×10^6
n	$\frac{1}{6.0}$	$\frac{1}{6.6}$	$\frac{1}{7.0}$	$\frac{1}{8.8}$	$\frac{1}{10}$	$\frac{1}{10}$

圆管中的流速分布应当是连续的曲线,所以在管轴处应该有$\dfrac{\mathrm{d}u}{\mathrm{d}y}=0$,但上述几个公式都不能满足这一条件。而且按上述这些公式,在管壁处得:

$$\tau_0 = \mu\left(\frac{\mathrm{d}u}{\mathrm{d}y}\right)_{y=0} = \infty$$

这也是不合理的。因而式(4-32)和式(4-33)对圆管内两小区——靠近管轴处及管壁处均不适用,而在管中其余各点与实验符合良好。

4.6.4　紊流的沿程水头损失

从圆管层流的讨论中已经知道,对水头损失起决定作用的有流速v、管径d、液体密度ρ和粘性系数μ。而在紊流中,在雷诺数Re较大的情况下,管壁粗糙高度Δ将对水流阻力及水头损失起重要影响。

紊流的沿程水头损失也采用魏斯巴赫-达西公式计算:

$$h_f = \lambda\,\frac{l}{d}\,\frac{v^2}{2g} \tag{4-36}$$

对于圆管水流,水力半径$R = \dfrac{\omega}{\chi} = \dfrac{\frac{1}{4}\pi d^2}{\pi d} = \dfrac{d}{4}$。代入式(4-36)得:

$$h_f = \lambda\,\frac{l}{4R}\,\frac{v^2}{2g} \tag{4-37}$$

式(4-36)、式(4-37)与层流水头损失计算公式(4-15)对照,可见公式结构是一致的。式中,λ称为沿程阻力系数,圆管层流的$\lambda = \dfrac{64}{Re}$。至于圆管紊流的沿程阻力系数λ,则为雷诺数Re及管壁相对粗糙度$\dfrac{\Delta}{d}$的函数。λ随Re及$\dfrac{\Delta}{d}$的变化规律将在下一节讨论。

魏斯巴赫-达西公式(4-36)、(4-37)是均匀流的普遍公式,对于层流、紊流、有压流及无压流均可适用,是计算水头损失的基本公式。

对实际工程问题,有时是已知水头损失或已知水力坡度,而求流速的大小,为此可变换式(4-37)的形式如下:

$$v = \sqrt{\frac{8g}{\lambda}}\,\sqrt{R\,\frac{h_f}{l}} = C\sqrt{RJ} \tag{4-38}$$

式(4-38)为著名的谢才(Chezy)公式,1775年由谢才提出,它与魏斯巴赫-达西公式实质上是相同的,至今仍然是被广泛使用的水力计算公式之一。式中,C称作谢才系数。应当注意,谢才系数C与沿程阻力系数λ不同,是具有量纲的量,量纲为$[L^{\frac{1}{2}}/T]$,单位一般采用$\mathrm{m}^{\frac{1}{2}}/\mathrm{s}$。确定$C$值的方法将在下节中说明。

4.7　圆管中沿程阻力系数 λ

4.7.1　尼古拉兹实验曲线

在层流中,沿程阻力系数与雷诺数Re的关系为$\lambda = f(Re)$;在紊流中,λ与雷诺数及粗糙度之间的关系,在理论上至今没有完全解决。为了确定沿程阻力系数 $\lambda = f\left(Re, \dfrac{\Delta}{d}\right)$ 的变化

规律,1932—1933 年,尼古拉兹(J.Nikuradse) 在圆管内壁粘贴上经过筛分具有同粒径 Δ 的砂粒,制成人工均匀颗粒粗糙的管道;然后在不同粗糙度的管道上进行系统试验。1933 年,尼古拉兹发表了反映圆管流动情况的试验结果。

尼古拉兹实验装置如图 4-14 所示,测量圆管中平均流速 v 和管段 l 的水头损失 h_f,并测

出水温以推算出雷诺数 $Re = \dfrac{v \cdot d}{\nu}$ 及沿程阻力系数 $\lambda = h_f \dfrac{d}{l} \dfrac{2g}{v^2}$。得出 $\lambda = f\left(Re, \dfrac{\Delta}{d}\right)$ 的规律,

以 $\lg Re$ 为横坐标、$\lg(100\lambda)$ 为纵坐标,将各种相对粗糙度情况下的试验结果描绘成图 4-15,即尼古拉兹实验曲线图。

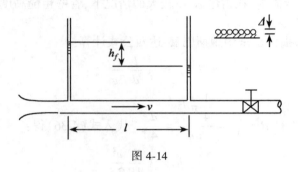

图 4-14

由图 4-15 看到,λ 和 Re 及 Δ/d 的关系可分成下列几个区来说明,这些区在图上以 Ⅰ、Ⅱ、Ⅲ、Ⅳ、Ⅴ表示。

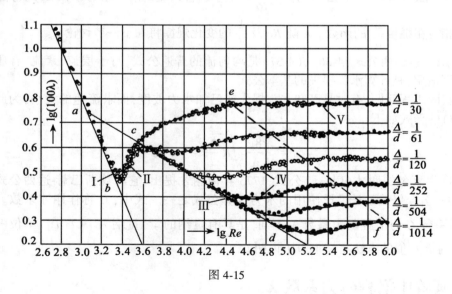

图 4-15

　（1）第 Ⅰ 区为层流区。当 $Re < 2\,300$ 时,所有的试验点聚集在一条直线 ab 上,说明 λ 与

粗糙度 $\dfrac{\Delta}{d}$ 无关,并且 λ 与 Re 的关系合乎 $\lambda = \dfrac{64}{Re}$ 的规律,即试验结果证实了圆管层流理论公

式的正确性。同时,此试验也证明 Δ 不影响临界雷诺数 $Re_c = 2\,300$ 的结论。

（2）第Ⅱ区为层流转变为紊流的过渡区。此时 λ 基本上也与 $\dfrac{\Delta}{d}$ 无关,只与 Re 有关。

（3）第Ⅲ区为"光滑管"区。此时水流虽已处于紊流状态,$Re>3\,000$,但不同粗糙度的试验点都聚集在 cd 线上,即粗糙度对 λ 值仍没有影响。只是随着 Re 加大,相对粗糙度大的管道,其实验点在 Re 较低时离开了 cd 线;而相对粗糙度小的管道,在 Re 较高时才离开此线。

（4）第Ⅳ区为"光滑管"转变为"粗糙管"的紊流过渡区,该区的阻力系数 $\lambda = f\left(Re, \dfrac{\Delta}{d}\right)$。

（5）第Ⅴ区为粗糙管区或阻力平方区。试验曲线为与横轴平行的直线,即该区 λ 与雷诺数无关,$\lambda = f\left(\dfrac{\Delta}{d}\right)$。这说明水流处于发展完全的紊流状态,水流阻力与流速的平方成正比,故又称此区为阻力平方区。

尼古拉兹虽然是在人工粗糙管中完成的试验,不能完全用于工业管道,但是尼古拉兹实验的意义在于,它全面揭示了不同流态情况下 λ 和雷诺数 Re 及相对粗糙度 Δ/d 的关系,从而说明确定 λ 的各种经验公式和半经验公式有一定的适用范围。为补充普朗特理论和验证沿程阻力系数的半理论半经验公式提供了必要的试验依据。

1938 年,蔡克士大（Зегжда）在人工粗糙的矩形明渠中进行了沿程阻力系数的试验,得出和尼古拉兹试验相似的曲线形式,见图 4-16。图中雷诺数 $Re=\dfrac{vR}{\nu}$,R 为水力半径。

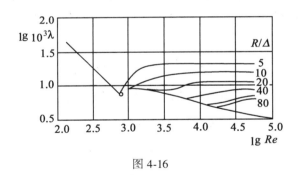

图 4-16

4.7.2 人工粗糙管的沿程阻力系数半经验公式

紊流沿程阻力系数的半经验公式是从研究断面流速分布着手,综合普朗特理论和尼古拉兹实验结果推出的。现分别叙述光滑管区和粗糙管区的公式。

1）紊流光滑管区（$Re_* < 5$）

根据普朗特紊流混合长度理论及尼古拉兹人工粗糙管的试验数据得出紊流流核流速分布为式（4-32）。对断面进行积分得平均流速为:

$$v = \dfrac{Q}{A} = \dfrac{\int_0^{r_0} u 2\pi r \mathrm{d}r}{\pi r_0^2}$$

由于层流底层很薄,积分时可认为紊流流核内流速对数分布曲线一直延伸到管壁,上式

中的 u 以式(4-32)代入,积分得:

$$v = v_* \left[2.5\ln\left(\frac{v_* r_0}{\nu}\right) + 1.75 \right] \tag{4-39}$$

又由式(4-10)得:

$$\tau_0 = \gamma RJ = \gamma \frac{d}{4} \lambda \frac{l}{d \cdot l} \frac{v^2}{2g} = \frac{\lambda \rho v^2}{8}$$

因此,

$$v_* = \sqrt{\frac{\tau_0}{\rho}} = v \sqrt{\frac{\lambda}{8}} \tag{4-40}$$

将式(4-40)代入式(4-39),经整理得:

$$\frac{1}{\sqrt{\lambda}} = 0.88\ln(Re\sqrt{\lambda}) - 0.9$$

或

$$\frac{1}{\sqrt{\lambda}} = 2.03\lg(Re\sqrt{\lambda}) - 0.9$$

经与尼古拉兹试验资料比较,进行修正后得:

$$\frac{1}{\sqrt{\lambda}} = 2\lg(Re\sqrt{\lambda}) - 0.8 \tag{4-41}$$

式(4-41)称为尼古拉兹光滑管公式,适用于 $Re = 5\times10^4 \sim 3\times10^6$。

2)紊流粗糙管区($Re_* > 70$)

此区粘性底层已失去意义,粗糙突出高度 Δ 对水头损失起决定作用。根据普朗特理论和尼古拉兹对紊流粗糙管区的流速分布实测资料得流速分布为式(4-42)。对断面积分,求得平均流速公式为:

$$v = v_* \left[2.5\ln\left(\frac{r_0}{\Delta}\right) + 4.75 \right] \tag{4-42}$$

将式(4-40)代入式(4-42),整理并根据实验资料修正后,得:

$$\lambda = \frac{1}{\left[2\lg\left(\dfrac{r_0}{\Delta}\right) + 1.74 \right]^2} \tag{4-43}$$

式(4-43)称为尼古拉兹粗糙管公式,适用于 $Re > \dfrac{382}{\sqrt{\lambda}}\left(\dfrac{r_0}{\Delta}\right)$。

4.7.3　工业管道的实验曲线和 λ 值的计算公式

上述两个半经验公式都是在人工粗糙的基础上得到的。将工业管道与人工粗糙管道沿程阻力系数对比,得出它们在光滑管区的 λ 实验结果完全相符。虽然这两种管道的粗糙情况不尽相同,但都被粘性底层淹没而失去其作用,因此式(4-41)也适用于工业管道。

在粗糙管区,工业管道和人工粗糙管道 λ 值也有相同的变化规律。它说明尼古拉兹粗糙管公式有可能应用于工业管道,问题是工业管道的粗糙情况和尼古拉兹人工粗糙不同,它的粗糙高度、粗糙形状及其分布都是无规则的。计算时,必须引入"当量粗糙高度"的概念,把工业管道的粗糙折算成人工粗糙。所谓"当量粗糙高度"是指和工业管道粗糙管区 λ 值相等的同直径人工粗糙管的粗糙高度。因此,工业管道的"当量粗糙高度"反映了各种粗糙因素对沿程损失的综合影响。几种常用工业管道的当量粗糙高度如表 4-3 所示。这样,式(4-43)也就可用于工业管道。

表 4-3   当量粗糙高度

管 材 种 类	Δ mm
新氯乙烯管、玻璃管、黄铜管	$0 \sim 0.002$
光滑混凝土管、新焊接钢管	$0.015 \sim 0.06$
新铸铁管、离心混凝土管	$0.15 \sim 0.5$
旧铸铁管	$1 \sim 1.5$
轻度锈蚀钢管	0.25
清洁的镀锌铁管	0.25

对于光滑管和粗糙管之间的过渡区,工业管道和人工粗糙管道 λ 值的变化规律有很大差异,尼古拉兹过渡区的实验成果对工业管道不能适用。柯列勃洛克(C.F.Colebrook)根据大量工业管道试验资料,提出工业管道过渡区($5 < Re_* < 70$)λ 值的计算公式,即柯列勃洛克公式为:

$$\frac{1}{\sqrt{\lambda}} = -2 \lg \left(\frac{\Delta}{3.7d} + \frac{2.51}{Re\sqrt{\lambda}} \right) \tag{4-44}$$

式中,Δ 为工业管道的当量粗糙高度,可由表 4-3 查得。

柯列勃洛克公式实际上是尼古拉兹光滑区公式和粗糙区公式的结合。对于光滑管,Re 偏低,公式右边括号内第二项很大,第一项相对很小,可以忽略,该式与式(4-41)类似。当 Re 很大时,公式右边括号内第二项很小,可以忽略不计,于是柯列勃洛克公式与式(4-43)类似。这样,柯列勃洛克公式不仅适用于工业管道的紊流过渡区,而且可用于紊流的全部三个阻力区,故又称为紊流沿程阻力系数 λ 的综合计算公式。尽管此式只是个经验公式,但它是在合并两个半经验公式的基础上得出的,公式应用范围广,与试验结果符合良好。随着"当量粗糙高度"数据的逐渐充足完备,该式应用日广。

式(4-44)的应用比较麻烦,需经过几次迭代才能得出结果。为了简化计算,1944 年,莫迪(Moody)在柯列勃洛克公式的基础上,绘制了工业管道 λ 的计算曲线,即莫迪图(工业管道试验曲线)——如图 4-17 所示。由图可按 Re 及相对粗糙度 Δ/d 直接查得 λ 值。

工业管道试验曲线与人工砂粗糙管道曲线的变化规律类似。只是在光滑区以后到阻力平方区之前的范围内,曲线形状存在较大差别。对于莫迪图,在离开光滑区以后,λ-Re 曲线没有像人工粗糙管那样有回升部分,而是 λ 值随着 Re 的增加而逐渐减小,一直到完全粗糙区为止。

应当指出,以上几个公式都是在认为紊流中存在粘性底层的基础上得出的。有些研究者指出,紊流中的近壁处并没有粘性底层,而是在非常靠近壁面处还存在紊流脉动。据此,提出了一个适合于整个紊流应用比较方便的计算公式:

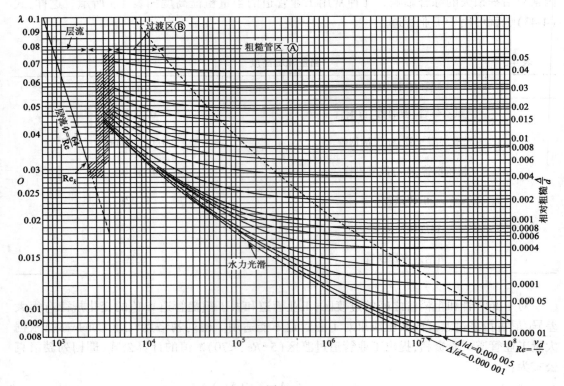

图 4-17

$$\lambda = 0.11\left(\frac{\Delta}{d} + \frac{68}{Re}\right)^{0.25} \quad\quad (4\text{-}45)$$

4.7.4　沿程阻力系数的经验公式

1)布拉休斯(R.R. Blasius)公式

$$\lambda = \frac{0.316\,4}{Re^{1/4}} \quad\quad (4\text{-}46)$$

此式是 1912 年布拉休斯总结光滑管的实验资料提出的。适用条件为:
$$Re < 10^5 \text{ 及 } \Delta < 0.4\delta_l$$
将式(4-46)代入魏斯巴赫-达西公式,可知 $h_f \sim v^{1.75}$。

2)舍维列夫(Ф.А.Шевелев)公式

舍维列夫根据他所进行的钢管及铸铁管的实验,提出了计算过渡区及阻力平方区的阻力系数公式。

对于新钢管,

$$\lambda = \frac{0.015\,9}{d^{0.226}}\left[1 + \frac{0.684}{v}\right]^{0.226} \quad\quad (4\text{-}47)$$

此式适用条件为 $Re < 2.4\times10^6 d$,d 以 m 计。

对于新铸铁管,

$$\lambda = \frac{0.014\,4}{d^{0.284}}\left[1 + \frac{2.36}{v}\right]^{0.284} \tag{4-48}$$

适用条件为 $Re<2.7\times10^6 d$，d 以 m 计。

对旧铸铁管及旧钢管（使用 2 个月以上），当 $v < 1.2\text{m/s}$，

$$\lambda = \frac{0.017\,9}{d^{0.3}}\left(1 + \frac{0.867}{v}\right)^{0.3} \tag{4-49}$$

当 $v > 1.2\text{m/s}$，

$$\lambda = \frac{0.021\,0}{d^{0.3}} \tag{4-50}$$

式（4-47）至式（4-49）中的管径 d 均以 m 计，速度 v 以 m/s 计，且公式是指在水温为 10℃，粘性运动系数 $\nu = 1.3 \times 10^{-6}(\text{m}^2/\text{s})$ 条件下导出的。公式（4-50）适用于阻力平方区，管径 d 也以 m 计。

例 4-3　水管长 $l = 500\text{m}$，直径 $d = 200\text{mm}$，管壁粗糙高度 $\Delta = 0.1\text{mm}$，如输送流量 $Q = 10\text{L/s}$，水温 $t = 10\text{℃}$，计算沿程水头损失为多少？

解： 平均流速 $v = \dfrac{Q}{\frac{1}{4}\pi d^2} = \dfrac{1\,000}{\frac{1}{4}\pi(20)^2} = 31.83\text{cm/s}$，$t = 10\text{℃}$ 时，水的粘性运动系数 $\nu = $

$0.013\,10\text{cm}^2/\text{s}$，雷诺数 $Re = \dfrac{vd}{\nu} = \dfrac{31.33\times20}{0.013\,10} = 48\,595$，所以管中水流为紊流，$Re<10^5$，先用布拉休斯公式（式 4-46）计算 λ：

$$\lambda = \frac{0.316\,4}{Re^{1/4}} = \frac{0.316\,4}{48\,595^{1/4}} = 0.213$$

用式（4-28）计算粘性底层厚度为：

$$\delta_l = \frac{32.8d}{Re\sqrt{\lambda}} = \frac{32.8 \times 200}{48\,595\sqrt{0.021\,3}} = 0.92\text{mm}$$

因为 $Re = 48\,595<10^5$，$\Delta = 0.1\text{mm}<0.4\delta_l = 0.4\times0.92\text{mm} = 0.369\text{mm}$，所以流态是紊流光滑管区，布拉休斯公式适用。沿程水头损失为：

$$h_f = \lambda \frac{l}{d} \frac{v^2}{2g} = 0.023 \times \frac{500}{0.2} \times \frac{(0.318)^2}{2 \times 9.8} = 0.297\text{mmH}_2\text{O}$$

或者可以按式（4-41）计算 λ：

$$\frac{1}{\sqrt{\lambda}} = 2\lg(Re\sqrt{\lambda}) - 0.8$$

这时要先假设 λ，如设 $\lambda = 0.021$，则

$$\frac{1}{\sqrt{0.021}} = 2\lg(48\,959\sqrt{0.021}) - 0.8$$

$$6.90 = 2\times3.847 - 0.8 = 6.894$$

故　　　　　　　　　　$\lambda = 0.021$　满足此式

也可以查莫迪图（见图 4-17），当 $Re = 48\,595$ 按光滑管查，得：

$$\lambda = 0.020\,8$$

由此可以看出，在上面的雷诺数范围内，计算和查表所得的 λ 值是一致的。

例 4-4　铸铁管直径 $d = 25\text{cm}$，长 700m，通过流量为 56L/s，水温度为 10℃，求水头损失。

解：平均流速为：

$$v = \frac{Q}{\frac{1}{4}\pi d^2} = \frac{56\,000}{\frac{1}{4}\pi \cdot 25^2} = 114.1\text{cm/s}$$

雷诺数为：

$$Re = \frac{v \cdot d}{\nu} = \frac{114.1 \times 25}{0.013\,10} = 217\,748$$

铸铁管在一般设计计算时多当旧管，所以根据表 4-3，其当量粗糙高度采用 $\Delta = 1.25(\text{mm})$，则 $\frac{\Delta}{d} = \frac{1.25}{250} = 0.005$。

根据 $Re = 217\,748$，$\frac{\Delta}{d} = 0.005$，查莫迪图（见图 4-17）得：$\lambda = 0.030\,4$。

沿程损失为：$h_f = \lambda \frac{l}{d}\frac{v^2}{2g} = 0.030\,4 \times \frac{700}{0.25} \times \frac{1.14^2}{2 \times 9.8} = 5.64\text{mmH}_2\text{O}$

也可采用经验公式计算 λ：　$v = 1.14\text{m/s} < 1.2\text{m/s}$，

因为 $t = 10℃$，所以可采用旧铸铁管计算阻力系数 λ 的舍维列夫公式（4-49），即

$$\lambda = \frac{0.017\,9}{d^{0.3}}\left(1 + \frac{0.867}{v}\right)^{0.3} = \frac{0.017\,9}{0.25^{0.3}}\left(1 + \frac{0.867}{1.14}\right)^{0.3} = 0.032$$

$$h_f = \lambda \frac{l}{d}\frac{v^2}{2g} = 0.032 \times \frac{700}{0.25} \times \frac{1.14^2}{2 \times 9.8} = 5.94\text{mmH}_2\text{O}$$

3）谢才系数

上一节介绍的谢才公式（4-38）：

$$v = C\sqrt{RJ}$$

其中，谢才系数 $C = \sqrt{\frac{8g}{\lambda}}(\text{m}^{1/2}/\text{s})$，表明 C 和 λ 一样是反映沿程阻力变化规律的系数，通常直接由经验公式计算。由 C 可算出沿程阻力系数为：

$$\lambda = \frac{8g}{C^2} \tag{4-51}$$

下面介绍目前应用较广的 C 值的经验公式——曼宁（Manning）公式，1889 年由曼宁提出，

$$C = \frac{1}{n}R^{1/6} \tag{4-52}$$

式中，R 为水力半径，以 m 计；n 为综合反映壁面对水流阻滞作用的糙率，见表 4-4。

适用范围为：$n < 0.020$，$R < 0.5\text{m}$。此公式形式简单，在适用范围内进行管道及较小渠道计算，结果与实测资料相符良好，因此，目前这一公式仍广泛被国内外工程界采用。

表 4-4

等级	槽　壁　种　类	n	$\dfrac{1}{n}$
1	涂复珐琅或釉质的表面,极精细刨光而拼合良好的木板	0.009	111.1
2	刨光的木板,纯粹水泥的粉饰面	0.010	100.0
3	水泥(含$\frac{1}{3}$细沙)粉饰面,(新)的陶土、安装和接合良好的铸铁管和钢管	0.011	90.9
4	未刨的木板,而拼合良好;无显著积垢的给水管;极洁净的排水管,极好的混凝土面	0.012	83.3
5	琢磨石砌体;极好的砖砌体,正常的排水管;略微污染的给水管;非完全精密拼合的未刨的木板	0.013	76.9
6	"污染"的给水管和排水管,一般的砖砌体,一般情况下渠道的混凝土面	0.014	71.4
7	粗糙的砖砌体,未琢磨的石砌体,有修饰的表面,石块安置平整,积污垢的排水管	0.015	66.7
8	普通块石砌体;旧破砖砌体;较粗糙的混凝土;光滑的开凿得极好的崖岸	0.017	58.8
9	覆有坚厚淤泥层的渠槽,用致密黄土和致密卵石做成而为整片淤泥层所覆盖的良好渠槽	0.018	55.6
10	很粗糙的块石砌体;用大块石干砌;卵石铺筑面。岩山中开筑的渠槽;黄土、致密卵石和致密泥土做成而为淤泥薄层所覆盖的渠槽(正常情况)	0.020	50.0
11	尖角的大块乱石铺筑;表面经过普通处理的岩石渠槽;致密粘土渠槽;黄土、卵石和泥土做成而非为整片的(有些地方断裂的)淤泥薄层所覆盖的渠槽,中等养护的大型渠槽	0.0225	44.4
12	中等养护的大型土渠;良好的养护的小型土渠;小河和溪闸(自由流动无淤塞和显著水草等)	0.025	40.0
13	中等条件以下的大渠道和小渠槽	0.0275	40.0
14	条件较差的渠道和小河(例如有些地方有水草和乱石或显著的茂草,有局部的坍坡等)	0.030	33.3
15	条件很差的渠道和小河,断面不规则,严重地受到石块和水草的阻塞等	0.035	28.6
16	条件特别差的渠道和小河(沿河有崩崖的巨石、绵密的树根、深潭、坍岸等)	0.040	25.0

4.8　边界层理论简介

　　19 世纪,科学家们对理想液体欧拉方程的研究已经达到了完善的地步。若从形式逻辑上分析,理想液体的运动粘性系数 $\nu = 0$,那么理想液体运动的雷诺数为无限大,则欧拉方程似乎可解决雷诺数很大的实际液体运动问题。但实际上许多雷诺数很大的实际流动情况却与理想液体有显著的差别。图 4-18(a)是二元理想均匀流绕圆柱体的流动情况的理论解,但所观察到的实际液流,当 Re 很大时,流动情况却如图 4-18(b)。这样,似乎降低了欧拉方程的实用价值。若考虑粘性液体的运动方程——纳维埃-斯托克斯方程,然而由于数学上的困难不能获得精确解。直到 1904 年普朗特提出了边界层概念,简化了纳维埃-斯托克斯方程,才为解决实际液体流经物体的问题开拓了新途径,这是科学上的重大的成就。

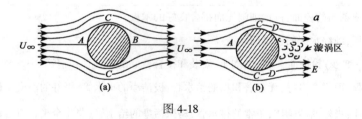

图 4-18

4.8.1　层流边界层和紊流边界层

当实际液体在雷诺数很大的情况下以均匀流速 U_∞ 平行流过静止平板,经过平板表面前缘时,紧靠物体表面的一层液体由于粘性作用被贴附在固体壁面上,速度降为零。稍靠外的一层液体受到这一层液体的阻滞,流速也大大降低,这种粘性作用逐层向外影响,使沿着平板法线方向(y 方向)上流速分布不均匀,以至在平板附近具有较大的速度梯度,如图 4-19所示(为了清晰起见,图中加大了纵向比例)。这样,即使液体的粘性较小(如水、空气),由于速度梯度较大也会产生较大的切应力。固壁上切应力沿水流方向的合力,即为摩擦阻力。普朗特把贴近平板边界存在较大切应力、粘性影响不能忽略的这一薄层液体称为边界层(Boundary-Layer)。

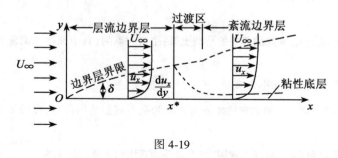

图 4-19

这样,绕物体的流动可分为两个区域:在固壁附近边界层内的流动是粘性液体的有旋流动;边界层以外的流动可以看做理想液体的有势流动。

边界层的厚度在前缘点 O 处等于零,然后沿流动方向,逐渐增大其厚度。层内沿壁面法线方向速度分布也很不均匀,理论上要到无限远处才不受粘性影响,流速才能真正达到 U_∞,边界层内部速度梯度也不相等,自边界沿法线方向向外迅速减小,因而离壁面稍远处,粘性影响就很微小了。因此人为规定,当层内流速沿 y 方向达到 $0.99U_\infty$ 时,就算到了边界层的外边界,即从平板沿外法线到流速 $u_x = 0.99U_\infty$ 处的距离是边界层的厚度,以 δ 表示。边界层的厚度沿程增大,即 δ 是 x 的函数,可写为 $\delta(x)$。

边界层内流动也可分为层流与紊流,边界层开始于层流流态。当层流边界层厚度沿程增加时,流速梯度逐渐减小,粘性切应力也随之减小,边界层的流态经过一个过渡段便转变为紊流边界层(见图 4-19)。因过渡段与被绕流物体的特征长度相比通常很短,所以可把它缩小当成一点,叫转捩点,如转捩点离平板前缘距离用 x^* 表示,在 $x = x^*$ 处,边界层由层流转变为紊流,相应的雷诺数为:

$$Re^* = \frac{U_\infty x^*}{\nu}$$

称为临界雷诺数。临界雷诺数并非常量,而是与来流的紊动程度有关。如果来流已受到干扰,脉动强,流动状态的改变发生在较低的雷诺数;反之,则发生在较高值。光滑平板边界层的临界雷诺数的范围是:

$$3 \times 10^5 < Re^* = \frac{U_\infty x^*}{\nu} < 3 \times 10^6$$

因此,如果平板长度为 L,那么当

（1）$Re_L = \dfrac{U_\infty L}{\nu} < Re^*$ 时,整个平板为层流边界层;

（2）$Re_L = \dfrac{U_\infty L}{\nu} > Re^*$ 时,$x = 0 \sim x = x^*$ 段为层流边界层,x^* 处为转捩点,x^* 处以后为紊流边界层。

在紊流边界层内最靠近平板的地方,流速梯度依然很大,粘性切应力仍起主要作用,紊流附加切应力可以忽略,使得流动型态仍为层流,所以,在紊流边界层内存在一个粘性底层（或层流底层）,如图 4-19 所示。

4.8.2　边界层分离（Separation Boundary-Layer）

图 4-19 是均匀流与平板平行的边界层流动,但当液体流过非平行平板或非流线形物体时,情况就大不相同。现以绕圆柱的流动为例来说明,如图 4-20 所示。

当理想液体流经圆柱体时,由 D 点至 E 点速度渐增,压强渐减,直到 E 点速度最大,压强最小;而由 E 点往 F 点流动时,速度渐减,压强渐增,且在 F 点恢复至 D 点的流速与压强。其压强分布如图 4-20 所示。

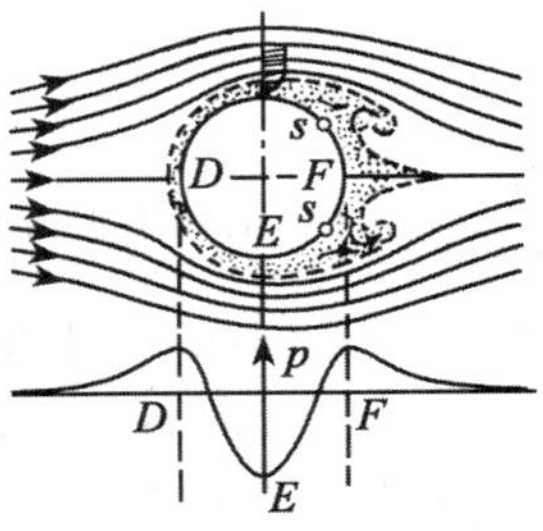

在实际液体中,绕流一开始就在圆柱表面形成了很薄的边界层。DE 段边界层以外的液体是加速减压;EF 段边界层以外的液体是减速增压。因此,造成曲面边界层的特点即压力梯度 $\partial p / \partial x \neq 0$。这是与二元平板边界层的重要差别。

图 4-20

曲面边界层内 $\partial p / \partial x \neq 0$,对边界层内流动产生严重的影响。在曲面 DE 段,液体处于顺压梯度情况下（$\partial p / \partial x < 0$）,即上游面的压力比下游面的压力大。压强差的作用同摩擦阻力作用相反,促使液体质点向前加速,层外加速液体又带动层内液体质点克服摩擦,向前运动。

然而,E 点以后的流动处于逆压梯度（$\partial p / \partial x > 0$）情况下,压强是沿着流动方向增加的。边界层内的质点到达此区域后,开始在反向压强差和粘性摩擦力的双重作用下逐渐减速,从而增加了边界层厚度的增长率。应当注意到,粘性切应力在边界层外缘趋近于零,在边界层内,越靠近固体壁面,切应力越大,因而离壁面越近,速度减低越激烈,以至沿流动方向速度分布越来越内收（见图 4-21）。若逆压梯度足够大,质点就有可能在物体表面首先发生流动方向的改变,从而引起近壁回流。在边界层内,质点自上游源源不断而来的情况下,此回流的产生就会使边界层内的质点离开壁面而产生分离,这种现象称为边界层分离(Separation of Boundary Layer)。图 4-21 清楚表明了边界层分离的发展过程。

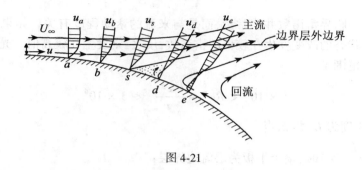

图 4-21

边界层开始与固体边界分离的点叫分离点,如图 4-21 中的 s 点。在分离点前、接近固体壁面的微团沿边界外法线方向速度梯度为正,即

$$\left(\frac{\partial u}{\partial y}\right)_{y=0} > 0$$

因而靠近壁面流动的质点其动能越来越小,以至动能消耗殆尽,质点速度变为零。超过 s 点后,逆压强梯就会引起液体发生近壁回流。

在分离点后,因为倒流,

$$\left(\frac{\partial u}{\partial y}\right)_{y=0} < 0$$

在分离点 s 处,

$$\left(\frac{\partial u}{\partial y}\right)_{y=0} = 0$$

$\left(\frac{\partial u}{\partial y}\right)_{y=0} = 0$ 是分离点的特征,分离点处的切应力 $\tau_0 = \mu\left(\frac{\partial u}{\partial y}\right)_{y=0}$ 也等于零。边界层分离后,回流立即产生漩涡,并被主流带走,同时边界层显著增厚。

边界层分离后,绕流物体尾部流动图形就大为改变。在圆柱表面上下游的压强分布不再是如图 4-20 的对称分布,而是圆柱下游面的压强显著降低并在分离点后形成负压区。这样,圆柱上、下游面压强沿水流方向的合力指向下游,形成了"压差阻力"(Drag due to pressure difference),又称为形状阻力(Form Drag)。绕流阻力就是摩擦阻力和压差阻力的合力。

4.9　局部水头损失

4.9.1　局部水头损失发生的原因

实际输水系统的管道或渠道中经常设有异径管、三通、闸阀、弯道、格栅等部件或其他构筑物。在这些局部阻碍处,均匀流遭受破坏,引起流速分布的剧变化,甚至会引起边界层分离,产生漩涡,从而形成形状阻力和摩擦阻力,即局部阻力,由此产生局部水头损失。局部损失和沿程损失一样,不同流态遵循不同的规律,只是因为土建工程很少有局部阻碍处是层流的情况,因此我们只讨论紊流状态的局部水头损失。

局部水头损失发生的原因,现分析如下。

1)边界突变发生边界层分离,引起能量损失

上节已经介绍了边界层分离的形成。水流在边界突变的地方,如突然扩大、突然缩小、闸阀等处,以及减速增压的转变区(见图4-22),都会发生主流与边壁脱离现象,在主流与边壁间形成旋涡区。旋涡区的存在大大增加了紊流的脉动程度,同时旋涡区"压缩"了主流的过水断面,引起过水断面上流速重新分布,增大了主流某些地方的流速梯度,也就增大了流层间的切应力。此外,旋涡区质点的剧烈紊动掺混使能量不断消耗,也需通过旋涡区与主流的动量交换或粘性传递来补给,由此也消耗了主流的能量。再有,旋涡质点不断被主流带向下游,将加剧下游一定范围内的紊流脉动,从而增大这段长度上的水头损失。所以,局部范围内损失的能量只是局部损失中的一部分,其余是在局部阻碍下游一定流段上消耗掉的。受局部阻碍干扰的流动,经过这一长度之后,流速分布和紊流脉动才逐渐恢复均匀状态。

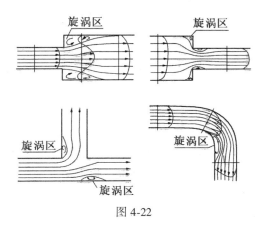

图 4-22

由以上分析可知,边界层分离和旋涡区的存在是造成局部水头损失的主要原因。

2)流动方向变化所造成的二次流损失

当实际液体流过弯管时,不但会产生边界层分离,还会产生与主流方向正交的流动,称为二次流。这是因为液体在转弯时,由于产生向外的离心力,把质点从凸边挤向凹边。但是,在凹壁边界内,由于流速很小而离心力基本消失了,这样,在断面上就形成如图4-23中从B到A的流动,在整个断面上形成环流或二次流(Secondary Flow)。这种断面环流叠加在主流上,就形成螺旋流

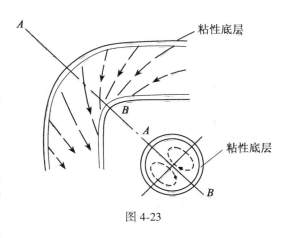

图 4-23

(Spiral Flow)。由于粘性的作用,二次流在弯道后一段距离内逐渐消失。

通过上面分析可知,局部损失总是与旋涡有关。管道断面变化越剧烈,生成的涡旋尺度

越大,损失就越严重。二次流的损失往往和分离损失一起计算。

由于局部障碍的形式繁多,水力现象极其复杂,除少数几种情况可以用理论结合实验计算外,其余都仅由实验测定。下面将论述有代表性的断面突然扩大的局部水头损失。

4.9.2　过水断面突然扩大的局部水头损失

图 4-24 所示管中,由管径 A_1 到管径 A_2 的过水断面突然扩大,这种情况的局部水头损失可由理论分析结合实验求得。

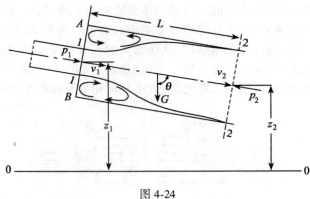

图 4-24

首先,运用伯努利方程式计算水头损失。在雷诺数很大的紊流中,由于断面突然扩大,在断面 1—1 及断面 2—2 之间,水流将与边壁分离并形成旋涡。但在断面 1—1 及断面 2—2 处(水流在 2—2 断面已充满管路,流线接近平行)属于渐变流。因此可对这两断面列伯努利方程:

$$h_j = \left(z_1 + \frac{p_1}{\gamma} + \frac{\alpha v_1^2}{2g}\right) - \left(z_2 + \frac{p_2}{\gamma} + \frac{\alpha v_2^2}{2g}\right) = \left(z_1 + \frac{p_1}{\gamma}\right) - \left(z_2 + \frac{p_2}{\gamma}\right) + \frac{\alpha v_1^2}{2g} - \frac{\alpha v_2^2}{2g}$$

$$(4\text{-}53)$$

式中, h_j 为突然扩大局部水头损失。因断面 1—1 和断面 2—2 之间的距离较短(约为 d_2 的 5~8 倍),其沿程水头损失可以忽略。

为了从式(4-53)中消去压强 p,使 h_j 成为流速 v 的函数,可引用压强与速度的另一关系式——动量方程。

取控制体 $AB \sim 22$,控制体范围内的液体所受的外力在水流方向的分力有:

(1) 作用在过水断面 1—1 上的总压力 $p_1 A_1$, p_1 为断面形心上的压强;

(2) 作用在过水断面 2—2 上的总压力 $p_2 A_2$, p_2 为断面形心上的压强;

(3) AB 面上环形面积管壁的作用力 P,等于旋涡区水体作用在环形面积上的压力。实验表明,在包含环形面积的 AB 断面上的压强也基本符合静水压强分布规律,即可采用 $P = p_1(A_2 - A_1)$;

(4) 在断面 $A—B$ 至 2—2 间液体重量在运动方向的分力为:

$$G\cos\theta = \gamma A_2 l \frac{z_1 - z_2}{l} = \gamma A_2 (z_1 - z_2)$$

（5）断面 A—B 至断面 2—2 间水流与管壁间的切应力与其他力比较起来是微小的,可忽略不计。于是,根据动量方程式,得:

$$\rho Q \beta_2 v_2 - \rho Q \beta_1 v_1 = p_1 A_1 - p_2 A_2 + p_1 (A_2 - A_1) + \gamma A_2 (z_1 - z_2)$$

以 $Q = v_2 A_2$ 代入,并以 γA_2 除全式,整理得:

$$\frac{v_2}{g} (\beta_2 v_2 - \beta_1 v_1) = \left(z_1 + \frac{p_1}{\gamma} \right) - \left(z_2 + \frac{p_2}{\gamma} \right) \tag{4-54}$$

将式(4-54)代入式(4-53),得:

$$h_j = \frac{v_2}{g} (\beta_2 - v_2 - \beta_1 v_1) + \frac{\alpha_1 v_1^2}{2g} - \frac{\alpha_2 v_2^2}{2g}$$

在紊流状态下,可近似假定 α_1、α_2、β_1、β_2 都近似地等于 1,代入上式得:

$$h_j = \frac{(v_1 - v_2)^2}{2g} \tag{4-55}$$

式(4-55)就是断面突然扩大的局部水头损失理论计算式。它表明,突然扩大损失等于所减小的平均流速的流速水头。再利用连续性方程 $v_1 A_1 = v_2 A_2$ 得: $v_1 = \dfrac{A_2}{A_1} v_2$,以此代入式(4-55)得:

$$\left. \begin{aligned} h_j &= \left(\frac{A_2}{A_1} - 1 \right)^2 \frac{v_2^2}{2g} = \zeta_2 \frac{v_2^2}{2g} \\ h_j &= \left(1 - \frac{A_1}{A_2} \right)^2 \frac{v_1^2}{2g} = \zeta_1 \frac{v_1^2}{2g} \end{aligned} \right\} \tag{4-56}$$

或

式中, $\zeta_1 = \left(1 - \dfrac{A_1}{A_2} \right)^2$, $\zeta_2 = \left(\dfrac{A_2}{A_1} - 1 \right)^2$ 称为突然扩大的局部水头损失系数。计算时,必须注意使用的局部阻力系数与流速水头相对应。

当水流从管道在淹没情况下流入断面很大的容器时(出口),因 $\dfrac{A_1}{A_2} \simeq 0$,则 $\zeta = 1$,这是突然扩大的特殊情况,称为出口局部损失系数。

式(4-56)表明,局部水头损失可表示为流速水头的倍数。这一形式是局部水头损失的通用公式:

$$h_j = \zeta \frac{v^2}{2g} \tag{4-57}$$

局部水头损失系数(或称局部阻力系数) ζ 与雷诺数 Re 及边界情况有关。但因受局部障碍的强烈干扰,水流在较小的雷诺数($Re \simeq 10^4$)时就已进入阻力平方区,故在一般水力计算中,认为 ζ 只决定于局部障碍的形状,而与 Re 无关。在水力学书籍及水力计算手册中,所给的 ζ 值都是阻力平方区的数值。

4.9.3　各种管路配件及明渠的局部损失系数

局部水头损失系数可采用表 4-5 至表 4-9 中的公式或数据,更详细的系数可查有关水力计算手册,如《给排水设计手册 2》。

表 4-5

| 断面逐渐扩大管 | | v_1 ── d ──·── D v_2 θ | | $h_j = \zeta \dfrac{(v_1 - v_2)^2}{2g}$ | | | | | | | | |

$\dfrac{\theta}{D/d}$	2°	4°	6°	8°	10°	15°	20°	25°	30°	35°	40°	45°
1.1	0.01	0.01	0.01	0.02	0.03	0.05	0.10	0.13	0.16	0.18	0.19	0.20
1.2	0.02	0.02	0.02	0.03	0.04	0.09	0.16	0.21	0.25	0.29	0.31	0.33
1.4	0.02	0.03	0.03	0.04	0.06	0.12	0.23	0.30	0.36	0.41	0.44	0.47
1.6	0.03	0.03	0.04	0.05	0.07	0.14	0.26	0.35	0.42	0.47	0.51	0.54
1.8	0.03	0.04	0.04	0.05	0.07	0.15	0.28	0.37	0.44	0.50	0.54	0.58
2.0	0.03	0.04	0.04	0.05	0.07	0.16	0.29	0.38	0.45	0.52	0.56	0.60
2.5	0.03	0.04	0.04	0.05	0.08	0.16	0.30	0.39	0.48	0.54	0.58	0.62
3.0	0.03	0.04	0.04	0.05	0.08	0.16	0.31	0.40	0.48	0.55	0.59	0.63

表 4-6

突然缩小管 v_1 D d v_2 $h_j = \zeta \dfrac{v_2^2}{2g} = 0.5\left[1 - \left(\dfrac{d}{D}\right)^2\right]\dfrac{v_2^2}{2g}$	$A_2/A_1\left(=\dfrac{d}{D}\right)^2$	0.01	0.1	0.2	0.3	0.4	0.5
	ζ	0.50	0.45	0.40	0.35	0.30	0.25
	$A_2/A_1\left(=\dfrac{d}{D}\right)^2$	0.6	0.7	0.8	0.9	1.0	
	ζ	0.20	0.15	0.10	0.05	1.00	

断面逐渐缩小管 v_1 D d v_2 $h_j = \zeta \dfrac{v_2^2}{2g}$	D_2/D_1	0.0	0.1	0.2	0.3	0.4	0.5
	ζ	0.50	0.45	0.42	0.39	0.36	0.33
	D_2/D_1	0.6	0.7	0.8	0.9	1.0	
	ζ	0.28	0.22	0.15	0.06	0.00	

管 路 进 口

圆角进口　　　　　直角进口　　　　　内插进口

$\zeta = 0.05 \sim 0.25$　　　$\zeta = 0.5$　　　$\zeta = 1.0$

$$h_j = \zeta \dfrac{v^2}{2g}$$

两过水断面间的水头损失等于沿程水头损失加上各处局部水头损失之和,即

$$h_{w1-2} = \sum h_f + \sum h_j$$

在计算局部水头损失时,应注意给出局部损失系数是在局部阻碍前后都是足够长的均匀直段或渐变段的条件下,并不受其他干扰而由实验测得的。一般采用这些系数计算时,要求各局部阻碍之间有一段间隔,其长度不得小于三倍直径,即 $l \not< 3d$。因为在测定各局部阻力系数时,局部障碍前后两断面间建立伯努利方程式的条件是要求该两断面是渐变流。因此,对连在一起的两个局部障碍,其阻力系数一般不等于单独分开的两个局部阻力系数之和,而应另行实验测定,这类问题在泵站的管路设计中可能遇到。

表 4-7

$$\zeta = \left[0.131 + 0.163 \left(\frac{d}{R} \right)^{3.5} \right] \left[\frac{\theta}{90°} \right]^{0.5}$$

（圆管）

缓 弯 管		ζ						
	90°	d/R	0.2	0.4	0.6	0.8	1.0	
		$\zeta_{90°}$	0.132	0.138	0.158	0.294		
		d/R	1.2	1.4	1.6	1.8	2.0	
		$\zeta_{90°}$	0.440	0.660	0.976	1.406	1.975	
		d/R	0.2	0.4	0.6	0.8	1.0	
		$\zeta_{90°}$	0.12	0.14	0.18	0.25	0.40	
		d/R	1.2	1.4	1.6	2.0		
		$\zeta_{90°}$	0.64	1.02	1.55	3.23		
$\zeta_\theta = k\zeta_{90°}$	任意角度	θ	15°	30°	45°	60°	120°	150°	180°
		$k = \left(\frac{\theta}{90°} \right)^{0.5}$	0.41	0.57	0.71	0.82	1.16	1.29	1.41

$$\zeta = 0.946 \sin^2 \frac{\theta}{2} + 2.05 \sin^4 \left(\frac{\theta}{2} \right)$$

（圆管）

折 管		ζ					
	圆管	θ	20°	45°	60°	90°	120°
		ζ	0.045	0.183	0.365	0.99	1.86
	方管	θ	15°	30°	45°	60°	90°
		ζ	0.025	0.11	0.260	0.490	1.2

表 4-8

其他管路配件局部损失　　$h_j = \zeta \dfrac{v^2}{2g}$

名称	图　式		ζ	名称	图　式	ζ
截止阀	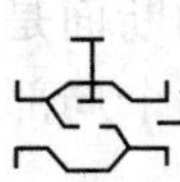	全开	4.3~6.1	等径三通	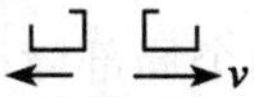	0.1
蝶阀		全开	0.1~0.3		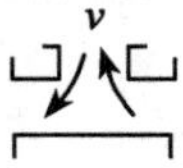	1.5
闸门	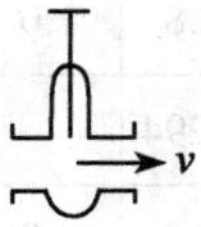	全开	0.12		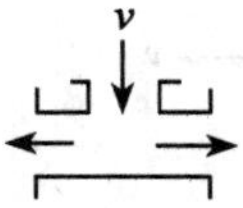	1.5
无阀滤水网			2~3		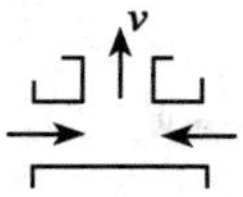	3.0
有网底阀			3.5~10 ($d=50\sim600\text{mm}$)		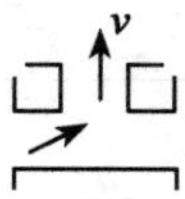	2.0

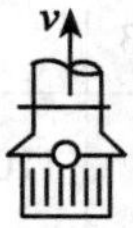

表 4-9

名　称	图　式	ζ					
平板门槽	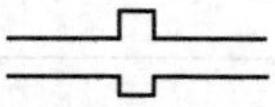	0.05~0.20					
明渠突缩	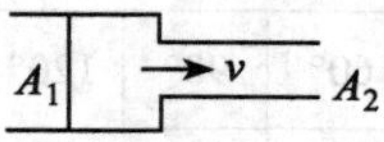 A_1 → v A_2	A_2/A_1	0.1	0.2	0.4	0.6	0.8	1.0
		ζ	1.49	1.36	1.14	0.84	0.46	0
明渠突扩	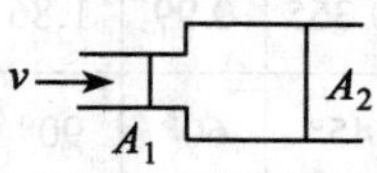 v → A_2 / A_1	A_2/A_1	0.01	0.1	0.2	0.4	0.6	0.8	1.0
		ζ	0.98	0.81	0.64	0.36	0.16	0.04	0

名　称	图　式		ζ
渠道入口	$v\!\longrightarrow$	直角	0.40
	$v\!\longrightarrow$	曲面	0.10
格栅	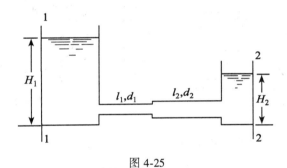		$\zeta = k\left(\dfrac{b}{b+s}\right)^{1.6}\left(2.3\dfrac{l}{s}+8+2.9\dfrac{s}{l}\right)\sin\alpha$ 式中,k 为格栅杆条横断面形状系数,对于矩形,$k=0.504$;对于圆弧形,$k=0.318$;对于流线形,$k=0.182$;α 为水流与栅杆的夹角

例 4-5　水从一水箱经过两段水管流入另一水箱(见图 4-25),$d_1 = 15\text{cm}$,$l_1 = 30\text{m}$,$\lambda_1 = 0.03$,$H_1 = 5\text{m}$,$d_2 = 25\text{cm}$,$l_2 = 50\text{m}$,$\lambda_2 = 0.025$,$H_2 = 3\text{m}$。水箱尺寸很大,箱内水面保持恒定,沿程损失与局部损失均考虑,试求其流量。

图 4-25

解:对断面 1—1 和断面 2—2 见伯努利方程式,并略去水箱中的流速水头,得:

$$H_1 - H_2 = \sum h_w = 2\text{m}$$

$$\sum h_w = \zeta_{进口}\frac{v_1^2}{2g} + \frac{(v_1 - v_2)^2}{2g} + \zeta_{出口}\frac{v_2^2}{2g} + \lambda_1\frac{l_1}{d_1}\frac{v_1^2}{2g} + \lambda_2\frac{l_2}{d_2}\frac{v_2^2}{2g}$$

由连续性方程知:

$$v_2 = v_1\frac{A_1}{A_2} = v_1\left(\frac{d_1}{d_2}\right)^2$$

查表 4-7 知:$\zeta_{进口} = 0.50$,$\zeta_{出口} = 1$。

则　　$\sum h_w = \dfrac{v_1^2}{2g}\left[0.50 + \left(1 - \dfrac{0.15^2}{0.25^2}\right)^2 + 1\times\dfrac{0.15^4}{0.25^4} + 0.03\times\dfrac{30}{0.15} + 0.025\times\dfrac{50}{0.25}\times\dfrac{0.15^4}{0.25^4}\right]$

$$= \frac{v_1^2}{2g}[0.50 + 0.41 + 0.13 + 6 + 0.65] = 7.69\frac{v_1^2}{2g}$$

所以流速为:　　$v_1 = \sqrt{\dfrac{2g(H_1 - H_2)}{7.69}} = \sqrt{\dfrac{2\times9.8\times(5-2)}{7.69}} = 2.77\text{m/s}$

通过此管路流出的流量为：

$$Q = A_1 v_1 = \frac{\pi}{4} d_1^2 \cdot v_1 = \frac{\pi}{4} \times 0.15^2 \times 2.77 = 0.049 \mathrm{m^3/s} = 49 \mathrm{L/s}$$

4.10 绕流阻力

本节讨论外流问题，如水流绕过桥墩、水泵叶片以及冷却管的绕流问题等。

当实际液体绕物体流动，由于粘性作用，在物体表面形成边界层。沿物体表面流动的液体质点，因能量损失，失去动能，而被迫离开物体表面（被外部质点带向物体后部），从而在物体尾部形成尾涡区（见图 4-26）。

绕流阻力是指液体作用在被绕流物体上的力，分为平行于物体表面的摩擦阻力（Friction Drag）和垂直于物体表面的压差阻力（Drag due to Pressure Difference），如图 4-27 所示。

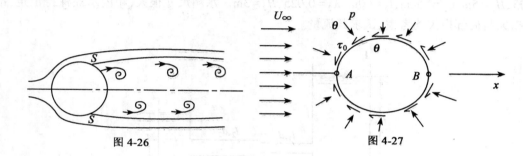

图 4-26   图 4-27

（1）摩擦阻力 F_f，是粘性作用的直接结果。公式为：

$$F_f = b \int_A^B \tau_0 \cos\theta \mathrm{d}x \tag{4-58}$$

式中，θ 为 τ_0 与 U_∞ 间的夹角。

（2）压差阻力 F_p，是粘性作用的间接结果。公式为：

$$F_p = b \int_A^B p \cos\theta \mathrm{d}x \tag{4-59}$$

（3）绕流阻力是摩擦阻力和压差阻力之和。

1926 年，牛顿提出绕流阻力公式为：

$$F_D = C_D A \frac{\rho U_\infty^2}{2} \tag{4-60}$$

式中，F_D 为绕流阻力；ρ 为液体密度；U_∞ 为来流在未受绕流影响以前与物体的相对速度；A 为绕流物体在与流动方向正交断面上的投影面积；C_D 为绕流阻力系数，主要决定于雷诺数，此外也与物体表面粗糙情况、来流的紊流强度，特别是绕流物体形状有关，一般由实验确定。

图 4-28 及图 4-29 分别表示三元物体和二元物体的绕流阻力系数实验曲线。

现利用绕流阻力来讨论直径为 d 的圆球在液体中的下沉现象。当圆球开始在液体中下沉时，由于重力和浮力之差的加速作用，圆球的下沉速度逐渐加大，同时，绕流阻力也加大。当重力、浮力和绕流阻力达到平衡时，圆球就以均匀速度下沉，这个速度称为自由沉降速度，简称沉速（Sinking Velocity）。

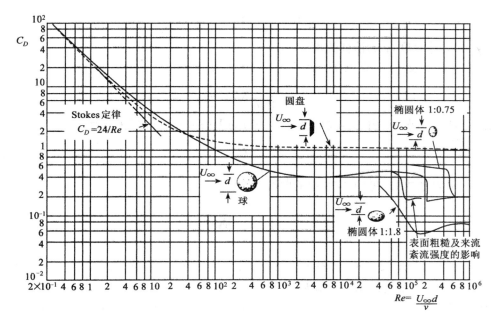

图 4-28

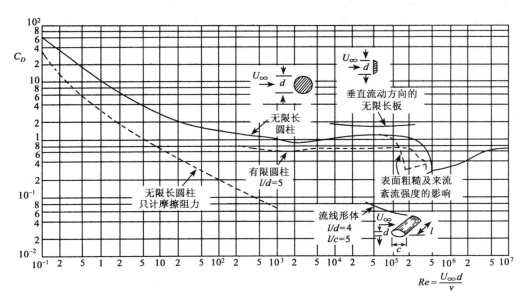

图 4-29

当雷诺数 $Re=\dfrac{vd}{\gamma}<1$ 时,绕流阻力 D 为:

$$D = 3\pi\mu vd \qquad (4\text{-}61)$$

而重力和浮力之差 G 为:

125

$$G = \frac{\pi d^3}{3}(\gamma' - \gamma) \tag{4-62}$$

式中,γ' 为圆球重度;γ 为液体重度。

由式(4-61) 及式(4-62) 的平衡关系得沉速 v 为:

$$v = \frac{d^2}{18\mu}(\gamma' - \gamma) \tag{4-63}$$

在 $Re>1$ 的情况下,由式(4-61) 及式(4-62)的平衡关系可得沉速 v 为:

$$v = \sqrt{\frac{4}{3C_D}\left(\frac{\gamma'}{\gamma} - 1\right)gd} \tag{4-64}$$

式中,绕流阻力系数 C_D 见图 4-28 中的曲线。

习　题

4-1　水流过变断面管道,已知小管径为 d_1,大管径为 d_2,$d_2/d_1 = 2$。试问哪个断面的雷诺数大?两断面雷诺数的比值 Re_1/Re_2 是多少?

4-2　有一矩形断面小排水沟,水深 $h = 15\text{cm}$,底宽 $b = 30\text{cm}$,流速 $v = 0.15\text{m/s}$,水温为 15℃,试判别其流态。

4-3　水平沉淀池水深 $H = 3\text{m}$,宽 $B = 6\text{m}$,平均流速为 $v = 3\text{mm/s}$;斜管沉淀池,斜管断面为正六边形,每边长 $b = 1.8\text{cm}$,管中流速 $v = 3\text{mm/s}$。如两沉淀池水温皆为 10℃,试判别流态。

4-4　试判明温度为 $t = 20℃$ 的水,以 $Q = 4\,000\text{cm}^3/\text{s}$ 的流量通过直径 $d = 10\text{cm}$ 的水管时的流态。如要保持管内流体为层流运动,流量应受怎样的限制?

4-5　散热器由 8mm×12mm 的矩形断面水管组成,要使管中的流态为紊流以利散热,求管中流量至少应为多少?水的温度 $t = 60℃$。

4-6　有一均匀流管路,长 $l = 100\text{m}$,直径 $d = 0.2\text{m}$,水流的水力坡度 $J = 0.008$,求管壁以及 $r = 0.05\text{m}$ 处切应力及管道水头损失。

4-7　输油管直径 $d = 150\text{mm}$,输送油量 $Q = 15.5\text{t/h}$,求油管管轴上的流速 u_{max} 和 1km 长的沿程水头损失。已知 $\gamma_{油} = 8.43\text{kN/m}^3$,$\nu_{油} = 0.2\text{cm}^2/\text{s}$。

4-8　如题 4-8 图所示管径 $d = 75\text{mm}$ 的管道输送重油。已知重油的重度 $\gamma_{油} = 8.83\text{kN/m}^3$ 运动粘性系数 $\nu_{油} = 0.9\text{cm}^2/\text{s}$,如在管轴上装置带有水银比压计的毕托管,读得水银液面高差 $h_p = 20\text{mm}$,求重油流量($\gamma_{水银} = 133.38\text{kN/m}^3$)。

4-9　如题 4-9 图所示,油的流量 $Q = 10\text{cm}^3/\text{s}$,通过直径 $d = 10\text{mm}$ 的细管,在 $l = 2\text{m}$ 长的管段两端接水银比压计,比压计读数 $h = 18\text{cm}$,水银的重度 $\gamma_{汞} = 133.38\text{kN/m}^3$,油的重度 $\gamma_{油} = 8.43\text{kN/m}^3$。已知油的流态为层流,求油的运动粘性系数。

4-10　为了率定圆管内径,在管内通过粘性系数 $\nu = 0.013\text{cm}^2/\text{s}$ 的水,实测其流量 $Q = 35\text{cm}^3/\text{s}$,长 15m 管段上水头损失 $h_f = 2\text{cm}$ 水柱,求该圆管的内径。

4-11　如题 4-11 图所示,液体薄层(厚度为 b)在斜面上呈均匀流动,用隔离体方法证明:

流速分布:　　　　　　　$u = \frac{\gamma}{2\mu}(2b - y)y\sin\theta$

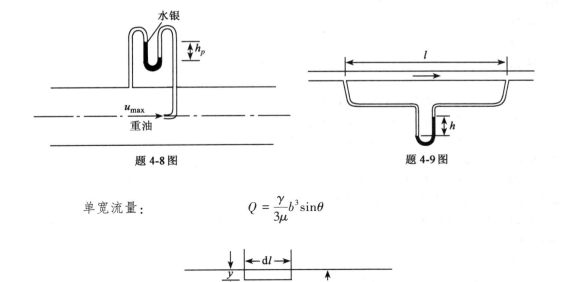

题 4-8 图　　　　　　　　　　　　题 4-9 图

单宽流量：
$$Q = \frac{\gamma}{3\mu} b^3 \sin\theta$$

题 4-11 图

4-12　间距为 b 的无限宽水平平板，上板以速度 U 做匀速运动，板间流动为层流，求其速度分布。

4-13　半径 $r_0 = 150\text{mm}$ 的输水管在水温 $t = 15℃$ 下进行实验，测得为 $\rho = 999.1\text{kg/m}^3$，$\mu = 0.001\,139\text{N·s/m}^2$，$v = 3.0\text{m/s}$，$\lambda = 0.015$。

求：（1）管壁处、$r = 0.5r_0$、$r = 0$ 处的切应力。

（2）如流速分布曲线在 $r = 0.5r_0$ 处的速度梯度为 $4.34/\text{s}$，求该点的粘性切应力与紊流附加切应力。

（3）求 $r = 0.5r_0$ 处的混合长度及无量纲常数 k，并与采用 $\tau = \tau_0$，$k = 0.4$ 的混合长度进行比较。

4-14　圆管直径 $d = 15\text{cm}$，水的速度 $v = 1.5\text{m/s}$，水温 $t = 18℃$。若已知 $\lambda = 0.03$，试求粘性底层厚度 δ_l。如果水流速提高至 2.0m/s，δ_l 如何？如水的流速不变，管径增大到 30cm，δ_l 又如何？

4-15　铸铁输水管内径 $d = 300\text{mm}$，通过流量 $Q = 50\text{L/s}$，水温 $t = 10℃$，试用舍维列夫公式求沿程阻力系数 λ 及每公里长的沿程水头损失。

4-16　铸铁输水管长 $l = 1\,000\text{m}$，内径 $d = 300\text{mm}$，通过流量 $Q = 100\text{L/s}$，试计算水温 $10℃$、$15℃$ 两种情况下的 λ 及水头损失 h_f；水管始末端测压管水头差为多少？

4-17　如题 4-16 按谢才公式计算（其中谢才系数按曼宁公式计算），试求水头损失。

4-18　城市给水干管某处的水压 $p = 19.62\text{N/cm}^2$，从此处引出一根水平输水管直径 $d = 250\text{mm}$，如要保证通过流量 $Q = 50\text{l/s}$，问能送到多远？

4-19　铸铁管长 $l = 1\,000\text{m}$，内径 $d = 300\text{mm}$，管壁当量粗糙高度 $\Delta = 1.2\text{mm}$，水温 $t =$

10℃,试求当水头损失 $h_f = 7.05\text{m}$ 时所通过的流量。

4-20 混凝土排水管水力半径 $R = 0.5\text{m}$,1km 的水头损失为 1m,糙率 $n = 0.014$,试计算管中流速。

4-21 混凝土矩形渠道($n = 0.014$)水深 $h = 0.8\text{m}$,底宽 $b = 1.2\text{m}$,通过流量 $Q = 1\text{m}^3/\text{s}$,求水力坡度。

4-22 用泵水平输送温度 $t = 20℃$ 及流量 $Q = 90\text{l/s}$ 的水,经直径 $d = 250\text{mm}$,$l = 1\,000\text{m}$ 的新焊接钢管至用水点,试求水头损失及泵的输出功率。

4-23 有一水管,其直径 $d = 20\text{cm}$,粗糙高度 $\Delta = 1\text{mm}$,粘性系数 $\nu = 0.015\text{cm}^2/\text{s}$,流量 $Q = 300\text{L/s}$,求 λ。

4-24 重度 $\gamma = 8\,435\text{N/m}^3$ 的石油,在泵压力 $p = 193\text{N/cm}^2$ 下被输送经过 $l = 20\text{km}$,$d = 250\text{mm}$ 的水平输油管,如运动粘性系数 $\nu = 0.30\text{cm}^2/\text{s}$,试求石油的流量。

4-25 水管长 $l = 500\text{m}$,管径 $d = 300\text{mm}$,粗糙高度 $\Delta = 0.2\text{mm}$。若通过流量 $Q = 60\text{L/s}$,水温 20℃,试求:

(1)判别流态;

(2)计算沿程水头损失;

(3)求断面流速分布;

(4)求 $v/u_{\max}$。

4-26 如题 4-26 图所示,流速由 v_1 变为 v_2 的突然扩大管,如分为二次扩大,中间流速取何值时局部水头损失最小,此时水头损失为多少?并与一次扩大时的水头损失比较。

4-27 如题 4-27 图所示,水从封闭容器 A 沿直径 $d = 25\text{mm}$,长度 $l = 10\text{m}$ 的管道流入容器 B,若容器 A 水面的相对压强 p_1 为 2 个大气压,$H_1 = 1\text{m}$,$H_2 = 5\text{m}$,局部阻力系数 $\zeta_{进} = 0.5$,$\zeta_{阀} = 4.0$,$\zeta_{弯} = 0.3$,沿程阻力系数 $\lambda = 0.025$,求流量 Q。

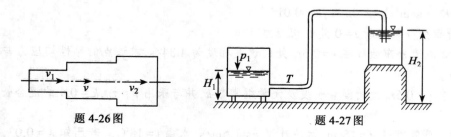

题 4-26 图   题 4-27 图

4-28 自水池中引出一根具有三段不同直径的水管,如题 4-28 图所示。已知 $d = 50\text{mm}$,$D = 200\text{mm}$,$l = 100\text{m}$,$H = 12\text{m}$,局部阻力系数 $\zeta_{进} = 0.5$,$\zeta_{阀} = 5.0$,沿程阻力系数 $\lambda = 0.03$,求通过的流量并绘出总水头线与测压管水头线。

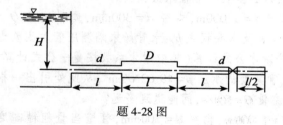

题 4-28 图

4-29　计算如题 4-29 图所示 $h=25\text{cm}$,$l=75\text{cm}$,$d=2.5\text{cm}$,$v=3.0\text{m/s}$,$\lambda=0.020$,$\zeta_{进}=0.5$ 时水银比压计的水银面高差 h_p,并表示出水银面高差方向。

4-30　计算题 4-30 图所示的逐渐扩大管的局部阻力数。已知 $d_1=7.5\text{cm}$,$p_1=0.7$ 大气压,$d_2=15\text{cm}$,$p_2=1.4$ 个大气压,$l=150\text{cm}$,水量 $Q=56.6\text{L/s}$。

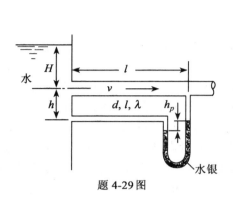

题 4-29 图

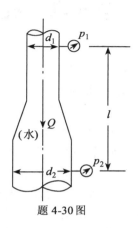

题 4-30 图

第5章　孔口、管嘴出流和有压管流

在前面各章的理论基础上,本章具体研究各类典型流动。孔口、管嘴出流和有压管流就是水力学基本理论的应用。

容器壁上开孔,水经孔口流出的水力现象称为孔口出流(Orifice Flow);在孔口上连接长为 3~4 倍孔径的短管,水经过短管并在出口断面满管流出的水力现象称为管嘴出流(Spout Flow);水沿管道满管流动的水力现象称为有压管流(Flow in Pressure Conduits)。给排水工程中各类取水、泄水闸孔,以及某些量测流量设备均属孔口;水流经过路基下的有压涵管、水坝中泄水管等水力现象与管嘴出流类似。此外,还有消防水枪和水力机械化施工用水枪都是管嘴的应用;有压管道则是一切生产、生活输水系统的重要组成部分。

孔口、管嘴出流和有压管流的水力计算,是连续性方程、能量方程以及流动阻力和水头损失规律的具体应用。

5.1　液体经薄壁孔口的恒定出流

在容器壁上开一孔口,若孔壁的厚度对水流现象没有影响,孔壁与水流仅在一条周线上接触,这种孔口称为薄壁孔口,如图 5-1 所示。

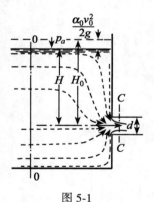
图 5-1

一般地说,孔口上下缘在水面下深度不同,经过孔口上部和下部的出流情况也不相同。但是,当孔口直径 d(或开度 e)与孔口形心以上的水头高 H 相比较很小时,就认为孔口断面上各点水头相等,而忽略其差异。因此,根据 d/H 的比值大小将孔口分为大孔口与小孔口两类。

(1) 若 $d \leqslant H/10$,这种孔口称为小孔口,可认为孔口断面上各点的水头都相等;

(2) 若 $d \geqslant H/10$,称为大孔口。

当孔口出流时,水箱中水量如能得到源源不断的补充,从而使孔口的水头 H 不变,这种情况称为恒定出流。本节将着重讨论薄壁小孔口恒定出流。

5.1.1　小孔口的自由出流

从孔口流出的水流进入大气,称自由出流(Free Efflux),如图 5-1 所示,箱中水流的流线从各个方向趋近孔口,由于水流运动的惯性,流线不能成折角地改变方向,只能光滑、连续地弯曲,因此,在孔口断面上各流线并不平行,使水流在出孔后继续收缩,直至距孔口约为 $d/2$ 处收缩完毕,形成断面最小的收缩断面,流线在此趋于平行,然后扩散,如图 5-1 所示的 c-c 断面称为孔口出流的收缩断面(Contracted Cross-section)。

为推导孔口出流的关系式,选通过孔口形心的水平面为基准面,取水箱内符合渐面流条件断面 $0-0$ 和收缩断面 $c-c$,列伯努利方程:

$$H + \frac{\alpha_0 v_0^2}{2g} = 0 + \frac{p_c}{\gamma} + \frac{\alpha_c v_c^2}{2g} + h_w$$

水箱中的微小沿程水头损失可以忽略,于是 h_w 只是水流经孔口的局部水头损失,即

$$h_w = h_j = \zeta_0 \frac{v_c^2}{2g}$$

对于薄壁小孔口,

$$p_c = p_a = 0$$

于是,上面的伯努利方程可改写为:

$$H + \frac{\alpha_0 v_0^2}{2g} = (\alpha_c + \zeta_0) \frac{v_c^2}{2g}$$

令 $H_0 = H + \frac{\alpha_0 v_0^2}{2g}$,代入上式整理得:

$$v_c = \frac{1}{\sqrt{\alpha_c + \zeta_0}} \sqrt{2gH_0} = \varphi \sqrt{2gH_0} \qquad (5-1)$$

式中, H_0 为作用水头(Acting Head); ζ_0 为水流经孔口的局部阻力系数; φ 为流速系数, $\varphi = \frac{1}{\sqrt{\alpha_c + \zeta_0}} \approx \frac{1}{\sqrt{1 + \zeta_0}}$。

可以看出,如不计损失,则 $\zeta_0 = 0$,而 $\varphi = 1$,可见, φ 是收缩断面的实际液体流速 v_c 对理想液体流速 $\sqrt{2gH_0}$ 的比值。由实验测得孔口流速系数 $\varphi = 0.97 \sim 0.98$。这样,可得水流经孔口的局部阻力系数 $\zeta_0 = \frac{1}{\varphi^2} - 1 = \frac{1}{0.97^2} - 1 = 0.06$。

设孔口断面的面积为 A,收缩断面的面积为 A_c, $\frac{A_c}{A} = \varepsilon$ 称为收缩系数。则孔口出流的流量为:

$$Q = v_c A_c = \varepsilon A \varphi \sqrt{2gH_0} = \mu A \sqrt{2gH_0} \qquad (5-2)$$

式中, μ 为孔口的流量系数, $\mu = \varepsilon \varphi$。对薄壁小孔口, $\mu = 0.60 \sim 0.62$。式(5-2)是孔口自由出流的基本公式。

5.1.2 小孔口的淹没出流

如图 5-2 所示,出孔水流淹没在下游水面之下,这种情况称为淹没出流(Submerged Efflux)。同自由出流一样,水流经孔口,由于惯性作用,孔后形成收缩断面,然后扩散。

选通过孔口形心的水平面为基准面,取符合渐变流条件的断面 1—1、2—2 列伯努利方程:

$$H_1 + \frac{p_1}{\gamma} + \frac{\alpha_1 v_1^2}{2g} = H_2 + \frac{p_2}{\gamma} + \frac{\alpha_2 v_2^2}{2g} + \zeta_0 \frac{v_c^2}{2g} + \zeta_{se} \frac{v_c^2}{2g}$$

或

$$H_1 - H_2 + \frac{\alpha_1 v_1^2}{2g} - \frac{\alpha_2 v_2^2}{2g} = (\zeta_0 + \zeta_{se}) \frac{v_c^2}{2g}$$

131

令　　　　　$$H_0 = H + \frac{\alpha_1 v_1^2}{2g} - \frac{\alpha_2 v_2^2}{2g}$$

式中，$H = H_1 - H_2$，即孔口上、下游水面的高差。当孔口两侧容器较大、$v_1 \approx v_2 \approx 0$ 时，将 $H_0 = H$ 代入上式，得：

$$H_0 = (\zeta_0 + \zeta_{se}) \frac{v_c^2}{2g}$$

式中，ζ_0 为孔口的局部阻力系数；ζ_{se} 为收缩断面突然扩大的局部阻力系数，由式（4-56）确定，当 $A_2 \gg A_c$ 时，$\zeta_{se} \approx 1$。

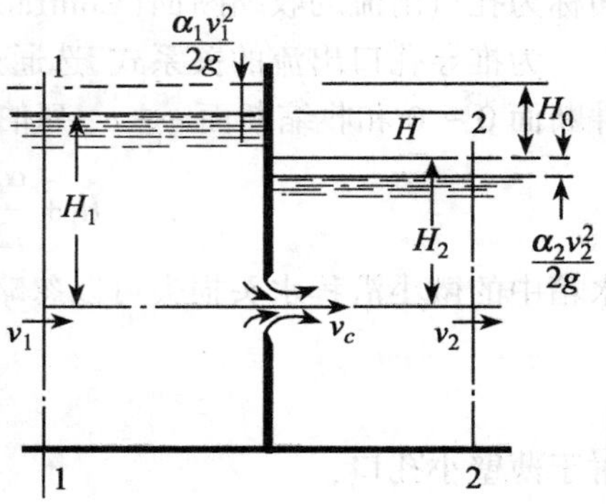

将局部阻力系数代入上式，经过整理，得：

$$v_c = \frac{1}{\sqrt{1 + \zeta_0}} \sqrt{2gH_0} = \varphi \sqrt{2gH_0} \qquad (5\text{-}3)$$

则　　　　　$$Q = \varphi \varepsilon A \sqrt{2gH_0} = \mu A \sqrt{2gH_0} \qquad (5\text{-}4)$$

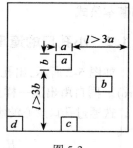

图 5-2

比较式（5-1）与式（5-3），可见两式的形式完全相同，流速系数也相同。但应注意，在自由出流情况下，孔口的水头 H 系水面至孔口形心的深度；而在淹没出流情况下，孔口的水头 H 则系孔口上、下游的水面高差。因此，孔口淹没出流的流速和流量均与孔口的淹没深度无关，也无大、小孔口的区别。

5.1.3　小孔口的收缩系数及流量系数

流速系数 φ 和流量系数 μ 值决定于局部阻力系数 ζ_0 和收缩系数 ε。局部阻力系数及收缩系数都与雷诺数 Re 及边界条件有关，而当 Re 较大，流动在阻力平方区时，与 Re 无关。因为工程中经常遇到的孔口出流问题，Re 都足够大，可认为 φ 及 μ 不再随 Re 变化。因此，下面只分析边界条件的影响。

在边界条件中，影响 μ 的因素有孔口形状、孔口边缘情况和孔口在壁面上的位置三个方面。

对于小孔口，实验证明，不同形状孔口的流量系数差别不大，但孔口边缘情况对收缩系数会有影响，薄壁孔口的收缩系数 ε 最小，圆边孔口收缩系数 ε 较大，甚至等于 1。

孔口在壁面上的位置对收缩系数 ε 有直接影响。当孔口的全部边界都不与相邻的容器底边和侧边重合时（如图 5-3 中 a、b），孔口的四周流线都发生收缩，这种孔口称为全部收缩孔口。全部收缩孔口又有完善收缩和不完善收缩之分，凡孔口与相邻壁面的距离大于同方向孔口尺寸的 3 倍（$l > 3a$ 或 $l > 3b$），孔口出流的收缩不受距壁面远近的影响，这是完善收缩（如图 5-3 中 a），否则是不完善收缩（如图 5-3 中 b）。不完善收缩孔口的流量系数 μ_{nc} 大于完善收缩的流量系数 μ，可按经验公式估算。

图 5-3

根据实验结果，薄壁小孔口在全部、完善收缩情况下，各项系数值列于表 5-1 中。

表 5-1		薄壁小孔口各项系数	
收缩系数 ε	阻力系数 ζ	流速系数 φ	流量系数 μ
0.64	0.06	0.97	0.62

5.1.4　大孔口的流量系数

大孔口可看作由许多小孔口组成。实际计算表明,小孔口的流量计算公式(5-2)也适用于大孔口,式中的 H_0 应为大孔口形心的水头,其流量系数 μ 值因收缩系数较小孔口大,因而流量系数亦较大。水利工程上的闸孔可按大孔口计算,其流量系数列于表 5-2 中。

表 5-2	大孔口的流量系数 μ
孔口形状和水流收缩情况	流量系数 μ
全部、不完善收缩	0.70
底部无收缩但有适度的侧收缩	0.65 ~ 0.70
底部无收缩,侧向很小收缩	0.70 ~ 0.75
底部无收缩,侧向极小收缩	0.80 ~ 0.90

5.2　管嘴恒定出流

5.2.1　圆柱形外管嘴恒定出流

在孔口断面处接一直径与孔口完全相同的圆柱形短管,其长度 $l \approx (3 \sim 4) d$,这样的短管称为圆柱形外管嘴,如图 5-4 所示。水流进入管嘴后,同样形成收缩,并在收缩断面 $c\text{-}c$ 处主流与管壁分离,形成旋涡区,然后又逐渐扩大,在管嘴出口断面上,水流充满整个断面流出。

设水箱的水面压强为大气压强,管嘴为自由出流,对水箱中符合渐变流条件的过水断面 $O\text{-}O$ 和管嘴出口断面 $b\text{-}b$ 列伯努利方程,即

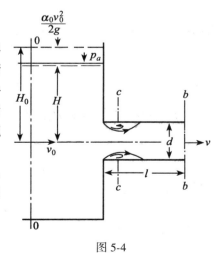

图 5-4

$$H + \frac{\alpha_0 v_0^2}{2g} = \frac{\alpha v^2}{2g} + h_w$$

式中, h_w 为管嘴的水头损失,它等于进口损失与收缩

断面后的扩大损失之和(忽略管嘴沿程水头损失),相当管道锐缘进口(见表 4-5 的图示)的损失情况,即

$$h_\omega = \zeta_n \frac{v^2}{2g}$$

令

$$H_0 = H + \frac{\alpha_0 v_0^2}{2g}$$

将以上两式代入原方程,并解 v,得:

管嘴出口速度为:

$$v = \frac{1}{\sqrt{\alpha + \zeta_n}} \sqrt{2gH_0} = \varphi_n \sqrt{2gH_0} \tag{5-5}$$

管嘴流量

$$Q = \varphi_n A \sqrt{2gH_0} = \mu_n A \sqrt{2gH_0} \tag{5-6}$$

式中,ζ_n 为管嘴阻力系数,即管道锐缘进口局部阻力系数,由表 4-6 查得:$\zeta_n = 0.5$;φ_n 为管嘴流速系数,$\varphi_n = \frac{1}{\sqrt{\alpha + \zeta_n}} \approx \frac{1}{\sqrt{1 + 0.5}} = 0.82$;$\mu_n$ 为管嘴流量系数,因出口无收缩 $\mu_n = \varphi_n = 0.82$。

比较式(5-4)与式(5-6),两式形式完全相同,然而 $\mu_n = 1.32\mu$。可见在相同条件,管嘴的过流能力是孔口的 1.32 倍。因此,管嘴常用作泄水管。

5.2.2　圆柱形外管嘴的真空

孔口外面加管嘴后,增加了阻力,但是流量反而增加,这是由于收缩断面处真空的作用。

参见图 5-4,对收缩断面 $c–c$ 和出口断面 $b–b$ 列伯努利方程:

$$\frac{p_c}{\gamma} + \frac{\alpha v_c^2}{2g} = \frac{\alpha v^2}{2g} + h_j$$

因

$$v_c = \frac{A}{A_c} v = \frac{1}{\varepsilon} v$$

局部损失发生在水流扩大上,$h_j = \zeta_{se} \frac{v^2}{2g}$。代入上式,得:

$$\frac{p_c}{\gamma} = -\frac{\alpha v^2}{\varepsilon^2 2g} + \frac{\alpha v^2}{2g} + \zeta_{se} \frac{v^2}{2g}$$

但 $v = \varphi \sqrt{2gH_0}$,即 $\frac{v^2}{2g} = \varphi^2 H_0$;引用式(4-56)后,得:

$$\frac{p_c}{\gamma} = -\left[\frac{\alpha}{\varepsilon^2} - \alpha - \left(\frac{1}{\varepsilon} - 1 \right)^2 \right] \varphi^2 H_0 \tag{5-7}$$

对圆柱形外管嘴:

$$\alpha = 1, \quad \varepsilon = 0.64, \quad \varphi = 0.82$$

以此代入式(5-7)得:

$$\frac{p_c}{\gamma} = -0.75 H_0$$

上式表明,圆柱形外管嘴在收缩断面处出现了真空,其真空度为:

$$\frac{p_v}{\gamma} = \frac{-p_c}{\gamma} = 0.75H_0 \tag{5-8}$$

式(5-8)说明圆柱形外管嘴收缩断面处真空度可达作用水头的 0.75 倍,相当于把管嘴的作用水头增大了 75%,这就是相同直径、相同作用水头下的圆柱形外管嘴的流量比孔口大的原因。

从式(5-8)可知,作用水头 H_0 愈大,收缩断面处的真空度亦愈大。但收缩断面的真空是有限制的,如长江中下游地区,当真空度达 7m 水柱以上时,由于液体在低于饱和蒸汽压时会发生汽化,以及空气将会自管嘴出口处吸入,从而收缩断面处的真空被破坏,管嘴不能保持满管出流而如同孔口出流一样。因此,对收缩断面真空度的限制决定了管嘴的作用水头 H_0 有一个极限值,如长江中下游地区,

$$H_0 = \frac{7\text{m}}{0.75} \approx 9\text{m}$$

其次,管嘴的长度也有一定限制。长度过短,水流收缩后来不及扩大到整个管断面而形成孔口出流;长度过长,沿程损失增大比重,管嘴出流变为短管流动。

所以,圆柱形外管嘴的正常工作条件是:①作用水头 $H_0 \leqslant 9\text{m}$;②管嘴长度 $l = (3 \sim 4)d$。

5.2.3 其他形式管嘴

除圆柱形外管嘴之外,工程上为了增加孔口的泄水能力或为了增加(减少)出口的速度,常采用不同的管嘴形式,如图 5-5 所示。各种管嘴出流的基本公式都和圆柱形外管嘴公式相同。各自的水力特点如下。

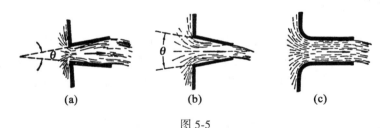

图 5-5

(1)圆锥形扩张管嘴(图 5-5(a))在收缩断面处形成真空,其真空值随圆锥角增大而加大,并具有较大的过流能力和较低的出口速度。适用于要求形成较大真空或者出口流速较小情况,如引射器、水轮机尾水管和人工降雨设备。但扩张角 θ 不能太大,否则形成孔口出流,一般 $\theta = 5° \sim 7°$。

(2)圆锥形收敛管嘴(图 5-5(b))具有较大的出口流速,适用于水力机械施工,如水力挖土机喷嘴以及消防用喷嘴等设备。

(3)流线形管嘴(图 5-5(c)),水流在管嘴内无收缩及扩大,阻力系数最小。常用于水坝泄水管。

各种孔口出流及各种类型的管嘴出流的水力特性见表 5-3。

表 5-3			孔口、管嘴的水力特性			
	薄壁锐边小孔口	修圆小孔口	圆柱形外管嘴	圆锥形扩张管嘴($\theta=5°\sim7°$)	圆锥形收敛管嘴	流线形圆管嘴
阻力系数 ζ	0.06		0.5	3.0~4.0	0.09	0.04
收缩系数 ε	0.64	1.00	1.0	1.0	0.98	1.0
流速系数 φ	0.97	0.98	0.82	0.45~0.50	0.96	0.98
流量系数 μ	0.62	0.98	0.82	0.45~0.50	0.94	0.98
出口单位动能 $v^2/2g=\varphi^2H_0$	$0.95H_0$	$0.96H_0$	$0.67H_0$	$(0.2\sim0.25)H_0$	$0.90H_0$	$0.96H_0$

注:表中所列系数均系对管嘴出口断面而言。

5.3　孔口(或管嘴)的变水头出流

　　在孔口(或管嘴)出流过程中,如容器水面随时间变化,孔口的流量也会随时间变化,这种情况称为变水头出流。变水头出流属非恒定流,但如容器中水位变化足够缓慢,以致惯性水头可以忽略不计时,则可把整个出流过程划分为许多微小时段,认为在每一时段 dt 内,水位是不变的,孔口恒定出流的公式仍可适用。这样就把非恒定流问题转化为恒定流处理。容器泄空时间、蓄水库的流量调节等问题皆可按孔口(或管嘴)变水头出流计算(见图 5-6)。

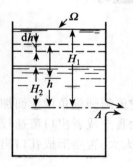

图 5-6

　　设某时刻 t,孔口的水头 h,容器内水的表面积为 Ω,孔口面积为 A,在微小时段 dt 内,经孔口流出的液体体积为:

$$Qdt = \mu A\sqrt{2gh}\,dt$$

　　在同一时段内,容器内水面降落 dh,于是液体所减少的体积为:

$$dV = -\Omega dh$$

由于从孔口流出的液体体积应该和容器中液体体积减少量相等,即

$$Qdt = -\Omega dh$$

因此,

$$\mu A\sqrt{2gh}\,dt = -\Omega dh$$

得:

$$\mathrm{d}t = -\frac{\Omega}{\mu A\sqrt{2g}} \cdot \frac{\mathrm{d}h}{\sqrt{h}}$$

对上式积分,得到水头由 H_1 降至 H_2 所需时间为:

$$t = \int_{H_1}^{H_2} -\frac{\Omega}{\mu A\sqrt{2g}} \cdot \frac{\mathrm{d}h}{\sqrt{h}} \tag{5-9}$$

若容器水表面面积 $\Omega = \Omega(h)$ 为已知函数,则(5-9)式可积分。

(1)当容器为柱体,$\Omega =$ 常数,则有:

$$t = \frac{2\Omega}{\mu A\sqrt{2g}}(\sqrt{H_1} - \sqrt{H_2})$$

(2)当 $H_1 = H$,$H_2 = 0$,即得容器"泄空"(水面降至孔口处)所需时间为:

$$t = \frac{2\Omega\sqrt{H}}{\mu A\sqrt{2g}} = \frac{2\Omega H}{\mu A\sqrt{2gH}} = \frac{2V}{Q_{max}} \tag{5-10}$$

式中,V 为容器泄空体积;Q_{max} 为在变水头情况下,开始出流的最大流量。

式(5-10)表明,变水头出流时容器"泄空"所需要的时间等于在起始水头 H 作用下恒定出流流出同体积水所需时间的两倍。

5.4 短管的水力计算

所谓短管是指管路水力计算中,局部水头损失和流速水头均不可忽略的管路,如抽水机的吸水管、虹吸管、倒虹吸管、道路涵管等,一般应按短管计算。

短管的水力计算可分为自由出流与淹没出流两种。

5.4.1 自由出流

管路出口水流流入大气,水股四周受大气压作用的情况称为自由出流。如图5-7所示,设管路长度为 l,管径为 d。另外,在管路中还装有两个相同的弯头和一个闸门。以管路出口断面2—2的形心所在水平面为基准面,在水池中离管路进口某一距离处取断面1—1,该处应符合渐变流条件,然后对断面1—1和断面2—2建立伯努利方程,

$$H + \frac{\alpha_0 v_0^2}{2g} = 0 + \frac{\alpha v^2}{2g} + h_w$$

令

$$H + \frac{\alpha_0 v_0^2}{2g} = H_0$$

可得:

$$H_0 = h_w + \frac{\alpha v^2}{2g} \tag{5-11}$$

式中,v_0 为水池中流速,称为行近流速(Approach Velocity);H_0 为包括行近流速水头在内的水头,亦称作用水头。

式(5-11)说明,短管水流在自由出流的情况下,它的作用水头 H_0 除了用作克服水流阻力(包括局部和沿程两种水头损失)外,还有一部分变成动能 $\frac{\alpha v^2}{2g}$ 进入大气。

式(5-11)中的水头损失为:

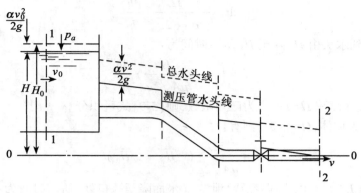

图 5-7

$$h_w = \sum h_f + \sum h_j = \sum \lambda \frac{l}{d} \frac{v^2}{2g} + \sum \zeta \frac{v^2}{2g} = \zeta_c \frac{v^2}{2g} \qquad (5\text{-}12)$$

式中,ζ 为局部阻力系数;$\sum \zeta$ 为管中各局部阻力系数的总和,如图 5-7 中,

$$\sum \zeta = \zeta_1 + 2\zeta_2 + \zeta_3$$

其中,ζ_1、ζ_2 和 ζ_3 分别表示在管路进口、弯头及闸门处的局部阻力系数;ζ_c 为管系阻力系数,

$$\zeta_c = \sum \lambda \frac{l}{d} + \sum \zeta$$

将式(5-12)代入(5-11)后,得:

$$H_0 = (\zeta_c + \alpha) \frac{v^2}{2g} \qquad (5\text{-}13)$$

取 $\alpha \approx 1$,得:

$$v = \frac{1}{\sqrt{1 + \zeta_c}} \sqrt{2gH_0}$$

和

$$Q = Av = \frac{A}{\sqrt{1 + \zeta_c}} \sqrt{2gH_0} = \mu_c A \sqrt{2gH_0} \qquad (5\text{-}14)$$

式中,$\mu_c = \dfrac{1}{\sqrt{1 + \zeta_c}}$,称为管系的流量系数。

5.4.2 淹没出流

如果出口水流淹没在水下,称为淹没出流,如图 5-8 所示。

取下游水池水面作为基准面,并在上、下游水池符合渐变流条件处取断面 1—1 和 2—2,建立伯努利方程,

$$H + \frac{\alpha_0 v_0^2}{2g} = 0 + \frac{\alpha v_2^2}{2g} + h_w$$

考虑到下游水池的流速比管中流速小很多,即 $A_2 \gg A$,计算时一般认为 $v_2 \approx 0$。若令 $H + \dfrac{\alpha_0 v_0^2}{2g} = H_0$,则从上式得:

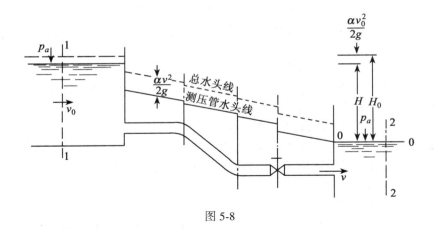

图 5-8

$$H_0 = h_w \qquad (5-15)$$

式(5-15)说明,短管水流在淹没出流的情况下,作用水头 H_0 完全消耗在克服沿程阻力和局部阻力上。

式(5-15)中的水头损失为:

$$h_w = \sum h_f + \sum h_j = \left(\sum \lambda \frac{l}{d} + \sum \zeta \right) \frac{v^2}{2g} = \zeta_c \frac{v^2}{2g} \qquad (5-16)$$

式(5-16)中的 ζ 和 ζ_c 的意义与式(5-12)所表示的相同。如图 5-8 中,

$$\sum \zeta = \zeta_1 + 2\zeta_2 + \zeta_3 + \zeta_4$$

式中, ζ_1、ζ_2、ζ_3、ζ_4 分别表示在管路进口、弯头、闸门及管路出口处的局部损失系数。

把式(5-16)代入(5-15),得:

$$H_0 = \zeta_c \frac{v^2}{2g}$$

而

$$v = \frac{1}{\sqrt{\zeta_c}} \sqrt{2gH_0} \qquad (5-17)$$

故

$$Q = Av = \frac{A}{\sqrt{\zeta_c}} \sqrt{2gH_0} = \mu_c A \sqrt{2gH_0} \qquad (5-18)$$

式中,$\mu_c = \dfrac{1}{\sqrt{\zeta_c}}$ 为管系流量系数。

由式(5-14)和式(5-18)可见,短管在自由出流和淹没出流的情况下,其流量计算公式的形式以及管系流量系数 μ_c 的数值均是相同的,但作用水头 H_0 的计算式不同,淹没出流时的作用水头是上下游水位差,自由出流时是出口中心以上的水头。

短管水流在自由出流及淹没出流时,管路中的测压管水头线及总水头线的示意图如图5-7、图5-8所示。绘水头线时先绘出总水头线,然后将总水头减去流速水头即可绘出测压管水头线。由于局部水头损失一般是在较短的区段内发生,因而可集中绘在某一断面上。

5.4.3 短管的水力计算

一般在水力计算前,管道长度、材料(管壁粗糙情况)、局部阻力的组成都已确定,因此

利用式(5-13)、式(5-14)或直接列能量方程式都可解算如下三类问题。

（1）已知流量 Q、管路直径 d 和局部阻力的组成,计算 H_0（如设计水箱或水塔水位标高、加压泵扬程 H 等）;

（2）已知水头 H_0、管径 d 和局部阻力的组成,计算通过流量 Q;

（3）已知通过管路的流量 Q、水头 H_0 和局部阻力的组成,设计管径 d。

下面结合具体问题进一步说明。

5.4.3.1　虹吸管(Siphon)的水力计算

由于虹吸管一部分管段高出上游水面,必然存在真空段。真空的存在将使溶解在水中的空气分离出来。随着真空度的增大,分离出来的空气量会急骤增加。在工程上,为保证虹吸管能通过设计流量,一般限制管中最大真空度不超过允许值,如长江中下游地区（$h_v = 7 \sim 8$m 水柱）,以避免气蚀破坏。

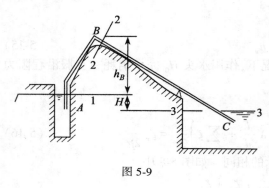

图 5-9

例 5-1　用虹吸管自钻井输水至集水池如图 5-9 所示。虹吸管长 $l = l_{AB} + l_{BC} = 30$m+40m=70m,直径 $d = 200$mm。钻井至集水池间的恒定水位高差 $H = 1.60$m。又已知沿程阻力系数 $\lambda = 0.03$,管路进口、120°弯头、90°弯头及出口处的局部阻力系数分别为 $\zeta_1 = 0.5$,$\zeta_2 = 0.2$,$\zeta_3 = 0.5$,$\zeta_4 = 1$。

试求:（1）虹吸管的流量 Q;

（2）若虹吸管顶部 B 点安装高度 $h_B = 4.5$m,校核其真空度是否满足 $[h_v] = 7 \sim 8$m。

解:（1）计算流量。

以集水池水面为基准面,建立钻井水面 1—1 与集水池水面 3—3 的伯努利方程（忽略行近流速 v_0）:

$$H + 0 = 0 + 0 + h_w$$

$$H = h_w = \left(\lambda \frac{l}{d} + \sum \zeta \right) \frac{v^2}{2g}$$

解得:

$$v = \frac{1}{\sqrt{\lambda \dfrac{l}{d} + \sum \zeta}} \sqrt{2gH}$$

将沿程阻力系数 $\lambda = 0.03$,局部阻力系数 $\sum \zeta = \zeta_1 + \zeta_2 + \zeta_3 + \zeta_4 = 0.5+0.2+0.5+1 = 2.2$,代入上式得:

$$v = \frac{1}{\sqrt{0.03 \times \dfrac{70}{0.20} + 2.2}} \sqrt{2 \times 9.8 \times 1.6} = 1.57 \text{m/s}$$

于是,

$$Q = Av = \frac{1}{4} \pi d^2 \cdot v = \frac{\pi}{4} \times 0.2^2 \times 1.57 = 0.0493 \text{m}^3/\text{s} = 49.3 \text{L/s}$$

（2）计算管顶 2—2 断面的真空度（假设 2—2 中心与 B 点高度相同,离管路进口距离与

B 点也相等）。

以钻井水面为基准面,建立断面 1—1 和 2—2 的伯努利方程:

$$0 + \frac{\alpha_0 v_0^2}{2g} = h_B + \frac{p_2}{\gamma} + \frac{\alpha_2 v_2^2}{2g} + h_{w1}$$

忽略行近流速,取 $a_2 = 1.0$,上式成为:

$$\frac{-p_2}{\gamma} = h_B + \frac{v_2^2}{2g} + \left(\lambda \frac{l_{AB}}{d} + \sum \zeta \right) \frac{v_2^2}{2g}$$

式中, $\sum \zeta = \zeta_1 + \zeta_2 + \zeta_3 = 0.5 + 0.2 + 0.5 = 1.2$

$$v_2 = \frac{Q}{A} = \frac{4Q}{\pi d^2} = \frac{4 \times 0.049\ 3}{\pi \times 0.2^2} = 1.57 \text{m/s}$$

$$\frac{v_2^2}{2g} = \frac{1.57^2}{2 \times 9.8} = 0.13 \text{m}$$

代入上式,得:

$$h_v = \frac{-p_2}{\gamma} = 4.5 + 0.13 + \left(0.03 \times \frac{30}{0.2} + 1.2 \right) \times 0.13 = 5.25 \text{mmH}_2\text{O}$$

因为 2—2 断面的真空度 $h_v = 5.25 \text{mmH}_2\text{O} < [h_v] = 7 \sim 8 \text{mmH}_2\text{O}$,所以虹吸管高度 $h_s = 4.5 \text{m}$ 时,虹吸管可以正常工作。

用虹吸管输水,可以跨越高地,减少挖方,避免埋设管路工程,便于自动操作,在给排水工程及其他各种工程中应用普遍。

5.4.3.2 水泵(Pump)的水力计算

水泵的工作原理是:通过水泵转轮旋转,在泵体进口造成真空,水体在大气压作用下经吸水管进入泵体,水流在泵体内旋转加速,获得能量,再经输水管进入水塔。

水泵的水力计算分为吸水管和输水管两部分进行。

1)水泵吸水管

由取水点至水泵进口的管道称为吸水管如图 5-10 所示。吸水管的长度一般较短而管路配件多,局部水头损失不能忽略,所以通常按短管计算。吸水管的水力计算主要是确定水泵的允许安装高度 H_s 和过流能力 Q。

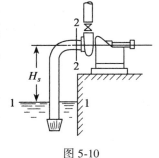

图 5-10

取吸水池水面 1—1 和水泵进口 2—2 断面列伯努利方程,并忽略吸水池流速,得:

$$0 = H_s + \frac{p_2}{\gamma} + \frac{\alpha v^2}{2g} + h_w$$

以 $h_w = \lambda \frac{l}{d} \frac{v^2}{2g} + \sum \zeta \frac{v^2}{2g}$ 代入上式,移项得:

$$H_s = \frac{-p_2}{\gamma} - \left(\alpha + \lambda \frac{l}{d} + \sum \zeta \right) \frac{v^2}{2g} = h_v - \left(\alpha + \lambda \frac{l}{d} + \sum \zeta \right) \frac{v^2}{2g}$$

式中, H_s 为水泵安装高度; λ 为吸水管的沿程阻力系数; $\sum \zeta$ 为吸水管各项局部阻力系数之和; h_v 为水泵进口断面真空度, $h_v = \frac{-p_2}{\gamma}$。

水泵进口处的真空度是有限制的。当进口压强降低至该温度下饱和的蒸汽压强时,水因气化(Vaporization)而生成大量气泡。气泡随着水流进入泵内高压部位,因受压缩而突然溃灭,周围的水便以极大的速度向气泡溃灭点冲击,在该点造成高达数百大气压以上的压强。这种集中在极小面积上的强大冲击力如发生在水泵部件的表面,就会使部件很快损坏,这种现象称为气蚀(Cavitation)。为了防止气蚀发生,通常由实验确定水泵进口的允许真空度。

当水泵进口断面真空度等于允许真空度 $[h_v]$ 时,就可根据抽水量和吸水管道情况,按上式确定水泵的允许安装高度和流量,即

$$H_s = [h_v] - \left(\alpha + \lambda\,\frac{l}{d} + \sum \zeta\right)\frac{v^2}{2g} \tag{5-19}$$

$$Q = \frac{1}{\sqrt{\alpha + \lambda\,\dfrac{l}{d} + \sum \zeta}} A\sqrt{2g(h_v - H_s)} \tag{5-20}$$

2)水泵压水管

压水管的水力计算包括水泵的扬程 H_m 和水泵的输入功率 N_p。

水泵的扬程(Pump Head)为:

$$H_m = z + h_{w吸} + h_{w压} \tag{5-21}$$

式中,z 为水泵系统上下游水面高差,称提水高度(Pump Lift);$h_{w吸}$ 为吸水管的全部水头损失;$h_{w压}$ 为压水管的全部水头损失。

水泵的输入功率为:

$$N_p = \frac{\gamma Q H_m}{1\,000\eta} \quad \text{kW} \tag{5-22}$$

式中,η 为水泵效率。

例 5-2　图 5-10 所示离心泵实际抽水量 $Q = 8.1\text{L/s}$,吸水管长度 $l = 7.5\text{m}$,直径 $d = 100\text{mm}$,沿程阻力系数 $\lambda = 0.045$,局部阻力系数:带底阀的滤水管 $\zeta_1 = 7.0$,弯管 $\zeta_2 = 0.25$。如允许真空度 $[h_v] = 5.7\text{m}$,试决定其允许安装高度 H_s。

解:由式(5-19)

$$H_s = [h_v] - \left(\alpha + \lambda\,\frac{l}{d} + \sum \zeta\right)\frac{v^2}{2g}$$

式中,局部阻力系数总和 $\sum \zeta = 7 + 0.25 = 7.25$。

管中流速为:

$$v = \frac{4Q}{\pi d^2} = \frac{4 \times 0.008\,1}{\pi \times 0.1^2} = 1.03\text{m/s}$$

将各值代入上式得:

$$H_s = 5.7 - \left(1 + 0.045\,\frac{7.5}{0.1} + 7.25\right)\frac{1.03^2}{2 \times 9.8} = 5.07\text{m}$$

例 5-3　圆形有压涵管(图 5-11),管长 $l = 50\text{m}$,上下游水位差 $H = 3\text{m}$,各项阻力系数为:沿程 $\lambda = 0.03$,进口 $\zeta_e = 0.5$,转弯 $\zeta_b = 0.65$,出口 $\zeta_0 = 1$,如要求涵管通过流量 $Q = 3\text{m}^3/\text{s}$,确定管径。

解:以下游水面为基准面,对 1—1、2—2 断面建立伯努利方程,忽略上下游流速,得:

$$H + 0 = 0 + 0 + h_w$$

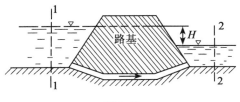

图 5-11

即
$$H = h_w = \left(\lambda\frac{l}{d} + \zeta_3 + 2\zeta_b + \zeta_0\right)\frac{1}{2g}\left(\frac{4Q}{\pi d^2}\right)^2$$

代入已知各数值,简化得:
$$3d^5 - 2.08d - 0.745 = 0$$

用试算法求 d,设 $d=1.0$m,代入上式得:
$$3\times1 - 2.08\times1 - 0.745 \neq 0$$

再设 $d=0.98$m,代入上式得:
$$3\times0.98^5 - 2.08\times0.98 - 0.745 \approx 0$$

采用规格管径 $d=1.0$m,实际通过流量 Q 略大于 $3\text{m}^3/\text{s}$。

以上讨论的短管水力计算问题,除最后一例(求管径),都可直接求解。应当指出,上述讨论都是在阻力系数不随流速而变,即认为管内流动处于阻力平方区的前提下得出的。如流动处于水力光滑管或过渡区,阻力系数与雷诺数有关,也就是与流速有关。除第一类问题(求作用水头)外,都要验算。

5.4.4 气体管路

在土建工程中,有时还会遇到气体管路的计算。这类气体管路一般都不很长,气流速度远小于音速,此时系统中气体的密度变化不大,依然作为不可压缩流体的流动问题处理。只是在对气体管路中高程相差较大的两个断面列能量方程时才考虑。由于管内气体的重度与外界空气的重度是相同的数量级,在用相对压强进行计算时,必须考虑外界大气压在不同高程上的差值,这在液体管道的计算中是忽略不计的。下面进一步说明这个问题。

设气体管路如图 5-12 所示,对断面 1—1、2—2 列能量方程:
$$z_1 + \frac{p_1'}{\gamma} + \frac{v_1^2}{2g} = z_2 + \frac{p_2'}{\gamma} + \frac{v_2^2}{2g} + h_w$$

在气体管道中,常将各项表示为压强的形式,即
$$p_1' + \gamma\frac{v_1^2}{2g} + \gamma(z_1 - z_2) = p_2' + \gamma\frac{v_2^2}{2g} + p_w \tag{5-23}$$

式中,p_1'、p_2' 为断面 1—1、2—2 的绝对压强;$p_w = \gamma h_w$ 为断面 1—1、2—2 间以压强形式表示的能量损失。

如将断面 1—1、2—2 的压强用相对压强 p_1、p_2 表示,则
$$p_1' = p_1 + p_a, \quad p_2' = p_2 + p_a - \gamma_a(z_2 - z_1)$$

式中,p_a 为高程 z_1 处的大气压强;$p_a - \gamma_a(z_2 - z_1)$ 为高程 z_2 处的大气压强;γ_a 为外界空气的重度。

代入式(5-23),整理后得:

$$p_1 + \gamma \frac{v_1^2}{2g} + (\gamma_a - \gamma)(z_2 - z_1) = p_2 + \gamma \frac{v_2^2}{2g} + p_2$$

(5-24)

式(5-24)便是适用于气体管路的压强形式的能量方程式。

如计算断面高程差很小,或管道内外气体重度差很小,式(5-24)可简化为:

$$p_1 + \gamma \frac{v_1^2}{2g} = p_2 + \gamma \frac{v_2^2}{2g} + p_w$$

(5-25)

在通风工程中,习惯于将 p 称为静压,$\gamma \frac{v^2}{2g}$ 称为动

压,$p + \frac{v^2}{2g}$ 称为全压。

下面再通过例题分析气体管路的计算。

例 5-4　铁路隧道利用施工竖井靠隧道内外空气的温度差进行自然通风(见图 5-13)。隧道内(包括竖井)的空气平均重度 $\gamma = 11.76 \text{N/m}^3$,隧道外的空气平均重度 $\gamma_a = 12.25 \text{N/m}^3$。隧道两端洞口中心标高 $z_A = 100 \text{m}$,$z_B = 106 \text{m}$,竖井出口标高 $z_C = 140 \text{m}$。各段长度 $l_1 = 900 \text{m}$,$l_2 = 600 \text{m}$,$l_3 = 37 \text{m}$,隧道直径 $d = 6 \text{m}$,竖井直径 $d_3 = 4 \text{m}$。隧道沿程阻力系数 $\lambda = 0.025$,进口局部阻力系数 $\zeta_e = 0.5$,由隧道进入竖井的局部阻力系数 $\zeta_b = 2.0$,竖井的沿程阻力系数 $\lambda_3 = 0.03$,竖井的局部阻力系数 $\zeta_0 = 1.0$。求隧道两端进入隧道内的通风量。

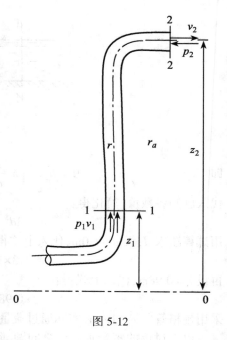

图 5-12

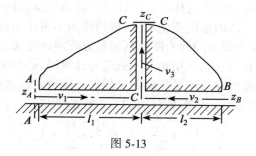

图 5-13

解:竖井自然通风的流动方向如图 5-13 所示。因隧道进、出口高差很小,可以认为 A、B 断面的大气压相等、两断面的水头相等,又竖井底部 C 处只能有一个水头值,在忽略局部水头损失时有:

$$\lambda \frac{l_1}{d} \frac{v_1^2}{2g} = \lambda \frac{l_2}{d} \frac{v_2^2}{2g}$$

即

$$v_2 = v_1 \sqrt{\frac{l_1}{l_2}}$$

(5-26)

由连续原理有：

$$v_1 A + v_2 A = v_3 A_3$$

由式(5-26)代入上式得：

$$v_3 = v_1 \left(1 + \sqrt{\frac{l_1}{l_2}}\right) \frac{A}{A_3} \tag{5-27}$$

现讨论隧道及竖井内的空气流动。以 A 洞口后的隧道断面 1—1 和竖井出口前的竖井断面 2—2 写以绝对压强表示的能量方程为：

$$z_A + \frac{p_1'}{r} + \frac{v_1^2}{2g} = z_C + \frac{p_2'}{r} + \frac{v_3^2}{2g} + h_w \tag{5-28}$$

式中，

$$h_w = \lambda \frac{l_1}{d} \frac{v_1^2}{2g} + \lambda_3 \frac{l_3}{d_3} \frac{v_3^2}{2g} + \zeta_b \frac{v_3^2}{2g} \tag{5-29}$$

设洞口前的大气压强为 p_a，竖井出口后的大气压强为 p_c，则 p_1 与 p_a 和 p_2 与 p_c 的关系为：

$$p_1' = p_a - \gamma \left(\zeta_e \frac{v_1^2}{2g}\right) - \gamma \frac{v_1^2}{2g} \tag{5-30}$$

$$p_2' = p_c - \gamma \left(\zeta_0 \frac{v_3^2}{2g}\right) - \gamma \frac{v_3^2}{2g} \tag{5-31}$$

再考虑到外界大气压强的关系为：

$$p_a = p_c + \gamma_a (z_C - z_A) \tag{5-32}$$

将式(5-29)~式(5-32)代入式(5-28)得：

$$(\gamma_a - \gamma)(z_C - z_A) = \gamma \left[\left(\zeta_e + \lambda \frac{l_1}{d}\right) \frac{v_1^2}{2g} + \left(\zeta_b + \lambda_3 \frac{l_3}{d_3} + \zeta_0\right) \frac{v_3^2}{2g}\right] \tag{5-33}$$

将式(5-27)代入上式,得：

$$v_1 = \sqrt{\frac{2g(\gamma_a - \gamma)(z_C - z_A)}{\gamma \left[\left(\zeta_e + \lambda \frac{l_1}{d}\right) + \left(\zeta_b + \lambda_3 \frac{l_3}{d_3} + \zeta_0\right)\left(1 + \sqrt{\frac{l_1}{l_2}}\right)^2 \left(\frac{A}{A_3}\right)^2\right]}}$$

代入数字得：

$$v_1 = 0.615\text{m/s}$$

$$v_2 = v_1 \sqrt{\frac{l_1}{l_2}} = 0.753\text{m/s}$$

风量为：

$$Q_1 = v_1 A = 0.615 \times \frac{3.14}{4} \times 6^2 = 17.38\text{m}^3/\text{s}$$

$$Q_2 = v_2 A = 0.753 \frac{3.14}{4} \times 6^2 = 21.28\text{m}^3/\text{s}$$

5.5　长管的水力计算

所谓长管(Long Pipe)是指管道的流速水头和局部水头损失的总和,与沿程水头损失相比较很小,因而计算时,常常将其按沿程水头损失的某一百分数估算或完全忽略不计。这样处理可使计算大为简化,同时也不影响计算精度。

根据长管的组合情况,长管水力计算可以分为简单管路,串联管路、并联管路、管网等。

5.5.1　简单管路(Single Pipes)

沿程直径不变,流量也不变的管道为简单管路。简单管路的计算是一切复杂管路水力计算的基础。

如图 5-14 所示由水池引出的简单管路,长度为 l,直径为 d,水箱水面距管道出口高度为 H。现分析其水力特点和计算方法。

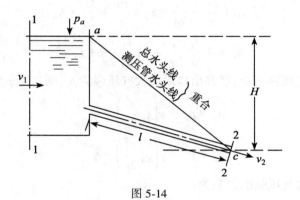

图 5-14

以通过管路出口断面 2—2 形心的水平面为基准面,水池中取符合渐变流条件处为断面 1—1。对断面 1—1 和 2—2 建立伯努利方程式,得:

$$H + \frac{\alpha_1 v_1^2}{2g} = 0 + \frac{\alpha_2 v_2^2}{2g} + h_w$$

在长管中,h_j 与 $\dfrac{\alpha_2 v_2^2}{2g}$ 忽略不计,上述方程就简化为:

$$H = h_w = h_f \tag{5-34}$$

式(5-34)表明,长管全部作用水头都消耗于沿程水头损失。如从水池的自由表面与管路进口断面的铅直线交点 a 到断面 2—2 形心 c 作一条倾斜直线,便得到简单管路的测压管水头线,如图 5-14 所示。因为长管的流速水头 $\dfrac{\alpha_2 v_2^2}{2g}$ 可以忽略,所以它的总水头线与测压管水头线重合。

根据式(5-34)可以解决与短管水力计算相同的三类问题,其具体方法如下。

1)按比阻计算

由式(5-34)得:
$$H = h_f = \lambda \frac{l}{d} \frac{v^2}{2g}$$

将 $v = \dfrac{4Q}{\pi d^2}$ 代入上式得:

$$H = \frac{8\lambda}{g\pi^2 d^5} l Q^2$$

令
$$S_0 = \frac{8\lambda}{g\pi^2 d^5} \tag{5-35}$$

则 S_0 称为比阻(Specific Friction Loss)。

$$H = S_0 l Q^2 \qquad (5\text{-}36)$$

式(5-36)就是简单管路按比阻计算的关系式。比阻 S_0 是单位流量通过单位长度管道所需水头,它决定于沿程阻力系数 λ 和管径 d。由于计算 λ 的公式繁多,这里只引用土建工程所常用的两种。

专用公式:对于旧钢管、旧铸铁管采用舍维列夫公式(4-49)、(4-50),将其分别代入式(5-12),得阻力平方区($v \geqslant 1.2\text{m/s}$):

$$\left.\begin{array}{l} S_0 = \dfrac{0.001\ 736}{d^{5.3}} \\[4mm] \text{过渡区}(v < 12\text{m/s}): \\[2mm] S_0' = 0.852\left(1 + \dfrac{0.867}{v}\right)^{0.3}\left(\dfrac{0.001\ 736}{d^{5.3}}\right) = kS_0 \end{array}\right\} \qquad (5\text{-}37)$$

式中,修正系数 $k = 0.852\left(1 + \dfrac{0.867}{v}\right)^{0.3}$。

上式表明,过渡区的比阻可用阻力平方区的比阻乘上修正系数 k 来计算,当水温为10℃时,在各种流速下的 k 值列于表5-4中。

按式(5-37)编制出各种直径管道的比阻计算表,备查表计算,见表5-5、表5-6。

表 5-4   钢管及铸铁管 S_0 值之修正系数 k

$v(\text{m/s})$	0.20	0.25	0.30	0.35	0.40	0.45	0.50	0.55	0.60	0.65
k	1.41	1.33	1.28	1.24	1.20	1.175	1.15	1.13	1.115	1.10
$v(\text{m/s})$	0.70	0.75	0.80	0.85	0.90	1.0	1.1	$\geqslant 1.2$		
k	1.085	1.07	1.06	1.05	1.04	1.03	1.015	1.00		

表 5-5   钢管的比阻 S_0 值(s^2/m^6)

水 煤 气 管			中 等 管 径		大 管 径	
公称直径 $D_g(\text{mm})$	$S_0(Q\text{ 以 m}^3/\text{s 计})$	$S_0(Q\text{ 以 L/s 计})$	公称直径 $D_g(\text{mm})$	$S_0(Q\text{ 以 m}^3/\text{s 计})$	公称直径 $D_g(\text{mm})$	$S_0(Q\text{ 以 m}^3/\text{s 计})$
8	225 500 000	225.5	125	106.2	400	0.206 2
10	3 295 000	32.95	150	44.95	450	0.108 9
15	8 809 000	8.809	175	18.96	500	0.062 22
20	1 643 000	1.643	200	9.273	600	0.023 84
25	436 700	0.436 7	225	4.822	700	0.011 50
32	93 860	0.093 86	250	2.583	800	0.005 665
40	44 530	0.044 53	275	1.535	900	0.003 034
50	11 080	0.011 08	300	0.939 2	1 000	0.001 736
70	2 893	0.002 893	325	0.608 8	1 200	0.000 660 5
80	1 168	0.001 168	350	0.407 8	1 300	0.000 432 2
100	267.4	0.000 267 4			1 400	0.000 291 8
125	86.23	0.000 086 23				
150	33.95	0.000 033 95				

表 5-6 铸铁管的比阻 S_0 值（s^2/m^6）

内径（mm）	S_0（Q 以 m^3/s 计）	内径（mm）	S_0（Q 以 m^3/s 计）
50	15 190	400	0.223 2
75	1 709	450	0.119 5
100	365.3	500	0.068 39
125	110.8	600	0.026 02
150	41.85	700	0.011 50
200	9.029	800	0.005 665
250	2.752	900	0.003 034
300	1.025	1 000	0.001 736
350	0.452 9		

通用公式：工程上一般选用曼宁公式，将式（4-52）代入式（5-35），得：

$$S_0 = \frac{10.3n^2}{d^{5.53}}$$ (5-38)

按式（5-38）同样可编制出比阻计算表，见表 5-7，备查表计算。

表 5-7

水管直径（mm）	比阻 S_0（Q 以 m^3/s 计）		
	曼宁公式（$C = \frac{1}{n}R^{1/6}$）		
	$n = 0.012$	$n = 0.013$	$n = 0.014$
75	1 480	1 740	2 010
100	319	375	434
150	36.7	43.0	49.9
200	7.92	9.30	10.8
250	2.41	2.83	3.28
300	0.911	1.07	1.24
350	0.401	0.471	0.545
400	0.196	0.230	0.267
450	0.105	0.123	0.143
500	0.059 8	0.070 2	0.081 5
600	0.022 6	0.026 5	0.030 7
700	0.009 93	0.011 7	0.013 5
800	0.004 87	0.005 73	0.006 63
900	0.002 60	0.003 05	0.003 54
1 000	0.001 48	0.001 74	0.002 01

2）按水力坡度计算

式（5-34）可写成：

$$J = H/l = h_f/l = \lambda \frac{1}{d} \frac{v^2}{2g} \tag{5-39}$$

式（5-39）就是简单管路按水力坡度计算的关系式。水力坡度 J 是一定流量 Q 通过单位长度管道所需要的作用水头。对于钢管、铸铁管,将专用公式（4-49）、（4-50）代入式（5-39）得：

$$\left.\begin{array}{ll} v \geqslant 1.2\text{m/s}, & J = 0.001\,07 \dfrac{v^2}{d^{1.3}} \\[3mm] v < 1.2\text{m/s}, & J = 0.000\,912 \dfrac{v^2}{d^{1.3}}\left(1 + \dfrac{0.867}{v}\right)^{0.3} \end{array}\right\} \tag{5-40}$$

按式（5-40）可编制出水力坡度计算表,见表5-8。已知 v、d、J 中任意两个量,可直接查出另一个量,使计算工作大为简化。

表 5-8 铸铁管的 1 000 J 和 v 值（部分）

Q		D（mm）								
		300		350		400		450		500	
m³/h	l/s	v	1 000J	v	1 000J	v	1 000J	v	1 000J	v	1 000J
439.2	122	1.73	15.3	1.27	6.74	0.97	3.43	0.77	1.90	0.62	1.13
446.4	124	1.75	15.8	1.29	6.96	0.99	3.53	0.78	1.96	0.63	1.16
453.6	126	1.78	16.3	1.31	7.19	1.00	3.64	0.79	2.02	0.64	1.20
460.8	128	1.81	16.8	1.33	7.42	1.02	3.75	0.80	2.09	0.65	1.23
468.0	130	1.84	17.3	1.35	7.65	1.03	3.85	0.82	2.15	0.66	1.27
511.2	142	2.01	20.7	1.48	9.13	1.13	4.55	0.89	2.53	0.72	1.49
518.4	144	2.04	21.3	1.50	9.39	1.15	4.67	0.91	2.59	0.73	1.53
525.6	146	2.07	21.8	1.52	9.65	1.16	4.79	0.92	2.66	0.74	1.57
532.8	148	2.09	22.5	1.54	9.92	1.18	4.92	0.93	2.73	0.75	1.61
540.0	150	2.12	23.1	1.56	10.2	1.19	5.04	0.94	2.80	0.76	1.65
547.2	152	2.15	23.7	1.58	10.5	1.21	5.16	0.96	2.87	0.77	1.69
554.4	154	2.18	24.3	1.60	10.7	1.23	5.29	0.97	2.94	0.78	1.73
563.6	156	2.21	24.9	1.62	11.0	1.24	5.43	0.98	3.01	0.79	1.77
568.8	158	2.24	25.6	1.64	11.3	1.26	5.57	0.99	3.08	0.80	1.81
576.0	160	2.26	26.2	1.66	11.6	1.27	5.71	1.01	3.14	0.81	1.85

对于钢筋混凝土管,通常采用谢才公式计算水力坡度：

$$J = \frac{v^2}{C^2 R} \tag{5-41}$$

式中，R 为水力半径，对于圆管 $R = d/4$；C 为谢才系数，一般 $C = \frac{1}{n} R^{1/6}$；n 为糙率。

按式(5-41)亦可编制相应的计算表以简化计算。

下面举例说明简单长管的水力计算问题。

例 5-5 由水塔向工厂供水(见图 5-15)，采用铸铁管。管长 2 500m，管径 400mm。水塔处地面标高 ∇_1 为 61m，水塔水面距地面高度 $H_t = 18$m，工厂地面标高 ∇_2 为 45m，管路末端需要的自由水头 $H_z = 25$m，求通过管路的流量。

解：以海拔水平面为基准面，在水塔水面与管路末端间列长管的伯努利方程得：

$$(H_t + \nabla_1) + 0 + 0 = \nabla_2 + H_z + 0 + h_f$$

故

$$h_f = (H_t + \nabla_1) - (H_z + \nabla_2)$$

则管路末端的作用水头 H 便为：

$$H = h_f$$

$$H = (H_t + \nabla_1) - (H_z + \nabla_2) = (61 + 18) - (45 + 25) = 9\text{m}$$

由表(5-9)查得 400(mm)铸铁管比阻 S_0 为 0.223 2(s^2/m^6)，代入式(5-36)得：

$$Q = \sqrt{\frac{H}{S_0 l}} = \sqrt{\frac{9}{0.223\ 2 \times 2\ 500}} = 0.127\text{m}^3/\text{s}$$

验算阻力区

$$v = \frac{4Q}{\pi d^2} = \frac{4 \times 0.127}{\pi \times 0.4^2} = 1.01\text{m/s} < 1.2\text{m/s}$$

属于过渡区，比阻需要修正，由表 5-7 查得 $v = 1\text{m/s}$ 时，$k = 1.03$。修正后流量为：

$$Q = \sqrt{\frac{H}{k S_0 l}} = \sqrt{\frac{9}{1.03 \times 0.223\ 2 \times 2\ 500}} = 0.125\text{m}^3/\text{s}$$

此题按水力坡度计算更为简便

$$J = \frac{H}{l} = \frac{9}{2\ 500} = 0.003\ 6$$

由表 5-11 查得：$d = 400$mm，$J = 0.003\ 64$ 时，$Q = 0.126\text{m}^3/\text{s}$，内插 $J = 0.003\ 6$ 时的 Q 值

$$Q = 126 - 2 \times \frac{0.14}{0.11} = 125\text{l/s} = 0.125\text{m}^3/\text{s}$$

与按比阻计算结果一致。

例 5-6 上题中(见图 5-15)，如工厂需水量为 0.152m^3/s，管路情况，地形标高以及管路末端需要的自由水头都不变，试设计水塔高度 H_t。

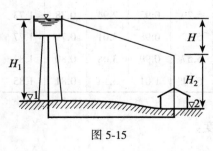

图 5-15

解：按比阻计算，首先验算阻力区

$$v = \frac{4Q}{\pi d^2} = \frac{4 \times 0.152}{\pi \times 0.4^2} = 1.21\text{m/s}$$

$v > 1.2$(m/s)，比阻不需修正。

由表 5-9 查得：$S_0 = 0.223\ 2\text{s}^2/\text{m}^6$，代入式(5-36)得：

$$H = h_f = S_0 l Q^2 = 0.223\ 2 \times 2\ 500 \times (0.152)^2 = 12.89\text{m}$$

水塔高度为：

$$H_t = (\nabla_2 + H_z) + H - \nabla_1 = 45 + 25 + 12.89 - 61 = 21.89\text{m}$$

按水力坡度进行校核,由表 5-8 查得 $d = 400\text{mm}$, $Q = 0.152\text{m}^3/\text{s}$ 时, $J = 0.005\ 16$

$$H = Jl = 0.005\ 16 \times 2\ 500 = 12.9\text{m}$$

水塔高 $H_t = 21.9\text{m}$。

例 5-7　由水塔向工厂供水(见图 5-15),采用铸铁管,长度 $l = 2\ 500\text{m}$,水塔处地面标高 $\nabla_1 = 61\text{m}$,水塔水面距地面的高度 $H_1 = 18\text{m}$,工厂地面标高 $\nabla_2 = 45\text{m}$,要求供水量 $Q = 0.152\text{m}^3/\text{s}$,自由水头 $H_z = 25\text{m}$,计算所需管径。

解:计算作用水头:

$$H = (\nabla_1 + H_t) - (\nabla_2 + H_z) = (61 + 18) - (45 + 25) = 9\text{m}$$

由表 5-6 查得:

$$d_1 = 400\text{mm}, S_0 = 0.223\ 2\text{s}^2/\text{m}^6$$
$$d_2 = 450\text{mm}, S_0 = 0.119\ 5\text{s}^2/\text{m}^6$$

可见合适的管径应在二者之间,但无此种规格产品。因而只能采用较大的管径 $d = 450\text{mm}$,但这样将浪费管径。合理的办法是用两段不同直径的管道 400mm 和 450mm 串联。

5.5.2　串联管路(Pipes in Series)

由直径不同的几段管道顺序联接的管路称为串联管路。它适用于沿管线向几处供水的情况。因有流量分出,沿程流量减少,所采用的管径也相应减小,如图 5-16 所示。

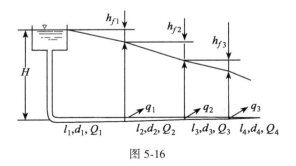

图 5-16

串联管路各管段虽然焊接在一个管路系统中,但因各管段的管径、流量、流速互不相同,所以应分段计算其沿程水头损失。

设串联管路各管段长度、直径、流量和各管段末端分出的流量分别用 l_i、d_i、Q_i 和 q_i 表示,则串联管路总水头损失等于各管段水头损失之和:

$$H = \sum_{i=1}^{n} h_{fi} = \sum_{i=1}^{n} S_{0i}l_iQ_i^2 \tag{5-42}$$

式中,n 为管段总数目。

串联管路的流量计算应满足连续性方程。将有分流的两管段的交点(或者说三根或三根以上管段的交点)称为节点,则流向节点的流量等于流出节点的流量,即

$$Q_i = q_i + Q_{i+1} \tag{5-43}$$

式(5-42)、式(5-43)是串联管路水力计算的基本公式,可用以解算 Q、H、d 三类问题。

串联管路的测压管线与总水头线重合,整个管道的水头线呈折线形。这是因为各管段

流速不同,其水力坡度也各不相等。

例 5-8　在例 5-6 中,为了充分利用水头和节省管材,采用 400mm 和 450mm 两种管径的管路串联,求每段管路的长度。

解:设直径 400mm 的管段长 l_1, 450mm 的管段长 l_2。直径 400mm 管段的流速 $v_1 =$ 1.21m/s,比阻不需修正,$S_{01} = 0.2232 \text{s}^2/\text{m}^6$;450mm 管段的流速 $v_2 = 0.96\text{m/s} < 1.2\text{m/s}$,比阻 $S_{02}' = 0.1195\text{s}^2/\text{m}^6$ 应进行修正:

$$S_{02} = kS_{02}' = 1.034 \times 0.119\ 5 = 0.123\ 7\text{s}^2/\text{m}^6$$

由式(5-36)得:

$$S_0 = \frac{H}{Q^2 l} = \frac{9}{0.152^2 \times 2\ 500} = 0.155\ 8\text{s}^2/\text{m}^6$$

根据

$$H = S_0 l Q^2 = (S_{01} l_1 + S_{02} l_2) Q^2$$

得:

$$S_0 l = S_{01} l_1 + S_{02} l_2$$

将各值代入上式得:

$$0.155\ 8 \times 2\ 500 = 0.223\ 2 l_1 + 0.123\ 7 l_2$$

即

$$389.5 = 0.223\ 2 l_1 + 0.123\ 7 l_2$$

注意到

$$l_1 + l_2 = 2\ 500$$

联立求解上两式,得:

$$l_1 = 806.5\text{m}$$
$$l_2 = 2\ 500 - 806.5 = 1\ 693.5\text{m}$$

5.5.3　并联管路(Pipes in Parallel)

为了提高供水的可靠性,在两节点之间并设两条以上管路称为并联管路,如图 5-17 中 AB 段就是由三条管段组成的并联管路。

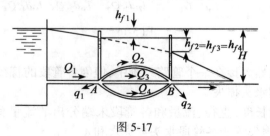

图 5-17

并联管段一般按长管计算。并联管路的水流特点在于液体通过所并联的任何管段时其水头损失皆相等。在并联管段 AB 间,A 点与 B 点是各管段所共有的,如果在 A、B 两点安置测压管,每一点都只可能出现一个测压管水头,其测压管水头差就是 AB 间的水头损失,即

$$h_{f2} = h_{f3} = h_{f4} = h_{fAB}$$

每个单独管段都是简单管路,用比阻表示可写成:

$$S_{02} l_2 Q_2^2 = S_{03} l_3 Q_3^2 = S_{04} l_4 Q_4^2 \tag{5-44}$$

另外,并联管路的各管段直径、长度、粗糙度可能不同,因而流量也会不同。但各管段流

量分配也应满足节点流量平衡条件,即流向节点的流量等于由节点流出的流量。

对节点 A、B 有:

$$Q_1 = q_1 + Q_2 + Q_3 + Q_4 \\ Q_2 + Q_3 + Q_4 = Q_5 + q_2$$

$$(5-45)$$

以上说明,通过各并联管段的流量 Q_2、Q_3、Q_4 的分配必须满足式(5-44)和式(5-45)的条件。实质上这是并联管路水力计算中的能量方程与连续性方程。如果已知 Q_1 及各并联管段的直径及长度,由上述两式便可求得 Q_2、Q_3、Q_4 及 h_{fAB}。

例 5-9 三根并联铸铁管路(见图 5-18),由节点 A 分出,并在节点 B 重新会合。已知总流量 $Q = 0.28\text{m}^3/\text{s}$,

$$l_1 = 500\text{m}, \qquad d_1 = 300\text{mm}$$
$$l_2 = 800\text{m}, \qquad d_2 = 250\text{m}$$
$$l_s = 1000\text{mm}, \quad d_3 = 200\text{mm}$$

求并联管路中每一管段的流量及水头损失。

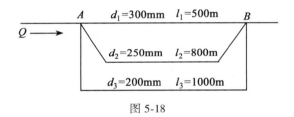

图 5-18

解:并联各管段的比阻由表 5-6 查得:

$$d_1 = 300\text{mm}, S_{01} = 1.025$$
$$d_2 = 250\text{mm}, S_{02} = 2.752$$
$$d_3 = 200\text{mm}, S_{03} = 9.029$$

由能量方程得:

$$S_{01}l_1Q_1^2 = S_{02}l_2Q_1^2 = S_{03}l_3Q_3^2$$

将各 S_0、l 值代入上式,得:

$$1.025 \times 500Q_1^2 = 2.752 \times 800Q_2^2 = 9.029 \times 1\,000Q_3^2$$

即

$$5.125Q_1^2 = 22.02Q_2^2 = 90.29Q_3^2$$

则

$$Q_1 = 4.197Q_3, \quad Q_2 = 2.025Q_3$$

由连续性方程得:

$$Q = Q_1 + Q_2 + Q_3$$
$$0.28\text{m}^3/\text{s} = (4.197+2.025+1)Q_3$$

所以

$$Q_3 = 0.038\,77\text{m}^3/\text{s} = 38.77\text{L/s}$$
$$Q_2 = 78.51\text{L/s}$$
$$Q_1 = 162.72\text{L/s}$$

各段流速分别为:

$$v_1 = \frac{4Q_1}{\pi d_1^2} = \frac{4 \times 0.162\,72}{\pi \times 0.3^2} = 2.30\text{m/s} > 1.2\text{m/s}$$

$$v_2 = \frac{4Q_2}{\pi_2^2} = \frac{4 \times 0.07851}{\pi \times 0.25^2} = 1.60\text{m/s} > 1.2\text{m/s}$$

$$v_3 = \frac{4Q_3}{\pi d_3^2} = \frac{4 \times 0.03877}{\pi \times 0.2^2} = 1.23\text{m/s} > 1.2\text{m/s}$$

各管段流动均属于阻力平方区,比阻 S_0 值不需修正。

AB 间水头损失为:

$$h_{fAB} = S_{03}l_3Q_3^2 = 9.029 \times 1\,000 \times 0.0387\,7^2 = 13.57\text{m}$$

5.5.4　沿程均匀泄流管路(Uniform and Continuous drow-off along the Pipeline)

前面讨论的都是在管段间通过固定不变的流量,这种流量称为通过流量(或转输流量)。在实际工程中,如灌溉工程中的人工降雨管路或给水工程中的滤池冲洗管。在这些管路中除通过流量外,还有沿管长从侧面不断连续向外泄出的流量 q,称为途泄流量。其中最简单的情况就是单位长管段泄出的流量均等于 q,这种管路称为沿程均匀泄流管路,如图 5-19 所示。分析沿程均匀泄流管路时可将这种途泄看做是连续的,以简化计算。

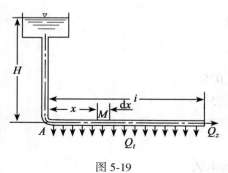

图 5-19

设沿程均匀泄流管段长度为 l,直径为 d,途泄总流量 $Q_t = ql$,末端泄出转输流量为 Q_z。

在距离泄流起始断面 A 点 x 的 M 断面处,取长度为 $\mathrm{d}x$ 的微小管段。因 $\mathrm{d}x$ 很小,可认为通过此微段的流量 Q_x 不变,其水头损失可近似按均匀流计算,即

$$\mathrm{d}h_f = S_0Q_x^2\mathrm{d}x$$

而

$$Q_x = Q_z + Q_t - qx = Q_z + Q_t - Q_t \cdot \frac{x}{l}$$

则

$$\mathrm{d}h_f = S_0Q_x^2\mathrm{d}x = S_0\left(Q_z + Q_t - Q_t \cdot \frac{x}{l}\right)^2\mathrm{d}x$$

将上式沿管长积分,即得整个管段的水头损失:

$$h_f = \int_0^l \mathrm{d}h_f = \int_0^l s_0\left(q_z + Q_t - Q_t \cdot \frac{x}{l}\right)^2\mathrm{d}x$$

当管段的粗糙情况和直径不变,且流动处于阻力平方区,则比阻 S_0 是常数,将上式积分得:

$$h_f = S_0l\left(Q_z^2 + Q_zQ_t + \frac{1}{3}Q_t^2\right) \tag{5-46}$$

式(5-46)可近似地写作:

$$h_f = S_0l(Q_z + 0.55Q_t)^2 \tag{5-47}$$

在实际计算时,常引用折算流量 Q_c:

$$Q_c = Q_z + 0.55Q_t \tag{5-48}$$

式(5-47)就可写成:

$$h_f = S_0 l Q_c^2 \qquad (5-49)$$

式(5-49)和简单管路计算公式(5-36)形式相同,所以沿程均匀泄流管路可按折算流量为 Q_c 的简单管路进行计算。

当通过流量 $Q_z = 0$,式(5-48)成为:

$$h_f = \frac{1}{3} S_0 l Q_t^2 \qquad (5-50)$$

此式表明,管路在只有沿程均匀途泄流量时,其水头损失仅为传输流量通过时水头损失的三分之一。

例 5-10 由水塔供水的输水管用三段铸铁管组成,中段为均匀泄流管段(见图 5-20)。已知 $l_1 = 500\text{m}, d_1 = 200\text{mm}; l_2 = 150\text{m}, d_2 = 150\text{mm}; l_3 = 200\text{m}, d_3 = 125\text{mm}$,节点 B 分出流量 $q = 0.01\text{m}^3/\text{s}$,途泄流量 $Q_t = 0.015\text{m}^3/\text{s}$,转输流量 $Q_z = 0.02\text{m}^3/\text{s}$,求水塔高度(作用水头)。

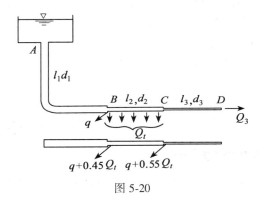

图 5-20

解:首先将途泄流量转换为转输流量,按式(5-47)把 $0.55Q_t$ 加在节点 C 处,另 $0.45Q_t$ 加在节点 B,得到如图 5-20 所示流量分配。各管段流量为:

$$Q_1 = q + 0.45Q_i + 0.55Q_t + Q_z = 0.01 + 0.015 + 0.02 = 0.045\text{m}^3/\text{s}$$

$$Q_2 = 0.55Q_t + Q_z = 0.55 \times 0.015 + 0.02 = 0.028\text{m}^3/\text{s}$$

$$Q_3 = 0.02\text{m}^3/\text{s}$$

整个管路视为由三管段串联而成,因而作用水头等于各管段水头损失之和,

$$H = \sum h_f = S_{01} l_1 Q_1^2 + S_{02} l_2 Q_2^2 + S_{03} l_3 Q_3^2$$

$$= 9.029 \times 500 \times (0.045)^2 + 41.85 \times 150 \times (0.028\,23)^2 + 110.8 \times 200 \times (0.02)^2$$

$$= 23.02\text{m}$$

各管段流速均大于 1.2m/s,比阻 S_0 不需修正。

5.6 管网水力计算基础

为了向更多的用户供水,在给水工程中往往将许多管路组合成为管网(Pipe Networks)。管网按其布置图形可分为枝状(见图 5-21(a))及环状(见图 5-21(b))两种。

管网内各管段的管径是根据流量 Q 及速度 v 两者来决定的。在流量 Q 一定的条件下,

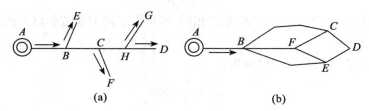

图 5-21

管径随速度 v 的大小而不同。如果流速大,则管径小,管路造价低;然而流速大,导致水头损失大,又会增加水塔高度及抽水的经常费用。反之,如果流速小,管径便大,管内流速的降低会减少水头损失,从而减少了抽水经常运营费用,但另一方面却又提高了管路造价。

所以在确定管径时,应作经济比较。选择的流速应使供水的总成本(包括管道及铺筑水管的建筑费、抽水机站建筑费、水塔建筑费、抽水经常运营费之总和)最低。这种流速称为经济流速(Economic Velocity)v_e。

经济流速涉及的因素很多,综合实际的设计经验及技术经济资料,对于中小直径的给水管路:

①当直径 $D = 100 \sim 400\text{mm}$, $v_e = 0.6 \sim 1.0\text{m/s}$;

②当直径 $D > 400\text{mm}$, $v_e = 1.0 \sim 1.4\text{m/s}$。但这也因地因时而略有不同。

5.6.1   枝状管网(Branching Pipes)

枝状管网的水力计算可分为新建给水系统的设计和扩建已有的给水系统的设计两种情形。

(1)新建给水系统的设计:往往是已知管路沿线地形、各管段长度 l 及通过的流量 Q 和端点要求的自由水头 H_z,确定管路的各段直径 d 及水塔的高度 H_t。

计算时,首先按经济流速在已知流量下选择管径;然后利用式(5-36)

$$h_{fi} = S_{0i} l_i Q_i^2$$

在已知流量 Q、直径 d 及管长 l 的条件下计算出各段的水头损失;最后按串联管路计算干线中从水塔到管网的控制点的总水头损失(管网的控制点是指在管网中水塔至该点的水头损失、地形标高和要求自由水头三项之和最大值之点)。于是水塔高度 H_t(见图 5-22)可按下式求得:

$$H_t = \sum h_f + H_z + z_0 - z_t = \sum S_0 l_i Q_i^2 + H_z + z_0 - z_t \qquad (5\text{-}51)$$

式中,H_z 为控制点的自由水头;z_0 为控制点的地形标高;z_t 为水塔处的地形标高;$\sum h_f$ 为从水塔到管网控制点的总水头损失。

(2)扩建已有给水系统的设计:这时往往是已知管路沿线地形、水塔高度 H_t、管路长度 l、用水点的自由水头 H_z 及通过的流量,要求确定管径。

因水塔已建成,用前述经济流速计算管径,不能保证供水的技术经济要求时,根据枝状管网各干线的已知条件,算出它们各自的平均水力坡度 $J = \dfrac{H_t + (z_t - z_0) - H_z}{\sum l_i}$。然后选择

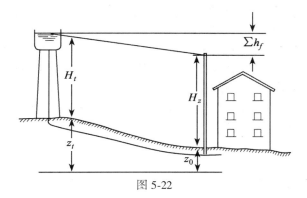

图 5-22

其中平均水力坡度最小($J_{\min}$)的那根干线作为控制干线进行设计。

控制干线上按水头损失均匀分配,即各管段水力坡度相等的条件,由式(5-36)计算各管段比阻:

$$S_{0i} = \frac{J}{Q_i^2}$$

式中,Q_i 为各管段通过的流量。

按照求得的 S_{0i} 值就可选择各管段的直径。实际选用时,可取部分管段比阻 S_{0i} 大于计算值 S_{0i},部分却小于计算值,使得这些管段比阻的组合,正好满足在给定水头下通过需要的流量。

当控制干线确定后应算出各节点之水头。并以此为准,继续设计各枝线管径。

例 5-11 一枝状管网从水塔 O 沿 0–1 干线输送用户,各节点要求供水量如图 5-23 所示。已知每段管路长度(见本题所列之表)。此外,水塔处的地形标高和点 4、点 7 的地形标高相同,点 4 和点 7 要求的自由水头同为 $H_z = 12\text{m}$。求各管段的直径、水头损失及水塔高度。

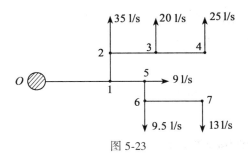

图 5-23

解:根据经济流速选择各管段的直径:

对于 3-4 管段 $Q = 25\text{l/s}$,采用经济流速 $v_e = 1\text{m/s}$,则管径为:

$$d = \sqrt{\frac{4Q}{\pi v_e}} = \sqrt{\frac{0.025 \times 4}{\pi \cdot 1}} = 0.178\text{m},采用 d = 200\text{mm}$$

管中实际流速为:

$$v = \frac{4Q}{\pi d^2} = \frac{4 \times 0.025}{\pi \times 0.2^2} = 0.80 \text{m/s}(在经济流速范围之内)$$

采用铸铁管(用旧管的舍维列夫公式计算 λ),查表 5-6 得: $S_0 = 0.029$。因为平均流速 $v = 0.80 \text{m/s} < 1.2 \text{m/s}$,水流在过渡区范围, S_0 值需加修正。当 $v = 0.80 \text{m/s}$,查表 5-4 得修正系数 $k = 1.06$,则管段 3-4 的水头损失为:

$$h_{f3-4} = kS_0 lQ^2 = 1.06 \times 9.029 \times 350 \times 0.025^2 = 2.09 \text{m}$$

各管段计算可列表(表 5-9)进行。

表 5-9

管　段		管段长度 l(m)	管段中的流量 q (L/s)	管道直径 d(mm)	流　速 v(m/s)	比　阻 $S_0(\text{s}^2/\text{m}^6)$	修正系数 k	水头损失 h_f(m)
		已 知 数 值		计 算 所 得 数 值				
左侧支线	3-4	350	25	200	0.80	9.029	1.06	2.09
	2-3	350	45	250	0.92	2.752	1.04	2.03
	1-2	200	80	300	1.13	1.015	1.01	1.31
右侧支线	6-7	500	13	150	0.74	41.85	1.07	3.78
	5-6	200	22.5	200	0.72	9.029	1.08	0.99
	1-5	300	31.5	250	0.64	2.752	1.10	0.90
水塔至分叉点	0-1	400	111.5	350	1.16	0.452 9	1.01	2.27

从水塔到最远的用水点 4 和 7 的沿程水头损失分别为:

沿 4—3—2—1—0 线:

$$\sum h_f = 2.09 + 2.03 + 1.31 + 2.27 = 7.70 \text{m}$$

沿 7—6—5—1—0 线:

$$\sum h_f = 3.78 + 0.99 + 0.90 + 2.27 = 7.94 \text{m}$$

采用 $\sum h_f = 7.94 \text{m}$ 及自由水头 $H_z = 12 \text{m}$,因点 0、点 4 和点 7 地形标高相同,则点 0 处的水塔高度为:

$$H_t = \sum h_f + H_z = 7.94 + 12 = 19.94 \text{m}$$

采用 $H_t = 20 \text{m}$。

5.6.2　环状管网(Looping Pipes)

根据连续性原理和能量损失理论,环状管网中的水流必须满足以下两个条件:

(1)节点流量平衡条件:流出任一节点的流量之和(包括节点供水流量)减去流入该节点的流量之和相等;

(2)环路闭合条件:对于任一闭合环路,沿顺时针流动的水头损失之和减去沿逆时针流动的水头损失之和等于 0。

为了程序编制和公式表达方便,设某环状管网的管段编号为 $i = 1, \cdots, i_m$,环路编号为

$j=1,\cdots,j_m$，节点编号为 $k=1,\cdots,k_m,i=j+k-1$。设各管段的流量和沿程水头损失分别为 Q_i、h_{fi}，各节点的供水流量为 q_k（流出节点流量为正）。上述两个条件可以表达为：

$$\sum_{i=1}^{i_m} B_{ik}Q_i + q_k = 0, \qquad k=1,2,\cdots,k_m \tag{5-52}$$

$$\sum_{i=1}^{i_m} A_{ij}h_{fi} = 0, \qquad j=1,2,\cdots,j_m \tag{5-53}$$

式中，A_{ij}、B_{ik} 为系数。当环路 j 中没有管段 i，则 $A_{ij}=0$；当环路 j 中管段 i 的流动方向为顺时针方向，$A_{ij}=+1$，否则 $A_{ij}=-1$；当节点 k 处没有管段 i，则 $B_{ik}=0$；当节点 k 处管段 i 的水流方向为流出节点，$B_{ik}=+1$，否则 $B_{ik}=-1$。例如，在图 5-24 所示的环状管网中，$i_m=5,j_m=2,k_m=4$，对于环路 $j=1,A_{i1}=(1,0,1,-1,0)$，方程(5-53)相应的表达式为：

$$\sum_{i=1}^{i_m} A_{i1}h_{fi} = 1\times h_{f1} + 0\times h_{f2} + 1\times h_{f3} + (-1)\times h_{f4} + 0\times h_{f5} = h_{f1}+h_{f3}-h_{f4}=0$$

对于结点 $k=2,B_{i2}=(-1,+1,+1,0,0)$，方程(5-53)相应的表达式为：

$$\sum_{i=1}^{i_m} B_{i2}Q_i$$
$$=(-1)\times Q_1 + (+1)\times Q_2 + (+1)\times Q_3 + 0\times Q_4 + 0\times Q_5 + q_2$$
$$=-Q_1+Q_2+Q_3+q_2=0$$

其他系数和表达式请读者自行推出。

另外，各管段的流量和沿程水头损失之间应满足：

$$h_{fi} = S_0 l_i Q_i \mid Q_i \mid, \qquad i=1,2,\cdots,i_m \tag{5-54}$$

方程(5-52)~(5-54)共包含 $i_m+j_m+k_m-1=2i_m$ 个独立方程，正好可以求解 $2i_m$ 个未知变量 Q_i、h_{fi}。下面介绍环状管网计算中常用的平差法。

首先根据已知的节点供水流量 q_k，初步假定各管段水流方向及流量大小 Q_i，并使之满足方程(5-52)；由于初始流量分配比例不适当，由此计算出的环路水头损失一般不能满足方程(5-53)，即环路水头损失闭合差不等于0：

$$\Delta h_{fi} = \sum_{i=1}^{i_m} A_{ij}h_{fi} \neq 0, \quad j=1,2,\cdots,j_m \tag{5-55}$$

因此，需要对初设流量进行修正。假设环路 j 的修正流量为 ΔQ_j，则修正后各管段的流量分别为：

$$Q_i' = Q_i + \sum_{j=1}^{j_m} A_{ij}\Delta Q_j, \qquad i=1,2,\cdots,i_m \tag{5-56}$$

由 Q_i' 计算出的环路水头损失应满足方程(5-53)：

$$\sum_{i=1}^{i_m} A_{ij}S_0 l_i (Q_i + \sum_{j=1}^{j_m} A_{ij}\sum Q_j) \mid (Q_i + \sum_{j=1}^{j_m} A_{ij}\Delta Q_j) \mid = 0, j=1,2,\cdots,j_m \tag{5-57}$$

由于方程(5-57)为非线性方程组，很难直接求出 ΔQ_j 的精确解。为了得到 ΔQ_j 的近似计算式，作如下假定：① 在计算环路 j 的修正流量时，不考虑其他环路修正流量的影响；② 忽略二次项 ΔQ_j^2；③ 当水流处于紊流光滑区或过渡区时，忽略 S_0 计算式中含有 ΔQ_j 的项。在以上假定条件下，可从(5-57)式中推出 ΔQ_j 的近似计算式为：

$$\Delta Q_j = -\frac{\sum\limits_{i=1}^{i_m}(A_{ij}h_{fi})}{2\sum\limits_{i=1}^{i_m}(|A_{ij}|\,h_{fi}/Q_i)}, \quad j = 1,2,\cdots,j_m \tag{5-58}$$

如果流量修正后，仍不满足方程(5-53)，则需要继续修正，直至满足方程(5-53)。这种迭代方法为 Hardy-Cross 方法。下面通过例题介绍 Hardy-Cross 方法的计算步骤和计算程序。

本例题计算程序采用 FORTRAN 语言和 C 语言两种语言编写，供读者选用。

例 5-12 在图 5-24 所示的环状管网中，各管段的长度、管径见表 5-10(3,4 行)，糙率均为 0.012 5，各节点的供水流量分别为 $q_1 = -80\text{L/s}$，$q_2 = 15\text{L/s}$，$q_3 = 10\text{L/s}$，$q_4 = 55\text{L/s}$，试确定各管段的流量及水头损失。

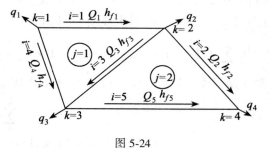

图 5-24

解:（1）假定各管段水流方向（如图）及流量大小 Q_i，并使之满足方程(5-52)，见表 5-10(6 行)；

（2）根据水流方向确定系数 A_{ij}，见表 5-10(5 行)；

（3）根据方程(5-54)计算各管段沿程水头损失 h_{fi}，见表 5-10(7 行)；

（4）根据方程(5-53)计算各环路的水头损失闭合差 $\sum A_{ij}h_{fi}$ 见表 5-10(8 行)；

（5）根据方程(5-58)计算各环路的修正流量为 ΔQ_j，见表 5-10(9 行)；

（6）根据方程(5-56)对各管段流量进行修正，见表 5-10(10 行)；

（7）判断各环路水头损失闭合差是否满足精度要求。若不满足，重复步骤(2)~(6)计算，直至各环路水头损失闭合差满足精度要求；

表 5-10

编号	环号	$j = 1$			$j = 2$			1
	管段号	$i = 1$	$i = 3$	$i = 4$	$i = 2$	$i = 3$	$i = 5$	2
已知参数	$l_i(\text{m})$	450	500	400	500	500	550	3
	$d_i(\text{mm})$	250	200	200	150	200	250	4
	A_{ij}	1	1	−1	1	−1	−1	5
初设值	$Q_i(\text{L/s})$	50	20	30	15	20	40	6
	$h_{fi}(\text{m})$	2.944	1.721	3.097	4.489	1.720	2.303	7

续表

编号	环号	$j = 1$			$j = 2$			1
	管段号	$i = 1$	$i = 3$	$i = 4$	$i = 2$	$i = 3$	$i = 5$	2
第一次 修正计算	$\sum h_{fi}$ (m)		1.568			0.465		8
	ΔQ_i (L/s)		−3.168			−0.525		9
	Q_j (L/s)	46.84	17.37	33.16	14.47	17.37	40.53	10
	h_{fi} (m)	2.584	1.297	3.784	4.180	1.297	2.364	11
第二次 修正计算	$\sum h_{fi}$ (m)		0.098			0.519		12
	ΔQ_i (L/s)		−0.200			−0.615		13
	Q_j (L/s)	46.64	17.78	33.36	13.86	17.78	41.14	14
	h_{fi} (m)	2.562	1.360	3.829	3.832	1.360	2.436	15
第三次 修正计算	$\sum h_{fi}$ (m)		0.092			0.036		16
	ΔQ_i (L/s)		−0.188			−0.044		17
	Q_j (L/s)	46.45	17.64	33.55	13.82	17.64	41.18	18
	h_{fi} (m)	2.541	1.338	3.873	3.808	1.338	2.441	19
电算 结果	Q_i (L/s)	46.43	17.65	33.57	13.78	17.65	41.22	20
	h_{fi} (m)	2.538	1.340	3.879	3.786	1.340	2.446	21

（8）输出计算结果，表 5-10（8~19 行）为三次修正的计算结果，20~21 行为计算机多次迭代修正的最后结果。计算程序及程序说明如下：在计算程序中，除了 DQ 代表 ΔQ，SHf 代表 $\sum A_{ij}h_{fi}$，SHfQ 代表 $\sum (\mid A_{ij}\mid h_{fi}/Q_i)$ 外，其他符号均与教材中的符号相同。当环路较多时，为减少输入量，可以先输入 $f1(i)$、$f2(i)$，再赋值给 A_{ij}。$f1(i)$ 的绝对值大小为管段 i 所属的环路号 j，当管段 i 的水流方向在环路 j 中为顺时针方向取正号，否则取负号；当管段 i 同时属于两个环路时，另一个环路号输给 $f2(i)$，正负号选取方法同上。

①计算程序 I（FORTRAN 语言）

```
C           计算程序
1    PARAMETER ( Im = 5, Jm = 2 )                        \管段数环路数
2    DIMENSION Q ( Im ), D ( Im ), RL ( Im ), Hf ( Im ), Rn ( Im ), A ( Im, Jm )
3    DIMENSION DQ ( Jm ), SHF ( Jm ), SHFQ ( Jm ), S0 ( Im ), f1 ( Im ), f2 ( Im )
4    DATA D/0.25, 0.15, 0.20, 0.20, 0.25/                \输入管段直径
5    DATA RL/450, 500, 500, 400, 550/                    \输入管段长度
6    DATA Rn/Im * 0.0125/                                \输入管段糙率
```

```
7    DATA Q/0.01,0.02,-0.025,0.07,0.035/                    \输入管段流量
8    DATA A/1,0,1,-1,0,0,1,-1,0,-1/                         \输入系数 Aij
c81  data f1/1,2,1,-1,-2/,f2/0,0,-2,0,0/                     \当环路较多时
c82  do 84 i=1,im                                           \先输入 f1,f2
c83  a(i,abs(f2(i)))=sign(1.0,f1(i))                        再分解为 Aij
c84  a(i,abs(f2(i)))=sign(1.0,f2(i))
9    DO 18 J=1,Jm                                           \环路循环计算
10   SHf(J)=0                                               \求和变量初值置 0
11   SHfQ(J)=0                                              \求和变量初值置 0
12   DO 16 I=1,Im                                           \管段循环计算
13   S0(I)=4**(10/3.0)/3.14**2*Rn(I)**2/D(I)**(16/3.0)      \计算比阻 S0
14   Hf(I)=S0(I)*RL(I)*Q(I)*ABS(Q(I))                       \计算水头损失 hfi
15   SHf(J)=SHf(J)+A(I,J)*Hf(I)                             \计算水头损失闭和差
16   SHfQ(J)=SHfQ(J)+ABS(A(I,J))*Hf(I)/Q(I)
17   DQ(J)=-SHf(J)/2/SHfQ(J)                                \计算修正流量 ΔQj
18   WRITE(*,*)J,SHf(J),DQ(J)                               \输出中间结果
19   DO 21 J=1,Jm
20   DO 21 I=1,Im
21   Q(I)=Q(I)+A(I,J)*DQ(J)                                 \修正流量 Q
22   DO 23 J=1,Jm
23   IF(ABS(SHf(J)).GE.0.001)GOTO 9                         \判断精度
24   WRITE(*,*)"管段号 管径 管段长 比阻 流量 水头损失"
25   DO 26 I=1,Im
26   WRITE(*,27)I,D(I),RL(I),S0(I),Q(I),Hf(I)               \输出结果
27   FORMAT(1X,I4,F9.4,F7.1,3F9.5)
28   END
```

②计算程序 Ⅱ（C 语言）

```c
#include<iostream.h>
#include<iomanip.h>
#include<math.h>
void main()
{
    int im=5,jm=2;//管段数环路数
    double hf[5],dq[2],shf[2],shfq[2],[s0][5];//变量说明
    double d[5]={0.25,0.15,0.20,0.20,0.25};//输入管段直径
```

```
double rl[5]={450,500,500,400,550};//输入管段长度
double rn[5]={0.0125,0.0125,0.0125,0.0125};//输入管段糙率
double q[5]={0.01,0.02,-0.025,0.07,0.035};//输入管段流量
double a[2][5]={{1,0,1,-1,0},{0,1,-1,0,-1}};//输入系数 A_{ij}
loop:
    for(int j=0;j<jm;j++)//环路循环计算
    {
        shf[j]=0;//求和变量初值置 0
        shfq[j]=0;//求和变量初值置 0
        for(int i=0;i<im;i++)//管段循环计算
        {
            s0[i]=10.294*rn[i]*rn[i]/pow(d[i],5.333);//计算比阻 S_0
            hf[i]=s0[i]*rl[i]*q[i]*fabs(q[i]);//计算水头损失 h_{fi}
            shf[j]=shf[j]+a[j][i]*hf[i];//计算水头损失闭和差
            shfq[j]=shfq[j]+fabs(a[j][i])*hf[i]/q[i];
        }
        dq[j]=-shf[j]/2/shfq[j];//计算修正流量 \Delta Q_j
        cout<<setiosflags(ios::fixed)<<setprecision(6);
        cout<<j<<setw(17)<<shf[j]<<setw(17)<<dq[j]<<endl;
    }
    for(j=0;j<jm;j++)
    {
        for(int i=0;i<im;i++)
        {
            q[i]=q[i]+a[j][i]*dq[j];//修正流量 Q_i
        }
    }
    for(j=0;j<jm;j++)
    {
        if(fabs(shf[j])>=0.001) goto loop;//判断精度
    }
    cout<<"管段号 i    流量 Q              水头损失 hf"<<endl;
    for(int i=0;i<im;i++)
    {
        cout<<i<<setw(17)<<q[i]<<setw(17)<<hf[i]<<endl;//输出结果
    }
}
```

5.7 离心泵的工作原理

5.7.1 工作原理

离心泵(Centrifugal Pump)(见图 5-25)是一种最常用的抽水机械,它是由:①工作叶轮、②叶片、③泵壳(或称蜗壳)、④吸水管、⑤压水管以及⑥泵轴等零部件构成。

离心泵启动之前,通过顶上注水漏斗将泵体和吸水管内注满水。启动后,叶轮高速转动,在泵的叶轮入口处形成真空,吸水池的水在大气压强作用下沿吸水管上升,流入叶轮吸水口,进入叶片槽内。由于水泵叶轮连续旋转,压水、吸水便连续进行。

当液体通过叶轮时,叶片与液体的相互作用将机械能传递给液体,从而使液体在随叶轮高速旋转时增加了动能和压能。因此水泵是一种转换能量的水力机械,它将原动机的机械能转换为被抽送液体的机械能。液体由叶轮流出后进入泵壳,泵壳一方面是用来汇集叶轮甩出的液体,将它平稳地引向压水管,另一方面是使液体通过它时流速降低,以达到将一部分动能转变为压能的目的。

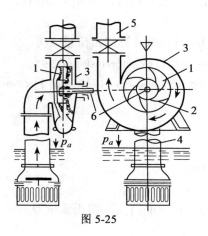

图 5-25

5.7.2 基本工作参数

为了正确地选用离心泵,首先应该了解泵的基本工作参数。

(1)流量 Q:单位时间通过水泵的液体体积。单位为升/秒(L/s)、米³/秒(m³/s)、米³/小时(m³/h);

(2)扬程 H_m:水泵供给单位重量液体的能量,常用单位为米(m)水柱。

现分析扬程在管路系统中的作用。取吸水池与压水池水面列能量方程,如图 5-26 所示。

$$z_1 + \frac{p_1}{\gamma} + \frac{v_1^2}{2g} + H_m = z_2 + \frac{p_2}{\gamma} + \frac{v_2^2}{2g} + h_w$$

上式为 1、2 两断面间有外界能量输入的总流能量方程。

当 $v_1 \approx v_2 \approx 0, p_1 = p_2 = p_a = 0$, 上式可写成:

$$H_m = z_2 - z_1 + h_w = z + h_w \tag{5-59}$$

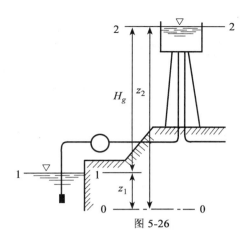

图 5-26

式中，$z = z_2 - z_1$，为提水高度。

上式表明，在管路系统中，水泵的扬程 H_m 用于提水高度和补偿管路的水头损失。

（3）功率：水泵的功率分轴功率和有效功率。轴功率 N_{ax} 为电动机传递给泵的功率，即输入功率，常用单位为瓦（W）或千瓦（kW）；有效功率 N_e 为单位时间内，液体从水泵实际得到的能量：

$$N_e = \gamma Q H_m \tag{5-60}$$

式中，γ 为水的重度（kN/m^3）；Q 为抽水流量（m^3/s）；H_m 为扬程（m）；N_e 为水泵有效功率（kW）。

（4）水泵效率 η：有效功率与轴功率之比，即

$$\eta = \frac{N_e}{N_{ax}} \tag{5-61}$$

小型水泵最高效率一般在 70%，大、中型泵可达 80%~90%。

（5）转数 n：水泵工作叶轮每分钟的转数。一般情况下转数固定，如 970、1 450、2 900r/m（rmp）；

（6）允许吸水真空度见 5.4 节内容。

5.7.3 基本方程及特性曲线

在第 3 章已推导出叶片式泵的基本方程为：

$$H_m = \frac{C_2 u_2 \cos\alpha_2 - C_1 u_1 \cos\alpha_1}{g}$$

实际上，上式为理想液体无限多叶片抽水机的基本方程。

然而，叶片式抽水机的叶轮构造，常使液体沿径向流入工作轮，即 $\alpha_1 = 90°$，$\cos\alpha_1 = 0$（见图 5-27）。同时，注意到 $c_2\cos\alpha_2 = c_{2u}$，则

$$H_m = \frac{u_2 C_{2u}}{g} \tag{5-62}$$

另外，实际中的工作叶轮叶片为有限数，液体不可能严格地沿叶片形状所规定的路线作

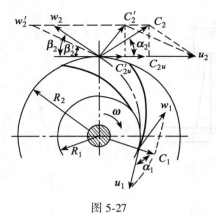

图 5-27

流束状的相对流动,而是在叶片槽道内的同一过水断面上各点相对流速并不同(见图 5-28(c))。可以把理想液体在叶片槽道内的相对流动看成是两种运动的组合:其一是轴向环流,即假定把充满理想液体的叶道封闭,叶轮以等角速 ω 旋转。由于惯性作用,叶道内的液体与叶轮旋转方向相反,以 $-\omega$ 的角速度旋转运动,称轴向环流(见图 5-28(a));其二是把叶片槽道看成静止($\omega=0$),理想液体以相对速度流经槽道(见图 5-28(b))。通过对有限数叶片槽道内的理想液体流动的分析可知,因为轴向环流的产生,叶道出口处相对速度与无限多叶片有所差别,它不再与叶片相切,夹角由 β_2 改变成 β_2'(见图 5-27)、c_{2u} 变成 c_{2u}',则有限叶片的理论

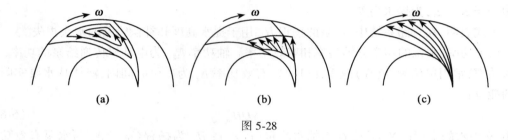

图 5-28

扬程为:

$$H_t = K\frac{u_2 C_{2u}}{g} \tag{5-63}$$

式中, K 称为叶片效率或环流系数,表示因环流存在而使理论扬程减少的折扣, $K = 0.7 \sim 0.95$。

实际上,抽水机给予单位重量液体的能量(实际扬程 H_m)小于理论扬程 H_t,这是因为存在水头损失,要消耗一部分能量。因此实际扬程为:

$$H_m = \eta_t H_t = \eta_t K\frac{u_2 C_{2u}}{g} \tag{5-64}$$

式中, η_t 为水泵效率。

式(5-64)通常是用来分析和设计叶片式抽水机的叶片,其中 η_t 对同一台抽水机也不是常数,而是随流量而变化,其关系一般不能用解析的形式给出。通常是在泵制成后,采用性能实验来确定效率与其余各参数之间的关系。

用泵的特性曲线和管路特性曲线来决定泵的工作点,现分述如下。

1)泵的性能曲线

在转速 n 一定的情况下,水泵的扬程 H_m、功率 N、效率 η 同流量 Q 的关系曲线称为泵的性能曲线。水泵性能曲线是通过实验确定的,如图5-29所示。

水泵尽管可以在最小流量到最大流量之间任一点工作,但只有一个点的效率最高,水泵名牌上所列的 Q、H_m 值,就是这个点的值,而所列的 N 值则是这台泵要求的最大功率。通常水泵厂对生产的每一台泵都规定了一个许可工作范围,并在扬程曲线上用记号标明此范围,水

泵在这个范围内工作,才能保持较高效率。一般水泵厂还将同一类型、不同容量水泵的性能曲线(许可工作范围段)绘在一张总图上,供用户选用。

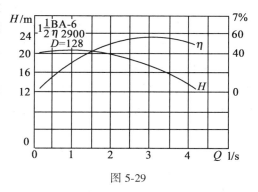

图 5-29

2)管路特性曲线

水泵总是与管路连接起来组成一个系统进行工作,因此,在考虑水泵性能曲线的同时,还应考虑管路的特性,才能最后确定泵在系统中的实际工作情况。

把单位重量的水由吸水池升至压水池(见图5-30),必然需要能量以抬高液体位置高度 H_z 和克服管路(包括吸水、压水管)沿程与局部阻力。所需要的能量为:

$$H_m = H_z + h_w = H_z + \left(\sum \lambda \frac{l}{d} \frac{1}{2gA^2} + \sum \zeta \frac{1}{2gA^2} \right) Q^2$$

令

$$S = \left(\sum \lambda \frac{l}{d} \frac{1}{2gA^2} + \sum \zeta \frac{1}{2gA^2} \right)$$

则

$$H_m = H_z + SQ^2 \tag{5-65}$$

式中,S 为管路总阻抗。对于给定管路,且流动处于阻力平方区,S 为定值。

由式(5-65),以 Q 为自变量绘出 $H_m \sim Q$ 关系曲线,即为管路特性曲线,如图5-30所示。管路特性曲线表征该管路通过不同流量时,每单位重量液体由吸水池至压水池所需要能量的大小。

3)工作点的确定

水泵的 $Q - H_m$ 性能曲线表示泵通过流量为 Q 时,泵能提供给单位重量液体的能量为 H_m。管路特性曲线表示使流量 Q 通过该管路系统,每单位重量液体所需要的能量。如果把泵的 $H_m - Q$ 曲线和管路特性曲线按同一比例尺画在一张图上(见图5-31),这两条曲线的交点 A 就显示出了水泵在此管路系统中的工作情况,所以称 A 为水泵的工作点。由图中可以明显地看出,在工作点 A 的流量下,管路所要求的水头恰恰与泵所能产生的水头相等。

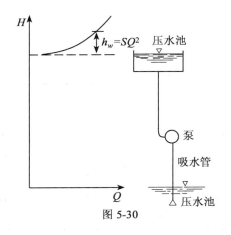

图 5-30

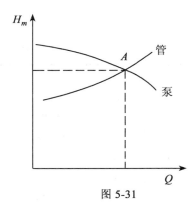

图 5-31

综上所述,选用水泵可按所需供水量 Q 及由式(5-59)计算的扬程 H_m,查水泵产品目录。如所需 Q、H_m 值在某水泵的 Q、H_m 范围内,则此泵初选合用。然后,用该水泵性能曲线及管路特性曲线确定其工作点。若工作点在水泵最大效率点附近,说明所选的泵是合理的。

例 5-13　由集水池向水塔供水(见图 5-26)。已知水塔高度 10m,水塔水箱容量 50m^3,水箱水深 2.5m,水塔地面标高 101m,集水池水面标高 94.5m,管路(吸、压水管)为铸铁管,直径 100mm,总长 200m。要求每次运转 2h(2h 使水箱贮满水),试选择水泵。

解:(1)计算流量:

$$Q = V/t = 50/2 = 25\text{m}^3/\text{h} = 6.94\text{L/s}$$

(2)计算扬程:

按长管估算水头损失为:

$$h_w = kS_0 lQ^2 = 1.04 \times 365.3 \times 200 \times (0.006\ 94)^2 = 3.66\text{m}$$

将 h_w 代入式(5-59)得:

$$H_m = H_g + h_w = (101 + 10 + 2.5 - 94.5) + 3.66 = 22.7\text{m}$$

(3)选择水泵及确定工作点:

按所需流量 $Q = 6.94\text{L/s}$、扬程 $H = 22.7\text{m}$ 查表 5-11,选用一台 2BA-6 型泵。由泵性能曲线及按式(5-31)绘出的管路特性曲线(见图 5-32)的交点即为水泵工作点:$Q = 8.2\text{L/s}$、$H = 24.2\text{m}$,该点效率 $\eta = 64\%$。

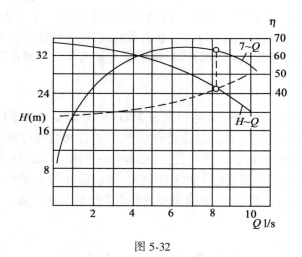

图 5-32

表 5-11		部分国产离心泵工作性能表					
离心抽水机 型号	流量 Q (m^3/h)	扬程 H m	转数 n (r/m)	电动机功率 N(kW)	效率 η (%)	允许真空度 H_v(m)
2BA-6	10~30	32~24	2 900	4.5	60~63	8.7~5.7
2BA-9	11~25	21~16	2 900	2.8	56~66	8.0~6.0
3BA-6	30~70	62~44.5	2 900	20.0	55~64	7.7~4.7
3BA-9	30~55	33~28	2 900	7.0	62~68	7.0~3.0
4BA-6	65~135	98~73	2 900	55.0	63~66	7.1~4.0

续表

离心抽水机 型号	流量 Q （m³/h）	扬程 H m	转数 n （r/m）	电动机功率 N（kW）	效率 η （%）	允许真空度 H_v（m）
4BA~12	65~120	38~28	2 900	14.0	72~75	6.7~3.3
4BA~18	65~110	23~17	2 900	10.0	75~74	5
6BA-18	126~187	14~10	1 450	10.0	78~74	6.0~5.0
6Sh-6	126~198	84~70	2 900	55	72	5
6Sh-9	130~220	52~35	2 900	40	74~67	5
6SA-6	150~180	104~97	2 900	75	70~68	2~3.3
6SA-6B	90~180	24~22	1 450	14	64~70	6.5
2DA-8(8 级)	11~22	80~56	1 450	10	50	8
3DA-8(8 级)	25~40	100~76	1 450	20	61~60	7.5
4DA-8(8 级)	36~72	138~114	1 450	40	52~68	7
4DA-8(9 级)	36~72	155~128	1 450	55	52~68	7

注：（1）本表所列的流量及扬程是指在水泵最高效率点附近的流量及扬程的范围。

（2）选用 DA 型多级水泵时，如扬程不够，可增加级数，其扬程亦按比例增加。

（4）选电动机：

由式（5-61）计算轴功率为：

$$N_{ax} = \frac{\gamma QH}{\eta} = \frac{9.8 \times 0.008\ 2 \times 24.2}{0.64} = 3.04 \text{kW}$$

计算电动机功率，考虑电机过载安全系数，选用电动机功率为 4.5kW。

（5）汽蚀现象与泵的最大允许安装高度（见 5.4 节）。

5.8　有压管路中的水击

本节讨论有压管道中的非恒定流问题。

5.8.1　水击现象

在有压管路中，由于某种外界原因（如阀门突然关闭、水泵机组突然停机等），使得流速发生突然变化，从而引起压强急剧升高和降低的交替变化，这种水力现象称为水击（Water Hammer），或称水锤。水击引起的压强升高，可达管道正常工作压强的几十倍甚至几百倍，这种大幅度的压强波动往往引起管道强烈振动，阀门破坏，管道接头断开，甚至管道爆裂或严重变形等重大事故。以前各章节研究水流运动的规律，都将水视为不可压缩液体。在有压管路的水击问题中，由于流速和压强的急剧变化，不仅应当计及水的压缩性，还要考虑管壁的弹性。

5.8.1.1　水击产生的原因

现以简单管道阀门突然完全关闭为例说明水击发生的原因。

设简单管道长度为 l，直径为 d，阀门关闭前流速为 v_0，压强为 p_0，见图5-33。如阀门突然完全关闭,则紧靠阀门的一层水突然停止流动,速度由 v_0 骤变为零。根据动量定律,物体动量的变化等于作用在该物体上外力的冲量。这里外力是阀门对水的作用力。因外力作用,紧靠阀门这一层水的应力(即压强)突然升至 $p_0 + \Delta p$,升高的压强 Δp 称为水击压强(Pressure due to Water Hammer)。

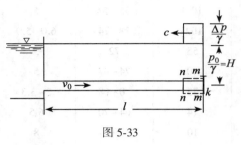

图 5-33

由于水和管道都不是刚体,而是弹性体,因此在很大的水击压强作用下该层管流 $n - m$ 段产生两种形变,即水的压缩及管壁的膨胀。由于产生上述变形,阀门突然关闭时,管道内的水就不是在同一时刻全部停止流动,压强也不是在同一时刻同时升高。而是当靠近阀门的第一层水停止流动后,与之相邻的第二层及其后续各层水相继逐层停止流动,同时压强逐层升高,并以弹性波的形式由阀门迅速传向管道进口。这种由于水击而产生的弹性波称水击波(Water Hammer Pressure Wave)。从以上分析不难看出,引起管道水流速度突然变化的因素(如阀门突然关闭)是发生水击的条件,水流本身具有惯性和压缩性则是发生水击的内在原因。

5.8.1.2 水击波的传播过程

典型水击波的传播过程如图 5-34 所示,设有压管道上游为恒水位水池,下游末端有阀门 K,阀门全部开启时管内流速为 v_0。当阀门突然完全关闭,分析发生水击时的压强变化及水击波的传播过程。

第一阶段:增压波从阀门向管路进口传播阶段,紧靠阀门的 $m - n$ 段水体,由于阀门 K 突然完全关闭,速度由 v_0 立即变为零,相应压强升高 Δp,水密度增加 $\Delta \rho$,管道断面积增加 ΔA。然而 $m - n$ 段上游水流仍然以 v_0 速度向下游流动,于是在 $m - n$ 段产生两种形变:水的压缩及管壁的膨胀(以容纳因为上、下游流速不同而积存的水量)。之后,紧靠 $m - n$ 段的另一层的水也停止流动,这样,其后的水体都相继停止下来,同时压强升高,水体受压,管壁膨胀。这种减速增压的过程是以波速 c 自阀门向上游传播的(如图 5-34 所示)。经过 $t = l/c$ 后,水击波到达水池。这时,全管液体处于被压缩状态。

第二阶段:减压波从管道进口向阀门传播阶段。$t = l/c$ 时刻(第一阶段末,第二阶段开始),全管流动停止,压强增高,但这种状态只是瞬时的。由于管路上游水池体积很大,水池水位不受管路流动变化的影响。管路进口的水体便在管中水击压强($p_0 + \Delta p$)与水池静压强(p_0)差作用下,立即以和 Δp 相应的速度 $-v_0$ 向水池方向流去。与此同时,被压缩的水体和膨胀了的管壁也就恢复原状。管内水体受压状态的解除便自进口 J 处开始以水击波速 c 向下游方向传播,这就是从水池反射回来的减压弹性波(图 5-34)。至 $t = 2l/c$ 时刻,整个管中水流恢复正常压强 p_0,并且都具有向水池方向的运动速度 $-v_0$。

第三阶段:减压波从阀门向管道进口传播阶段。继 $t = 2l/c$ 之后,由于水流的惯性,管中的水仍然向水池倒流,而阀门全部关闭无水补充,以致阀门端的水体首先停止运动,速度由 $-v_0$ 变为零,引起压强降低、密度减小与管壁收缩。这个增速减压波由阀门向上游传播(图 5-34),在 $t = 3l/c$ 时刻传至管道进口,全管处于瞬时低压状态。

第四阶段:增压波从管道进口向阀门传播阶段。$t = 3l/c$ 时刻,因管道进口压强比水池

的静水压强低 Δp,在压强差 Δp 作用下,水又以速度 v_0 向阀门方向流动。管道中的水又逐层获得向阀门方向的流速,从而密度和管壁也应相继恢复正常。至 $t = 4l/c$ 时刻,增压波传至阀门断面,全管恢复至起始状态。由于惯性作用,水仍具有一向下游的流速 v_0,但阀门关闭,流动被阻止,于是和第一阶段开始时阀门突然关闭的情况完全一样,水击现象将重复上述四个阶段,周期性循环下去(以上分析均未计及损失)。

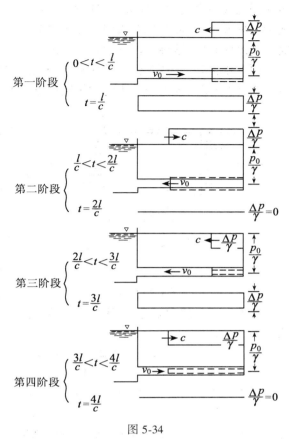

图 5-34

水击波在全管段来回传递一次所需的时间 $t = 2l/c$ 为一个相(Phase)(或半周期 T_r)。两个相长的时间 $4l/c$ 为水击波传递的一个周期 T。

在水击的传播过程中,管道各断面的流速和压强皆随时间周期性的升高、降低,所以水击过程是非恒定流。图 5-35 是阀门断面压强随时间变化图。

如果水击传播过程中没有能量损失,水击波将一直周期性地传播下去。但实际上,水在运动过程中因水的粘性摩擦及水和管壁的形变作用,能量不断损失,因而水击压强迅速衰减。阀门断面实测的水击压强随时间变化如图 5-36 所示。

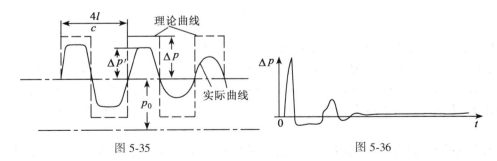

图 5-35　　　　　　　　　　　　图 5-36

5.8.2　水击压强的计算

前面讨论了水击发生的原因及传播过程。在此基础上,进行水击压强 Δp 的计算,为设计压力管路以及控制供水系统的运行提供依据。

5.8.2.1　直接水击(Direct Water Hammer)

在前面讨论中,认为阀门是瞬时关闭的,实际上关闭阀门总有一个过程,即阀门处的水击压强是逐渐升高的。如关闭时间小于或等于一个相长($T_z \leqslant 2l/c$),那么最早发出的水击波的反射波达到阀门以前,阀门已经全部关闭。这时阀门处的最大水击压强和阀门在瞬时完全关闭时相同,这种水击称为直接水击。

因为水击是非恒定流,在推导水击压强公式时,不能直接应用第三章中液体恒定流的动量方程,而应采用理论力学中的动量定律进行推导。

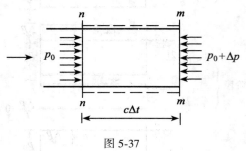

图 5-37

设有压管流因在断面 $m-m$ 上突然关闭阀门造成水击,如水击波的传播速度为 c,经 Δt 时间水击波传至断面 $n-n$(见图 5-37)。$m-n$ 段水体流速由 v_0 变为 v,其密度由 ρ 变至 $\rho + \Delta\rho$,因管壁膨胀,过水断面由 A 变至 $A + \Delta A$,$m-n$ 段的长度为 $c\Delta t$,于是在 Δt 时段内,在管轴方向的动量变化为:

$$m(v - v_0) = (\rho + \Delta\rho)(A + \Delta A)c\Delta t \cdot (v - v_0)$$

在 Δt 时段内,外力在管轴方向的冲量为:

$$[p_0(A + \Delta A) - (p_0 + \Delta p)(A + \Delta A)]\Delta t = -\Delta p(A + \Delta A)\Delta t$$

根据质点系的动量定律,质点系在 Δt 时段内动量的变化,等于该系所受外力在同一时段内的冲量,得:

$$-\Delta p(A + \Delta A)\Delta t = (\rho + \Delta\rho)(A + \Delta A)c\Delta t(v - v_0)$$
$$\Delta p = (\rho + \Delta\rho)c(v_0 - v)$$

考虑到水的密度变化很小,$\Delta\rho \ll \rho$,简化上式,得直接水击压强计算公式:

$$\Delta p = \rho c(v_0 - v) \tag{5-66}$$

这就是儒柯夫斯基(H.E.Жуковский)在 1898 年得出的水击计算公式。当阀门瞬时完全关闭(即 $v=0$),得水击压强最大值计算公式:

$$\Delta p = \rho c v_0$$

或
$$\frac{\Delta p}{\gamma} = \frac{cv_0}{g} \tag{5-67}$$

5.8.2.2　间接水击(Indirect Water Hammer)

如阀门关闭时间 $T_z > 2l/c$,则阀门开始关闭时发出的水击波的反射波,在阀门尚未完全关闭前,已返回阀门断面,由于返回水击波的负水击压强和阀门继续关闭产生的正水击压强相叠加,使阀门处最大水击压强小于按直接水击计算的数值。这种情况的水击称为间接水击。

由于间接水击存在直接水击波与反射波的相互叠加,计算比较复杂。在一般给水工程中,间接水击压强可近似由下式计算:

$$\Delta p = \rho c v_0 \frac{T_r}{T_z}$$

或
$$\frac{\Delta p}{\gamma} = \frac{cv_0}{g} \cdot \frac{T_r}{T_z} = \frac{v_0}{g} \cdot \frac{2l}{T_z} \tag{5-68}$$

式中,v_0 为水击前管中平均流速;$T_r = 2l/c$ 为水击波相长(Phase Length);T_z 为阀门关闭时间。

5.8.3 水击波的传播速度

式(5-67)表明,直接水击压强与水击波的传播速度成正比。考虑到水的压缩性和管壁的弹性变形,应用连续性方程可得水击波的传播速度(推导过程从略):

$$c = \frac{c_0}{\sqrt{1 + \frac{K}{E}\frac{D}{\delta}}} = \frac{1425}{\sqrt{1 + \frac{K}{E}\frac{D}{\delta}}} \text{m/s} \tag{5-69}$$

式中, c_0 为水中声波的传播速度 $c_0 = 1425\text{m/c}$; K 为水的弹性模量 $K = 2.04 \times 10^5 \text{N/cm}^2$; E 为管壁的弹性模量(表5-12); D 为管道直径; δ 管壁厚度。

表 5-12

管　　材	铸　铁　管	钢　　　管	钢筋混凝土管	石棉水泥管	木　　　管
$E(\text{N/cm}^2)$	87.3×10^5	2.06×10^7	2.06×10^7	32.4×10^5	6.86×10^5

对于一般钢管, $D/\delta \approx 100$, $E/K \approx 0.01$,代入式(5-69),得 c 近似于 $1\,000(\text{m/s})$ 。如阀门关闭前流速 v_0 为 $1(\text{m/s})$,则阀门突然关闭引起的直接水击由式(5-67)计算得 $\frac{\Delta p}{\gamma}$ 近似于 $100(\text{m})$ 水柱,可见水击压强是很大的。

5.8.4 停泵水击

因水泵突然停机而引起的水击称为停泵水击。离心泵正常运行时均匀供水,需要停泵之前,按操作规程应该先关闭出口阀门。因此,离心泵正常运行和正常停泵,系统中都不会发生水击。但是,如因突然断电,水泵机组突然停机,往往会引起停泵水击,成为输水系统发生事故的重要原因。

水泵停机的最初瞬间,压水管内的水流由于惯性作用,继续以逐渐减慢的速度流动。而水泵在此时失去动力,转速突降,供水量骤减。于是压水管在靠近水泵处出现压强降低或真空。当压水管中水流速度减至零,由于压差和重力作用,水自压水池向水泵倒流,并冲动逆止阀突然关闭,导致压强升高发生水击。这种情况对于提水高度大的压水管尤为严重。突然停泵后,首先出现压强降低,然后,因逆止阀突然关闭引起压强升高,这便是停泵水击的特点。停泵水击实测压强随时间变化曲线如图5-38所示。

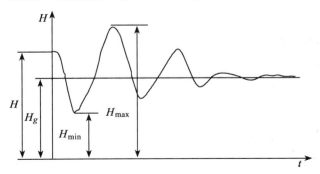

图 5-38

如水泵无逆止阀,倒冲水流将冲动水泵带动电机反转。此时,虽管路内压强升高很小,有利于防止水击危害。但是,如水泵反转的速度过高,可能引起机组震动,甚至造成机组部件的损坏。

5.8.5 水击危害的预防

从上面关于水击的讨论中可以看到,水击压强是巨大的。这一巨大的压强可使管路发生很大的变形甚至爆裂。为了预防水击的危害,可在管路上设置空气室或安装具有安全阀

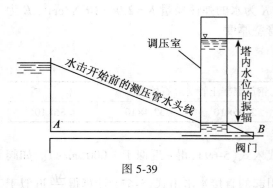

图 5-39

性质的水击消除阀。这种阀能在压强升高时自动开启,将部分水从管中放出以降低管中流速的变化,从而降低水击的增压,而当增高的压强消除以后,又自动地关闭。在水电站的有压输水道上常设有调压塔,如图 5-39 所示。这种调压塔可减小水击压强及缩小水击的影响范围。当闸门关闭时,由于惯性作用,沿管路流动的水流,有一部分会流到调压塔。这样,水击危害可大大减少。此外,延长阀门的关闭时间,缩短有压管路的长度(如用明渠代替或设调压塔),减少管内流速(如管径加大)等都是预防水击危害的有效方法。

习   题

5-1 有一薄壁圆形孔口,其直径 $d=10\text{mm}$,水头 $H=2\text{m}$。现测得射流收缩断面的直径 $d_c=8\text{mm}$,在 32.8s 时间内,经孔口流出的水量为 0.01m^3。试求该孔收缩系数 ε、流量系数 μ、流速系数 φ 及孔口局部阻力系数 ζ_0。

5-2 薄壁孔口出流如题 5-2 图所示,直径 $d=2\text{cm}$,水箱水位恒定 $H=2\text{m}$。试求:(1)孔口流量 Q;(2)此孔口外接圆柱形管嘴的流量 Q_n;(3)管嘴收缩断面的真空度。

5-3 水箱用隔板分 A、B 两室如题 5-3 图所示,隔板上开一孔口,其直径 $d_1=4\text{cm}$;在 B 室底部装有圆柱形外管嘴,其直径 $d_2=3\text{cm}$。已知 $H=3\text{m}$,$h_s=0.5\text{m}$,水恒定出流。试求:(1)h_1、h_2;(2)流出水箱的流量 Q。

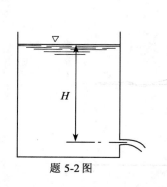

题 5-2 图

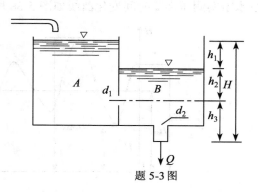

题 5-3 图

5-4　若管路的锐缘进口也发生水流收缩现象。如 $\varepsilon = 0.62 \sim 0.64$，水池至收缩断面的局部阻力系数 $\zeta' = 0.06$，试证明锐缘进口的局部阻力系数约为 0.5。

5-5　有一平底空船(见题 5-5 图)，其水平面积 $\Omega = 8\text{m}^2$，船舷高 $h = 0.5\text{m}$，船自重 $G = 9.8\text{kN}$。现船底有一直径为 10cm 的破孔，水自圆孔漏入船中，试问经过多少时间后船将沉没。

5-6　为了使水均匀地进入水平沉淀地，在沉淀池进口处设置穿孔墙如题 5-6 图所示。穿孔墙上开有边长为 10cm 的方形孔 14 个，所通过的总流量为 122l/s。试求穿孔墙前后的水位差(墙厚及孔间相互影响不计)。

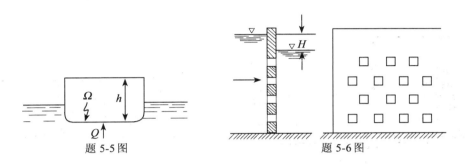

题 5-5 图　　　　　　　　　　题 5-6 图

5-7　沉淀池长 $l = 10\text{m}$，宽 $B = 4\text{m}$，孔口形心处水深 $H = 2.8\text{m}$，孔口直径 $d = 300\text{mm}$(见题 5-7 图)。试问放空(水面降至孔口顶)所需时间。可按小孔口出流计算。

5-8　油槽车(见题 5-8 图)的油槽长度为 l，直径为 D。油槽底部设有卸油孔，孔口面积为 A，流量系数为 μ。试求该车充满油后所需的卸空时间。

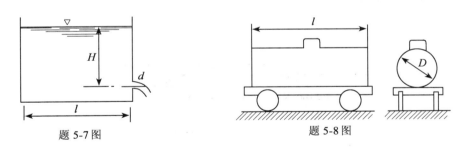

题 5-7 图　　　　　　　　　　题 5-8 图

5-9　如题 5-9 图左面为恒定水位的大水池，问右面水池水位上升 2m 需多长时间？已知 $H = 3\text{m}$，$D = 5\text{m}$，$d = 250\text{mm}$，$\mu = 0.83$。

5-10　在混凝土坝中设置一泄水管如题 5-10 图所示，管长 $l = 4\text{m}$，管轴处的水头 $H = 6\text{m}$，现需通过流量 $Q = 10\text{m}^3/\text{s}$，若流量系数 $\mu = 0.82$，试决定所需管径 d，并求管中水流收缩断面处的真空度。

5-11　蒸汽机车的煤水车如题 5-11 图所示由一直径 $d = 150\text{mm}$，长 $l = 80\text{m}$ 的管道供水。该管道有两个闸阀和四个 90° 弯头($\lambda = 0.03$，闸阀全开 $\zeta_v = 0.12$，弯头 $\zeta_b = 0.48$)，进口 $\zeta_e = 0.5$。已知煤水车的有效容积 $V = 25\text{m}^3$，水塔具有水头 $H = 18\text{m}$。试求煤水车充满水所需的最短时间。

5-12　通过长 $l_1 = 25\text{m}$，直径 $d_1 = 75\text{mm}$ 的管道，将水自水库引到水池中。然后又沿长 $l_2 = 150\text{m}$，$d_2 = 50\text{mm}$ 的管道流入大气中(见题 5-12 图)。已知 $H = 8\text{m}$，闸门局部阻力系数 $\zeta_v = 3$。管道沿程阻力系数 $\lambda = 0.03$。试求：流量 Q 和水面差 h；绘总水头线和测压管水头线。

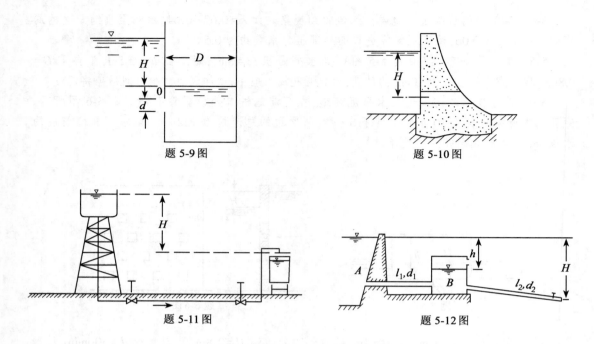

题 5-9 图　　　　　　　　　　　　题 5-10 图

题 5-11 图　　　　　　　　　　　　题 5-12 图

5-13　抽水量各为 $50\mathrm{m}^3/\mathrm{h}$ 的两台水泵,同时由吸水井中抽水,该吸水井与河道间有一根自流管连通如题 5-13 图所示。已知自流管管径 $d=200\mathrm{mm}$,长 $l=60\mathrm{m}$,管道的粗糙系数 $n=0.011$,在管的入口装有过滤网,阻力系数 $\zeta_1=5$,另一端装有闸阀,阻力系数 $\zeta_v=0.5$,试求井中水面比河水面低若干。

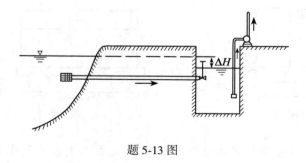

题 5-13 图

5-14　长 $L=50\mathrm{m}$ 的自流管(钢管),将水自水池引至吸水井中,然后用水泵送至水塔(见题 5-14 图)。已知泵吸水管的直径 $d=200\mathrm{mm}$,长 $l=6\mathrm{m}$,泵的抽水量 $Q=0.064\mathrm{m}^3/\mathrm{s}$,滤水网的阻力系数 $\zeta_1=\zeta_2=6$,弯头阻力系数 $\zeta_b=0.3$,自流管和吸水管的沿程阻力系数 $\lambda=0.03$。试求:(1)当水池水面与吸水井的水面的高差 h 不超过 2m 时,自流管的直径 D;(2)水泵的安装高度 $H_s=2\mathrm{m}$ 时,进口断面 A-A 的压强。

5-15　下水道穿过河流时采用倒虹吸管如题 5-15 图所示。已知污水流量 $Q=0.10\mathrm{m}^3/\mathrm{s}$,沿程阻力系数 $\lambda=0.03$,局部阻力系数 $\zeta_e=0.6$, $\zeta_b=0.05$,管长 $l=50\mathrm{m}$。为避免污物在管中沉积,管中流速应大于 1.2m/s,倒虹吸管进、出口的流速 $v_0=0.8\mathrm{m/s}$。试确定:倒虹吸管的直径;倒虹吸管两端的水位差 H。

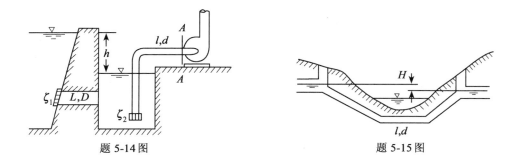

题 5-14 图　　　　　　　　　　　题 5-15 图

5-16　用虹吸管(钢管)自钻井吸水至集水井如题 5-16 图所示。虹吸管长 $l=l_1+l_2+l_3=$ 60m。直径 $d=200$mm，钻井与集水井间的恒定水位高差 $H=1.5$m。试求虹吸管的流量。已知 $n=0.0125$，管道进口、弯头及出口的局部阻力系数分别为 $\zeta_e=0.5$、$\zeta_b=0.5$、$\zeta_0=1.0$。

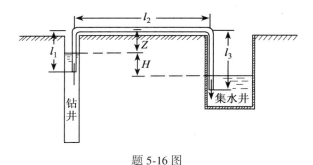

题 5-16 图

5-17　有一虹吸管(见题 5-17 图)，已知 $H_1=2.5$m，$H_2=2$m，$l_1=5$m，$l_2=5$m。管道沿程阻力系数 $\lambda=0.02$，进口设有滤网，其局部阻力系数 $\zeta_e=10$，弯头阻力系数 $\zeta_b=0.15$。试求：(1)通过流量为 0.015m³/s 时，所需管径；(2)校核虹吸管最高处 A 处的真空度是否超过允许的 6.5m 水柱高。

5-18　有一自然通风的锅炉(见题 5-18 图)，烟囱的直径 $d=1$m，烟囱的沿程阻力系数 $\lambda=0.03$，炉膛的局部损失 $h_j=4.8\dfrac{v^2}{2g}$(式中，v 为烟囱的流速)。烟的重度 $=5.89$N/m³，现要求风量为 $30\,000$m³/h 时烟囱所需的高度 H(外界空气的重度以 11.82N/m³ 计)。

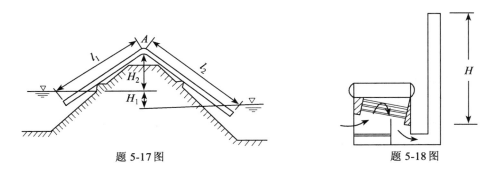

题 5-17 图　　　　　　　　　题 5-18 图

5-19　以铸铁管供水,已知管长 $l=300\mathrm{m}$,$d=200\mathrm{mm}$,水头损失 $h_f=5.5\mathrm{m}$,试决定其通过流量 Q_1,又如水头损失 $h_f=1.25\mathrm{m}$,求所通过的流量 Q_2。

5-20　某工厂供水管道如题 5-20 图所示,由水泵 A 向 B、C、D 三处供水。已知流量 $Q_B=0.01\mathrm{m}^3/\mathrm{s}$,$Q_C=0.005\mathrm{m}^3/\mathrm{s}$,$Q_D=0.01\mathrm{m}^3/\mathrm{s}$,铸铁管直径 $d_{AB}=200\mathrm{mm}$,$d_{BC}=150\mathrm{mm}$,$d_{CD}=100\mathrm{mm}$,管长 $l_{AB}=350\mathrm{m}$,$l_{BC}=450\mathrm{m}$,$l_{CD}=100\mathrm{m}$。整个场地水平,试求水泵出口处 A 点的水头。

5-21　中等直径钢管并联管路如题 5-21 图所示,流过的总流量为 $0.08\mathrm{m}^3/\mathrm{s}$,钢管的直径 $d_1=150\mathrm{mm}$,$d_2=200\mathrm{mm}$,长度 $l_1=500\mathrm{m}$,$l_2=800\mathrm{m}$。求并联管中的流量 Q_1,Q_2;A、B 两点间的水头损失。

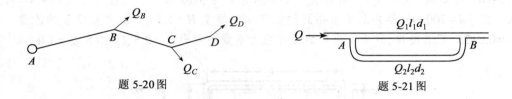

题 5-20 图　　　　　　　　　　　　题 5-21 图

5-22　用铸铁管 AB 送水,在点 B 分成三根并联管路(见题 5-22 图),其直径 $d_1=d_3=300\mathrm{mm}$,$d_2=250\mathrm{mm}$,长度 $l_1=100\mathrm{mm}$,$l_2=120\mathrm{m}$,$l_3=130\mathrm{m}$,AB 段流量 $Q=0.25\mathrm{m}^3/\mathrm{s}$,试求每一并联管路通过的流量。

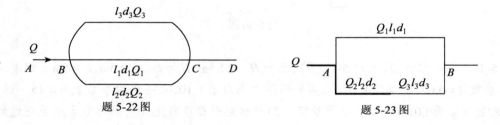

题 5-22 图　　　　　　　　　　　　题 5-23 图

5-23　并联管路如题 5-23 图所示,已知干管流量 $Q=0.10\mathrm{m}^3/\mathrm{s}$;长度 $l_1=1000\mathrm{m}$,$l_2=l_3=500\mathrm{m}$;直径 $d_1=250\mathrm{mm}$,$d_2=300\mathrm{mm}$,$d_3=200\mathrm{mm}$,如采用铸铁管,试求各支管的流量及 AB 两点间的水头损失。

5-24　在长为 $2l$,直径为 d 的管路上,并联一根直径相同,长为 l 的支管(如题 5-24 图中虚线所示),若水头 H 不变,求并管前后流量的比(不计局部水头损失)。

5-25　如题 5-25 图所示,两水池间水位差 $H=8\mathrm{m}$,如水池间并联二根标高相同的管路,直径 $d_1=50\mathrm{mm}$,$d_2=100\mathrm{mm}$,长度 $l_1=l_2=30\mathrm{m}$。试求:(1)每根管路通过的流量;(2)如改为单管,通过的总流量及管长均不变,求单管的直径。假设各种情况下的局部水头损失均为 $0.5v^2/2g$,沿程阻力系数 λ 均为 0.032。

5-26　由水塔经铸铁管路供水如题 5-26 图所示,已知 C 点流量 $Q=0.01\mathrm{m}^3/\mathrm{s}$,要求自由水头 $H_z=5\mathrm{m}$,B 点分出流量 $q_B=5\mathrm{l/s}$,各管段管径 $d_1=150\mathrm{mm}$,$d_2=100\mathrm{mm}$,$d_3=200\mathrm{mm}$,$d_4=150\mathrm{mm}$,管长 $l_1=300\mathrm{m}$,$l_2=400\mathrm{m}$,$l_3=l_4=500\mathrm{m}$,试求并联管路内的流量分配及所需水塔高度。

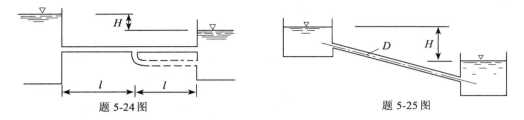

题 5-24 图　　　　　　　　　　　题 5-25 图

5-27　供水系统如题 5-27 图所示，已知各管段直径 $d_1 = d_2 = 150\text{mm}$，$d_3 = 250\text{mm}$，$d_4 = 200\text{mm}$，管长 $l_1 = 350\text{m}$，$l_2 = 700\text{m}$，$l_3 = 500\text{m}$，$l_4 = 300\text{m}$，流量 $Q_D = 20\text{l/s}$，$q_B = 45\text{L/s}$，$q_{CD} = 0.1\text{L/s·m}$，D 点要求的自由水头 $H_z = 8\text{m}$，采用铸铁管，试求水塔高度 H_t。

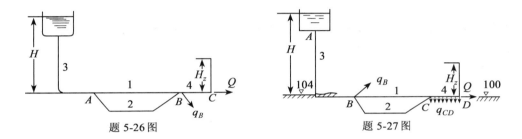

题 5-26 图　　　　　　　　　　　题 5-27 图

5-28　枝状铸铁供水管网（见题 5-28 图），已知水塔地面标高 $z_A = 15\text{m}$，管网终点 C 点和 D 点的标高 $z_C = 20\text{m}$，$z_D = 15\text{m}$，自由水头 H_z 都为 5m；$q_C = 20\text{L/s}$，$q_D = 7.5\text{L/s}$，$l_1 = 800\text{m}$，$l_2 = 400\text{m}$，$l_s = 700\text{m}$，水塔高 $H_t = 35\text{m}$，试设计 AB、BC、BD 段管径。

5-29　水平环路如题 5-29 图所示，A 为水塔，C、D 为用水点，出流量 $Q_C = 25\text{L/s}$，$Q_D = 20\text{L/s}$，自由水头均要求 6m，各管段长度 $l_{AB} = 4\,000\text{m}$，$l_{BC} = 1\,000\text{m}$，$l_{BD} = 1\,000\text{m}$，$l_{CD} = 500\text{m}$，直径 $d_{AB} = 250\text{mm}$，$d_{BC} = 200\text{mm}$，$d_{BD} = 150\text{mm}$，$d_{CD} = 100\text{mm}$，采用铸铁管，试求各管段流量和水塔高度 H_t（闭合差小于 0.3m 即可）。

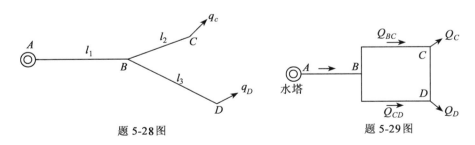

题 5-28 图　　　　　　　　　　　题 5-29 图

5-30　由一台水泵把进水池中的水抽到水塔中去（见题 5-30 图），抽水量为 70L/s，管路总长（包括吸、压水管）为 1 500m，管径 $d = 250\text{mm}$，沿程阻力系数 $\lambda = 0.025$，水池水面距水塔水面的高差 $H_g = 20\text{m}$，试求水泵的扬程及电机功率（水泵的效率 $\eta = 55\%$）。

5-31　某隧道施工用水，由水泵把河水抽送至山上贮水池中。已知提水高度 $H_g = 70\text{m}$，抽水量 $Q = 12.5\text{m}^3/\text{h}$，压水管长 $l_1 = 110\text{m}$，吸水管长 $l_2 = 10\text{m}$，采用直径 $d = 75\text{mm}$ 铸铁管，试选用水泵。

［附］　国产 2DA-8 型离心泵的特性曲线(见题 5-31 图),图中系一级水泵的性能,级数(即叶轮的数)增加时,流量不变,但扬程按比例增加。

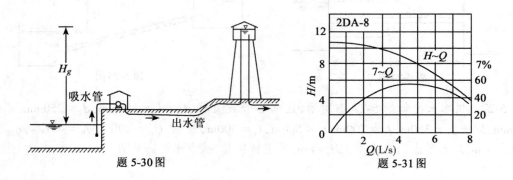

题 5-30 图　　　　　　　题 5-31 图

5-32　输水钢管直径 $d=100$mm,壁厚 $\delta=7$mm,流速 $v_0=1.0$m/s,试求阀门突然完全关闭时,水击波的传播速度和水击压强升高值。又如钢管改用铸铁管,其他条件均相同,水击压强有何变化?

第6章　明渠恒定均匀流

人工渠道、天然河道以及未充满水流的管道等统称为明渠。明渠流(Open Channel Flow)是一种具有自由表面的流动,自由表面上各点受当地大气压的作用,其相对压强为零,所以又称为无压流动。与有压管流不同,重力是明渠流的主要动力,而压力是有压管流的主要动力。

明渠水流根据其水力要素是否随时间变化分为恒定流和非恒定流。明渠恒定流动又根据流线是否为平行直线分为均匀流和非均匀流。

明渠流动与有压管流的一个很大区别是:明渠流的自由表面会随着不同的水流条件和渠身条件而变动,形成各种流动状态和水面形态,在实际问题中,很难形成明渠均匀流。但是,在实际应用中,如在铁路、公路、给排水和水利工程的沟渠中,其排水或输水能力的计算,常按明渠均匀流处理。此外,明渠均匀流理论又是进一步研究明渠非均匀流的重要理论基础。

6.1　概述

6.1.1　明渠的分类

由于过水断面形状、尺寸与底坡的变化对明渠水流运动有重要影响,因此,水力学中明渠常有以下分类方法。

1)棱柱形渠道和非棱柱形渠道

凡是断面形状及尺寸沿程不变的长直渠道称为棱柱形渠道,否则称为非棱柱形渠道。前者的过水断面面积 A 仅随水深 h 变化,即 $A = f(h)$;后者的过水断面面积不仅随水深变化,而且还随着各断面的沿程位置而变化,即 $A = f(h, s)$, s 为过水断面距其起始断面的距离。

2)顺坡(正坡)、平坡和逆坡(负坡)渠道

明渠渠底线(即渠底与纵剖面的交线)上单位长度的渠底高程差称为明渠的底坡(Bottom Slope),用 i 表示,如图 6-1(a),1—1 和 2—2 两断面间,渠底线长度为 Δs,该两断面间渠底高程差为 $(a_1 - a_2) = \Delta a$,渠底线与水平线的夹角为 θ,则底坡 i 为:

$$i = \frac{a_1 - a_2}{\Delta s} = \frac{\Delta a}{\Delta s} = \sin\theta \qquad (6-1)$$

在水力学中,规定渠底高程顺水流下降的底坡为正,因此,以导数形式表示时应为:

$$i = -\frac{\mathrm{d}a}{\mathrm{d}s} \qquad (6-2)$$

当渠底坡较小时,如 $i < 0.1$ 或 $\theta < 6°$ 时,因两断面间渠底线长度 Δs,与两断面间的水平距离

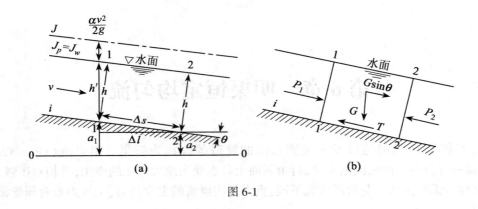

图 6-1

Δl 近似相等,即 $\Delta s \approx \Delta l$,则由图 6-1(a)可知:

$$\left.\begin{array}{l} i = \dfrac{\Delta a}{\Delta s} \approx \dfrac{\Delta a}{\Delta l} = \tan\theta \\[2mm] i = \sin\theta \approx \tan\theta \end{array}\right\} \tag{6-3}$$

所以,在上述情况下,两断面间的距离 Δs 可用水平距离 Δl 代替,并且,过水断面可以看做铅垂平面,水深 h 也可沿铅垂线方向量取。

明渠底坡可能有三种情况(见图 6-2)。渠底高程沿流程下降的,称为顺坡(Falling Slope)(或正坡),规定 $i > 0$;渠底高程沿流程保持水平的,称为平底坡(Horizontal Slope),$i = 0$;渠底高程沿流程上升的,称为逆坡(Adverse Slope)(或负坡),规定 $i < 0$。

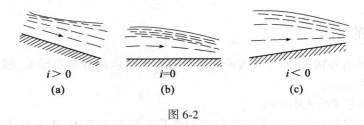

图 6-2

明渠的横断面可以有各种各样的形状。天然河道的横断面通常为不规则断面;人工渠道的横断面可以根据要求,采用梯形、圆形、矩形等各种规则断面。

6.1.2　明渠均匀流的特征和形成条件

第 3 章所述均匀流的定义同样适用于明渠恒定均匀流。根据这个定义,读者自己不难推论,明渠均匀流有下列特性:

(1)过水断面的形状和尺寸、流速分布、流量和水深,沿流程都不变;

(2)总水头线、测管水头线(在明渠水流中,就是水面线,其坡度以 J_w 表示)。和渠道底坡线互相平行(见图 8-1(a)),即它们的坡度相等,

$$J = J_p = i \tag{6-4}$$

对明渠恒定均匀流(如图 6-1(b)),Δs 流段的动量方程为:

$$P_1 - P_2 + G\sin\theta - T = 0 \tag{6-5}$$

式中，P_1 和 P_2 为 $1-1$ 和 $2-2$ 过水断面的动水压力；G 为 Δs 流段水体重量；T 为边壁（包括岸壁和渠底）阻力。对棱柱形明渠均匀流，有 $P_1 = P_2$，所以

$$G\sin\theta = T \tag{6-6}$$

可见，水体重力沿流向的分力 $G\sin\theta$ 与水流所受边壁阻力平衡，是明渠均匀流的力学特性。如果是非棱柱形明渠，或者是棱柱形明渠而底坡为负坡（$i = \sin\theta < 0$）或平底坡（$i = \sin\theta = 0$），则式（6-5）的动力平衡关系不可能存在。因此，明渠恒定均匀流只能发生在正坡的棱柱形明渠中。

根据上述明渠恒定均匀流的各种特性，可见，只有同时具备下述条件，才能形成明渠恒定均匀流。

（1）明渠中水流必须是恒定的，流量沿程不变；

（2）明渠必须是棱柱形渠；

（3）明渠的糙率必须保持沿程不变；

（4）明渠的底坡必须是顺坡，同时应有相当长且其上没有建筑物的顺直段。只有在这样长的顺直段上又同时具有上述三条件时才能发生均匀流。

6.2 明渠均匀流的基本公式

实际工程中的明渠水流，一般情况下都处于紊流阻力平方区。其基本公式为：

明渠恒定均匀流，可采用谢才公式（4-38）计算：

$$v = C\sqrt{RJ}$$

对于明渠恒定均匀流，由于 $J = i$，所以上式可写为：

$$v = C\sqrt{Ri} \tag{6-7}$$

或

$$Q = Av = AC\sqrt{Ri} = K\sqrt{i} \tag{6-8}$$

式中，K 为流量模数。

式（6-8）中，谢才系数 C 可以用曼宁公式（4-52）计算。将曼宁公式代入谢才公式中便可得到：

$$v = \frac{1}{n}R^{\frac{2}{3}}\sqrt{i} \tag{6-9}$$

或

$$Q = A\frac{1}{n}R^{\frac{2}{3}}\sqrt{i} \tag{6-10}$$

明渠均匀流基本公式中 Q、A、K、C、R 都与明渠均匀流过水断面的形状、尺寸和水深有关。明渠均匀流水深通称正常水深（Normal Depth），多以 h 表示。人工渠道的断面形状根据渠道的用途、渠道的大小、施工建造方法和渠道的材料等选定。在水利工程中，梯形断面最适用于天然土质渠道，是最常用的断面形状。其他断面形状，如圆形、矩形、抛物线形，在有些场合也被采用。下面研究梯形和圆形过水断面的水力要素。

如图 6-3 所示，过水断面面积 A 为：

$$A = (b + mh)h \tag{6-11}$$

183

式中, b 为渠底宽; h 为水深; $m = \cot\alpha$, 称为
边坡系数。

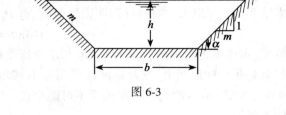

水面宽 B 为：
$$B = b + 2mh \qquad (6\text{-}12)$$

湿周 χ 为：
$$\chi = b + 2h\sqrt{1 + m^2} \qquad (6\text{-}13)$$

水力半径 R 为：
$$R = \frac{A}{\chi} \qquad (6\text{-}14)$$

图 6-3

显然,在上述四个公式中,对于矩形过水断面,边坡系数 $m = 0$;对于三角形过水断面,底宽 $b = 0$。

如果梯形断面是不对称的,两边的边坡系数 $m_1 \neq m_2$, 则

$$A = \left(b + \frac{m_1 + m_2}{2}h\right)h \qquad (6\text{-}15)$$

$$B = b + m_1 h + m_2 h \qquad (6\text{-}16)$$

$$\chi = b + \left(\sqrt{1 + m_1^2} + \sqrt{1 + m_2^2}\right)h \qquad (6\text{-}17)$$

边坡系数 m 可以根据边坡的岩土性质,参照渠道设计的有关规范选定。表 6-1 所列各种岩土的边坡系数 m 可供参考。

水工隧洞和下水道因为不是土料建造,所以常采用圆形管道。在管径 d 过水断面充水深度 h 和中心角 φ (见图 6-4)已知时,明渠圆管断面的各项水力要素很容易由几何关系推求。

过水断面面积为:

表 6-1　　　　　　　　　　　　　**各种岩土的边坡系数**

岩　　土　　种　　类	边坡系数 m(水下部分)	边坡系数(水上部分)
未风化的岩石	0.1~0.25	0
风化的岩石	0.25~0.5	0.25
半岩性耐水土壤	0.5~1	0.5
卵石和砂砾	1.25~1.5	1
黏土、硬或半硬黏壤土	1~1.5	0.5~1
松软黏壤土、砂壤土	1.25~2	1~1.5
细砂	1.5~2.5	2
粉砂	3~3.5	2.5

$$A = \frac{d^2}{8}(\varphi - \sin\varphi) \qquad (6\text{-}18)$$

湿周为:

$$\chi = \frac{1}{2}\varphi d$$

水面宽度为：

$$B = d\sin\frac{\varphi}{2}$$

水力半径为：

$$R = \frac{d}{4}\left(1 - \frac{\sin\varphi}{\varphi}\right) \qquad (6\text{-}19)$$

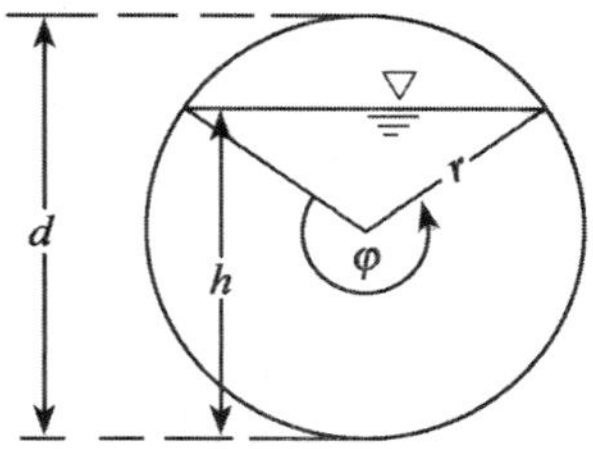

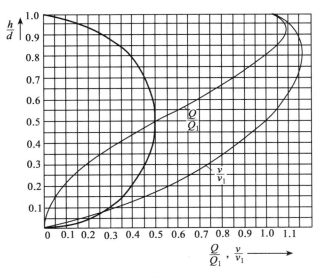

图 6-4

流速根据谢才公式有：

$$v = \frac{C}{2}\sqrt{\left(1 - \frac{\sin\varphi}{\varphi}\right)di} \qquad (6\text{-}20)$$

流量为：

$$Q = \frac{C}{16}\frac{(\varphi - \sin\varphi)^{3/2}}{\sqrt{\varphi}}d^{5/2}\sqrt{i} \qquad (6\text{-}21)$$

充水深度 h 和中心角 φ 的关系为：

$$h = \frac{d}{2}\left(1 - \cos\frac{\varphi}{2}\right) = d\sin^2\frac{\varphi}{4} \qquad (6\text{-}22)$$

$$\alpha = \frac{h}{d} = \sin^2\frac{\varphi}{4} \qquad (6\text{-}23)$$

式中，α 称为充满度。

设 Q_1 和 v_1 为充水深度 $h = d$ 时的流量和流速，Q 和 v 为充水深度 $h < d$ 时的流量和流速。根据不同的充满度 $\alpha = \dfrac{h}{d}$，可由上述各式的关系，算出流量比 $\dfrac{Q}{Q_1}$ 和流速比 $\dfrac{v}{v_1}$。以 $\dfrac{h}{d}$ 为纵坐标，以 $\dfrac{Q}{Q_1}$ 和 $\dfrac{v}{v_1}$ 为横坐标，画出曲线图 6-5，可借以进行明渠圆管的水力计算。从图 6-5 可知，在 $\dfrac{h}{d} = 0.938$ 时，明渠圆管的流量为最大；在 $\dfrac{h}{d} = 0.81$ 时，明渠圆管的流速为最大。

图 6-5

在进行无压管道水力计算时,还要参考国家建设部颁发的《室外排水设计规范》中的有关条款。其中污水管道应按不满流计算,其最大设计充满度按表 6-2 选用;雨水管道和合流管道应按满流计算;排水管的最大设计流速,金属管为 10m/s,非金属管为 5m/s;排水管的最小设计流速,在设计充满度下,对污水管道,当管径 ≤500mm 时,为 0.7m/s;当管径 >500mm 时,为 0.8m/s。另外,对最小管径和最小设计坡度等也有规定,在实际工作中可参阅有关手册与规范。

表 6-2　　　　　　　　　　　　　　最大设计充满度

管径 (d) 或暗渠深 (H) (mm)	最大设计充满度 $\left(\alpha = \dfrac{h}{d} \text{ 或 } \dfrac{h}{H}\right)$
150~300	0.60
350~450	0.70
500~900	0.75
≥1 000	0.80

6.3　明渠水力计算中的几个问题

6.3.1　糙率 n 的选定

由曼宁公式可知,糙率 n 对谢才系数 C 影响很大。对同一水力半径,如果选定的 n 值偏大,谢才系数 C 则偏小,由明渠均匀流基本公式可知,为通过给定的设计流量,要求在设计时加大过水断面或加大渠槽的底坡。这样,一方面加大了开挖工作量,另一方面因底坡大,水面降落快,控制的灌溉面积就要减小;此外,还由于渠道运行后实际流速偏大,又会引起渠道冲刷。反之,如果选定的 n 值比实际的偏小,对同一水力半径,C 值偏大,流速就偏大,为通过既定的设计流量,过水断面和渠槽的底坡就设计得较小,而渠道运行后实际的糙率 n 值比设计的大,从而导致渠道通水后实际流速不能达到设计要求,引起流量不足和泥沙淤积。由此可见,设计渠道时,糙率 n 的选定十分重要。

表 6-3 列出了各种渠道边壁糙率情况的糙率 n 值,可供参考。

表 6-3　　　　　　　　　　　　部分渠道与河道的糙率 n 值

渠槽类型及状况	最小值	正常值	最大值
一、衬砌渠道			
1.净水泥表面	0.010	0.011	0.013
2.水泥灰浆	0.011	0.013	0.015
3.刮平的混凝土表面	0.013	0.015	0.016
4.未刮平的混凝土表面	0.014	0.017	0.020
5.表面良好的混凝土喷浆	0.016	0.019	0.023

渠槽类型及状况	最小值	正常值	最大值
6.浆砌块石	0.017	0.025	0.030
7.干砌块石	0.023	0.032	0.035
8.光滑的沥青表面	0.013	0.013	
9.用木馏油处理的、表面刨光的木材	0.011	0.012	0.015
10.油漆的光滑钢表面	0.012	0.013	0.017
二、无衬砌的渠道			
1.清洁的顺直土渠	0.018	0.022	0.025
2.有杂草的顺直土渠	0.022	0.027	0.033
3.有一些杂草的弯曲、断面变化的土渠	0.025	0.030	0.033
4.光滑而均匀的石渠	0.025	0.035	0.040
5.参差不齐、不规则的石渠	0.035	0.040	0.050
6.有与水深同高的浓密杂草的渠道	0.050	0.080	0.120
三、小河(汛期最大水面宽度约30m)			
1.清洁、顺直的平原河流	0.025	0.030	0.033
2.清洁、弯曲、稍许淤滩和潭坑的平原河流	0.033	0.040	0.045
3.水深较浅、底坡多变、回流区较多的平原河流	0.040	0.048	0.055
4.河底为砾石、卵石间有孤石的山区河流	0.030	0.040	0.050
5.河底为卵石和大孤石的山区河流	0.040	0.050	0.070
四、大河,同等情况下 n 值比小河略小			
1.断面比较规则,无孤石或丛木	0.025		0.060
2.断面不规则,床面粗糙	0.035		0.100
五、汛期滩地漫流			
1.短草	0.025	0.030	0.035
2.长草	0.030	0.035	0.050
3.已熟成行庄稼	0.025	0.035	0.045
4.茂密矮树丛(夏季情况)	0.070	0.100	0.160
5.密林,树下少植物,洪水位在枝下	0.080	0.100	0.120
6.同上,洪水位及树枝	0.100	0.120	0.160

在设计渠道选择糙率 n 值时,应注意如下几点:

(1) 选定了 n 值,就意味着将渠槽粗糙情况对水流阻力的影响作出了综合估计。因此,必须对前述的水流阻力和水头损失的各种影响因素及一般规律,要有正确的理解;

(2)要尽量参考一些比较成熟的典型糙率资料;

(3)应尽量参照本地和外地同类型的渠道实测资料和运用情况,使糙率 n 的选择切合实际;

(4)为保证选定的 n 值达到设计要求,设计文件中应对渠槽的施工质量和运行维护提出有关要求。

6.3.2　水力最佳断面和实用经济断面

在明槽的底坡、糙率和流量已定时,渠道断面的设计(形状、大小)可有多种选择方案,要从施工、运用和经济等各个方面进行方案比较。

从水力学的角度考虑,最感兴趣的一种情况是:在流量、底坡、糙率已知时,设计的过水断面形式具有最小的面积;或者在过水断面面积、底坡、糙率已知时,设计的过水断面形式能使渠道通过的流量为最大,这种过水断面称为水力最佳断面(Best Hydraulic Cross-section)。

显然,水力最佳断面应该是在给定条件下水流阻力最小的过水断面。由式(6-11)知,$Q = \dfrac{A^{5/3}\sqrt{i}}{n\chi^{2/3}}$,所以,要在给定的过水断面面积上使通过的流量为最大,过水断面的湿周就必须为最小。从几何学知,在各种明渠断面形式中最好地满足这一条件的过水断面为半圆形断面(水面不计入湿周),因此,有些人工渠道(如小型混凝土渡槽)的断面设计成半圆形或 U 形。但由于地质条件和施工技术、管理运用等方面的原因,渠道断面常常不得不设计成其他形状。下面对土质渠道常用的梯形断面讨论其水力最佳条件。

梯形断面的湿周 $\chi = b + 2h\sqrt{1 + m^2}$,边坡系数 m 已知,由于面积 A 给定,b 和 h 相互关联,$b = A/h - mh$,所以有:

$$\chi = \frac{A}{h} - mh + 2h\sqrt{1 + m^2}$$

在水力最佳条件下应有:

$$\frac{\mathrm{d}\chi}{\mathrm{d}h} = -\frac{A}{h^2} - m + 2\sqrt{1 + m^2} = -\frac{b}{h} - 2m + 2\sqrt{1 + m^2} = 0$$

从而得到水力最佳的梯形断面的宽深比条件为:

$$\beta_m = \frac{b}{h} = (\sqrt{1 + m^2} - m) \tag{6-24}$$

可以证明,这种梯形的三个边与半径为 h、圆心在水面的半圆相切(见图6-6)。这里要指出的是,由于正常水深随流量改变,在设计流量下具有水力最佳断面的明渠,当流量改变时,实际的过水断面宽深比就不再满足式(6-24)了。

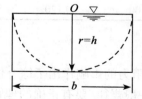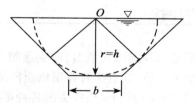

图 6-6　水力最佳的矩形与梯形断面

作为梯形断面的特例的矩形断面, 当 $m = 0$ 时,计算得 $\beta_m = 2$ 或 $b = 2h$,所以水力最佳矩形断面的底宽为水深的两倍;当 $m > 0$ 时,用式(6-24)计算出的 β_m 值随着 m 的增大而减小

（见表 6-4 中 $A/A_m = 1.00$ 的一行）；当 $m > 0.75$ 时 $\beta_m < 1$，是一种底宽较小、水深较大的窄深型断面。

表 6-4　　　　水力最佳断面（$A/A_m = 1.00$）和实用经济断面的宽深比

A/A_m	h/h_m	m	0.00	0.50	0.75	1.00	1.50	2.00	2.50	3.00
1.00	1.000		2.000	1.236	1.000	0.828	0.608	0.480	0.380	0.320
1.01	0.822	β	2.992	2.097	1.868	1.734	1.653	1.710	1.808	1.967
1.04	0.683		4.462	3.373	3.154	3.078	3.202	3.533	3.925	4.407

虽然水力最佳断面在相同流量下过水断面面积最小，但从经济、技术和管理等方面综合考虑，它有一定的局限性。应用于较大型的渠道时，由于深挖高填，施工开挖工程量及费用大，维持管理也不方便；流量改变时水深变化较大，给灌溉、航运带来不便。其实，设计渠道断面时，在一定范围内取较宽的宽深比 β 值，仍然可以过水断面面积 A 十分接近水力最佳断面的断面积 A_m。根据式（6-10），同样的流量、糙率和底坡条件下，非水力最佳断面与水力最佳断面的断面参量之间有关系

$$\left(\frac{A}{A_m}\right)^{5/2} = \frac{\chi}{\chi_m} = \frac{h(\beta + 2\sqrt{1 + m^2})}{h_m(\beta_m + 2\sqrt{1 + m^2})}$$

且

$$\frac{A}{A_m} = \frac{h^2(\beta + m)}{h_m^2(\beta_m + m)}$$

可得

$$\frac{h}{h_m} = \left(\frac{A}{A_m}\right)^{5/2}\left[1 - \sqrt{1 - \left(\frac{A_m}{A}\right)^4}\right] \tag{6-25}$$

$$\beta = \left(\frac{h_m}{h}\right)^2 \frac{A}{A_m}(2\sqrt{1 + m^2} - m) - m \tag{6-26}$$

其中有下标 m 的各参量为 $\beta = \beta_m$ 时的参量。从表 6-4 中 $A/A_m = 1.01$ 和 1.04 两行看到，过水断面只需比水力最佳断面大 1% ~ 4%，相应的宽深比就比 β_m 要大很多，水深比 h_m 小很多，给设计者提供了很大的回旋余地，这种断面称为实用经济断面。

6.3.3　渠道的允许流速

一条设计得合理的渠道，除了考虑上述水力最佳条件及经济因素外，还应使渠道的设计流速不应大到使渠床遭受冲刷，也不可小到使水中悬浮的泥沙发生淤积，而应当是不冲、不淤的流速。因此在设计中，要求渠道流速 v 在不冲、不淤的允许流速（Permissible Velocity）范围内，即

$$v'' < v < v'$$

式中：v'——免遭冲刷的最大允许流速，简称不冲允许流速；

v''——免受淤积的最小允许流速，简称不淤允许流速。

渠道中的不冲允许流速 v'：它的大小决定于土质情况，即土壤种类、颗粒大小和密实程度，或决定于渠道的衬砌材料，以及渠中流量等因素。表 6-5 为我国陕西省水利厅 1965 年总

结的各种渠道免遭冲刷的最大允许流速,可供设计明渠时选用。

渠道中的不淤允许流速 v'':保证含沙水流中挟带的泥沙不致在渠道淤积的允许流速下限,可参考有关文献。

表 6-5　　　　　　　　　　　　渠道的不冲允许流速 v'

坚硬岩石和人工护面渠道	流量范围($m^3 \cdot s^{-1}$)		
	<1	1~10	>10
软质水成岩(泥灰岩、页岩、软砾岩)	2.5	3.0	3.5
中等硬质水成岩(致密砾质、多孔石灰岩、层状石灰岩,白云石灰岩,灰质砂岩)	3.5	4.25	5.0
硬质水成岩(白云砂岩,砂质石灰岩)	5.0	6.0	7.0
结晶岩,火成岩	8.0	9.0	10.0
单层块石铺砌	2.5	3.5	4.0
双层块石铺砌	3.5	4.5	5.0
混凝土护面	6.0	8.0	10.0

土 质 渠 道

	土质	不冲允许流速($m \cdot s^{-1}$)		说　　明
均质黏性土	轻壤土	0.60~0.80		(1)均质黏性土各种土质的干容重为 12.75~16.67kN/m^3。
	中壤土	0.65~0.85		
	重壤土	0.70~1.0		(2)表中所列为水力半径 $R=1m$ 的情况。当 $R \neq 1m$ 时,应将表中数值乘以 R^α 才得相应的不冲允许流速。
	黏土	0.75~0.95		
	土质	粒径(mm)	不冲允许流速($m \cdot s^{-1}$)	
均质无黏性土	极细砂	0.05~0.1	0.35~0.45	(3)对于砂、砾石、卵石和疏松的壤土、黏土,$\alpha=1/3~1/4$。
	细砂、中砂	0.25~0.5	0.45~0.60	(4)对于密实的壤土、黏土,$\alpha=1/4~1/5$。
	粗砂	0.5~2.0	0.60~0.75	
	细砾石	2.0~5.0	0.75~0.90	
	中砾石	5.0~10.0	0.90~1.10	
	粗砾石	10.0~20.0	1.10~1.30	
	小卵石	20.0~40.0	1.30~1.80	
	中卵石	40.0~60.0	1.80~2.20	

还有其他类型的允许流速,如为阻止渠床上植物生长所要求的流速下限以及航道为保证航运安全而要求的流速上限等。

6.4　明渠均匀流的水力计算

明渠均匀流的水力计算可分为两类:一类是对已建成的渠道,根据生产运行要求,进行某些必要的水力计算,如求流量;求某渠段水流的水力坡度$(J=i)$;求某渠段通水后的糙率;绘制渠道运用期间的水深流量关系曲线等。另一类是为设计新渠道进行水力计算,如确定底宽b、水深h、底坡i等。这两类计算都是如何应用明渠均匀流基本公式的问题。

在实际工程中,梯形断面渠道应用最广。现以梯形渠道为例,来说明经常遇到的几种水力计算方法。

由明渠均匀流计算的基本公式和梯形断面各水力要素的计算公式可得:

$$Q = AC\sqrt{Ri} = A\frac{1}{n}R^{2/3}\sqrt{i} = \frac{\sqrt{i}}{n}\frac{[(b+mh)h]^{5/3}}{(b+2h\sqrt{1+m^2})^{2/3}} \qquad (6-27)$$

从式(6-27)中可以看出,$Q = f(b,h,m,n,i)$。已知5个数据,用上式可求另一个未知数,有时可从上式中直接求出,有时则要求解复杂的高次方程,相当困难。为此,将两类问题从计算方法角度加以统一研究。只要掌握这些方法,就能顺利地进行明槽均匀流的各项水力计算。

6.4.1   直接求解法

如果已知其他5个数值,要求流量Q,或要求糙率n,或要求底坡i,只要应用基本公式进行简单的代数运算,就可直接求得解答。现用算例说明。

例 6-1   有一预制的混凝土陡槽,断面为矩形,底宽$b = 1.0$m,底坡$i = 0.005$,均匀流水深$h = 0.5$m,糙率$n = 0.014$,求通过的流量及流速。

解:对矩形断面,边坡系数$m = 0$,代入基本公式(6-27)得:

$$Q = \frac{\sqrt{i}}{n}\frac{[bh]^{5/3}}{(b+2h)^{2/3}} = \frac{\sqrt{0.005}(0.5)^{5/3}}{0.014(2)^{2/3}} = 1.0\text{m}^3/\text{s}$$

$$v = \frac{Q}{bh} = \frac{1}{0.5} = 2.0\text{m/s}$$

例 6-2   白峰干渠流量$Q = 16\text{m}^3/\text{s}$,边坡系数$m = 1.5$,底宽$b = 3.0$m,水深$h = 2.84$m,底坡$i = 1/6\ 000$,求渠道的糙率$n$。

解:

$$A = (b+mh)h = (3+1.5\times2.84)\times2.84 = 20.62\text{m}$$

$$v = \frac{Q}{A} = \frac{16}{20.62} = 0.78\text{m/s}$$

$$\chi = b + 2h\sqrt{1+m^2} = 3+5.68\sqrt{3.25} = 13.24\text{m}$$

$$R = \frac{A}{\chi} = \frac{20.62}{13.24} = 1.56\text{m}$$

由式(6-9)得:

$$n = \frac{R^{2/3}\sqrt{i}}{v} = \frac{(1.56)^{2/3}\sqrt{\dfrac{1}{6\ 000}}}{0.78} = 0.022\ 3$$

例 6-3   某圆形污水管管径$d = 600$mm,管壁粗糙系数$n = 0.014$,管道底坡$i = 0.002\ 4$,求最大设计充满度时的流速及流量。

解:从表6-2查得,管径600mm的污水管的最大设计充满度为$\alpha = h/d = 0.75$,代入$\alpha =$

$\sin^2(\theta/4)$,解得 $\varphi = 4\pi/3$。由圆管过水断面水力要素计算公式得:

$$A = \frac{d^2}{8}(\varphi - \sin\varphi) = \frac{0.6^2}{8}\left(\frac{4}{3}\pi - \sin\frac{4}{3}\pi\right) = 0.227\,5\text{m}^2$$

$$\chi = \frac{d}{2}\varphi = \frac{0.6}{2} \times \frac{4}{3}\pi = 1.256\,6\text{m}$$

$$R = \frac{A}{\chi} = \frac{0.227\,5}{1.256\,6} = 0.181\,0\text{m}$$

而

$$C = \frac{1}{n}R^{1/6} = \frac{1}{0.014} \times 0.181^{1/6} = 53.722\text{m}^{1/2}/\text{s}$$

故

$$v = C\sqrt{Ri} = 53.722 \times \sqrt{0.181 \times 0.002\,4} = 1.12\text{m/s}$$

$$Q = vA = 1.12 \times 0.227\,5 = 0.254\,8\text{m}^3/\text{s}$$

6.4.2　试算法

如果已知其他 5 个数值,要求水深 h,或要求底宽 b,则因为在基本公式中表达 b 和 h 的关系式都是高次方程,不能采用直接求解法,而只能采用试算法。

试算法做法如下:假设若干个 h 值,代入基本公式,计算相应的 Q 值;若所得的 Q 值与已知的相等,相应的 h 值即为所求。实际上,试算第一、二次常不能得结果。为了减少试算工作,可假设 3 至 5 个 h 值,即 h_1、h_2、$\cdots$、h_5,求出相应的 Q_1、Q_2、$\cdots$、Q_5,画成 $Q = f(h)$ 曲线。然后从曲线上由已知的 Q 定出 h。若要求的是 b,则和求 h 的试算法一样。此时画的曲线是 $Q = f(b)$。

将基本公式(6-27)写成适当的等价方程 $h = h(h)$ 或 $b = b(b)$ 进行迭代计算,也可求解 h 或 b 值。

下面举算例说明。

例 6-4　有土渠断面为梯形,边坡系数 $m = 1.5$,糙率 $n = 0.025$,底宽 $b = 4$m,底坡 $i = 0.000\,6$,求通过流量 $Q = 9.0\text{m}^3/\text{s}$ 时均匀流水深(正常水深)h_0。

解:可用列表法,将各试算数据列出,见表 6-6。

表 6-6

b	m	h	A	χ	R	$\sqrt{R}$	n	C	$\sqrt{i}$	Q
4		1.0	5.50	7.6	0.72	0.85		37.9		4.34
4	1.5	1.2	6.92	8.3	0.83	0.91	0.025	38.8	$\dfrac{2.45}{100}$	5.99
4		1.4	8.54	9.0	0.95	0.98		39.7		8.14
4		1.5	9.40	9.4	1.00	1.00		40.0		9.17

将表中 Q 和 h 的相应值绘在方格坐标上,得 $Q = f(h)$ 曲线(见图 6-7)。由 $Q = 9\text{m}^3/\text{s}$ 在曲线上查得相应的水深 $h_0 = 1.48$m。

试算法也可直接根据基本公式(6-27)进行,而不列上述表格分项计算。读者可自行练习。

例 6-5　某干渠全长 9.5km,输送流量 $Q = 13\text{m}^3/\text{s}$,渠线所经地区为壤土地带,糙率 $n = 0.025$,底坡 $i = 1/3\,500$,$m = 1.5$,已定水深为 $h = 2$m,求渠底宽 b。

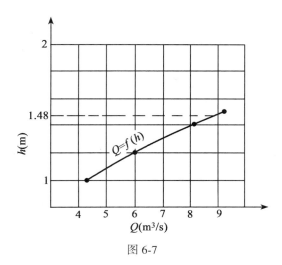

图 6-7

解: 由基本公式(6-27)得:

$$Q = \frac{\sqrt{i}}{n} \frac{\left[(b+mh)h\right]^{5/3}}{\left(b+2h\sqrt{1+m^2}\right)^{2/3}} = 0.676 \frac{\left[(b+3)2\right]^{5/3}}{(b+7.2)^{2/3}}$$

假设 $b=3,4,5,6$,算出相应的 Q 值如表 6-7 所示。

表 6-7

$b(\text{m})$	3	4	4.5	6
$Q(\text{m}^3/\text{s})$	9.04	10.98	11.96	14.96

画出 $Q=f(b)$ 曲线(见图 6-8),由曲线可查得 $Q=13\text{m}^3/\text{s}$ 时,$b=5\text{m}$。

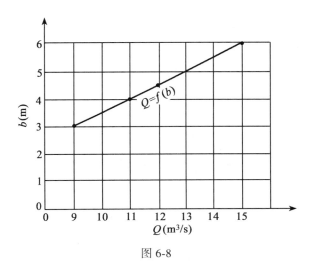

图 6-8

6.5 复式断面渠道的水力计算

明渠复式断面(Compound Cross-section)由两个或三个单式断面组成,如天然河道中的主槽和边滩(见图 6-9)。在人工渠道中,如果要求通过的最大流量与最小流量相差很大,也常采用复式断面。它与单式断面比较,能更好地控制淤积,减少开挖量。

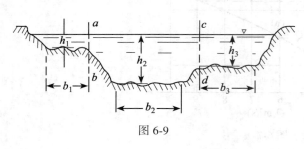

图 6-9

图 6-9 表示一天然河段的复式断面。在主槽两侧有左、右边滩,流量应各自分算,其原因有:①主槽的粗糙系数较一般边滩的要小,如果把复式断面作为一个整体,就会容易在粗糙系数的估计上,造成较大的偏差;②滩地水深,亦即水力半径一般较小,如果不实行分算,就会由于边滩的影响,使复式断面的整体流速算得偏低。在极端情况下,如边滩甚宽而水深很小时,这样算出的流量甚至小于仅是主槽部分的流量,这显然是不合理的。

分算的办法是在边滩内缘作铅垂线 ab 和 cd,把主槽和边滩分开,按整体流量等于各部分流量之和,有

$$Q = Q_1 + Q_2 + Q_3 \tag{6-28}$$

亦即

$$K\sqrt{J} = K_1 \sqrt{J_1} + K_2 \sqrt{J_2} + K_3 \sqrt{J_3}$$

式中,J、J_1、J_2、J_3 为断面整体和各部分的水面坡度,在均匀流中是相等的。于是,

$$K = K_1 + K_2 + K_3$$

即复式断面的流量模数等于各部分模数之和。这样复式断面的流量计算公式就成为:

$$Q = K\sqrt{J} = (K_1 + K_2 + K_3)\sqrt{J} \tag{6-29}$$

由此可见,对于某一给定水位,分别算出其各部分的流量模数 $K_i = A_i C_i \sqrt{R_i}$,取其和,乘以已知水力坡度的平方根,便得出明渠复式过水断面所通过的流量。

例 6-6 图 6-10 表示一顺直河段的平均断面,中间为主槽,两旁为泄洪滩地。已知主槽在中水位以下的面积为 160m^2,水面宽 80m,水面坡度为 0.000 2,这个坡度在水位够高时,反映出河底坡度 i。主槽粗糙系数 $n = 0.030$,边滩 $n_1 = 0.050$。现拟在滩地修筑大堤以防 $2\,300\text{m}^3/\text{s}$ 的洪水,求堤高为 4m 时的堤距。

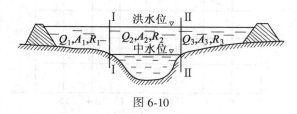

图 6-10

解:取洪水位时堤顶的超高为 1m,则在洪水 $2\,300\text{m}^3/\text{s}$ 时:

滩地水深 $=4-1=3\mathrm{m}$

主槽过水面积 $A_2=160+3\times80=400\mathrm{m}^2$

主槽湿周 $\chi_2=B_2=80\mathrm{m}$

主槽水力半径 $R_2=\dfrac{A_2}{\chi_2}=\dfrac{A_2}{B_2}=\dfrac{400}{80}=5\mathrm{m}$

主槽泄洪量 $Q_2=AC\sqrt{Ri}=A\dfrac{1}{n}R^{2/3}i^{1/2}=400\times\dfrac{1}{0.03}\times5^{2/3}\times0.000\,2^{1/2}=552\mathrm{m}^3/\mathrm{s}$

滩地泄洪量　　$Q_1+Q_3=2\,300-552=1\,748\mathrm{m}^3/\mathrm{s}$

滩地流速　$v_1=v_3=C_1\sqrt{R_1i}=\dfrac{1}{n_1}R^{2/3}i^{1/2}=\dfrac{1}{0.05}\times3^{2/3}\times0.000\,2^{1/2}=0.588\mathrm{m}/\mathrm{s}$

滩地过水断面面积　　$A_1+A_3=\dfrac{Q_1+Q_3}{v_1}=\dfrac{1\,748}{0.588}=2\,972\mathrm{m}^2$

滩地水面宽度　　$B_1+B_3=\dfrac{A_1+A_3}{3}=\dfrac{2\,980}{3}=991\mathrm{m}$

堤距 $=B_1+B_3+B_2=991+80=1\,073\mathrm{m}$

可以看出,增加堤高就能缩短堤距,这是一个经济方案比较的问题。

习　题

6-1　有一明渠均匀流,过流断面如题 6-1 图所示。$B=1.2\mathrm{m}$, $r=0.6\mathrm{m}$, $i=0.000\,4$。当流量 $Q=0.55\mathrm{m}^3/\mathrm{s}$ 时,断面中心线水深 $h=0.9\mathrm{m}$,问此时该渠道的谢才系数 C 值应为多少?

6-2　在我国铁路现场中,路基排水的最小梯形断面尺寸一般规定如下:其底宽 b 为 0.4m,过流深度 h 按 0.6m 考虑,沟底坡度 i 规定最小值为 0.002。现有一段梯形排水沟在土层开挖($n=0.025$),边坡系数 $m=1$, b、h 和 i 均采用上述规定的最小值,问此段排水沟按曼宁公式计算其通过的流量有多大?

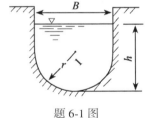

题 6-1 图

6-3　有一条长直的矩形断面明渠,过流断面宽 $b=2\mathrm{m}$,水深 $h=0.5\mathrm{m}$。若流量变为原来的两倍,水深变为多少? 假定谢才系数 C 不变。

6-4　为测定某梯形断面渠道的糙率 n 值,选取 $l=150\mathrm{m}$ 长的均匀流段进行测量。已知渠底宽度 $b=10\mathrm{m}$,边坡系数 $m=1.5$,水深 $h_0=3.0\mathrm{m}$,两断面的水面高差 $\Delta z=0.3\mathrm{m}$,流量 $Q=50\mathrm{m}^3/\mathrm{s}$,试计算 n 值。

6-5　某梯形断面渠道中的均匀流动,流量 $Q=20\mathrm{m}^3/\mathrm{s}$,渠道底宽 $b=5.0\mathrm{m}$,水深 $h=2.5\mathrm{m}$,边坡系数 $m=1.0$,糙率 $n=0.025$,试求渠道底坡 i。

6-6　一路基排水沟需要通过流量 Q 为 $1.0\mathrm{m}^3/\mathrm{s}$,沟底坡度 i 为 $4/1\,000$,水沟断面采用梯形,并用小片石干砌护面,$n=0.02$,边坡系数 m 为 1。试按水力最佳断面条件决定此排水沟的断面尺寸。

6-7　有一输水渠道,在岩石中开凿,采用矩形过流断面。$i=0.003$, $Q=1.2\mathrm{m}^3/\mathrm{s}$。试按水力最佳断面条件设计断面尺寸。

6-8　有一梯形断面明渠,已知 $Q=2\mathrm{m}^3/\mathrm{s}$,$i=0.001\,6$,$m=1.5$,$n=0.02$,若允许流速 $v'=1.0\mathrm{m/s}$。试决定此明渠的断面尺寸。

6-9　梯形断面渠道,底宽 $b=1.5\mathrm{m}$,边坡系数 $m=1.5$,通过流量 $Q=3\mathrm{m}^3/\mathrm{s}$,粗糙系数 $n=0.03$,当按最大不冲流速 $v'=0.8\mathrm{m/s}$ 设计时,求正常水深及底坡。

6-10　有一梯形渠道,用大块石干砌护面,$n=0.02$。已知底宽 $b=7\mathrm{m}$,边坡系数 $m=1.5$,底坡 $i=0.001\,5$,需要通过的流量 $Q=18\mathrm{m}^3/\mathrm{s}$,试决定此渠道的正常水深 h_0。

6-11　在题 6-10 中,b、m、n 及 i 不变,若通过流量比原设计流量增大 50%,问水深增加多少(是否超过一般排水沟的安全超高 20cm)?

6-12　有一梯形渠道,设计流量 $Q=10\mathrm{m}^3/\mathrm{s}$,采用小片石干砌护面,$n=0.02$,边坡系数 $m=1.5$,底坡 $i=0.01$,要求水深 $h=1.5\mathrm{m}$,问断面的底宽 b 应为多少?

6-13　某圆形污水管道,已知管径 $d=1\,000\mathrm{mm}$,粗糙系数 $n=0.016$,底坡 $i=0.001$,试求最大设计充满度时的均匀流量 Q 及断面平均流速 v。

6-14　有一钢筋混凝土圆形排水管($n=0.014$),管径 $d=500\mathrm{mm}$,试问在最大设计充满度下需要多大的管底坡度 i 才能通过 $0.3\mathrm{m}^3/\mathrm{s}$ 的流量?

6-15　已知混凝土圆形排水管($n=0.014$)的污水流量 $Q=0.2\mathrm{m}^3/\mathrm{s}$,底坡 $i=0.005$。试决定管道的直径 d。

6-16　有一直径为 $d=200\mathrm{mm}$ 的混凝土圆形排水管($n=0.014$),管底坡度 $i=0.004$,试问通过流量 $Q=20\mathrm{L/s}$ 时管内的正常水深 h 为多少?

6-17　在直径为 d 的无压管道中,水深为 h,求证当 $h=0.81d$ 时,管中流速 v 达到其最大值。

6-18　某一复式断面渠道,如题 6-18 图所示,已知底坡 $i=0.001$,主槽粗糙系数 $n_2=0.025$,滩地粗糙系数 $n_1=n_3=0.03$,洪水位及有关尺寸见图示,求可通过的洪水流量。

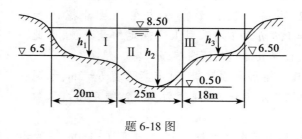

题 6-18 图

第7章 明渠恒定非均匀流

由于产生明渠均匀流的条件非常严格,自然界中的水流条件很难满足,故实际中的人工渠道或天然河道中的水流绝大多数是非均匀流。明渠非均匀流的特点是底坡线、水面线、总水头线彼此互不平行(见图7-1)。产生明渠非均匀流的原因很多,如明渠横断面的几何形状或尺寸的沿流程改变、粗糙度或底坡沿流程改变,在明渠中修建水工建筑物(闸、桥梁、涵洞等),都能使明渠水流发生非均匀流。

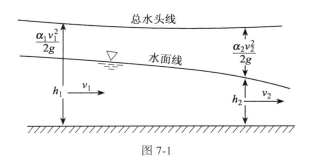

图 7-1

明渠非均匀流中也存在渐变流和急变流,若流线是接近于相互平行的直线,或流线间夹角很小、流线的曲率半径很大,这种水流称为明渠非均匀渐变流。反之,则为明渠非均匀急变流。

本章首先分析和讨论明渠非均匀流的一些基本概念和明渠急变流(有水跃和水跌),然后讨论明渠非均匀渐变流水深(或水位)沿程变化的基本方程,最后着重研究水面曲线变化规律,并进行水面线计算。而本章的重点是明渠非均匀流中水面曲线变化的规律及其计算方法。在实际工程中,例如,在桥渡勘测设计时,为了预计建桥后墩台对河流的影响,便需算出桥址附近的水位标高;在河渠上修建水电站,为了确定由于水位抬高所造成的水库淹没范围,亦要进行水面曲线的计算。

因明渠非均匀流的水深沿程变化,即 $h=f(s)$,为了不致引起混乱,将明渠均匀流的水深称为正常水深,以 h_0 表示。

7.1 明渠水流的三种流态

明渠水流有的比较平缓,像灌溉渠道中的水流和平原地区江河中的流动。如果在明渠水流中有一障碍物,便可观察到障碍物上水深降低,障碍物前水位壅高能逆流上传到较远的地方(见图 7-2(a));而明渠水流有的则非常湍急,像山区河道中的水流,过坝下溢的水流,跌水、瀑布和险滩地的水流。如遇障碍物,仅在石块附近隆起,障碍物上水深增加,障碍物干扰的影响不能向上游传播(见图 7-2(b))。上述两种情况表明,明渠水流存在两种不同的流态。它们对于所产生的干扰波(Disturbance Wave)的传播有着不同的影响。障碍物的存在可视为对水流产生的干扰,下面分析干扰波在明渠中传播的特点。

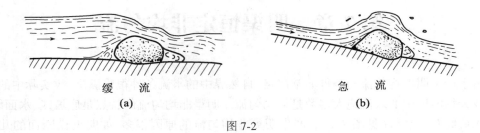

缓　流　　　　　　　　　　　急　流
(a)　　　　　　　　　　　　**(b)**

图 7-2

为了了解干扰波传播的特点,可以观察一个简单的实验。

若在静水中沿铅垂方向丢下一块石子,水面将产生一个微小波动,称为微波(Microwave),这个波动以石子落点为中心,以一定的速度 c 向四周传播,平面上的波形将是一连串的同心圆,如图 7-3(a)所示。这种在静水中传播的微波速度 c 称为相对波速。若把石子投入明渠均匀流中,则微波的传播速度应是水流的流速与相对波速的向量和。当水流断面平均流速 v 小于相对波速 c 时,微波将以绝对速度 $v'=v-c$ 向上游传播,同时又以绝对速度 $v'=v+c$ 向下游传播(见图 7-3(b)),这种水流称为缓流(Subcritical Flow);当水流断面平均流速 v 等于相对流速 c 时,微波向上游传播的绝对速度 $v'=0$,而向下游传播的绝对速度 $v'=2c$ (见图 7-3(c)),这种水流称为临界流(Critical Flow);当水流断面平均流速 v 大于相对波速 c 时,微波只以绝对速度 $v'=v+c$ 向下游传播,而对上游水流不产生任何影响(见图 7-3(d)),这种水流称为急流(Supercritical Flow)。

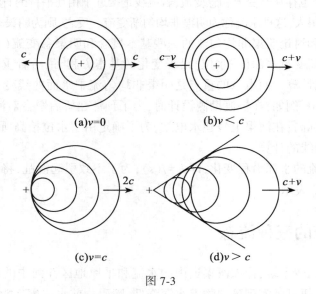

(a)$v=0$　　　　　　　　　**(b)**$v<c$

(c)$v=c$　　　　　　　　　**(d)**$v>c$

图 7-3

由此可知,只要比较水流的断面平均流速 v 和微波相对速度 c 的大小,就可以判断干扰微波是否会往上游传播,也可判别水流是属于哪一种流态。

要判别流态,必须首先确定微波传播的相对速度。现在用水流能量方程和连续性方程推导微波相对速度的计算公式。

如图7-4所示,在平底矩形棱柱体明渠中,假设渠中水深为h,设开始时,渠中水流处于静止状态,用一竖直平板以一定的速度向左推动一下,在平板的左侧将激起一个干扰微波。微波波高为Δh,微波以波速c向左移动。某观察者若以波速c随波前进,他将看到微波是静止不动的,而水流则以波速c向右移动。这正如人们站在船头所观察到的船行波是不动的,而河道的静水和两岸的景观则以船的速度向后运动一样。

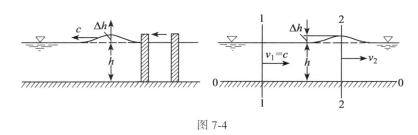

图7-4

对上述移动坐标系来说,水流是作恒定非均匀流动的。根据伽利略相对运动原理,假若忽略摩擦阻力不计,以水平渠底为基准面,对水流的两相距很近的断面1—1和断面2—2断面建立连续性方程式和能量方程式,有:

$$hc = (h + \Delta h)v_2$$

$$h + \frac{\alpha_1 c^2}{2g} = h + \Delta h + \frac{\alpha_2 v_2^2}{2g}$$

联解上两式,并令 $\alpha_1 \approx \alpha_2 \approx 1$,得:

$$c = \sqrt{gh\frac{\left(1 + \dfrac{\Delta h}{h}\right)^2}{\left(1 + \dfrac{\Delta h}{2h}\right)}} \tag{7-1}$$

对波高较小的微波,可令 $\Delta h/h \approx 0$,则上式可简化为:

$$c = \sqrt{gh} \tag{7-2}$$

式(7-2)就是矩形明渠静水中微波传播的相对波速公式。

如果明渠断面为任意形状时,则可证得:

$$c = \sqrt{g\frac{A}{B}} = \sqrt{g\bar{h}} \tag{7-3}$$

式中,$\bar{h} = \dfrac{A}{B}$ 为断面平均水深,A 为断面面积,B 为水面宽度。

由式(7-3)可以看出,在忽略阻力的情况下,微波的相对波速的大小与断面平均水深的$1/2$次方成正比,水深越大,微波相对波速亦越大。

以上所讲的是微波在静水中的传播速度,当水流是流动的,设水流的断面平均流速为v,则微波传播的绝对速度v'应是静水中的相对波速c与水流流速的代数和,即

$$v' = v \pm c = v \pm \sqrt{g\bar{h}} \tag{7-4}$$

式中,取正号时为微波顺水流方向传播的绝对波速,取负号时为微波逆水流方向传播的绝对波速。

对临界流来说,断面平均流速恰好等于微波相对波速,即

$$v = c = \sqrt{g}$$

上式可改写为:

$$\frac{v}{\sqrt{g\bar{h}}} = \frac{c}{\sqrt{g\bar{h}}} = 1 \tag{7-5}$$

若对 $v / \sqrt{g\bar{h}}$ 作量纲分析(见第 10 章)可知,它是无量纲数,称为弗劳德(Froude)数,用符号 Fr 表示。显然,对临界流来说,弗劳德数恰好等于 1,因此也可用弗劳德数来判别明渠水流的流态:当 $Fr<1$,水流为缓流;与 $Fr=1$,水流为临界流;当 $Fr>1$,水流为急流。

弗劳德数在水力学中是一个极其重要的判别数,为了加深理解它的物理意义,可把它的形式改写为:

$$Fr = \frac{v}{\sqrt{g\dfrac{A}{B}}} = \frac{v}{\sqrt{g\bar{h}}} = \sqrt{\frac{\dfrac{v^2}{2g}}{\dfrac{h}{2}}} \tag{7-6}$$

由式(7-6)可以看出,弗劳德数是表示过水断面单位重量液体平均动能与平均势能之比的两倍开平方,这个比值大小的不同反映了水流流态的不同。当水流的平均势能等于平均动能的两倍时,弗劳德数 $Fr=1$,水流是临界流。弗劳德数愈大,意味着水流的平均动能所占的比例愈大。

弗劳德数的物理意义还可以从液体质点的受力情况来认识。设水流中某质点的质量为 dm,流速为 u,则它所受到的惯性力 F 的量纲式为:

$$[F] = \left[dm \cdot \frac{du}{dt}\right] = \left[dm \cdot \frac{du}{dx} \cdot \frac{dx}{dt}\right] = \left[\rho L^3 \cdot \frac{v}{L} \cdot v\right] = [\rho L^2 v^2]$$

重力 G 的量纲式为:

$$[G] = [g \cdot dm] = [\rho g L^3]$$

而惯性力和重力之比开平方的量纲式为:

$$\left[\frac{F}{G}\right]^{\frac{1}{2}} = \left[\frac{\rho L^2 V^2}{\rho g L^3}\right]^{\frac{1}{2}} = \left[\frac{V}{\sqrt{gL}}\right]$$

这个比值的量纲式与弗劳德数相同。由此可知,弗劳德数的物理意义是代表水流的惯性力和重力两种作用力的对比关系。当 $Fr=1$ 时,恰好说明惯性力作用与重力作用相等,水流是临界流;当 $Fr>1$ 时,说明惯性力作用大于重力的作用,惯性力对水流起主导作用,这时水流处于急流状态;当 $Fr<1$ 时,惯性力作用小于重力作用,这时重力对水流起主导作用,水流处于缓流状态。

7.2 断面比能与临界水深

上节主要从运动学的角度分析了明渠水流的三种流态,而这三种流态所表现出来的能量特性也是不同的。下面就从能量角度加以分析。

7.2.1 断面比能、比能曲线

如图 7-5 所示为一渐变流,若以 0-0 为基准面,则过水断面上单位重量液体所具有的总能量为:

$$E = z + \frac{\alpha v^2}{2g} = z_0 + h\cos\theta + \frac{\alpha v^2}{2g} \tag{7-7}$$

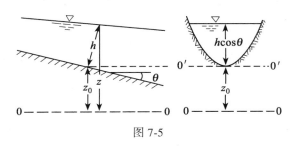

图 7-5

式中,θ 为明渠底面与水平面的倾角。

如果把参考基准面选在渠底这一特殊位置,把对通过渠底的水平面 0'-0' 所计算得到的单位能量称为断面比能(Specific Energy),并以 E_s 来表示,则

$$E_s = h\cos\theta + \frac{\alpha v^2}{2g} \tag{7-8}$$

不难看出,断面比能 E_s 是过水断面上单位重量液体总能量 E 的一部分,两者相差的数值乃是两个基准面之间的高差 z_0。

从式(7-7)中可以看出,$E_s = E - z_0$,故 $\dfrac{\mathrm{d}E_s}{\mathrm{d}s} = \dfrac{\mathrm{d}E}{\mathrm{d}s} - \dfrac{\mathrm{d}z_0}{\mathrm{d}z}$,而 $\dfrac{\mathrm{d}z_0}{\mathrm{d}s} = -i$,$\dfrac{\mathrm{d}E_s}{\mathrm{d}s} = -\dfrac{\mathrm{d}h_w}{\mathrm{d}s} = -J$,故

$$\frac{\mathrm{d}E_s}{\mathrm{d}s} = i - J \tag{7-9}$$

对于明渠均匀流,$i = J$,$\dfrac{\mathrm{d}E_s}{\mathrm{d}h} = 0$,即断面比能沿程不变,这是因为明渠均匀流水深 h_0 及流速 v 沿程不变。

在明渠非均匀流中,对于平坡 $i = 0$ 和逆坡 $i < 0$ 的渠道,根据方程(7-9),$\dfrac{\mathrm{d}E_s}{\mathrm{d}s}$ 总是负值,即 $\dfrac{\mathrm{d}E_s}{\mathrm{d}s} < 0$。这说明断面比能在此情况下总是沿程减少的;而在顺坡渠道 $i > 0$ 的情形下,断面比能沿程变化的情况则要看能坡 $J = -\mathrm{d}E/\mathrm{d}s$ 与底坡 i 的相对大小来决定了。因为非均匀流 $i \neq J$,如果水流的能量损失强度(水力坡度)$J < i$,则 $\mathrm{d}E_s/\mathrm{d}s > 0$;反之,如水流的能量损

201

失强度 $J > i$，则 $\mathrm{d}E_s/\mathrm{d}s < 0$。

由此可见，断面比能沿程变化表示明渠水流的不均匀程度，因此，在明渠非均匀流中，断面比能 E_s 有着特别重要的意义。

在实用上，因一般明渠底坡较小，可认为 $\cos\theta \approx 1$，故常采用

$$E_s = h + \frac{\alpha v^2}{2g} \tag{7-10}$$

或写作

$$E_s = h + \frac{\alpha Q^2}{2gA^2} \tag{7-11}$$

由式(7-11)可知，当流量 Q 和过水断面的形状及尺寸一定时，断面比能仅仅是水深的函数，即 $E_s = f(h)$，按照此函数可以绘出断面比能随水深变化的关系曲线，该曲线称为比能曲线。很明显，要具体绘出一条比能曲线必须首先给定流量 Q 和渠道断面的形状及尺寸。对于一个已经给定尺寸的渠道断面，当通过不同流量时，其比能曲线是不相同的；同样，对某一指定的流量，渠道断面的形状及尺寸不同时，其比能曲线也是不相同的。

假定已经给定某一流量和渠道断面的形状及尺寸，现在来定性地讨论一下比能曲线的特性。由式(7-11)可知，若过水断面面积 A 是水深 h 的连续函数，当 $h \to 0$ 时，$A \to 0$，则 $\frac{\alpha Q^2}{2gA^2} \to \infty$，故 $E_s \to \infty$；当 $h \to \infty$ 时，$A \to \infty$，则 $\frac{\alpha Q^2}{2gA^2} \to 0$，因而 $E_s \to h \to \infty$。若以 h 为纵坐标，以 E_s 为横坐标，根据上述讨论绘出的比能曲线如图 7-6 所示，曲线的下端以横坐标轴为渐近线，上端以与坐标轴成 $45°$ 夹角并通过原点的直线为渐近线。该曲线在 K 点，断面比能有最小值 E_{smin}。K 点把曲线分成上、下两支。在上支，断面比能随水深的增加而增加；在下支，断面比能随水深的增加而减小。

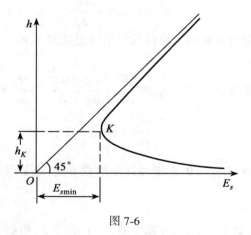

图 7-6

若将式(7-11)对 h 取导数，可以进一步了解比能曲线的变化规律：

$$\frac{\mathrm{d}E_s}{\mathrm{d}h} = \frac{\mathrm{d}}{\mathrm{d}h}\left(h + \frac{\alpha Q^2}{2gA^2}\right) = 1 - \frac{\alpha Q^2}{gA^3}\frac{\mathrm{d}A}{\mathrm{d}h} \tag{7-12}$$

因在过水断面上 $\dfrac{dA}{dh}$ 为过水断面面积 A 由于水深 h 的变化

所引起的变化率,它恰等于水面宽度(见图7-7),即

$$\frac{dA}{dh} = B \qquad (7\text{-}13)$$

代入上式,得:

$$\frac{dE_s}{dh} = 1 - \frac{\alpha Q^2 B}{g A^3} = 1 - \frac{\alpha v^2}{g \dfrac{A}{B}} \qquad (7\text{-}14)$$

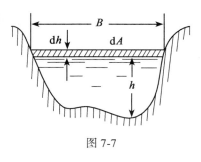

图 7-7

若取 $\alpha = 1.0$,则上式可写为:

$$\frac{dE_s}{dh} = 1 - Fr^2 \qquad (7\text{-}15)$$

式(7-15)说明,明渠水流的断面比能随水深的变化规律是取决于断面上的弗劳德数。对于缓流,$Fr < 1$,则 $\dfrac{dE_s}{dh} > 0$,相当于比能曲线的上支,断面比能随水深的增加而增加;对于急流,$Fr > 1$,则 $\dfrac{dE_s}{dh} < 0$,相当于比能曲线的下支,断面比能随水深的增加而减少;对于临界流,$Fr = 1$,则 $\dfrac{dE_s}{dh} = 0$,相当于比能曲线上下两支的分界点,断面比能为最小值。

7.2.2　临界水深

临界水深(Critical Depth)是指在断面形式和流量给定的条件下,相应于断面单位能量为最小值时的水深。亦即 $E_s = E_{smin}$ 时,$h = h_K$,如图7-6所示。

临界水深 h_K 的计算公式可根据上述定义得出。

令 $\dfrac{dE_s}{dh} = 0$,以求 $E_s = E_{smin}$ 时的水深 h_K,由式(7-14)得:

$$1 - \frac{\alpha Q^2}{g} \frac{B_K}{A_K^3} = 0 \qquad (7\text{-}16)$$

或

$$\frac{\alpha Q^2}{g} = \frac{A_K^3}{B_K} \qquad (7\text{-}17)$$

式(7-17)便是求临界水深的普遍式,称为临界流方程。式中等号的左边是已知值,右边 B_K 及 A_K 为相应于临界水深的水力要素,均是 h_K 的函数,故可以确定 h_K。由于 $\dfrac{A^3}{B}$ 一般是水深 h 的隐函数形式,故常采用试算或作图的办法来求解。

对于给定的断面,假设各种 h 值,依次算出相应的 A、B 和 $\dfrac{A^3}{B}$ 值。以 $\dfrac{A^3}{B}$ 为横坐标,以 h 为纵坐标,作图7-8。

从式(7-17)知,图中对应于 $\dfrac{A^3}{B}$ 恰等于 $\dfrac{\alpha Q^2}{g}$ 的水深 h 便是 h_K。

对于矩形断面的明渠水流,其临界水深 h_K 可用以下关系式求得。此时,矩形断面的水

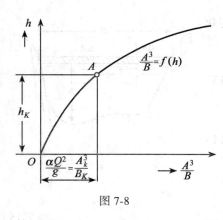

图 7-8

面宽度 B 等于底宽 b，代入临界流方程(7-17)便有：

$$\frac{\alpha Q^2}{g} = \frac{(bh_K)^3}{b}$$

得：

$$h_K = \sqrt[3]{\frac{\alpha Q^2}{gb^2}} = \sqrt[3]{\frac{\alpha q^2}{g}} \qquad (7\text{-}18)$$

式中，$q = \dfrac{Q}{b}$，称为单宽流量。可见，在宽 b 一定的矩形断面明渠中，水流在临界水深状态下，$Q = f(h_K)$。利用这种水力性质，工程上出现了有关的测量流量的简便设施。

对于无压圆管水流，其临界水深 h_K 亦可从式(7-17)算得。此时，无压圆管过水断面的水力要素为：

过水断面面积为：

$$A = \frac{d^2}{8}(\varphi - \sin\varphi)$$

水面宽度为：

$$B = d \cdot \sin\frac{\varphi}{2}$$

充满度为：

$$\alpha = \frac{h}{d} = \sin^2\left(\frac{\varphi}{4}\right)$$

从而可知，

$$\frac{\alpha Q^2}{g} = \frac{A_K^3}{B_K} = f(d, h_K) \qquad (7\text{-}19)$$

当流量 Q 及管径 d 给定后，便可根据上式算得圆形断面无压水流的临界水深 h_K 值。

在实际工程中，对于梯形断面或不满流圆形断面的临界水深 h_K 的决定，常可在有关的水力计算图表中查得或编程求解，从而避免了上述复杂的计算。

7.2.3　临界底坡、缓坡和陡坡

设想在流量和断面形状、尺寸一定的棱柱体明渠中，当水流作均匀流时，如果改变明渠的底坡，相应的均匀流正常水深 h_0 亦随之改变。如果变至某一底坡，其均匀流的正常水深 h_0 恰好与临界水深 h_K 相等，此坡度定义为临界底坡(Critical Slope)。

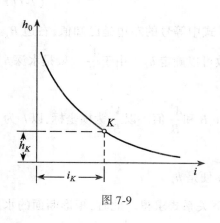

图 7-9

若已知明渠的断面形状及尺寸，当流量给定时，在均匀流的情况下，可以将底坡与渠中正常水深的关系绘出，如图 7-9 所示。不难理解，当底坡 i 增大时，正常水深 h_0 将减小；反之，当 i 减小时，正常水深 h_0 将增大。从该曲线上必能找出一个正常水深恰好与临界水深相等的 K 点。曲线上 K 点所对应的底坡 i_K 即为临界底坡。

在临界底坡上作均匀流时，一方面它要满足临界流方程式

$$\frac{\alpha Q^2}{g} = \frac{A_K^3}{B_K}$$

另一方面,又要同时满足均匀流的基本方程式

$$Q = A_K C_K \sqrt{R_K i_K}$$

联解上列两式可得临界底坡的计算式为:

$$i_K = \frac{gA_K}{\alpha C_K^2 R_K B_K} = \frac{g\chi_K}{\alpha C_K^2 B_K} \qquad (7\text{-}20)$$

式中,R_K、χ_K、C_K 为渠中水深为临界水深时所对应的水力半径、湿周、谢才系数。

由式(7-20)不难看出,明渠的临界底坡 i_K 与断面形状和尺寸、流量及渠道的糙率有关,而与渠道的实际底坡无关。

一个坡度为 i 的明渠,与其相应(即同流量、同断面尺寸、同糙率)的临界底坡相比较,可能有三种情况,即 $i < i_K$、$i = i_K$、$i > i_K$。根据可能出现的不同情况,可将明渠的底坡分为三类: $i < i_K$,为缓坡(Mild Slope); $i = i_K$,为陡坡(Steep Slope); $i > i_K$,为临界坡。

由图 7-9 可以看出,明渠水流为均匀流时,若 $i < i_K$,则正常水深 $h_0 > h_K$;若 $i > i_K$,则正常水深 $h_0 < h_K$;若 $i = i_K$,则正常水深 $h_0 = h_K$。所以在明渠均匀流的情况下,用底坡的类型就可以判别水流的流态,即在缓坡上的均匀流为缓流,在陡坡上的均匀流为急流,在临界坡上的均匀流为临界流。但一定要强调,这种判别只能适用于均匀流的情况,而非均匀流就不一定了。

必须指出的是,上述关于渠底坡度的缓、急之称,是对应于一定流量来讲的。对于某一渠道,底坡已经确定,但当流量改变时,所对应的 h_K(或 i_K)也发生变化,从而该渠道是缓坡或陡坡也可能随之改变。

例 7-1 一条长直的矩形断面渠道($n = 0.02$),宽度 $b = 5\text{m}$,正常水深 $h_0 = 2\text{m}$ 时的通过流量 $Q = 40\text{m}^3/\text{s}$。试分别用 h_K、i_K、Fr 及 v_K 来判别该明渠的水流的缓、急状态。

解: 对于矩形断面明渠有:

(1)临界水深:

$$h_K = \sqrt[3]{\frac{\alpha Q^2}{gb^2}} = \sqrt[3]{\frac{1 \times 40^2}{9.80 \times 5^2}} = 1.87\text{m}$$

可见,$h_0 = 2\text{m} > h_K = 1.87\text{m}$,此均匀流为缓流。

(2)临界坡度:

$$i_K = \frac{Q^2}{K_K^2},\ \text{而}\ K_K = A_K C_K \sqrt{R_K}$$

其中,
$$A_K = bh_K = 5 \times 1.87 = 9.35\text{m}^2$$
$$\chi_K = b + 2h_K = 5 + 2 \times 1.87 = 8.74\text{m}$$

$$R_K = \frac{A_K}{\chi_K} = \frac{9.35}{8.74} = 1.07\text{m}$$

$$K_K = A_K C_K \sqrt{R_K} = A_K \frac{1}{n} R_K^{1/6} R_K^{1/2} = \frac{A_K}{n} R_K^{2/3}$$

$$= \frac{9.35}{0.02} \times 1.07^{2/3} = 489\text{m}^3/\text{s}$$

得:
$$i_K = \frac{Q^2}{K_K^2} = \frac{40^2}{489^2} = 0.006\,9$$

另外,
$$i = \frac{Q^2}{K^2},\ \text{而}\ K = AC\sqrt{R}$$

其中，
$$A = bh_0 = 5 \times 2 = 10 \text{m}^2$$
$$\chi = b + 2h_0 = 5 + 2 \times 2 = 9 \text{m}$$
$$R = \frac{A}{\chi} = \frac{10}{9} = 1.11 \text{m}$$
$$K = AC\sqrt{R} = \frac{A}{n}R^{2/3} = \frac{10}{0.02} \times 1.11^{2/3} = 536.0 \text{m}^3/\text{s}$$

得：
$$i = \frac{Q^2}{K^2} = \frac{40^2}{536^2} = 0.005\,6$$

可见，$i = 0.005\,6 < i_K = 0.006\,9$，此均匀流为缓流。

（3）弗劳德数：
$$Fr^2 = \frac{\alpha v^2}{gh}$$

其中，
$$h = h_0 = 2 \text{m}$$
$$v = \frac{Q}{A} = \frac{Q}{bh_0} = \frac{40}{5 \times 2} = 4 \text{m/s}$$

得：
$$Fr^2 = \frac{\alpha v^2}{gh} = \frac{1 \times 4^2}{9.80 \times 2} = 0.816 < 1$$

可见，$Fr < 1$，此时均匀流水流为缓流。

（4）临界速度：
$$v_K = \frac{Q}{A_K} = \frac{Q}{bh_K} = \frac{40}{5 \times 1.87} = 4.28 \text{m/s}$$
$$v = \frac{Q}{A} = \frac{Q}{bh_0} = 4 \text{m/s}$$

可见，$v < v_K$，此均匀流水流为缓流。

上述利用 h_K、i_K、Fr 及 v_K 来判别明渠水流状态是等价的，实际应用时只取其中之一即可。

例 7-2　试证明缓流越过障碍物时必然形成水面跌落，急流越过障碍物时必然形成水面升高。

解：图 7-10（a）、7-10（b）分别表示缓流、急流遇到的高为 Δ 的潜坝时水面的变化情况。取两断面 1—1 和 2—2，如图 7-10 所示。

以渠底为基准面，对断面 1—1 和断面 2—2 列出能量方程，有：
$$h_1 + \frac{\alpha_1 v_1^2}{2g} = h_2 + \Delta + \frac{\alpha_2 v_2^2}{2g} + h_w$$
即
$$E_{s1} = E_{s2} + \Delta + h_w$$
取 $\alpha_1 = \alpha_2 = \alpha$，因为 $\Delta > 0$，$h_w > 0$，故 $E_{s1} > E_{s2}$。无论来流为缓流和急流，此式均成立。

对于图 7-10（a）所示的流动，来流为缓流，$h_1 > h_K$，水流处于 $E_s \sim h$ 曲线的上支，当 $E_{s2} < E_{s1}$ 时，$h_2 < h_1$。由能量方程得：
$$h_2 = (h_1 - \Delta) - \left(\frac{\alpha v_2^2}{2g} - \frac{\alpha v_1^2}{2g} + h_w \right)$$

由于 $h_2 < h_1$，所以 $v_2 > v_1$，则 $\left(\frac{\alpha v_2^2}{2g} - \frac{\alpha v_1^2}{2g} + h_w \right) > 0$，可见 $h_2 < (h_1 - \Delta)$，说明水面在坝

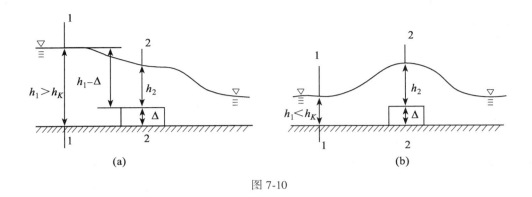

图 7-10

顶降落。

  同样,对于图 7-10(b) 所示流动,来流为急流($h_1 < h_K$),水流处于 $E_s \sim h$ 曲线的下支,当 $E_{s2} < E_{s1}$ 时,$h_2 > h_1$,即坝顶水深大于上游渠中的水深。在考虑坝高 Δ 时,坝顶水面高于坝前来流水面。

7.3　水跃与水跌

  明渠急变流是在自然界和工程中十分常见的一类水流现象,典型的例子有:堰(Weirs)、闸(Sluice)和弯道水流(Curved Channel Flow)以及水跃(Hydraulic Jump)、水跌(Hydraulic Drop)等。由于在水面曲线分析和计算中,经常遇到流态的过渡问题,故本节着重介绍水跃和水跌两种局部的水力现象。另外一方面,在工程实际问题中,常利用水跃来消除泄水建筑物下游高速水流的巨大动能,以便确保大坝的安全。至于堰和闸水流将在下一章详细介绍。

7.3.1　水跃

  水跃是明渠水流从急流状态过渡到缓流状态时水面突然跃起的局部水力现象,如图7-11所示。它可以在溢洪道下、洪水闸下、跌水下游形成,也可以在平坡渠道中闸下出流时形成。

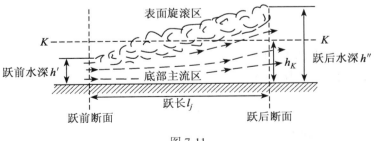

图 7-11

  在水跃发生的流段内,流速大小及其分布不断变化。水跃区域的上部(见图 7-11)旋滚区充满着剧烈翻滚的旋涡,并掺入大量气泡,称为表面旋滚(Surface Roller)区;在底部流速很大,主流接近渠底,受下游缓流的阻遏,在短距离内水深迅速增加,水流扩散,流态从急流转变为缓流,称为扩散主流(Diffusion Mainflow)区。表面旋滚区和扩散主流区之间存在大量的质量、动量交换,不能截然分开,界面上形成横向流速梯度很大的剪切层。

水跃是明渠急变流的重要水流现象,它的发生不仅增加上、下游水流衔接的复杂性,还引起大量的能量损失,是实际工程中有效的消能方式。

7.3.1.1 水跃的基本方程

这里仅讨论平坡($i = 0$)棱柱体渠道中的完整水跃(Complate Hydraulic Jump)。所谓完整水跃是指发生在棱柱形渠道的,其跃前水深h'和跃后水深h''相差显著的水跃。

在推演水跃基本方程时,由于水跃区内部水流极为紊乱复杂,其阻力分布规律尚未弄清,应用能量方程(伯努利方程)还有困难,无法计算其能量损失h_w。故应用不需考虑水流能量损失的动量方程来推导。并且在推导过程中,根据水跃发生的实际情况,作了下列一些假设:

(1)水跃段长度不大,渠床的摩擦阻力较小,可以忽略不计;

(2)跃前、跃后两过水断面上水流具有渐变流的条件,于是作用在该两断面上动水压强的分布可以按静水压强的分布规律计算;

(3)设跃前、跃后两过水断面的动量修正系数相等,即$\alpha_1' = \alpha_2' = \alpha'$。

在上述假设下,对控制面$ABDCA$的液体(见图7-12)建立动量方程,置投影轴S—S于渠道底线,并指向水流方向。

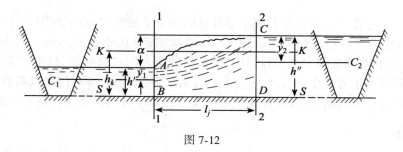

图 7-12

根据上述假设,因内力不必考虑,且渠床的反作用力与水体重力均与投影轴正交,故作用在控制面$ABDCA$水体上的力只有两端断面的动水压力(根据假设2),动水压力按静压力计算,即

$$(\gamma y_1 A_1 - \gamma y_2 A_2)$$

式中,y_1、y_2分别为跃前断面1—1及跃后断面2—2形心的水深。

在单位时间内,控制面$ABDCA$内的液体动量的增量为:

$$\frac{\alpha' \gamma Q}{g}(v_2 - v_1)$$

按恒定总流的动量方程,则有:

$$\frac{\alpha' \gamma Q}{g}(v_2 - v_1) = \gamma(y_1 A_1 - y_2 A_2) \tag{7-21}$$

以$\dfrac{Q}{A_1}$代v_1,$\dfrac{Q}{A_2}$代v_2,经整理后,得:

$$\frac{\alpha' Q^2}{g A_1} + y_1 A_1 = \frac{\alpha' Q^2}{g A_2} + y_2 A_2 \tag{7-22}$$

这就是棱柱形平坡渠道中完整水跃的基本方程。

令
$$J(h) = \frac{\alpha' Q^2}{g A} + y A \tag{7-23}$$

式中，y 为断面形心的水深；$J(h)$ 称为水跃函数（Function of Hydraulic Jump）。当流量渠道和断面形状尺寸一定时，水跃函数便是水深 h 的函数，因此，完整水跃的基本方程式（7-22）可写成：

$$J(h') = J(h'') \tag{7-24}$$

式中，h'、h'' 为跃前、跃后水深，称为共轭水深（Conjugate Depth）。

上述水跃基本方程表明，对于某一流量 Q，具有相同的水跃函数 $J(h)$ 的两个水深，这一对水深即为共轭水深。

7.3.1.2 水跃函数的图形

水跃函数 $J(h)$ 是水深 h 的连续函数，可用图形表示。从式（7-23）可以看出，在流量 Q 和断面形式不变的条件下，当 $h \rightarrow 0$ 时，$A \rightarrow 0$，则水跃函数 $J(h) \rightarrow \infty$；当 $h \rightarrow \infty$ 时，$A \rightarrow \infty$，则 $J(h) \rightarrow \infty$。

由此可见，水跃函数 $J(h)$ 的图形和断面单位能量 $E_s = f(h)$ 的曲线图形一样，具有上、下两支，且在某一水深时，$J(h)$ 有其最小值 $J(h)_{min}$。

现来推导在棱柱形明渠中当流量一定，$J(h) = J(h)_{min}$ 的水深。为此，求 $J(h)$ 对水深 h 的导数，并使之等于零。这样，就有：

$$\frac{d J(h)}{d h} = \frac{d}{d h} \left(\frac{\alpha' Q^2}{g A} + y A \right) = -\frac{\alpha Q^2}{g A^2} \frac{d A}{d h} + \frac{d(y A)}{d h} = 0 \tag{7-25}$$

式中，yA 是过水断面面积 A 对水面的静面矩（见图 7-13）。

当水深 h 有一个无限小的增量 dh 时，其相应的静面矩增量 $d(yA)$ 等于两个静面矩（一是对于 $x'x'$ 轴的静面矩 Sx'，一是对于 xx 轴的静矩 Sx）之差。因此有：

$$d(yA) = Sx' - Sx = \left[A(y + dh) + dA \frac{dh}{2} \right] - yA$$

略去高阶微量，则有：

$$d(yA) = A dh，得 \frac{d(yA)}{d h} = A$$

以此代入上式，并注意 $\frac{dA}{dh} = B$，则式（7-25）为：

$$\frac{\alpha' Q^2}{g} = \frac{A^3}{B} \tag{7-26}$$

当近似地认为 $\alpha' = \alpha$ 时，则式（7-26）与式（7-17）一样。说明水跃函数 $J(h)$ 和断面单位能量 $E_s = f(h)$ 的最小值，在同一水深下呈现出来，这一水深便是临界水深 h_K。

为了比较，现将 $J(h)$ 曲线与 $E_s = f(h)$ 曲线同绘在一个图上（见图 7-14）。从图上可见，水跃函数 $J(h)$ 曲线被 h_K 分为上、下两支，曲线上支 $\frac{d J(h)}{d h} > 0$，相当于缓流；曲线下支 $\frac{d J(h)}{d h}$

< 0,相当于急流。

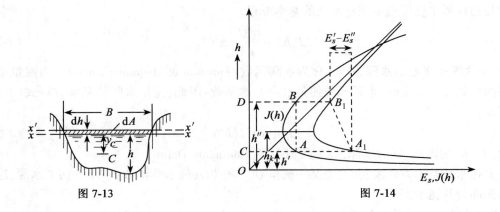

图 7-13

图 7-14

由于共轭水深是同一水跃函数值的一对水深,在图 7-14 中,任一平行于 h 轴的直线 AB 与 $J(h)$ 曲线之交点 A 和 B 的纵坐标,都确定一对共轭水深(即 h' 与 h'')。而线段 AB 的长度 $h''-h'$ 则等于水跃高度(Hight of Hydraulic Jump)a。如果从 A、B 两点分别作直线 CA_1 和 DB_1 平行于断面单位能量 E_s 轴,则 $CA_1 - DB_1 = E_s' - E_s''$,这便是在水平渠道中水跃的能量损失 Δh_w。

7.3.1.3 共轭水深的计算

对于矩形断面的棱柱形渠道,有 $A = bh,y = \dfrac{h}{2},q = \dfrac{Q}{b}$ 和 $\dfrac{\alpha q^2}{g} = h_K^3$ 等简单关系后,并采用 $\alpha' = \alpha$,其水跃函数为:

$$J(h) = \frac{\alpha Q^2}{gA} + yA = \frac{\alpha b^2 q^2}{gbh} + \frac{h}{2}bh$$

$$= b\left(\frac{\alpha q^2}{gh} + \frac{h^2}{2}\right) = b\left(\frac{h_K^3}{h} + \frac{h^2}{2}\right)$$

因 $J(h') = J(h'')$,故有:

$$b\left(\frac{h_K^3}{h'} + \frac{h'^2}{2}\right) = b\left(\frac{h_K^3}{h''} + \frac{h''^2}{2}\right)$$

于是得:

$$h'h''(h' + h'') = 2h_K^3$$

或

$$h'^2h'' + h'h''^2 - 2h_K^3 = 0 \tag{7-27}$$

从而解得:

$$\left. \begin{aligned} h' &= \frac{h''}{2}\left[\sqrt{1 + 8\left(\frac{h_K}{h''}\right)^3} - 1\right] \\ h'' &= \frac{h'}{2}\left[\sqrt{1 + 8\left(\frac{h_K}{h'}\right)^3} - 1\right] \end{aligned} \right\} \tag{7-28}$$

或

210

式中，$\left(\dfrac{h_K}{h''}\right)^3 = \dfrac{\alpha q^2}{g} \dfrac{1}{h''^3} = \dfrac{\alpha v_2^2}{gh''} = Fr_2^2$；$\left(\dfrac{h_K}{h'}\right)^3 = \dfrac{\alpha q^2}{g} \dfrac{1}{h'^3} = \dfrac{\alpha v_1^2}{gh'} = Fr_1^2$。

于是式（7-28）又有如下形式：

$$\left. \begin{aligned} h' &= \frac{h''}{2}(\sqrt{1 + 8Fr_2^2} - 1) \\ h'' &= \frac{h'}{2}(\sqrt{1 + 8Fr_1^2} - 1) \end{aligned} \right\} \tag{7-29}$$

式（7-29）即为平底矩形断面渠道中的水跃共轭水深关系式。对于梯形断面的棱柱形渠道，其共轭水深的计算可根据水跃基本方程试算确定或查阅有关书籍、手册求得。

尚需指出，在推导水跃基本方程时曾作了一些假设，这些假设的正确性已为实验所证实，特别是在 $Fr_1 = 3\sim25$ 的范围内，理论式（7-29）与实验结果很相符。

以上讨论是对平坡渠道而言。对于渠底坡度较大的矩形明渠，其水跃的基本方程则要考虑重力的影响，也就是说，重力在水流方向上的分力不能略去不计，其推演过程此处从略。

7.3.1.4 水跃长度

水跃长度（Length of Hydraulic Jump）是消能建筑物（尤其是建筑物下游加固保护段）尺寸设计的主要依据之一，但是到目前为止，关于水跃长度的确定还没有可资应用的理论分析公式，虽然经验公式很多，但彼此相差较大。这一方面由于水跃位置是不断摆动的，不易测准；另一方面是因为不同的研究者选择跃后断面的标准不一致，除了对旋滚末端的位置看法不一外，还有人认为应根据断面上的流速分布或压强分布接近渐变流的分布规律来取跃后断面。

根据明渠流的性质和实验的结果，目前采用的经验公式多以 h'、h'' 和来流的弗劳德数 Fr_1 为自变量。下面介绍几个常用的平底矩形断面明渠水跃长度计算的经验公式。

（1）以跃后水深表示的，如美国垦务局公式为：

$$l_j = 6.1h'' \tag{7-30}$$

该式适用范围为 $4.5<Fr_1<10$。

（2）以水跃高度表示的，如 Elevatorski 公式为：

$$l_j = 6.9(h'' - h') \tag{7-31}$$

长科院根据资料将系数取为 $4.4\sim6.7$。

（3）以 Fr_1 表示的，如成都科技大学公式为：

$$l_j = 10.8h'(Fr_1 - 1)^{0.93} \tag{7-32}$$

该式系根据宽度为 $0.3\sim1.5$m 的水槽上 $Fr_1 = 1.72\sim19.55$ 的实验资料总结而来的；

陈椿庭公式为：

$$l_j = 9.4h'(Fr_1 - 1) \tag{7-33}$$

切尔托乌索夫公式为：

$$l_j = 10.3h'(Fr_1 - 1)^{0.81} \tag{7-34}$$

在公式的适用范围内，前4式计算结果比较接近。式（7-34）适用于 Fr_1 值较小的情况，在 Fr_1 值较大时，计算结果与其他公式相比偏小。

7.3.1.5 水跃能量损失

水跃会产生巨大的能量损失，这是由于水跃内部流速分布极度不均，同时存在强烈的紊动,紊动动能可达水流平均动能的 30%。

若已知来流的流量和水深,利用水跃共轭水深关系可确定跃后水深,再用总流能量方程便可计算出水跃段的水头损失。其中对于矩形断面平坡渠道的水跃段能量损失可以推导出计算公式。以渠底为基准,令 $\alpha_1 \approx \alpha_2 \approx \alpha' \approx 1.0$,则总水头为:

$$E = h + \frac{v^2}{2g} = h + \frac{q^2}{2gh^2}$$

水跃段水头损失为:

$$\Delta E_j = E_1 - E_2 = h' - h'' + \frac{q^2}{2g}\left(\frac{1}{h'^2} - \frac{1}{h''^2}\right) \tag{7-35}$$

将式(7-27)和水跃共轭水深关系式(7-29)代入,得:

$$\Delta E_j = \frac{(h'' - h')^3}{4h'h''} = \frac{h'(\sqrt{1 + 8Fr_1^2} - 3)^3}{16(\sqrt{1 + 8Fr_1^2} - 1)} \tag{7-36}$$

相对消能率为:

$$\frac{\Delta E_j}{E_1} = \frac{\Delta E_j}{h' + \frac{q^2}{2gh'^2}} = \frac{(\sqrt{1 + 8Fr_1^2} - 3)^3}{8(\sqrt{1 + 8Fr_1^2} - 1)(2 + Fr_1^2)} \tag{7-37}$$

可见,水跃的消能效果与来流的弗劳德数 Fr_1 有关,来流越急,消能效率就越高(见图 7-15)。$Fr_1 = 9$ 时,消能率可达 70%;$Fr_1 > 9$ 时,消能率更大,不过这时下游波浪较大。比较理想的范围是 $Fr_1 = 4.5 \sim 9$。

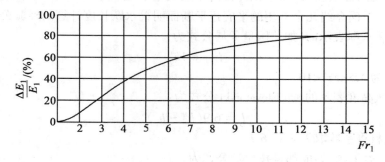

图 7-15

水流中单位体积水体经过水跃段所损失的机械能为 $\gamma\Delta E_j$,当流量为 Q 时,水跃的消能功率为:

$$\Delta N_j = \gamma Q \Delta E_j \tag{7-38}$$

损失的机械能均转化为热量,若不计水面散热,则水体的温升最大为 $\Delta T = \gamma\Delta E_j/C_p$($C_p$ 为等压比热),但由于水的热容量很大,$C_p = 4\,184\text{J}/(\text{kg}\cdot\text{℃})$,所以 100m 水头损失最多才能使水温增加 0.234℃,通常不引起人们的注意,也不足以显著改变水的密度和其他物理性质。

例 7-3 某泄水建筑物泄流单宽流量 $q = 15.0\text{m}^2/\text{s}$,在下游渠道产生水跃,渠道断面为矩形。已知跃前水深 $h' = 0.80\text{m}$,(1)求跃后水深 h'';(2)计算水跃长度 l_j;(3)计算水跃段单位宽度上的消能功率和水跃消能效率。

解:(1)已知 $q=15.0\text{m}^2/\text{s}$,$h'=0.80\text{m}$,求 h''。设 $\alpha\approx1.0$,则

跃前断面弗劳德数为:
$$Fr_1=\sqrt{\alpha q^2/gh'^3}=6.696$$

跃后水深为:
$$h''=\frac{1}{2}h'(\sqrt{1+8Fr_1^2}-1)=7.19\text{m}$$

(2)水跃长度计算,用各家公式比较,按式(7-30)~(7-33)计算得:

$$l_j=6.1h''=43.86\text{m};\qquad\qquad l_j=6.9(h''-h')=44.09\text{m};$$

$$l_j=10.8h'(Fr_1-1)^{0.93}=43.57\text{m};\qquad l_j=9.4h'(Fr_1-1)=42.83\text{m}$$

彼此相差不到3%。若按式(7-34)计算,则

$$l_j=10.3h'(Fr_1-1)^{0.81}=33.72\text{m}$$

与前几式结果比较,可相差近24%。

(3)水跃水头损失为:
$$\Delta E_j=E_1-E_2=h'-h''+\frac{q^2}{2g}\left(\frac{1}{h'^2}-\frac{1}{h''^2}\right)=11.32\text{m}$$

消能效率为:
$$\Delta E_j/E_1=\Delta E_j\bigg/\left(h'+\frac{q^2}{2gh'^2}\right)=60.4\%$$

也可直接用式(7-32)、式(7-33)计算。单位宽度上的消能功率为:
$$\Delta N_j=\gamma q\Delta E_j=9\,800\times15\times11.32=1\,664\text{kW/m}$$

7.3.2 水跌

当明渠水流由缓流过渡到急流的时候,水面会在短距离急剧降落,这种水流现象称为水跌。水跌发生在明渠底坡突变或有跌坎处,其上、下游流态分别为缓流和急流,如图7-16(a)、7-16(b)所示。由于边界的突变,水流底部和下游的受力条件显著改变,使重力占主导地位,它力图将水流的势能转变成动能,从而使水面急剧下降,形成局部的急变流流段,水面急剧地从临界水深线之上降落到临界水深线之下。

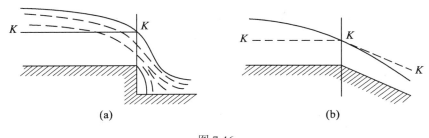

(a)　　　　　　　　　　　　　　(b)

图 7-16

根据明渠渐变流水面线的理论分析(参看下一节内容),水跌上游的水面下降不会低于临界水深,水跌下游的水深小于临界水深,因此转折断面上的水深 h_D 应等于临界水深,所以在进行明渠恒定渐变流的水面曲线分析时,通常近似取 $h_D=h_K$ 作为控制水深。

根据实验观察,由于急变流的水面变化规律与渐变流有所不同,水流流线很弯曲,实际上跌坎断面的水深 h_D 约为 $0.7h_K$,而水深等于 h_K 的断面约在跌坎断面上游 $(3\sim4)h_K$ 处(见图7-17)。

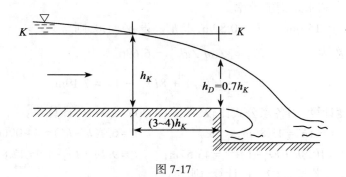

图 7-17

7.4　明渠恒定非均匀渐变流的基本微分方程

　　明渠中水面曲线的分析和计算,在实际工程中具有重要的意义。而水面曲线的分析和计算是从明渠恒定非均匀流必须满足的基本微分方程出发而得出的,下面就来讨论其微分方程。

　　在底坡为 i 的明渠渐变流中(见图 7-18),沿水流方向任取一微分流段 $\mathrm{d}s$, 由断面 1—1

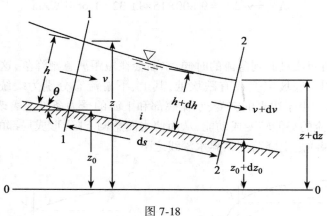

图 7-18

和断面2—2的能量方程得:

$$z_0 + h\cos\theta + \frac{\alpha_1 v^2}{2g} = (z_0 - i\mathrm{d}s) + (h + \mathrm{d}h)\cos\theta + \frac{\alpha_2(v + \mathrm{d}v)^2}{2g} + \mathrm{d}h_f + \mathrm{d}h_j \quad (7\text{-}39)$$

取 $\alpha_1 \approx \alpha_2 \approx \alpha$,而

$$\frac{\alpha}{2g}(v + \mathrm{d}v)^2 = \frac{\alpha}{2g}\left[v^2 + 2v\mathrm{d}v + (\mathrm{d}v)^2\right]$$

$$\approx \frac{\alpha}{2g}(v^2 + 2v\mathrm{d}v) = \frac{\alpha v^2}{2g} + \mathrm{d}\left(\frac{\alpha v^2}{2g}\right)$$

将上式代入式(7-39),化简得:

$$i\mathrm{d}s = \cos\theta\mathrm{d}h + \mathrm{d}\left(\frac{\alpha v^2}{2g}\right) + \mathrm{d}h_f + \mathrm{d}h_j \quad (7\text{-}40)$$

式中,$d\left(\dfrac{\alpha v^2}{2g}\right)$ 表示微分流段内流速水头的增量;dh_f 表示微分流段内沿程水头损失,目前对非均匀流的沿程水头损失尚无精确的计算公式,仍可近似地采用均匀流公式计算,即令 $dh_f = \dfrac{Q^2}{K^2}ds$ 或 $dh_f = \dfrac{V^2}{C^2 R}ds$,其中,$V$、$C$、$R$ 等值一般采用流段上、下游断面的平均值;dh_j 表示微分流段内局部水头损失,一般令 $dh_j = \zeta d\left(\dfrac{v^2}{2g}\right)$,在一般明渠水流中,收缩流段或微弯段的局部损失很小,有时可以忽略不计。扩大段局部阻力系数 ζ 值见本章第 7 节。

将 dh_f 和 dh_j 的计算公式代入式(7-40),得:

$$ids = \cos\theta dh + (\alpha + \zeta)d\left(\frac{v^2}{2g}\right) + \frac{Q^2}{K^2}ds \qquad (7\text{-}41)$$

若明渠底坡 $i < 0.1$,取 $\cos\theta \approx 1$,即用铅垂水深代替垂直于渠底的水深,则上式化为:

$$ids = dh + (\alpha + \zeta)d\left(\frac{v^2}{2g}\right) + \frac{Q^2}{K^2}ds \qquad (7\text{-}42)$$

下面将由式(7-42)讨论水深沿程改变和水位沿程改变的微分方程。

7.4.1 水深沿流程变化的微分方程

对于人工渠道,由于渠底高程知道,故用水深沿程变化的微分方程。

将式(7-42)各项除以 ds 并整理得:

$$i - \frac{Q^2}{K^2} = \frac{dh}{ds} + (\alpha + \zeta)\frac{d}{ds}\left(\frac{v^2}{2g}\right) \qquad (7\text{-}43)$$

式中,
$$\frac{d}{ds}\left(\frac{v^2}{2g}\right) = \frac{d}{ds}\left(\frac{Q^2}{2gA^2}\right) = -\frac{Q^2}{gA^3}\frac{dA}{ds} \qquad (7\text{-}44)$$

在一般情况下,非棱柱体渠道过水断面面积 A 是水深 h 和流程 s 的函数,即 $A = f(h, s)$,由复合函数求导得:

$$\frac{dA}{ds} = \frac{\partial A}{\partial h}\frac{dh}{ds} + \frac{\partial A}{\partial s} \qquad (7\text{-}45)$$

如图 7-19 所示,当过水断面水深 h 有一增量 dh 时,过水断面面积的增量为:

$$Bdh = \frac{\partial A}{\partial h}dh$$

故
$$\frac{\partial A}{\partial h} = B \qquad (7\text{-}46)$$

显然,对于棱柱体明渠 $B = \dfrac{dA}{dh}$。

将式(7-44)、(7-45)、(7-46)代入式(7-43),经过整理化简可得:

$$\frac{dh}{ds} = \frac{i - \dfrac{Q^2}{K^2} + (\alpha + \zeta)\dfrac{Q^2}{gA^3}\dfrac{\partial A}{\partial s}}{1 - (\alpha + \zeta)\dfrac{Q^2 B}{gA^3}} \qquad (7\text{-}47)$$

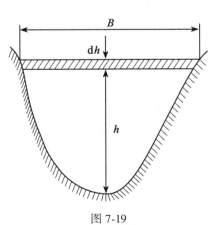

图 7-19

215

式(7-47)即为水深沿程变化与断面水力要素之间的关系的明渠恒定渐变流基本微分方程式。它可以用于棱柱形渠道或非棱柱形渠道。

对于棱柱形渠道,则 $\dfrac{\partial A}{\partial s} = 0, \zeta = 0$,于是式(7-47)可化为:

$$\frac{\mathrm{d}h}{\mathrm{d}s} = \frac{i - \dfrac{Q^2}{K^2}}{1 - \dfrac{\alpha Q^2 B}{g A^3}} = \frac{i - J}{1 - Fr^2} \tag{7-48}$$

式(7-48)主要用于分析棱柱体明渠渐变流水面线的变化规律。

对于明渠恒定均匀流,则 $\dfrac{\mathrm{d}h}{\mathrm{d}s} = 0$,从而得:

$$i - Q^2/K^2 = 0$$

即

$$Q = AC\sqrt{Ri}$$

这就是明渠恒定均匀流基本方程式。

7.4.2   水位沿程变化的微分方程式

在天然河道中,由于河道高程较复杂,常用水位的变化来反映非均匀流变化规律更加方便,所以对天然河道水面线进行分析和计算时,需要知道水位沿程变化的关系式。

由图 7-18 可见,$z = z_0 + h\cos\theta$,从而

$$\mathrm{d}z = \mathrm{d}z_0 + \cos\theta \cdot \mathrm{d}h$$

又因

$$z_0 - i\mathrm{d}s = z_0 + \mathrm{d}z_0$$

即

$$\mathrm{d}z_0 = -i\mathrm{d}s$$

所以

$$\mathrm{d}z = -i\mathrm{d}s + \cos\theta \cdot \mathrm{d}h$$

又因

$$\cos\theta \cdot \mathrm{d}h = \mathrm{d}z + i\mathrm{d}s \tag{7-49}$$

将式(7-49)代入基本微分方程式(7-41),可得非均匀渐变流的水位沿流程变化的微分方程式为:

$$-\frac{\mathrm{d}z}{\mathrm{d}s} = (\alpha + \zeta) \frac{\mathrm{d}}{\mathrm{d}s}\left(\frac{v^2}{2g}\right) + \frac{Q^2}{K^2} \tag{7-50}$$

上式主要用于天然河道水流的水面曲线计算。

7.5   棱柱形渠道中恒定非均匀渐变流水面曲线分析

明渠恒定渐变流水面线定性分析的主要任务,是根据渠道的槽身条件、来流的流量和控制断面条件来确定水面线的沿程变化趋势和变化范围,定性地绘出水面线。尽管现在利用计算机进行水面线的数值计算已经十分寻常,但从定性上了解水面曲线的变化规律是进行水面曲线计算的基础,仍然至关重要,不然就可能得出完全错误的结果。本节主要是对棱柱形渠道水面曲线进行定性分析。

7.5.1   渐变流水面线的变化规律

棱柱形渠道恒定渐变流基本微分方程为式(7-48)。为了便于分析,对于 $i > 0$ 的渠道,

假想水流作均匀流,则

$$Q = A_0 C_0 \sqrt{R_0 i} = K_0 \sqrt{i} = f(h_0)$$

将上式代入式(7-48)得:

$$\frac{\mathrm{d}h}{\mathrm{d}s} = \frac{i - (K_0^2 i / K^2)}{1 - Fr^2} = i \frac{1 - (K_0/K)^2}{1 - Fr^2} \qquad (7-51)$$

式中,K_0 是对应于 h_0 的流量模数;K 是对应于实际非均匀流水深 h 的流量模数;Fr 为弗劳德数。

从式(7-51)中可以看出,分子反映水流不均匀程度,分母反映水流的缓急程度。因为,水流不均匀程度需要与正常水深 h_0 作对比,水流缓急程度需要与临界水深 h_K 作对比,由此可见,在棱柱形渠道中其水深沿程变化的规律与上述两方面的因素有关。水面曲线形式必然与底坡 i 以及实际水深 h 与正常水深 h_0、临界水深 h_K 之间的相对位置有关。为此,可将水面线根据底坡的情况和实际水深变化的范围加以区分。

(1)顺坡渠道 $i > 0$,有三种情况:

第 I 种情况:缓坡,$i < i_K$,缓坡水面曲线以 M 表示;

第 II 种情况:陡坡,$i > i_K$,陡坡水面线,以 S 表示;

第 III 种情况:临界坡,$i = i_K$,临界坡水面曲线,以 C 表示。

(2)平底坡,$i = 0$,平底坡水面曲线,以 H 表示;

(3)逆坡渠道,$i < 0$,逆坡水面曲线,以 A 表示。

对于每一种情况,实际水深又可以在不同水深范围内变化。凡水深在既大于正常水深 h_0 又大于临界水深 h_K 的范围内变化者,系为第①区;凡水深在既小于正常水深 h_0 又小于临界水深 h_K 范围内变化者,称为第③区;凡水深在 h_0 及 h_K 之间变化者称为第②区。

为此,我们画出平行于渠底线的两条平行线。一条与渠底的铅垂距离为正常水深 h_0,叫做正常水深参考线 $N-N$;另一条与渠底铅垂距离为临界水深 h_K,叫做临界水深参考线 $K-K$。由于是棱柱形渠道,断面形式和尺寸沿程不变。因此,正常水深 h_0 及临界水深 h_K 沿流程均不变化,据此分区及确定各区的水面曲线名称,如图 7-20 所示。

现着重对顺波($i > 0$)棱柱形渠道中水面曲线变化规律进行讨论。由图 7-20 可见,在顺坡渠道中有缓坡 3 个区,陡坡 3 个区,临界坡 2 个区,这 8 个区共有 8 种水面曲线。通过对水面曲线基本微分方程(7-51)进行分析,可得如下规律:

(1)在①、③区内的水面曲线,水深沿程增加,即 $\mathrm{d}h/\mathrm{d}s > 0$,而②区的水面曲线,水深沿程减小,即 $\mathrm{d}h/\mathrm{d}s < 0$。

分析如下:①区中的水面曲线,其水深 h 均大于正常水深 h_0 和临界水深 h_K。由 $h > h_0$ 得 $K = AC\sqrt{R} > K_0 = A_0 C_0 \sqrt{R_0}$,式(7-51)的分子 $1 - (K_0/K)^2 > 0$。当 $h > h_K$,则 $Fr < 1$,该式的分母 $(1 - Fr^2) > 0$,由此得 $\mathrm{d}h/\mathrm{d}s > 0$,说明①区的水面曲线的水深沿程增加,即为壅水曲线(Backwater Curve)。

③区中的水面曲线,其水深 h 均小于 h_0 和 h_K,式(7-51)中的分子与分母均为负值,由此可得 $\mathrm{d}h/\mathrm{d}s > 0$,这说明③区水面曲线的水深沿程增加,亦为壅水曲线。

②区中的水面曲线,其水深介于 h_0 和 h_K 之间,引用基本微分方程式(7-51),可证得 $\mathrm{d}h/\mathrm{d}s < 0$,说明②区水面曲线的水深沿程减小,即为降水曲线(Drawdown Curve)。

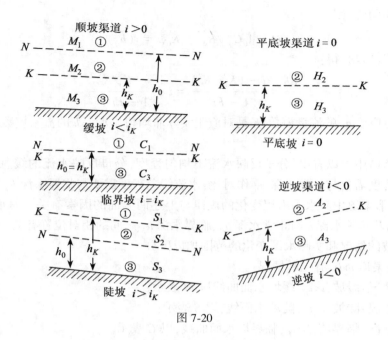

图 7-20

（2）水面曲线与正常水深线 $N-N$ 渐近相切。这是因为，当 $h \to h_0$ 时，$K \to K_0$，式(7-51) 的分子 $1-(K_0/K)^2 \to 0$，则 $dh/ds \to 0$，说明在非均匀流动中，当 $h \to h_0$ 时，水深沿程不再变化，水流成为均匀流动。

（3）水面曲线与临界水深线 $K-K$ 呈正交。这是因为，当 $h \to h_K$ 时，$Fr \to 1$，式(7-51) 的分母 $(1-Fr^2) \to 0$，由此可得 $dh/ds \to \pm \infty$。这说明在非均匀流动中，当 $h \to h_K$ 时，水面线将与 $K-K$ 线垂直，即渐变流水面曲线的连续性在此中断。但是实际水流仍要向下游流动，因而水流便越出渐变流的范围而形成了急变流动的水跃或水跌现象。

（4）水面曲线在向上、下游无限抬升时将趋于水平线。这是因为，当 $h \to \infty$ 时，$K \to \infty$，式(7-51) 中的分子 $1-(K_0/K)^2 \to 1$；又当 $h \to \infty$ 时，$A=f(h) \to \infty$，$Fr^2=\alpha Q^2 B/gA^3 \to 0$，该式分母 $1-Fr^2 \to 1$，$dh/ds \to i$。从图7-22看出，这一关系只有当水面曲线趋近于水平线时才合适。因为这时 $dh=h_2-h_1=\sin\theta ds=ids$，故 $dh/ds=i$。

（5）在临界坡渠道 $(i=i_K)$ 的情况下，$N-N$ 线与 $K-K$ 线重合，上述(2)与(3)结论在此出现相互矛盾。

从式(7-51) 可见，当 $h \to h_0=h_K$ 时，$dh/ds=0/0$，因此要另行分析。

将式(7-51)的分母改写为：

$$1-\frac{\alpha Q^2 B}{gA^3}=1-\frac{\alpha K_0^2 i_K B}{gA^3} \cdot \frac{C^2 R}{C^2 R}=1-\frac{\alpha K_0^2 i_K}{g} \cdot \frac{BC^2}{A^2 C^2 R} \frac{R}{A}$$

$$=1-\frac{\alpha i_K C^2}{g} \cdot \frac{B}{\chi} \frac{K_0^2}{K^2}=1-j\frac{K_0^2}{K^2}$$

式中，$j=\alpha i_K C^2 B/g\chi$，为几个水力要素的组合数。

在水深变化较小的范围内，近似地认为 j 为一常数，则

$$\lim_{h \to h_0 = h_K} \left(\frac{\mathrm{d}h}{\mathrm{d}s}\right) = \lim_{h \to h_0 = h_K} i \frac{\dfrac{\mathrm{d}}{\mathrm{d}h}\left(1 - \dfrac{K_0^2}{K^2}\right)}{\dfrac{\mathrm{d}}{\mathrm{d}h}\left(1 - j\dfrac{K_0^2}{K^2}\right)} = \frac{i}{j}$$

再考虑到式(7-20),即 $i_K = g\chi_K / \alpha C_K^2 B_K$,当 $h \to h_K$ 时,$j \approx 1$,故有:

$$\lim_{h \to h_0 = h_K} \left(\frac{\mathrm{d}h}{\mathrm{d}s}\right) \approx i$$

这说明,C_1 与 C_3 型水面曲线在接近 $N-N$ 线或 $K-K$ 线时都近乎水平(见图 7-23)。

根据上述水面曲线变化的规律,便可勾画出顺直渠道中可能有的八种水面曲线的形状,如图 7-21、图 7-22、图 7-23 所示。

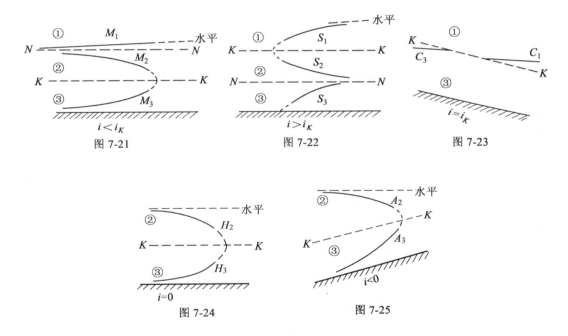

图 7-21 图 7-22 图 7-23

图 7-24 图 7-25

实际水面曲线变化可参见图 7-26 所示的例子。

需要指出,上述水面曲线变化的几条规律对于平坡渠道及逆坡渠道一般也能适用。

对于平坡渠道($i = 0$)的水面曲线形式(H_2 与 H_3 两种,见图 7-24)和逆坡渠道($i < 0$)的水面曲线形式(A_2 与 A_3 两种,见图 7-25),可采用上述类似方法分析,在此不再一一讨论。

综上所述,在棱柱形渠道的恒定非均匀渐变流中,共有 12 种水面曲线,即顺坡渠道 8 种,平坡与逆坡渠道各 2 种,现将这 12 条水面曲线的简图和工程实例归结为图 7-26。

在具体进行水面曲线分析时,可参照以下步骤进行:

(1)根据已知条件,给出 $N-N$ 线和 $K-K$ 线(平坡和逆坡渠道无 $N-N$ 线);

(2)从水流边界条件出发,即从实际存在的或经水力计算确定的,已知水深的断面(即控制断面)出发(急流从上游往下游分析,缓流从下游往上游分析),确定水面曲线的类型,并参照其壅水、降水的性质和边界情形进行描绘;

(3)如果水面曲线中断,出现了不连续而产生水跌或水跃时,要作具体分析。一般情

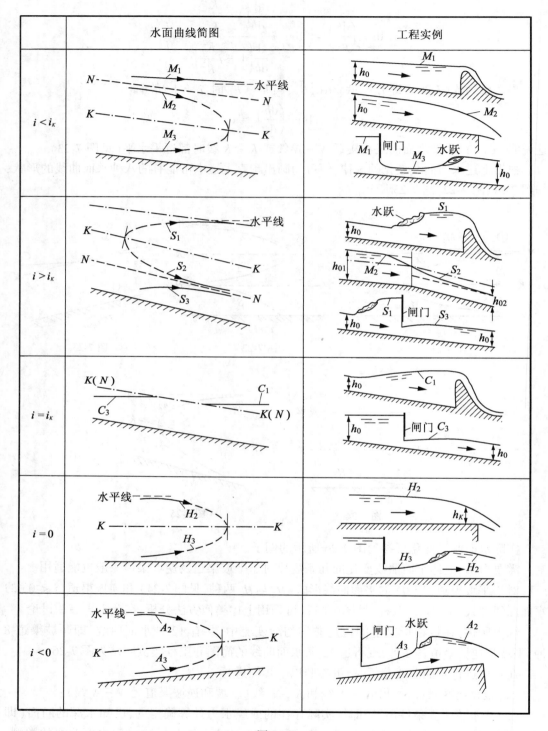

图 7-26

况下,水流至跌坎处便形成水跌现象。水流从急流到缓流,便发生水跃现象(见图 7-27)。至于形成水跃的具体位置,还要根据水跃原理以及水面曲线计算理论作具体分析后才能确定。

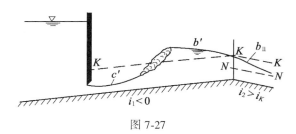

图 7-27

为了能正确地分析水面曲线还必须了解以下几点:

(1)上述 12 种水面曲线,只表示了棱柱形渠道中可能发生的渐变流的情况,至于在某一底坡上出现的究竟是哪一种水面曲线,则根据具体情况而定,但每一种具体情况的水面曲线都是唯一的。

(2)在正底坡长渠道中,在距干扰物相当远处,水流仍为均匀流。这是水流重力与阻力相互作用,力图达到平衡的结果。

(3)由缓流向急流过渡时产生水跌;由急流向缓流过渡时产生水跃。

(4)由缓流向缓流过渡时只影响上游,下游仍为均匀流;由急流向急流过渡时只影响下游,上游仍为均匀流。

(5)临界底坡中的流动形态,视其相邻底坡的缓急而定其急缓流,如上游相邻,底坡为缓坡,则视为缓流过渡到缓流,只影响上游。

例 7-4 底坡改变引起的水面曲线连接分析实例。

现设有顺直棱柱形渠道在某处发生变坡,为了分析变坡点前后产生何种水面曲线连接,需按以下两个步骤进行:

步骤一:根据已知条件(流量 Q、渠道断面形状尺寸、糙率 n 及底坡 i)可以判别两个底坡 i_1 及 i_2 各属何种底坡,从而定性地画出 $N-N$ 线及 $K-K$ 线;

步骤二:根据各渠段上控制断面水深(对充分长的顺坡渠道可以认为有均匀流段存在)判定水深的变化趋势(沿程增加或是减少)。根据这种趋势,在这两种底坡上选择符合要求的水面曲线进行连接。

以下举例均认为已完成步骤一,仅讲述步骤二。

(1)$0 < i_1 < i_2 < i_k$。

由于 i_1 及 i_2 均为顺坡,故 i_1 的上游与 i_2 的下游可以有均匀流段存在,即上游水面应在正常水深线 N_1-N_1 处,下游水面则在 N_2-N_2 处,如图 7-28 所示。这时水深应由较大的 h_{01} 降到较小的 h_{02},所以水面曲线应为降水曲线。在缓坡上降水曲线只有 M_2 型曲线。即水深从 h_{01} 通过 M_2 曲线逐渐减小,到交界处恰等于 h_{02},而 i_2 渠道上仅有均匀流。

(2)$0 < i_2 < i_1 < i_k$。

这里上、下游均为缓流,没有从急流过渡到缓流的问题,故无水跃发生,又因 $i_1 > i_2$,则 $h_{01} < h_{02}$。可见连接段的水深应当沿程增加,这看来必须是上游段为 M_1 型水面曲线和下游

段为均匀流才有可能,如图 7-29 所示。

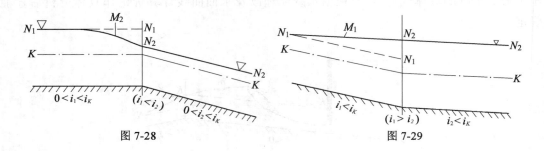

图 7-28   图 7-29

(3)$0 < i_1 < i_k$、$i_2 > i_k$。

此时 $h_{01} > h_k$、$h_{02} < h_k$。正常水深线 $N_1 - N_1$、$N_2 - N_2$ 与临界水深线 $K - K$ 如图 7-30 所示。此时水深将由较大的 h_{01} 逐渐下降到较小的 h_{02},水面必须采取降水曲线的形式。在这两种底坡上,只有 M_2 及 S_2 型曲线可以满足这一要求,因此在 i_1 上发生 M_2 型曲线,在 i_2 上发生 S_2 型曲线。它们在变坡处形成水跃互相衔接,如图 7-30 所示。

(4)$i_1 > i_k$、$0 < i_2 < i_k$。

由于 $h_{01} < h_k$ 是急流,而 $h_{02} < h_k$ 是缓流,所以从 h_{01} 过渡到 h_{02} 乃是急流过渡为缓流,此时必然发生水跃。这种连接又有三种可能,如图 7-31 所示。究竟发生哪一种,在何处发生,应根据 h_{01} 和 h_{02} 的大小作具体分析。

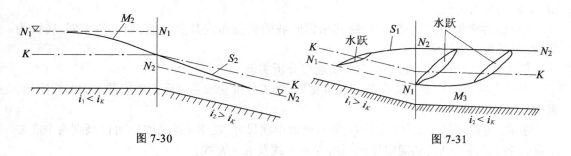

图 7-30   图 7-31

求出与 h_{01} 共轭的跃后水深 h_{01}'',并与 h_{02} 比较,有以下 3 种可能:

①$h_{02} < h_{01}''$,水跃发生在 i_2 渠道上,称为远驱式水跃(Remote Hydraulic Jump)。这说明下游段的水深 h_{02} 挡不住上游段的急流而被冲向下游。水面连接由 M_3 型壅水曲线及其后面的水跃组成,为远驱式水跃连接。

②$h_{02} = h_{01}''$,水跃发生在底坡交界断面处,称为临界水跃(Critical Hydraulic Jump)。

③$h_{02} > h_{01}''$,水跃发生在 i_1 渠道上,即发生在上游渠段,称为淹没水跃(Submerged Hydraulic Jump)。

7.6 棱柱形渠道中恒定非均匀渐变流水面曲线计算

在实际工程中,仅对水面曲线作定性分析是不够的,还需要知道非均匀流断面的水力要素,如水深和平均流速等的具体数值,这就必须对水面曲线进行具体计算和绘制。水面曲线的计算结果可以预测水位的变化及对堤岸的影响,平均流速的计算则可提供渠道是否冲淤的主要依据。因此,它在渠道水力计算中是一个非常重要的问题。

7.6.1 人工渠道水面曲线的计算

7.6.1.1 计算公式与方法

前面介绍过,人工棱柱形的明渠恒定流满足微分方程(7-48):

$$\frac{\mathrm{d}h}{\mathrm{d}s} = \frac{i - J}{1 - Fr^2}$$

表面上看比较适合直接应用常微分方程的数值解法,但是当水深接近临界水深 h_K 附近时,计算遇到困难,所以还是直接求解方程(7-9)更为可行。

计算时,先将整段渠道分成许多小渠段。设某渠段长 Δs,渠段内底坡不变,令下标 u 代表渠段的上游入口断面,下标 d 代表渠段下游出口断面,注意坐标 s 指向下游为正。对方程(7-9)积分,得:

$$E_{sd} - E_{su} = \int_u^d (i - J)\mathrm{d}s = \Delta s \cdot (i - \bar{J}) \tag{7-52}$$

渠段上平均水力坡度可近似地取两断面水力坡度的平均值,即

$$\bar{J} = (J_u + J_d)/2 \tag{7-53}$$

当然也可以取 $\quad \bar{J} = J(\bar{h}) , \ \bar{h} = (h_u + h_d)/2;$

或 $\quad \bar{J} = \frac{\bar{v}^2}{\bar{C}^2 \bar{R}}, \quad \bar{v} = \frac{1}{2}(v_u + v_d) , \ \bar{C} = \frac{1}{2}(C_u + C_d) , \ \bar{R} = \frac{1}{2}(R_u + R_d)$

若 Δs 足够小,这些处理方法精度相差不多,但以式(7-53)用起来较为简便。若用曼宁公式计算谢才系数 C,则

$$E_{sd} - E_{su} = \Delta s \left[i - \frac{Q^2 n^2}{2} \left(\frac{1}{A_u^2 R_u^{4/3}} + \frac{1}{A_d^2 R_d^{4/3}} \right) \right] \tag{7-54}$$

利用该式可以从已测得的渠道水深资料反算出流量 Q 和糙率 n。

在水面线计算中,有时已知下游水深,求上游水面线,有时则反之。下面的表达式中,以下标1代表水深已知的断面,下标2代表水深待求的断面,式(7-52)改为:

$$E_{s2} = E_{s1} + r \cdot \Delta s(i - \bar{J}) \tag{7-55}$$

式中,渠段平均水力坡度为: $\quad \bar{J} = \frac{1}{2}(J_1 + J_2)$

方向参数为: $\quad r = \begin{cases} 1, & \text{断面1位于上游,计算下游渠道的水面线} \\ -1, & \text{断面1位于下游,计算上游渠道的水面线} \end{cases} \tag{7-56}$

明渠流动为急流时,一般是前一种情况,缓流时,一般是后一种情况。

已知渠道中的流量、糙率及断面形状尺寸等条件,水面曲线的计算有两种做法。

(1)给定水深 h_1、h_2,计算断面1、2的间距 Δs。计算式为:

$$\Delta s_{1-2} = \frac{E_{s2} - E_{s1}}{r \cdot (i - \bar{J})} \tag{7-57}$$

这是一显式计算式,从给定的水深可以计算出两个断面的断面比能和水力坡度,从而直接计

算出 Δs_{1-2}。

计算时,从水深已知的控制断面出发,按一定变化幅度取若干水深值,分别计算出所有给定水深之间的距离 Δs,从而确定各水深所在的位置,便得到水深的沿程变化规律。这种做法称为分段求和法,其优点是简单,计算量少,不必解方程,可以用手算,但要求先判断水面线的变化趋势和水深的变化范围。不足之处是不便用于计算非棱柱形渠道的水面线。

例 7-5　某水库泄水渠纵剖面如图 7-32 所示,渠道断面为矩形,宽 $b=5\text{m}$,底坡 $i=0.25$,用浆砌块石护面,糙率 $n=0.025$,渠长 56m,当泄流量 $Q=30\text{m}^3/\text{s}$ 时,绘制水面曲线。

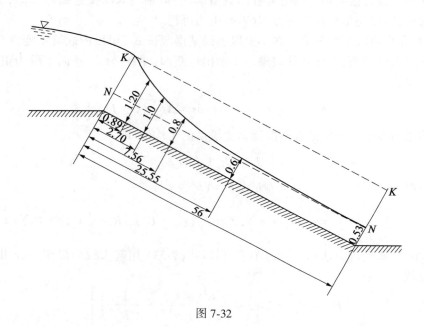

图 7-32

解:已知 $b=5\text{m}$,$i=0.25$,$n=0.025$,$Q=30\text{m}^3/\text{s}$。

(1)判断渠道底坡性质和水面曲线形式:

$q=Q/b=6\text{m}^2/\text{s}$,　$\cos\theta=\sqrt{1-i^2}=0.9375$,取 $\alpha=1.05$,临界水深 $h_K=\sqrt[3]{\alpha q^2/g\cos\theta}=1.5852\text{m}$;计算正常水深(过程略),得 $h_0=0.524\text{m}<h_K$,所以渠道坡度为陡坡。

根据以上情况判断水面曲线为 S_2 型降水曲线,进口处水深为临界水深 h_K,渠道中水深变化范围从 h_K 趋向正常水深 h_0。

(2)用分段求和法计算水面曲线:

因流态为急流,进口处为控制断面,$h_1=h_K=1.585\text{m}$,向下游计算水面线,方向参数 $r=1$,下面依次取 $h_2=1.2\text{m}$,$h_3=1.0\text{m}$,$h_4=0.8\text{m}$,$h_5=0.6\text{m}$,$h_6=1.01\text{m}$,$h_0=0.53\text{m}$,根据式(7-57)分段计算间距,s 为各水深所在断面距起始断面的距离,计算过程如表 7-1 所示。

根据计算结果可绘制出水面曲线(见图 7-32),可见渠道末端水深已接近正常水深。

表 7-1

断面	h m	A m^2	v $m \cdot s^{-1}$	$\alpha v^2/2g$ m	E_s m	ΔE_s m	R m	J	$i-\bar{J}$	Δs m	s m
1	1.585	7.925	3.785	0.768	2.254		0.97	0.009 3			0.00
2	1.20	6.00	5.00	1.339	2.464	0.21	0.811	0.020 7	0.235	0.89	0.89
3	1.00	5.00	6.00	1.929	2.866	0.402	0.714	0.035 3	0.222	1.81	2.70
4	0.80	4.00	7.50	3.013	3.763	0.897	0.606	0.095 7	0.184 5	4.86	7.56
5	0.60	3.00	10.00	5.357	5.920	2.157	0.484	0.164 5	0.119 9	17.99	25.55
6	0.53	2.65	11.32	6.866	7.363	1.443	0.437	0.241 5	0.047	30.7	56.25

7.6.1.2 已知 h_1、Δs，求断面 2 的水深 h_2

这种做法是先给定断面位置，然后从水深已知的控制断面出发，逐个计算出下一个断面的水深。此时式（7-53）成为 h_2 的非线性方程：

$$f(h_2) = E_{s1} + r \cdot \Delta s \cdot \left(i - \frac{1}{2}J_1\right) - E_s(h_2) - \frac{1}{2}r \cdot \Delta s \cdot J(h_2) = 0 \qquad (7\text{-}58)$$

方程的求解若用手算则试算工作量繁重不堪，但对于计算机则不是问题，而且这种方法对棱柱形渠道和非棱柱形渠道都可以用，所以水面曲线的计算程序多属于这一类。下面介绍这种类型的水面曲线计算程序作为例子。

7.6.2 棱柱形渠道水面曲线计算程序（例）—— WTSF

WTSF 是一个梯形断面棱柱形渠道中恒定渐变流水面曲线的计算程序，源程序用 FORTRAN 语言写成，它可以在给定的流量 Q、底坡 i、糙率 n、边坡 m、底宽 b 和控制水深 h_D 等条件下，计算出渠道中各种底坡上各种类型的水面曲线。

1）计算过程主要步骤

① 输入参数 Q、i、n、m、b，求临界水深 h_k 和正常水深 h_0。

临界水深 h_K 满足方程 $\qquad f_1(h_k) = A^3\cos\theta - B\alpha Q^2/g = 0$

考虑了较大底坡的影响，且程序中取 $\alpha = 1.05$。当底坡 $i > 0$ 时，求解正常水深，h_0 满足方程

$$f_2(h_0) = Qn/\sqrt{i} - AR^{2/3} = 0$$

$i \leq 0$ 时，可取 h_0 为一大值（程序中取为 100m）。

在程序中调用二分法函数子程序 ERFENFA 求解以上两个代数方程，初始区间取为 [0，40]（m），误差限取 0.000 5m。

②输入控制水深 h_D、步长 Δs 和计算步数 N，计算各断面的水深。

计算渠段的总长为 $\Delta s \times N$，共 $N + 1$ 个断面。$h_1 = h_D$，计算从控制断面开始，共计算 N 步。每一步中，h_{L-1} 为已知的前一断面水深；h_L 为待求的下一断面水深，满足方程

$$f(h_L) = E_s(h_{L-1}) + r \cdot \Delta s \cdot \left[i - \frac{1}{2}J(h_{L-1})\right] - E_s(h_L) - \frac{1}{2}r \cdot \Delta s \cdot J(h_L) = 0$$

$$L = 2,3,\cdots,N + 1$$

$$(7\text{-}59)$$

式中,断面比能 $E_s = h\cos\theta + \alpha v^2/2g$。求解出 h_L,便一步步地计算出 N 个断面上的水深。

方程(7-59)可能有两个解,因为在同一断面上对应于同一个 E_s 值可有两个水深。为避免得到错误的结果,在迭代计算过程中应对 h_L 的取值范围加以限制。我们知道,水面曲线在三个区域内是各自单调升降的。令 h_B 为水面曲线从 h_D 出发所趋向的该区域水深界限,h_L 的取值只能在区间 $[h_B, h_{L-1}]$ 或 $[h_{L-1}, h_B]$ 上,程序中以此为初始区间,用二分法求解 h_L。

本程序根据渠道底坡性质和控制水深自动对 h_B 和方向参数 r 取值(读者不难根据需要将其改为人工输入参数)。方向参数 r 的取值根据控制断面的流态来决定:急流时($h_D < h_K$)控制断面在上游,$r = 1$;缓流时($h_D > h_K$)控制断面在下游,$r = -1$。$h_D = h_K$ 时,若 $h_K > h_D$(陡坡),应该是 S_2 型曲线,控制断面在上游,$r = 1$;若 $h_D > h_K$(缓坡),应该是 M_2 型曲线,$r = -1$;$h_D = h_K = h_0$ 时,为临界坡渠道上的均匀流,不必计算水面曲线。

已知控制水深和水面线计算方向,h_B 在水面线变化范围的另一端,根据情况可能是 h_K 或 h_0($i \leq 0$ 时 h_0 取值为 100m)。程序中根据 h_D、h_K 和 h_0 的值确定 h_B,当 $h_D > h_K > h_0$(S_1 型曲线),或 $h_D < h_K < h_0$(M_3、H_3 和 A_3 型曲线)时,$h_B = h_K$;当 $h_D < h_0 < h_K$(S_3 型曲线),$h_D > h_0 > h_K$(M_1 型曲线),$h_0 \leq h_D \leq h_K$(S_2 型曲线),或 $h_K \leq h_D \leq h_0$(M_2、H_2、A_2 型曲线)时,$h_B = h_0$;临界坡渠道,$h_B = h_0 = h_K$。

2)源程序中的变量符号的含义说明

程序中的符号	文中公式符号
Q,I,M,B,N,HK,H0,HD	Q,i,m,b,n,h_K,h_0,控制水深 h_D
NS,DS,DR,HB	计算步数 N、步长 Δs、方向参数 r、初始区间端点 h_B
数组 H(L),V(L),S(L)	各断面水深 h、平均流速 v、距起始断面距离 s
csn,srm,alfa	$\cos\theta = \sqrt{1-i^2}$,$\sqrt{1+m^2}$,动能修正系数 α
A,R	过水断面面积 A,水力半径 R
J1,J2,ES1,ES2,V2	$J(h_{L-1})$,$J(h_L)$,$E_s(h_{L-1})$,$E_s(h_L)$,v_L
FHK,FH0,FE	计算 $f_1(h_K)$、$f_2(h_0)$ 和 $f(h_L)$ 的函数子程序

3)程序流程简要框图

输入 Q,I,N,M,B;参数 csn 等赋值;二分法计算 HK
I>0,二分法计算 H0;否则 H0 = 100
输入 HD,DS,NS;确定参数 DR、HB;计算起始断面 J1,ES1
L = 2 至 NS+1 循环
若 ABS(H(L−1)−H0)≥0.000 5,用二分法求 H(L) 否则近似为均匀流,H(L),S(L)
计算 V(L) = H0
输出计算结果

4)源程序

C　梯形断面明渠水面曲线计算源程序:WTSF.FOR

```
        EXTERNAL FHK,FH0,FE
        REAL I,N,M,J1,J2
        DIMENSION H(201),V(201),S(201);
        COMMON Q,I,N,M,B,csn,srm,alfa,DS,DR,V2,J1,J2,ES1,ES2
        OPEN (2,FILE='RESULTS. DAT')              ! RESULTS.DAT 为输出计算结果的数据
文件
        WRITE( * , * )' INPUT Q,i,n,m,b'
        READ( * , * ) Q,I,N,M,B                   ! 用键盘输入数据
        WRITE( * ,1000)Q,I,N,M,B
        WRITE( * , * )' INPUT Q,i,n,m,b'
        READ( * , * ) Q,I,N,M,B                   ! 用键盘输入数据
        WRITE( * ,1000)Q,I,N,M,B
        WRITE(2,1000)Q,I,N,M,B
1000 FORMAT(5X,'Q=',F6.2,'(M * *3/S)',4x,'i=',F8.5,4X,
     1    'm=',F4.2,4X,'b=',F7.2,'(m)')
        alfa=1.05
        csn=(1-I*I)* *0.5
C    计算临界水深 HK
        HK=ERFENFA(FHK,0.0,40.0,0.0005)! 二分法求临界水深,函数子程序 FHK 附
在主程序之后。
        WRITE( * ,1010) HK
        WRITE(2,1010) HK
1010 FORMAT(5X,'Critical Depth HK=',F9.6,'(m)')
C    计算正常水深 H0
        IF (I. LE. 0) THEN
            H0=1000                              ! 平坡、逆坡时取 H0 为一大值。
            WRITE( * , * )'i<=0,    No normal depth'
            WRITE(2, * )'i<=0,    No normal depth'
        ELSE
            H0=ERFENFA (FH0,0.0,40.0,0.0005)      ! 二分法求正常水深,函数子程序 FH0
附在主程序之后。
            WRITE( * ,1020) H0
            Write(2,1020) H0
1020 FORMAT (5X,'Normap Depth H0=',F7.4,'(m)')
        ENDIF
        WRITE( * , * )' Input HD, DS,NS'
        READ( * , * )HD,DS,NS                      ! 输入控制水深、步长和计算步数。
        H(1)=HD
        A=(B+M*H(1))*H(1)
```

227

```
          R = A/(B+2 * H(1)) * srm)
          V(1) = Q/A                          ! 计算起始断面参数。
          J1 = (V(1) * N) * * 2/R * * (4.0/3)    ES1 = csn * H(1)+alfa * V(1) * * 2/19.6
C   判断水面线计算方向:DR = 1,控制断面在上游;DR = -1,控制断面在下游
      IF ((HD. GT. HK). OR. ((HD. EQ. HK). AND. (HD. LT. H0))) THEN
              DR = -1
      ELSE
              DR = 1
      ENDIF
C   二分法区间端点 HB 取值
      IF   (((HK.GT.H0).AND.(HD.GT.HK)).OR.
      &   ((H0.GT.HK).AND.(HD.LT.HK))) THEN
              HB = HK
      ELSH
              HB = H0
      ENDIF
      S(1) = 0.0
      DO 10 L = 2, NS+1                      ! 计算各断面水深 H(L)和流速 V(L)。
        If (ABS (H(L-1)-H0).LT.0.0005) THEN
          H(L) = H0                          ! 水深接近 H0 时近似为均匀流。
          V(L) = V(L-1)
        ELSE
            H(L) = ERFENFA (FE,H(L-1),HB,0.0001)   ! 用二分法计算 H(L),函数子
程序 FE 附在主程序之后。
            V(L) = V2
            J1 = J2
            ES1 = ES2
        ENDIF
        S(L) = (L-1) * DS
10      CONTINUE
C   输出计算结果
      WRITE( * ,1030) HD,DS,NS,DR
      WRITE(2,1030) HD,DS,NS,DR
      WRITE( * ,1040) (L,H(L),V(L),S(L),L=1,NS+1)
      WRITE(2,1040) (L,H(L),V(L),S(L),L=1,NS+1)
1030 FORMAT(5X,'HD=',F6.3,'(m)',5X,'DS=',F7.2,'(m)',5X,'NS=',I3/5X,
    1    'r=',F3.0//7X,'L',10X,'H(L)',10X,'V(L)',9X,'S(L)'/18X,
    2    '(m)',10X,'(m/s)',9X,'(m)'/5X,
    3    '_ _ _ _ _ _ _ _ _ _ _ _ _ _ _ _')
```

```
1040 FORMAT(5X,13,7X,F7.3,7X,F7.3,4X,F10.2)
     END
     FUNCTION FHK（H）
     REAL I,N,M
     COMMON Q,I,N,M,B,csn,srm,alfa
     FHK=9.8*csn*((B+M*H)*H)**3-alfa*Q*Q*（B+2*M*H）
     END
     FUNCTION FH0（H）
     REAL I,M,N
     COMMON Q,I,N,M,B,csn,srm
     FH0=Q*N/I**0.5*（B+2*srm*H）**（2.0/3）_((B+M*H)*H)**
(5.0/3)
     END
     FUNCTION FE（H）
     REAL I,N,M,J1,J2
     COMMON Q,I,N,M,B,csn,srm,alfa,DS,DR,V2,J1,J2,ES1,ES2
     A=(B+M*H)*H
     V2=Q/A
     J2=(N*V2)**2/（A/（B+2*h*srm））**（4.0/3）
     ES2=csn*H+alfa*V2*V2/19.6
     FE=ES1-ES2+DR*（I-（J1+J2）/2）*DS
     END
     FUNCTION ERFENFA（F,X1,X2,EPS）        ! 二分法函数子程序,返回方程f(x)=0 的
根。
     A=X1                                  ! [X1,X2]=初始区间,EPS=误差限,
     B=X2                                  ! F___函数f(x)。
10   FA=F(A)
     FB=F(B)
     IF （FA*FB.GT.0）THEN    ! 判断[X1,X2]是否有根区间,若不是,重新输入 X1,
         X2。
         WRITE（*,*）'No root in （X1,X2）, please input new X1,X2'
         READ（*,*）A,B
         GOTO 10
     ENDIF
     DO 50 I=1,30                          ! 二分法迭代过程。
         ERFENFA=(A+B)*0.5
         IF（ABS（B-A）.LT.EPS）RETURN    ! 有根区间长度小于给定误差限时迭代结
束。
         FM=F（ERFENFA）
```

229

```
        IF (FM * FA. LT. 0) THEN
            B = ERFENFA
        ELSE
            A = ERFENFA
        ENDIF
50  CONTINUE
    END
```

另附用 C 语言写成的棱柱形渠道水面曲线计算程序。

```
#include "stdio.h"
#include "math.h"

float q,i,n,m,b,a,r,v2,ja,jb,es1,es2;
double csn,srm,alfa;
int ds,ns,dr;

main( )
{

    double h[201],v[201],s[201];
    double hk,h0,hb;
    float downx, upx;
    double wucha;
    float hd;

    int l;
    double erfenfa( int f, float x1,float x2,float eps)
    double fe (float h);
    double fhk(float h);
    double fh0(float h);

    FILE  *fbl;

    alfa = 1.05;
    downx = 0.0;
    upx = 40.0
    wucha = 0.0005;

    fbl = fopen("Results.dat", "w");/*  Results.dat 为输出计算结果的数据文件  */
    printf("请输入流量 Q,坡度 i,糙率 n,边坡 m,底宽 b\n");
```

```
    scanf("%f  %f  %f  %f %f", &q, &i, &n, &m, &b);
    printf(" 流量:%6.2f（m＊＊3/s）坡度:%8.5f  糙率:%6.4f  边坡:%4.2f  底宽:
%7.2f",q, i, n, m, b);
    fprintf(fp1,"流量:,%6.2f,(m＊＊3/s),坡度:,%8.5f,糙率:,%6.4f,边坡:%4.2f,底
宽:,%7.2f", q, i, n, m, b);


    csn＝pow((1-i＊i),0.5);
    srm＝pow((1+m＊m),0.5);

    /＊  计算临界水深 HK   ＊/
    hk＝erfenfa（1,downs, upx, wucha）;//二分法求临界水深,函数子程序 fhk 附在主程序
之后
    printf("\n 临界水深 hk＝%9.6f", hk,"（m）\n");
    fprintf(fp1, "\n 临界水深 hk＝%9.6f", hk, "（m）\n");


    /＊  计算正常水深 h0 ＊/
    if（i<＝0.0）
    {
    h0＝100;
    printf("\n 坡度小于或等于 0.0,没有正常水深\"");
    fprintf(fp1,"\n 坡度小于或等于 0.0,没有正常水深\"");
}
else
{
    h0＝erfenfa（2, downx, upx, wucha）;        //二分法求正常水深,函数子程序 fhk 附在主
程序之后

    printf("\n 正常水深＝%f", h0);
    fprintf(fp1,"正常水深＝%f",h0);
}
printf("\n 请输入控制水深,步长和计算步数\n");
scanf("%f %d %d", &hd,&ds,&ns);
h[0]＝hd;
a＝(b+m＊h[0])＊h[0];
r＝a/(b+2＊h[0]＊srm);
v[0]＝q／a;                                   //计算起始断面参数
ja＝pow(pow(v[0]n, 2/r), 4.0/3);
es1＝csn＊h[0]+alfa＊pow(v[0], (2/19.6));
```

```
//判断水面线计算方向:dr=1,控制断面在上游;dr=-1,控制断面在下游
if ((hd>hk)||((hd==hk) && (hd<h0)))
{
    dr=-1
}
    else
    {

        dr=1;
    }
// 二分法区间端点 hb 取值

if (((hk>h0)&&(hd>hk))||((h0>hk)&&(hd<hk)))
{
        hb=hk;
}

    else
    {
        hb=h0;
    }
s[0]=0.0;
for (l=1; l<ns+1;l++)
{
    if (fabs(h[l-1]-h0)<0.005)
    {
        h[l]=h0;
        v[l]=v[l-1];

    }
    else
    {
            h[l]=erfenfa(3,h[l-1],hb,0.001);
            a=(b+m*h[l])*h[l];
            v[l]=q/a;
            ja=pow((n*v[l],2)/pow((a/(b+2*h[l]*srm)),(4.0/3));
            esl=csn*h[l]+alfa*v[l]*v[l]/19.6;
    }
```

```
        s[1]=1 * ds;
    }

//输出计算结果

    printf(" \n hd=%6.3f ( m) ds=%7.2d ( m)       ns=%d  r=%d\n", hd, ds, ns,dr);
    fprintf(fp1," \n hd=%6.3f ( m)   ds=%7.2f ( m)       ns=%d   r=,%d\n", hd, ds,
ns,dr);
    printf("l      h[1]      v[1]      s[1]   \n   ( m)   ( m/s)   ( m)" )
    fprintf(fpl,"l      h[1]      v[1]      s[1]    \n   ( m)   ( m/s)   ( m)" );
    for ( 1=0; l<ns+1; l++)
    {
        printf(" \n %3d   %7.3f   %7.3f   %10.2f", l, h[1]   ,v[1],s[1]);
        fprintf(fpl," \n %3d   %7.3f   %7.3f   %10.2f", l, h[1],v[1],s[1]);
    }
}


    double fhk( float h0
    {
        double w;
        double pw;

        pw=pow((( b+m * h)3.0);

        w=9.8 * csn * pw-alfa * q * q * ( b+2 * m * h);

        return( w);
    }
    double fh0( float h)
    {
        double t;

        t=q * n/( pow( i,0.5)) * pow(( b+2 * srm * h),( 2.0/3))-pow((( b+m * h) * h),
( 5.0/3));
        return( t);
    }
double fe ( float h)
{
    double g;
    a=( b+m * h) * h;
```

```
        v2 = q/a;
        jb = pow((n * v2),2)/pow((a/b(2 * h * srm)),(4.0/3));
        es2 = csn * h+alfa * v2 * v2/19.6;
        g = es1-es2+dr * (i-(ja+jb)/2) * ds;
        return(g);
}
double erfenfa(int f, float x1,float x2, float eps)
{
        double Er, fm;
        float a1, a2, fa, fb;
        int k;

        a1 = x1;
        a2 = x2;
        do
        {
            switch (f)
            case 1:fa = fhk(a1),fb = fhk(a2);break;
            case 2:fa = fh0(a1),fb = fh0(a2);break
            case 3:fa = fe(a1),fb = fe(a2);break
            default:printf("error\n");
            }

            if(fa * fb>0.0)
            {
                printf("无解,请输入上下边界");
                scanf("%f,%f",&a1,&a2);
            }
        } while(fa * fb>0.0);

        k = 1;

        while(fabs(a2-a1)>eps)
        {
            Er = (a1+a2) * 0.5;
            if(fabs(a2-a1)<eps)
                return(Er);
            switch (f)
            {
            case 1:fm = fhk(Er);break;
```

```
        case 2:fm = fh0(Er);break;
        case 3:fm = fe(Er);break;

        default:printf("error\n");
        }
        if ((fm * fa)<0.0)
             a2 = Er;
        else
             a1 = Er;
        k = k+1;
    }
    return(Er);
}
```

例 7-6　用程序 WTSF 计算例 7-15。

解:已知 $Q = 30\mathrm{m}^3/\mathrm{s}, i = 0.25, n = 0.025, m = 0.0, b = 5\mathrm{m}$。执行程序 WTSF,输入参数,得 $h_K = 1.585\ 2\mathrm{m}, h_0 = 0.524\ 1\mathrm{m}$。可判断渠道为陡坡,水面曲线是 S_2 型曲线,控制水深为临界水深。输入控制水深 HD = 1.585m,步长 DS = 8m,步数 NS = 7,计算结果(各断面的水深、流速和断面距控制断面的距离)如表 7-2 所示。

表 7-2

L	H(L) /m	V(L) /(m/s)	S(L) /m
1	1.585	3.785	00
2	0.775	7.744	8.00
3	0.653	9.187	16.00
4	0.598	10.041	24.00
5	0.568	10.568	32.00
6	0.551	10.897	40.00
7	0.540	11.104	48.00
8	0.534	11.233	56.00

将例 7-15 的结果与其比较,两者基本一致。

应用本程序计算时,若遇到控制水深为临界水深的情况应特别注意,避免因四舍五入使实际输入的控制水深值在错误的区域内,导致程序判断错误。故本例中输入的控制水深值比 h_K 值略小,以保证计算出来的是 S_2 型降水曲线。

7.7　天然河道水面曲线计算

进行河流的开发和利用,将改变水流条件,使水面高程发生变化。例如,修建闸坝引起河道上游水面壅高,需计算水面曲线,估计库区造成的淹没损失,河道的疏浚、裁弯、分流等也要进行天然河道水面曲线的计算,作为设计的依据。本节水面曲线计算仍讨论恒定流情况。

天然河道的过水断面一般极不规则,粗糙系数及底坡沿流程都有变化,可视作非棱柱体明渠,采用前面已讲过的非棱柱体明渠的计算方法来计算河道水面曲线。但是由于河道断面形状极不规则,有时河床还不断发生冲淤变化,人们对河道水情变化的观测,首先观测到的是水位的变化,因此研究河道水面曲线时,主要研究水位的变化,这样河道水面曲线的计算便自成系统。虽然它与人工明渠水面曲线计算的具体做法不同,但并没有本质上的差别。

在计算河道水面曲线之前,先要收集有关水文、泥沙及河道地形等资料,如河道粗糙系数、河道纵横剖面图等;然后根据河道地形及纵横剖面把河道划分成若干计算流段,划分计算流段时应注意如下几个方面。

(1)要求每个计算流段内,过水断面形状、尺寸以及粗糙系数、底坡等变化都不太大;

(2)在同一个计算流段内,上、下游断面水位差 Δz 不能过大,一般 Δz 对平原河流取 $0.2 \sim 1.0\text{m}$,山区河流取 $1.0 \sim 3.0\text{m}$;

(3)每个计算流段内没有支流流入或流出。若河道有支流存在,必须把支流放在计算流段的入口或出口,对加入的支流最好放在流段的进口附近,流出的支流放在流段的出口。由于支流的存在,将引起下游河道流量的改变,在计算中必须充分注意,并正确估计入流量或出流量的数值。

一般天然河流的下游多为平原河道,流段可划分得长一些,上游多为山区河道,流段应划分得短一些。

关于河道的局部水头损失,一般对逐渐收缩的流段,局部损失很小,可以忽略不计。对扩散的河段,局部损失系数可取 $-0.3 \sim -1.0$,视扩散的急剧程度不同来选择。扩散角(指两岸的交角)较小者可取 -0.3,突然扩散可取 -1。这里取局部损失系数为负值,并不意味着水头损失为负值。因河道非均匀流的局部水头损失表达为 $\mathrm{d}h_j = \zeta \mathrm{d}\left(\dfrac{v^2}{2g}\right)$,对扩散河道,因 $\mathrm{d}\left(\dfrac{v^2}{2g}\right)$ 为负值,故必须使 ζ 为负才能保持局部水头损失为正值。

将明渠恒定非均匀渐变流的水位沿程变化微分方程式(7-50):

$$\frac{\mathrm{d}z}{\mathrm{d}s} + (\alpha + \zeta)\frac{\mathrm{d}}{\mathrm{d}s}\left(\frac{v^2}{2g}\right) + \frac{Q^2}{K^2} = 0$$

写成差分方程得:

$$-\Delta z = (\alpha + \zeta)\frac{Q^2}{2g}\Delta\left(\frac{1}{A^2}\right) + \frac{Q^2}{\bar{K}^2}\Delta s \tag{7-60}$$

式中,　　　　　　　$-\Delta z = z_1 - z_2$

$$\Delta\left(\frac{1}{A^2}\right) = \frac{1}{A_2^2} - \frac{1}{A_1^2}$$

采用

$$\frac{1}{\overline{K}^2} = \frac{1}{2}\left(\frac{1}{K_1^2} + \frac{1}{K_2^2}\right)$$

将以上各项代入式(7-60)中,并把方程中同一断面的水力要素列在等式的同一端,得:

$$z_1 + (\alpha + \zeta)\frac{Q^2}{2gA_1^2} - \frac{\Delta s}{2}\frac{Q^2}{K_1^2} = z_2 + (\alpha + \zeta)\frac{Q^2}{2gA_2^2} + \frac{\Delta s}{2}\frac{Q^2}{K_2^2} \tag{7-61}$$

如果两河段面积相差不大,流速水头之差很小,局部水头损失可以忽略,即 $\zeta = 0$,则式(7-61)可简化为:

$$\Delta z = \frac{Q^2}{\overline{K}^2}\Delta s$$

应当注意,方程(7-61)等号两边形式是不完全相同的,方程左端沿程水头损失项为负号,方程右端为正号,设

$$\left.\begin{array}{l} E_1 = z_1 + (\alpha + \zeta)\dfrac{Q^2}{2gA_1^2} - \dfrac{\Delta s}{2}\dfrac{Q^2}{K_1} \\[3mm] E_2 = z_2 + (\alpha + \zeta)\dfrac{Q^2}{2gA_2^2} + \dfrac{\Delta s}{2}\dfrac{Q^2}{K_2} \end{array}\right\} \tag{7-62}$$

当流量 Q 及河道给定时,E_1 是 z_1 的函数,E_2 是 z_2 的函数。如令

$$DE = E_1 - E_2 \tag{7-63}$$

则式(7-63)可作为计算天然河道水面线的基本关系式。当假设的水位符合实际水位时,$E_1 = E_2$,$DE = 0$;当假设的水位不等于实际的水位时,随着不同的水流条件和计算条件 DE 或大于零或小于零,由此可以判断假设水位偏大还是偏小,从而作出修正,得出结果。

以前这种计算可以手算或图解,现在由于计算机的广泛应用,一般通过编制计算机应用程序来完成。

习　　题

7-1　平坡和逆坡渠道的断面单位能量,有无可能沿程增加(可从 $E_S = E - z_0$ 出发进行分析)?

7-2　一顺坡明渠渐变流段,长 $l = 1\text{km}$,全流段平均水力坡度 $\overline{J} = 0.001$。若把基准面取在末端过流断面底部以下 0.5m,则水流在起始断面的总能量 $E_1 = 3\text{m}$。求末端断面水流所具有的断面单位能量 E_{s2}。

7-3　试求矩形断面的明渠均匀流在临界状态下,水深与断面单位能量之间的关系。

7-4　一矩形断面渠道,宽度 $b = 5\text{m}$,通过流量 $Q = 17.25\text{m}^3/\text{s}$,求此渠道水流的临界水深 h_K(设 $\alpha = 1.0$)。

7-5　某山区河流,在一跌坎处形成瀑布(跌水),过流断面近似矩形,今测得跌坎顶上的水深 $h = 1.2\text{m}$(认为 $h_K = 1.25h$),断面宽度 $b = 11.0\text{m}$,要求估算此时所通过的流量 Q(α 以 1.0 计)。

7-6　有一梯形土渠,底宽 $b=12m$,断面边坡系数 $m=1.5$,粗糙系数 $n=0.025$,通过流量 $Q=18m^3/s$,求临界水深及临界坡度(α 以 1.1 计)。

7-7　有一顺直小河,断面近似矩形,已知 $b=10m$, $n=0.04$, $i=0.03$, $\alpha=1.0$, $Q=10m^3/s$,试判别在均匀流情况下的水流状态(急流还是缓流)。

7-8　有一条运河,过流断面为梯形,已知 $b=45m$, $m=2.0$, $n=0.025$, $i=0.333/1000$, $\alpha=1.0$, $Q=500m^3/s$,试判断在均匀流情况下的水流状态。

7-9　有一按水力最佳断面设计的浆砌石的矩形断面长渠道,已知:底宽 $b=4m$,粗糙系数 $n=0.017$,通过的流量 $Q=8m^3/s$,动能修正系数 $\alpha=1.1$。试分别用 h_k、i_k、Fr 及 v_k 来判别该明渠水流的缓、急状态。

7-10　在一矩形断面平坡明渠中,有一水跃发生,当跃前断面的 $Fr=3$,问跃后水深 h'' 为跃前水深 h' 的几倍?

7-11　如题 7-11 图所示,闸门下游矩形渠道中发生水跃,已知 $b=6m$, $Q=12.5m^3/s$,跃前断面流速 $v_1=7m/s$,求跃后水深、水跃长度和水跃中所消耗的能量。

7-12　有两条宽度 b 均为 2m 的矩形断面渠道相接,水流在上、下游的条件如题 7-12 图所示,当通过流量 $Q=8.2m^3/s$ 时,上游渠道的正常水深 $h_{01}=1m$,下游渠道 $h_{02}=2m$,试判断水跃发生的位置。

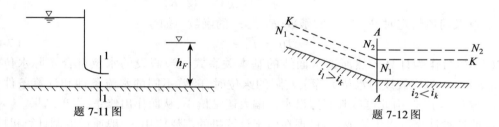

题 7-11 图　　　　　　　　　　题 7-12 图

7-13　棱柱形渠道中流量和糙率均沿程不变,分析题 7-13 图中当渠底坡变化时,水面曲线连接的可能形式。

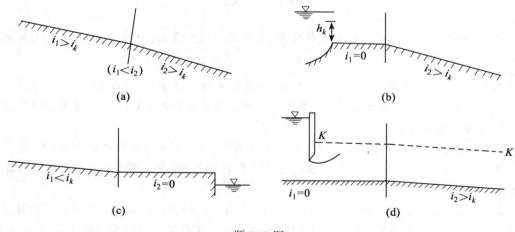

(a)　　　　　　　　　　　　(b)

(c)　　　　　　　　　　　　(d)

题 7-13 图

7-14　两段底坡不同的长棱柱形渠道相连,渠道断面都是底宽 4m 的矩形,通过流量 2.60m³/s, $n = 0.013$,上游渠段正常水深为 0.4m,下游渠道的坡度为 0.000 556,试定性分析底坡改变处附近上、下游的水面曲线。

7-15　一土质梯形明渠,底宽 $b = 12$m,底坡 $i = 0.0002$,边坡系数 $m = 1.5$,粗糙系数 $n = 0.025$,渠长 $l = 8$km,流量 $Q = 47.7$m³/s,渠末水深 $h_2 = 4$m。试用分段求和法(分成五段以上)计算并绘出该水面曲线,并要求上述计算给出渠首水深 h_1。

第8章　堰流和闸下出流

堰流(Outflow over Weirs)和闸下出流(Flow under Sluice Gate)属于急变流的范畴,其水头损失以局部水头损失为主,沿程水头损失往往忽略不计。这种水流形式在实际工程中应用极其广泛,如在水利工程中,常用作引水灌溉、泄洪的水工建筑物;在给排水工程中,堰流是常用的溢流设备和量水设备;在交通土建工程中,宽顶堰流理论是小桥涵孔水力计算的基础。

8.1　堰流及其分类

无压缓流经障壁溢流时,上游发生壅水,然后水面降落,这一局部水流现象称为堰流,障壁称为堰。障壁对水流具有两种形式的作用,其一是侧向收缩,如桥涵;其二是底坝的约束,如闸坝等水工建筑物。

研究堰流的目的在于探讨堰流的过流能力 Q 与堰流其他特征量的关系,从而解决工程中提出的有关水力学问题。

如图 8-1 所示,表征堰流的特征量有:堰宽 b,即水流漫过堰顶的宽度;堰前水头 H,即堰上游水位在堰顶上的最大超高;堰壁厚度 δ 和它的剖面形状;下游水深 h 及下游水位高出堰顶的高度 Δ;堰上、下游高 P 及 P';行近流速 v_0 等。

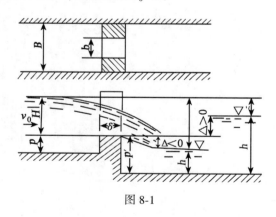

图 8-1

根据堰流的水力特点,可按 δ/H 的大小将堰划分为三种基本类型。

1) 薄壁堰(Sharp-Crested Weir)

$\delta/H < 0.67$,水流越过堰顶时,堰顶厚度 δ 不影响水流的特性,如图8-2(a)所示。薄壁堰根据堰口的形状一般有矩形堰、三角堰和梯形堰等。薄壁堰主要用作量测流量的一种设备。

2) 实用堰(Practical Weir)

$0.67 < \delta/H < 2.5$,堰顶厚度 δ 对水舌的形状已有一定影响,但堰顶水流仍为明显弯曲向下的流动。实用堰的纵剖面可以是曲线型(见图 2-8(b)),也可以是折线型(见图 8-2(c))。工程上的溢流建筑物常属于这种堰。

3) 宽顶堰(Broad-Crested Weir)

$2.5 < \delta/H < 10$,堰顶厚度 δ 已大到足以使堰顶出现近似水平的流动(见图 8-2(d)),但其沿程水头损失还未达到显著的程度而仍可以忽略。水利工程中的引水闸底坝即属于这种堰。

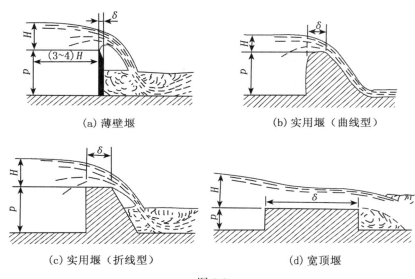

(a) 薄壁堰 (b) 实用堰(曲线型)

(c) 实用堰(折线型) (d) 宽顶堰

图 8-2

当 $\delta/H > 10$ 时,沿程水头损失逐渐起主要作用,不再属于堰流的范畴。

堰流形式虽多,但其流动却具有一些共同特征。水流趋近堰顶时,流股断面收缩,流速增大,动能增加而势能减小,故水面有明显降落。从作用力方面看,重力作用是主要的;堰顶流速变化大,且流线弯曲,属于急变流动,惯性力作用也显著;在曲率大的情况下,有时表面张力也有影响;因溢流在堰顶上的流程短($0 \leqslant \delta \leqslant 10H$),粘性阻力作用小。在能量损失上主要是局部水头损失,沿程水头损失可忽略不计(如宽顶堰和实用堰),或无沿程水头损失(如薄壁堰)。由于上述共同特征,堰流基本公式可具有同样的形式。

影响堰流性质的因素除了 δ/H 以外,堰流与下游水位的连接关系也是一个重要因素。当下游水深足够小,不影响堰流性质(如堰的过流能力)时,称为自由式堰流,否则称为淹没式堰流。开始影响堰流性质的下游水深,称为淹没标准。

此外,当堰宽 b 小于上游渠道宽度 B 时,称为侧收缩堰;当 $b = B$ 时,则称为无侧收缩堰。

8.2　堰流的基本公式

如图 8-3 所示,现用能量方程式来推求堰流计算的基本公式。

对堰前断面 0—0 及堰顶断面 1—1 列出能量方程,以通过堰顶的水平面为基准面。其中,0—0 断面为渐变流;而 1—1 断面由于流线弯曲属急变流,过水断面上测压管水头不为

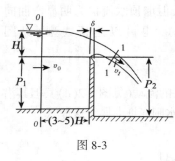

图 8-3

常数,故用 $\overline{\left(z + \dfrac{p}{\gamma}\right)}$ 表示 1—1 断面上测压管水头平均值。由此可得:

$$H + \frac{\alpha_0 v_0^2}{2g} = \overline{\left(z + \frac{p}{\gamma}\right)} + (\alpha_1 + \zeta)\frac{v_1^2}{2g}$$

式中, v_1 为 1—1 断面的平均流速; v_0 为 0—0 断面的平均流速,即行近流速; α_0、α_1 是相应断面的动能修正系数; ζ 为局部损失系数。

设 $H + \dfrac{\alpha_0 v_0^2}{2g} = H_0$,其中 $\dfrac{\alpha_0 v_0^2}{2g}$ 为行近流速水头, H_0 称为堰顶总水头。令 $\overline{\left(z + \dfrac{p}{\gamma}\right)} = \xi H_0$, ξ 为某一修正系数。则上式可改写为

$$H_0 - \xi H_0 = (\alpha_1 + \zeta)\frac{v_1^2}{2g}$$

即

$$v_1 = \frac{1}{\sqrt{\alpha_1 + \zeta}}\sqrt{2g(H_0 - \xi H_0)}$$

因为堰顶过水断面面积一般为矩形,设其断面宽度为 b ;1—1 断面的水舌厚度用 kH_0 表示, k 为反映堰顶水流垂直收缩的系数。则 1—1 断面的过水面积应为 $kH_0 b$;通过流量为:

$$Q = kH_0 bv = kH_0 b \frac{1}{\sqrt{\alpha_1 + \zeta}}\sqrt{2gH_0(1 - \xi)}$$
$$= \varphi k\sqrt{1 - \xi}\, b\sqrt{2g}\, H_0^{3/2}$$

式中, $\varphi = \dfrac{1}{\sqrt{\alpha_1 + \zeta}}$ 称为流速系数。

令 $\varphi k\sqrt{1 - \xi} = m$,称为堰的流量系数,则

$$Q = mb\sqrt{2g}\, H_0^{3/2} \tag{8-1}$$

式(8-1)虽是针对矩形薄壁堰推导而得的流量公式,如读者仿照上述方法,对实用堰和宽顶堰进行流量公式推导,将得出与式(8-1)同样形式的流量公式,只是流量系数所代表的数值不同。因此,式(8-1)称为堰流基本公式。

在实际工程中,量测堰顶水头 H 是很方便的,但计算行近流速 v_0 ,则需先知道流量,而流量需由式(8-1)算出。由于式中 H_0 包括行近流速水头,应用式(8-1)计算流量不甚方便。为了避免这点,可将堰流的基本公式改用堰顶水头 H 表示,即

$$Q = m_0\sqrt{2g}\, bH^{3/2} \tag{8-2}$$

式中, $m_0 = m(1 + \alpha_0 v_0^2/2gH)^{3/2}$,为计及行近流速的堰流流量系数。

从上面的推导可以看出,影响流量系数的主要因素是 φ、k、ξ ,即 $m = f(\varphi, k, \xi)$ 。其中, φ 主要是反映局部水头损失的影响; k 是反映堰顶水流垂直收缩的程度;而 ξ 则是代表堰顶断面的平均测压管水头与堰顶总水头之间的比例系数。显然,所有这些因素除与堰顶水头 H 有关外,还与堰的边界条件。例如,上游堰高 P 以及堰顶进口边缘的形状等有关。所以,不同类型、不同高度的堰,其流量系数各不相同。

在实际应用时,有时下游水位较高或下游堰高较小影响了堰的过流能力,这种堰流称为

淹没溢流(Submerged overflow)。此时,可用小于1的淹没系数 σ 表明其影响,因此淹没式的堰流基本公式可表示为:

$$Q = \sigma m b \sqrt{2g} H_0^{3/2} \tag{8-3}$$

或

$$Q = \sigma m_0 b \sqrt{2g} H^{3/2} \tag{8-4}$$

当堰顶过流宽度小于上游来流宽度或是堰顶设有闸墩及边墩时,过堰水流就会产生侧向收缩,减少有效过流宽度,并增加局部阻力,从而降低过流能力。为考虑侧向收缩对堰流的影响,有两种处理方法:一种和淹没堰流影响一样,在堰流基本公式中乘以侧向收缩系数 ε;另一种是将侧向收缩的影响合并在流量系数中考虑。

下面将分别讨论薄壁堰、实用堰和宽顶堰的水流特点和过流能力。

8.3 薄 壁 堰

薄壁堰流由于具有稳定的水头和流量关系,因此,常作为水力模型试验或野外流量测量中一种有效的量水工具。另外,工程上广泛应用的曲线型实用堰,其外形一般按照矩形薄壁堰流水舌下缘曲线设计。所以,薄壁堰流的研究具有实际意义。

8.3.1 矩形薄壁堰流

测量流量用的矩形薄壁堰一般都做得和上游进水槽一样宽,这样,水流通过堰口时,不会产生侧向收缩。堰顶必须做成向下游倾斜的锐角薄壁(见图8-4)或直角薄壁,以便水流过堰后就不再和堰壁接触,溢流水舌有稳定的外形。同时,应在紧靠堰板下游侧墙内埋设通气孔,使水舌内外缘空气压强相等,以保证通过水舌内缘最高点的铅直断面上也能具有稳定的流速分布和压强分布,从而有稳定的水头和流量关系。

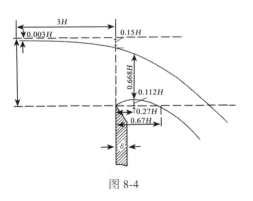

图8-4

8.3.1.1 矩形薄壁堰无侧向收缩自由溢流的水舌形状

矩形薄壁堰稳定水舌的轮廓,巴赞(H.E.Bazin)做了富有意义的观测。图8-4表示巴赞量测的水舌轮廓相对尺寸。在距堰壁上游 $3H$ 处,水面降落 $0.003H$,在堰顶上,水舌上缘降落了 $0.15H$。由于水流质点沿上游堰壁越过堰顶时的惯性,水舌下缘在离堰壁 $0.27H$ 处升得最高,高出堰顶 $0.112H$,此处水舌的垂直厚度为 $0.668H$。距堰壁 $0.67H$ 处,水舌下缘与堰顶同高,这点表明,只要堰壁厚度 $\delta < 0.67H$,堰壁就不会影响水舌的形状。因此,把 $\delta < 0.67H$ 的堰称为薄壁堰。矩形薄壁锐缘堰自由溢流水舌几何形状的观测成果,为后来设计曲线形剖面堰提供了依据。

8.3.1.2 矩形薄壁堰溢流的计算

矩形薄壁堰的流量公式仍用堰流的基本公式(8-2):

$$Q = m_0 \sqrt{2g} b H^{3/2}$$

流量系数 m_0 可采用巴赞公式（1898 年）

$$m_0 = \left(0.405 + \frac{0.003}{H}\right)\left[1 + 0.55\left(\frac{H}{H+P}\right)^2\right] \tag{8-5}$$

式中，方括号项反映行近流速水头的影响。此式的适用条件原为：水头 $H = 0.1 \sim 0.6\text{m}$，堰宽 $b = 0.2 \sim 2.0\text{m}$，堰高 $P \leq 0.75\text{m}$。后来纳格勒（F.A.Nagler）的试验证实，上式的适用范围可扩大为 $H \leq 1.24\text{m}$，$b \leq 2\text{m}$，$P \leq 1.13\text{m}$。

流量也可用雷伯克（T. Rehbock）公式计算：

$$Q = \left[1.78 + \frac{0.24(H + 0.001\ 1)}{P}\right] b(H + 0.001\ 1)^{3/2} \tag{8-6}$$

式（8-6）适用范围为：$0.15\text{m} < P < 1.22\text{m}$，$H < 4P$。

对于有侧向收缩影响的流量系数，巴赞自己未做研究。他的同事爱格利（Hegly）根据实验提出采用下式

$$m_0 = \left(0.405 + \frac{0.002\ 7}{H} - 0.030\frac{B-b}{B_0}\right) \cdot \left[1 + 0.55\left(\frac{b}{B_0}\right)^2\frac{H^2}{(H+P)^2}\right] \tag{8-7}$$

式中，m_0 为考虑侧向收缩在内的流量系数；B_0 为引水渠宽度。$B_0 \gg b$，爱格利建议采用下式：

$$m_0 = \left(0.405 + \frac{0.002\ 7}{H} - \frac{0.033}{1 + \frac{b}{B_0}}\right) \cdot \left[1 + 0.55\left(\frac{b}{B_0}\right)^2 \cdot \frac{H^2}{(H+P)^2}\right] \tag{8-8}$$

薄壁堰在形成淹没溢流时，下游水面波动较大，溢流很不稳定。所以一般情况下，量水用的薄壁堰不宜在淹没条件下工作。

当堰下游水位高于堰顶且下游发生淹没水跃时，将会影响堰流性质，形成淹没式堰流。前者为淹没的必要条件，后者则为充分条件。

如图 8-5 所示，设 z_k 为堰流溢至下游渠道即将发生淹没水跃（即临界水跃式水流连接）的堰上、下游水位差。当 $z > z_k$ 时，在下游渠道发生远驱水跃水流连接，则为自由式堰流；当 $z < z_k$ 时，即发生淹没水跃。因此薄壁堰的淹没标准为：

$$z \leq z_k \tag{8-9}$$

或

$$\frac{z}{p'} \leq \left(\frac{z}{p'}\right)_k \tag{8-10}$$

式中，z 为堰上、下游水位差；$(z/p')_k$ 与 H/p' 和计及行近流速的流量系数 m_0 有关，可由表 8-1 查取。

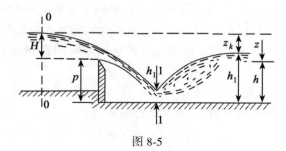

图 8-5

表 8-1   薄壁堰相对落差临界值 $(z/p')_k$

m_0	H/p'							
	0.10	0.20	0.30	0.40	0.50	0.75	1.00	1.50
0.42	0.89	0.84	0.80	0.78	0.76	0.73	0.73	0.76
0.46	0.88	0.82	0.78	0.76	0.74	0.71	0.70	0.73
0.48	0.86	0.80	0.76	0.74	0.71	0.68	0.67	0.70

淹没式堰的流量公式(8-4),其中,淹没系数 σ 可用巴赞公式

$$\sigma = 1.05\left(1 + 0.2\frac{\Delta}{p'}\right)\sqrt[3]{\frac{z}{H}} \tag{8-11}$$

式中,Δ 为下游水位高出堰顶的高度,即 $\Delta = h - p'$。

8.3.2 三角形薄壁堰

矩形薄壁堰适宜量测较大的流量。在 $H<0.15\text{m}$ 时,矩形薄壁堰溢流水舌在表面张力和动水压力的作用下很不稳定,甚至可能出现溢流水舌紧贴堰壁下溢形成所谓贴壁溢流。这时,稳定的水头流量关系已不能保证,使矩形薄壁堰量测精度大受影响。因此,在流量小于 100L/s 时,宜采用三角形薄壁堰作为量水堰(见图 8-6)。

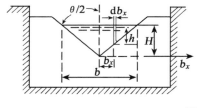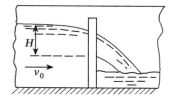

图 8-6

现在用矩形薄壁堰的基本公式推导三角形薄壁堰的流量公式。设三角形顶角为 θ,顶点以上的水头为 H,取微小堰宽 db_x 水流视为矩形薄壁堰流,则有:

$$dQ = m_0\sqrt{2g}\,db_x h^{3/2} \tag{8-12}$$

式中,h 为 b_x 处的水头。由图 8-6 中几何关系得:

$$\frac{b_x}{H - h} = \tan\frac{\theta}{2}$$

$$db_x = -dh\tan\frac{\theta}{2}$$

代入式(8-12),将 m_0 看做常数,积分后得:

$$Q = \frac{4}{5}m_0\sqrt{2g}\tan\frac{\theta}{2}H^{5/2} \tag{8-13}$$

式(8-13)就是顶角为 θ 的等腰三角形薄壁堰的流量公式。实用上,顶角 θ 常取直角。根据

汤姆逊(P.W.Thomson)的实验,在 $H=0.05\sim0.25\mathrm{m}$ 时,$m_0=0.395$。因此,$\theta=90°$的三角形薄壁堰的流量公式为:

$$Q = 1.4H^{5/2} \tag{8-14}$$

金(H.W.King)根据实验提出,在 $H=0.06\sim0.55\mathrm{m}$ 条件下,流量公式为:

$$Q = 1.343H^{2.47} \tag{8-15}$$

还有一些类似的公式,只是系数和 H 的指数有很小的差异。建议在 $H=0.05\sim0.25\mathrm{m}$ 时,采用式(8-14);在 $H=0.25\sim0.55\mathrm{m}$ 时,采用式(8-15)。两式中 H 的单位用 m,Q 用 m^3/s。

8.4　实用堰流

实用堰主要用作蓄水挡水建筑物——坝,或净水建筑物的溢流设备。根据堰的专门用途和结构本身的稳定性要求,其剖面可设计成曲线或折线两类,如图8-7和图8-8所示。

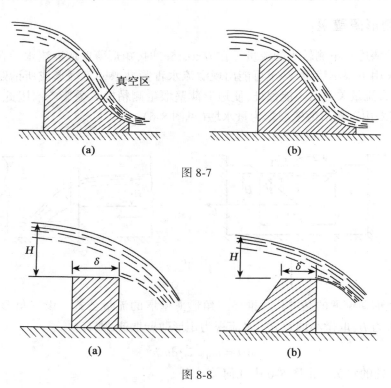

图 8-7

图 8-8

曲线实用堰的纵剖面外形轮廓,基本上按矩形薄壁堰自由溢流水舌的下缘形状(图8-4)构制。曲线形实用堰又分为非真空堰和真空堰两大类。若实用堰剖面的外形轮廓做成与薄壁堰自由溢流水舌的下缘基本吻合或切入水舌一部分,堰面溢流将无真空产生,这样构制的曲线形剖面堰称为非真空剖面堰。若实用堰的堰面与过堰溢流水舌的下缘之间存在空间,此空间在溢流影响下将产生真空,这样的曲线形剖面堰称为真空堰。应该指出,无真空剖面堰和真空剖面堰都是相对于某一设计水头(又称剖面定形水头)设计的。实际上,堰不可能只在设计水头下工作。如果实际水头大于无真空剖面堰的设计水头,过堰流速加大,溢流水

246

舌将脱离堰面,水舌与堰面之间将形成真空,这时无真空剖面堰实际成了真空剖面堰;反之,如果实际水头小于真空剖面堰的设计水头,过堰流速减小,溢流水舌将贴近堰面,这时真空剖面堰实际成了无真空剖面堰。由此可见,无真空剖面堰和真空剖面堰的区分是有条件的。堰面溢流产生真空(负压),对增加堰的过流能力有利。但是,常导致堰体振动,并使堰面混凝土及其他防护盖面(如钢板等)受到空蚀破坏。所以,真空剖面堰在实际上应用不多。对于曲线型无真空剖面堰的研究,首先要求堰的溢流面有较好的压强分布,不产生过大的负压;其次要求流量系数较大,利于泄洪;最后,要求堰的剖面较单薄,以节省工程量及建造费用。

实用堰的流量公式采用堰流的基本公式进行计算,如是自由溢流,则

$$Q = m\varepsilon b\sqrt{2g}H_0^{3/2} \tag{8-16}$$

如果为淹没溢流,则

$$Q = \sigma m\varepsilon b\sqrt{2g}H_0^{3/2} \tag{8-17}$$

式(8-16)和式(8-17)中,m 为流量系数。由于实用堰堰面对水舌有影响,所以堰壁的形状及其尺寸对流量系数有影响,其精确值应由模型试验确定。在初步估算中,真空堰 $m \approx 0.50$,非真空堰 $m \approx 0.45$,折线形实用堰 m 在 $0.35 \sim 0.42$ 之间。

侧收缩系数 ε 可用下式计算:

$$\varepsilon = 1 - a\frac{H_0}{b + H_0} \tag{8-18}$$

式中,a 为考虑坝墩形状影响的系数。对于矩形坝墩,$a = 0.20$;对于半圆形坝墩或尖形坝墩,$a = 0.11$;对于曲线形尖墩,$a = 0.06$。

非真空堰淹没系数 σ 可由表8-2决定。

表8-2   非真空堰淹没系数 σ

$\dfrac{\Delta}{H}$	0.05	0.20	0.30	0.40	0.50	0.60	0.70	0.80	0.90	0.95	0.975	0.995	1.00
α	0.997	0.985	0.972	0.957	0.935	0.906	0.856	0.776	0.621	0.470	0.319	0.100	0

有关实用堰更详细的内容可参考水利类水力学教材或有关的水力计算手册。

当材料(堆石、木材等)不便加工成曲线时,常用折线形,如图8-8所示。

8.5 宽顶堰流

许多水工建筑物的水流性质,从水力学的观点来看,一般都属于宽顶堰流。例如,小桥桥孔的过水、无压短涵管的过水、水利工程中的节制闸、分洪闸、泄水闸,灌溉工程中的进水闸、分水闸、排水闸等,当闸门全开时,都具有宽顶堰的水力性质。因此,宽顶堰理论与水工建筑物的设计有密切的关系。

宽顶堰上的水流现象是很复杂的。根据其主要特点,抽象出的计算图形如图8-9(自由式)及图8-10(淹没式)所示。

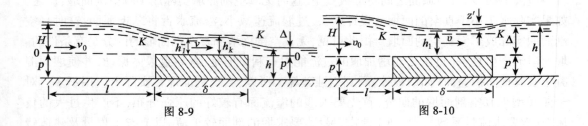

图 8-9　　　　　　　　　　　　　　　　　　图 8-10

8.5.1　自由式无侧收缩宽顶堰

由宽顶堰上的水流主要特点可以认为,自由式宽顶堰流在进口不远处形成一收缩水深 h_1(即水面第一次降落),此收缩水深 h_1 小于堰顶断面的临界水深 h_k,形成流线近似平行于堰顶的渐变流,最后在出口(堰尾)水面再次下降(水面第二次降落),如图 8-9 所示。

自由式无侧收缩宽顶堰的流量计算可采用堰流基本公式(8-1):

$$Q = mb\sqrt{2g}H_0^{1.5}$$

式中,流量系数 m 与堰的进口形式以及堰的相对高度 p/H 等有关,可按经验公式计算。

对于直角进口:

$$m = \begin{cases} 0.32, & [(p/H) > 3] \\ 0.32 + 0.01\dfrac{3 - (p/H)}{0.46 + 0.75(p/H)}, & [0 \leqslant (p/H) \leqslant 3] \end{cases} \quad (8\text{-}19)$$

对于圆角进口(当 $r/H \geqslant 0.2$,r 为圆进口圆弧半径):

$$m = \begin{cases} 0.36, & [(p/H) > 3] \\ 0.36 + 0.01\dfrac{3 - (p/H)}{1.2 + 1.5(p/H)}, & [0 \leqslant (p/H) \leqslant 3] \end{cases} \quad (8\text{-}20)$$

读者可自行证明,宽顶堰的流量系数最大不超过 0.385,因此,宽顶堰的流量系数 m 的变化范围应在 0.32~0.385 之间。

8.5.2　淹没式无侧收缩宽顶堰

自由式宽顶堰堰顶水深 h_1 小于临界水深 h_k,即堰顶上的水流为急流。从图 8-9 可见,当下游水位低于坎高,即 $\Delta < 0$ 时,下游水流绝对不会影响堰顶水流的性质。因此,$\Delta > 0$ 是下游水位影响堰顶水流的必要条件,即 $\Delta > 0$ 是形成淹没式堰的必要条件。至于形成淹没式堰流的充分条件,是下游水位影响堰顶上水流由急流转变为缓流。但是由于堰壁的影响,堰下游水流情况复杂,因此使其发生淹没水跃的条件也较复杂。目前,用理论分析来确定淹没充分条件尚有困难,在工程实际中,一般采用实验资料来加以判别。通过实验,可以认为淹没式宽顶堰的充分条件是:

$$\Delta = h - p' \geqslant 0.8H_0 \quad (8\text{-}21)$$

当满足条件(8-11)时,为淹没式宽顶堰。淹没式宽顶堰的计算图式如图 8-10 所示。堰顶水深受下游水位影响决定,$h_1 = \Delta - z'$(z' 称为动能恢复),且 $h_1 > h_k$。

淹没式无侧收缩顶堰的流量计算可采用公式(8-3),即

$$Q = \sigma m b \sqrt{2g} H_0^{1.5}$$

式中,淹没系数 σ 是 Δ/H_0 的函数,其实验结果见表 8-3。

表 8-3 **淹 没 系 数**

Δ/H_0	0.80	0.81	0.82	0.83	0.84	0.85	0.86	0.87	0.88	0.89
σ	1.00	0.995	0.99	0.98	0.97	0.96	0.95	0.93	0.90	0.87
Δ/H_0	0.90	0.91	0.92	0.93	0.94	0.95	0.96	0.97	0.98	
σ	0.84	0.82	0.78	0.74	0.70	0.65	0.59	0.50	0.40	

8.5.3 侧收缩宽顶堰

如堰前引水渠道宽度 B 大于堰宽 b,则水流流进堰后,在侧壁发生分离,使堰流的过水宽度实际上小于堰宽,同时也增加了局部水头损失。若用侧收缩系数 ε 考虑上述影响,则自由式侧收缩宽顶堰的流量公式为:

$$Q = m\varepsilon b \sqrt{2g} H_0^{1.5} = m b_c \sqrt{2g} H_0^{1.5} \tag{8-22}$$

式中, $b_c = \varepsilon b$,称为收缩堰宽;收缩系数 ε 可用经验公式

$$\varepsilon = 1 - \frac{a}{\sqrt[3]{0.2 + (p/H)}} \sqrt[4]{\frac{b}{B}} \left(1 - \frac{b}{B}\right) \tag{8-23}$$

计算。式中, a 为墩形系数,对于直角边缘, $a = 0.19$;对于圆角边缘, $a = 0.1$。

若为淹没式侧收缩宽顶堰,其流量公式只需在式(8-12) 右端乘以淹没系数 σ 即可。即

$$Q = \sigma m b_c \sqrt{2g} H_0^{1.5} \tag{8-24}$$

例 8-1 求流经直角进口无侧收缩宽顶堰的流量 Q。已知堰顶水头 $H = 0.85\text{m}$,坎高 $p = p' = 0.50\text{m}$,堰下游水深 $h = 1.10\text{m}$,堰宽 $b = 1.28\text{m}$,取动能修正系数 $\alpha = 1.0$。

解:(1)首先判明此堰是自由式还是淹没式:

$$\Delta = h - p' = 1.10 - 0.50 = 0.60\text{m} > 0$$

故淹没式的必要条件满足,但

$$0.8H_0 > 0.8H = 0.8 \times 0.85 = 0.68\text{m} > \Delta$$

则淹没式的充分条件不满足,故此堰是自由式。

(2)计算流量系数 m:

因 $p/H = 0.50/0.85 = 0.588 < 3$,则由式(8-9)得:

$$m = 0.32 + 0.01 \frac{3 - 0.588}{0.46 + 0.75 \times 0.588} = 0.347$$

(3)计算流量 Q:

由于 $H_0 = H + \dfrac{\alpha Q^2}{2g[b(H+p)]^2}$,代入式(8-1):

$$Q = mb\sqrt{2g} H_0^{1.5} = mb\sqrt{2g} \left[H + \frac{\alpha Q^2}{2gb^2(H+p)^2}\right]^{1.5}$$

在计算中常采用迭代法解此高次方程。将有关数据代入上式得：

$$Q = 0.347 \times 1.28 \times \sqrt{2 \times 9.8} \times \left[0.85 + \frac{1.0 \times Q^2}{2 \times 9.8 \times 1.28^2 \times (0.85 + 0.50)^2} \right]^{1.5}$$

得迭代式

$$Q_{(n+1)} = 1.966 \times \left[0.85 + \frac{Q_{(n)}^2}{58.525} \right]^{1.5}$$

式中,下标 n 为迭代循环变量。

取初值 $(n = 0) Q_{(0)} = 0$,得:

第一次近似值: $Q_{(1)} = 1.966 \times 0.85^{1.5} = 1.54 \text{m}^3/\text{s}$

第二次近似值: $Q_{(2)} = 1.966 \times \left[0.85 + \frac{1.54^2}{58.525} \right]^{1.5} = 1.65 \text{m}^3/\text{s}$

第三次近似值: $Q_{(3)} = 1.966 \times \left[0.85 + \frac{1.65^2}{58.525} \right]^{1.5} = 1.67 \text{m}^3/\text{s}$

现

$$\left| \frac{Q_{(3)} - Q_{(2)}}{Q_{(3)}} \right| = \frac{1.67 - 1.65}{1.67} \approx 0.01$$

若此计算误差小于要求的误差限值,则 $Q \approx Q_3 = 1.67 \text{m}^3/\text{s}$。

当计算误差限值要求为 ε 值,要一直计算到

$$\left| \frac{Q_{(n+1)} - Q_{(n)}}{Q_{(n+1)}} \right| \leqslant \varepsilon$$

为止,则 $Q \approx Q_{(n+1)}$。

(4) 校核堰上游是否为缓流:

因

$$v_0 = \frac{Q}{b(H + p)} = \frac{1.67}{1.28 \times (0.85 + 0.50)} = 0.97 \text{m/s}$$

则

$$Fr = \frac{v_0}{\sqrt{g(H + p)}} = \frac{0.97}{\sqrt{9.8 \times (0.85 + 0.50)}} = 0.267 < 1$$

故上游水流确为缓流。缓流流经障壁形成堰流,因此上述计算有效。

从上述计算可知,用迭代法求解宽顶堰流量高次方程是一种行之有效的方法,但计算繁琐,可编制程序,用计算机求解。

8.6　小桥孔径水力计算

小桥、无压短涵洞、灌溉系统中的节制闸等的孔径计算,基本上都是利用宽顶堰理论。

下面将以小桥孔径计算为讨论对象。从水力学观点来看,无压短涵洞、节制闸等的计算,原则上与小桥孔径的计算方法相同。

8.6.1　小桥孔径的水力计算公式

小桥过水情况与上节所述宽顶堰基本相同,这里堰流的发生是在缓流河沟中,是路基及墩台约束了河沟过水面积而引起侧向收缩的结果,一般坎高 $p = p' = 0$,故可称为无坎宽顶堰流。

小桥过水也分为自由式和淹没式两种情况,如图 8-11 所示。

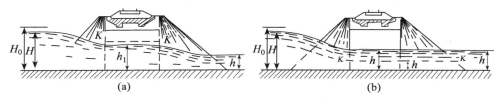

图 8-11

实验发现,当桥下游水深 $h < 1.3h_K$(h_K 为桥孔水流的临界水深)时,为自由式小桥过水,如图 8-11(a)所示;当 $h \geqslant 1.3h_K$ 时,为淹没式小桥过水,如图 8-11(b)所示,这就是小桥过水的淹没标准。

自由式小桥桥孔中水流的水深 $h_1 < h_K$,即桥孔水流为急流。计算时,可令 $h_1 = \psi h_K$,这里 ψ 为垂向收缩系数,$\psi < 1$,视小桥进口形状决定其数值。

淹没式小桥桥孔中水流的水深 $h_1 > h_K$,即桥孔水流为缓流。计算时,一般可忽略小桥出口的动能恢复 z',因此有 $h_1 = h$,即淹没式小桥桥孔水深等于桥下游水深。

小桥孔径的水力计算公式可由恒定总流的伯努利方程和连续性方程推导出。

自由式:

$$\begin{cases} v = \varphi \sqrt{2g(H_0 - \psi h_K)} & (8\text{-}25) \\ Q = \varepsilon b \psi h_K \varphi \sqrt{2g(H_0 - \psi h_K)} & (8\text{-}26) \end{cases}$$

淹没式:

$$\begin{cases} v = \varphi \sqrt{2g(H_0 - h)} & (8\text{-}27) \\ Q = \varepsilon b h \varphi \sqrt{2g(H_0 - h)} & (8\text{-}28) \end{cases}$$

式中,ε、φ 分别为小桥的侧向收缩系数和流速系数,一般与小桥进口形式有关,其实验值列于表 8-4 中。

表 8-4　　　　　　　　　　小桥的侧向收缩系数和流速系数

桥 台 形 状	侧向收缩系数 ε	流速系数 φ
单孔、有锥体填土(锥体护坡)	0.90	0.90
单孔、有八字翼墙	0.85	0.90
多孔或无锥体填土,多孔或桥台伸出锥体之外	0.80	0.85
拱脚浸水的拱桥	0.75	0.80

8.6.2 小桥孔径的水力计算原则

在小桥孔径水力计算中,设计流量 Q 系由水文计算决定。当此流量 Q 流经小桥时,应保证桥下不发生冲刷,即要求桥孔流速 v 不超过桥下铺砌材料或天然土壤的不冲刷允许流速 v'。同时,桥前壅水水位 H 不大于规定的允许壅水水位 H',该值一般由路肩标高及桥梁梁底标高决定。

在设计中,其程序一般是从允许流速 v' 出发设计小桥孔径 b,同时考虑标准孔径 B,使 $B \geq b$,然后再校核桥前壅水水位 H。总之,在设计中,应考虑 v'、B 及 H' 三个因素。

由于小桥过水的淹没标准是 $h \geq 1.3h_K$,因此,必须建立 v'、B 及 H' 与 h_K 的关系。下面以矩形过水断面的小桥孔为例,讨论 v、H 及 b 等水力要素与 h_K 的关系。

设桥下过水断面宽度为 b,当水流发生侧向收缩时,有效水流宽度为 εb,则临界水深 h_K 与流量 Q 的关系为:

$$h_K = \sqrt[3]{\frac{\alpha Q}{g(\varepsilon b)^2}} \tag{8-29}$$

在临界水深 h_K 的过水断面上的流速为临界流速 v_K,存在 $Q = v_K A_K = v_K \varepsilon b h_K$ 的关系,将其代入式(8-29)可得:

$$h_K = \frac{\alpha v_K^2}{g}$$

当以允许流速 v' 进行设计时,考虑到自由式小桥的桥下水深为 $h_1 = \psi h_K$,则根据恒定总流的连续性方程,有:

$$Q = v_K \varepsilon b h_K = v' \varepsilon b \psi h_K$$

即

$$v_K = \psi v'$$

因此可得桥下临界水深 h_K 与允许流速 v' 的关系为:

$$h_K = \frac{\alpha v_k^2}{g} = \frac{\alpha \psi^2 v'^2}{g} \tag{8-30}$$

将 $Q = m\varepsilon b \sqrt{2g} H_0^{1.5}$ 代入式(8-29)可得桥下临界水深与壅水水深的关系为:

$$h_K = \sqrt[3]{2\alpha m^2} H_0 \tag{8-31}$$

当取 $m = 0.34$,$\alpha = 1.0$ 时,则 $h_K = 0.614H_0 \approx (0.8/1.3)H_0$。由此可见,宽顶堰的淹没标准 $\Delta \geq 0.8H_0$ 与小桥(涵)过水的淹没标准 $h \geq 1.3h_K$ 基本是一致的。

将 $Q = m\varepsilon b \sqrt{2g} H_0^{1.5}$ 与式(8-26)比较,可得流量系数 $m = \varphi \cdot \psi \frac{h_K}{H_0} \sqrt{1 - \psi \frac{h_k}{H_0}}$,故式(8-31)又呈另一形式:

$$h_K = \frac{2\alpha \varphi^2 \psi^2}{1 + 2\alpha \varphi^2 \psi^3} H_0 \tag{8-32}$$

式(8-29)至式(8-32)即为桥下临界水深 h_K 与 b、v' 及 H 的关系式。

进行设计时,需要根据小桥进口形式选用有关系数。ε 和 φ 的实验值见表8-4。至于动能修正系数 α 可取为1.0。垂向收缩系数 $\psi = h_1/h_K$ 依进口形式而异:对非平滑进口,$\psi = 0.75 \sim 0.80$;对平滑进口,$\psi = 0.80 \sim 0.85$;有的设计方法认为 $\psi = 1.0$。

铁路、公路桥梁的标准孔径一般有 4、5、6、8、12、16、20m 等多种。

例 8-2　试设计一矩形断面小桥孔径 B。已知河道设计流量(据水文计算得)$Q = 30\text{m}^3/\text{s}$,桥前允许壅水水深 $H' = 1.5\text{m}$,桥下铺砌允许流速 $v' = 3.5\text{m/s}$,桥下游水深(据桥下游河段流量–水位关系曲线求得)$h = 1.10\text{m}$,选定小桥进口形式后知 $\varepsilon = 0.85$,$\varphi = 0.90$,$\psi = 0.85$。取动能修正系数 $\alpha = 1.0$。

解:(1)从 $v = v'$ 出发进行设计。由式(8-20)得:

$$h_K = \frac{\alpha \psi^2 v'^2}{g} = \frac{1.0 \times 0.85^2 \times 3.5^2}{9.8} = 0.903\text{m}$$

因 $1.3h_K = 1.3 \times 0.903 = 1.17\text{m} > h = 1.10\text{m}$，故此小桥过水自由式。

由 $Q = v'\varepsilon b \psi h_K$ 得：

$$b = \frac{Q}{\varepsilon \psi h_K v'} = \frac{30}{0.85 \times 0.85 \times 0.903 \times 3.5} = 13.14\text{m}$$

取标准孔径 $B = 16\text{m} > b = 13.14\text{m}$。

（2）由于 $B > b$，由自由式可能转变为淹没式，需要再利用式（8-29）计算孔径为 B 时的桥下临界水深 h_K'，

$$h_K' = \sqrt[3]{\frac{\alpha Q^2}{g(\varepsilon B)^2}} = \sqrt[3]{\frac{1.0 \times 30^2}{9.8 \times (0.85 \times 16)^2}} = 0.792\text{m}$$

因 $1.3h_K' = 1.3 \times 0.792 = 1.03\text{m} < h = 1.10\text{m}$，可见此小桥过水已转变为淹没式。

（3）核算桥前壅水 H：

桥下流速为：

$$v = \frac{Q}{\varepsilon B h} = \frac{30}{0.85 \times 16 \times 1.10} = 2.01\text{m/s}$$

桥前壅水，由式（8-27）得：

$$H < H_0 = \frac{v^2}{2g\varphi^2} + h = \frac{2.01^2}{2 \times 9.8 \times 0.90^2} + 1.10 = 1.35\text{m} < H' = 1.5\text{m}$$

计算结果表明，采用标准孔径 $B = 16\text{m}$ 时，对桥下允许流速和桥前允许壅水水深均要满足要求。至于从 $H = H'$ 出发的设计方法，请读者自行分析。

下面再举一梯形断面小桥孔径的水力计算例题，可注意其中某些计算技巧。

例 8-3 试决定一钢筋混凝土小桥的孔径（暂不考虑标准孔径）。该桥设有一直径 $d = 1.0\text{m}$ 的圆形中墩，桥下断面为边坡系数 $m = 1.5$ 的梯形。设计流量 $Q = 35\text{m}^3/\text{s}$，桥下允许流速 $v' = 3.0\text{m/s}$，侧向收缩系数 $\varepsilon = 0.90$，流速系数 $\varphi = 0.90$，垂向收缩系数 $\psi = 1.0$。

解：（1）从 $v = v'$ 出发决定桥下水面宽度 B：

由

$$\frac{A_K^3}{B_K} = \frac{\alpha Q^2}{g}$$

得：

$$B_K = \frac{A_K^3 g}{\alpha Q^2} = \frac{Qg}{\alpha Q^3/A_K^3} = \frac{Qg}{\alpha v_K^3}$$

$$= \frac{Qg}{v'^3} = \frac{35 \times 9.8}{1.0 \times 3.0^3} = 12.70\text{m}$$

考虑到中墩和侧向收缩的影响，则桥下水面宽度为：

$$B = \frac{B_K}{\varepsilon} + d = \frac{12.70}{0.90} + 1.0 = 15.11\text{m}$$

（2）引入桥下平均临界水深 $\bar{h}_K$：

$$\bar{h}_K = \frac{A_K}{B_K} = \frac{\alpha Q^2}{g A_K^2} = \frac{\alpha v_K^2}{g}$$

$$= \frac{\alpha v'^2}{g} = \frac{1.0 \times 3.0^2}{9.8} = 0.918\text{m}$$

则由 $A_K = B_K h_K - m h_K^2 = B_K \bar{h}_K$ 可得桥下临界水深：

$$h_K = \frac{B_K - \sqrt{B_K^2 - 4mB_K \bar{h}_K}}{2m}$$

$$= \frac{12.70 - \sqrt{12.70^2 - 4 \times 1.5 \times 12.70 \times 0.918}}{2 \times 1.5} = 1.05\text{m}$$

由此可知,当桥下游水深 $h \geqslant 1.3 \times 1.05 = 1.37\text{m}$ 时,才能形成淹没式小桥过水。

(3)当为自由式时,则桥下断面底宽 b 为：

$$b = B - 2m h_K = 15.11 - 2 \times 1.5 \times 1.05 = 1.96\text{m}$$

如果忽略桥上游行进流速,则桥前壅水水深 H 为：

$$H = \frac{\bar{h}_K}{2\varphi^2} + h_K = \frac{0.918}{2 \times 0.90^2} + 1.05 = 1.62\text{m}$$

(4)当为淹没式时(设桥下游水深 $h = 1.5\text{m}$),则桥下平均宽度 $\bar{B}$ 为：

$$\bar{B} = \frac{Q}{\varepsilon h v'} + d = \frac{35}{0.90 \times 1.5 \times 3.0} + 1.0 = 9.64\text{m}$$

故

$$b = \bar{B} - mh = 9.64 - 1.5 \times 1.5 = 7.39\text{m}$$

如果忽略行进流速,则有：

$$H = \frac{v'^2}{2g\varphi^2} + h = \frac{3.0^2}{2 \times 9.8 \times 0.90^2} + 1.5 = 2.07\text{m}$$

应当指出,梯形断面的桥下流速采用允许流速 v' 是有条件的,而矩形断面则可以说是无条件的。

由 $h_K = \dfrac{B_K - \sqrt{B_K^2 - 4mB_K \bar{h}_K}}{2m}$ 可知,其中 $B_K^2 - 4mB_K \bar{h}_K$ 应大于等于零,即

$$B_K \geqslant 4m \bar{h}_K = 4m \frac{\alpha v'^2}{g}$$

因 $B_K = \dfrac{Qg}{\alpha v'^3}$,将其代入上式,得：

$$\frac{Qg}{\alpha v'^3} \geqslant 4m \frac{\alpha v'^2}{g}$$

整理得：

$$v' \leqslant \sqrt[5]{\frac{Qg^2}{4m\alpha^2}}$$

这就是梯形断面的桥下流速采用允许流速的条件。

8.7　消能池水力计算

8.7.1　消能(Dissipated Energy)形式

在堰、闸下游、陡坡渠道的尾端、桥涵出口、跌水等处的水流,其流速较高,会冲刷河床,

危及水工建筑物的安全。为了把引起冲刷的水流能量在比较短的区域内消除而设置的消能措施,称为消能工(Dissipator)。消能工的形式甚多,按作用的基本形式可划分为如下三种。

1)底流型衔接消能(见图 8-12(a))

在紧接泄水建筑物的下游修建消能池(Stilling Basins),使水跃在池内形成,借水跃实现急流向下游河道中缓流的衔接过渡,并利用水跃消能除余能。由于衔接段主流在底部,故称为底流型衔接消能。

2)面流型衔接消能(见图 8-12(b))

在泄水建筑物尾端修建低于下游水位的跌坎,将宣泄的高速急流导向下游水流的表层,并受其顶托而扩散。坎后形成的底部旋滚既可隔开主流与河床,以免其直接冲刷河床,又可消除余能。由于衔接段高流速主流在表层,故称为面流型衔接消能。

3)挑流型衔接消能(见图 8-12(c))

在泄水建筑物尾端修建高于下游水位的挑流鼻坎,将宣泄水流抛射向空中再跌落到远离建筑物的下游,形成的冲刷坑不致影响建筑物的安全。挑流水舌潜入冲刷坑水垫中所形成的两个旋滚可消除大部分余能。这种方式称为挑流型衔接消能。

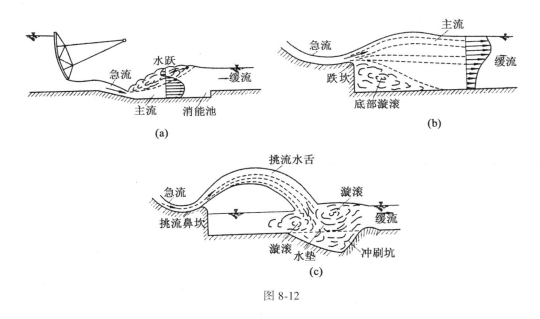

图 8-12

本节主要阐述底流型衔接消能与水力计算原理和方法。

8.7.2 底流型水流衔接

首先分析底流型水流衔接的形式和特点。以溢流坝为例,水流沿溢流坝坝面宣泄至下游,在溢流坝坝趾处形成一收缩断面 c-c,其水深以 h_c 表示,如图 8-13 所示。收缩水深 h_c,可由建立坝段水流(断面 $0-0$ 至断面 $c-c$)的能量方程得出。

$$E_0 = h_c + \frac{\alpha_c v_c^2}{2g} + h_w \tag{8-33}$$

式中,E_0 为相对于收缩断面的上游总水头;h_c 和 v_c 为收缩断面水深与流速;α_c 为收缩断面水

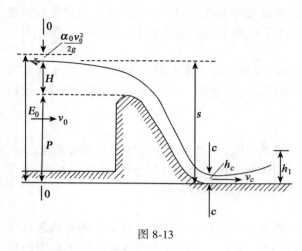

图 8-13

流的动能修正系数；h_w 为坝段水流的水头损失，可写成为：

$$h_w = (\zeta + \lambda \frac{L}{h_c}) \frac{v_c^2}{2g}$$

式中，ζ 为溢流坝进口段的局部水头损失系数；λ 为坝面沿流程水头损失系数；L 为坝面沿流长度。令流速系数 ϕ 为：

$$\phi = \frac{1}{\sqrt{\alpha_c + \zeta + \lambda L / h_c}}$$

则式（8-33）可写为：

$$E_0 = h_c + \frac{v_c^2}{2g\phi^2} \qquad (8-34)$$

收缩断面处的流速则为：

$$v_c = \phi \sqrt{2g(E_0 - h_c)} \qquad (8-35)$$

一般的收缩断面是矩形断面，断面平均流速以单宽流量 q 计算，即 $v_c = q/h_c$，则式（8-34）可改写为：

$$E_0 = h_c + \frac{q^2}{2g\phi^2 h_c^2} \qquad (8-36)$$

这就是溢流坝收缩断面水深的计算关系式，它也适用于其他类型的泄水建筑物，只是收缩断面的位置和流速系数要视具体情况来确定，可参见表 8-5。

表 8-5 流速系数 ϕ 值

	建筑物泄流方式	图 形	ϕ
1	堰顶有闸门的曲线型实用堰		0.95
2	无闸门的曲线实用堰 {1.溢流面长度较短 2.溢流面长度中等 3.溢流面较长		1.00 0.95 0.90
3	平板闸下底孔出流		0.95~0.97
4	折线型实用断面（多边形断面）堰		0.80~0.90
5	宽顶堰		0.85~0.95

	建筑物泄流方式	图 形	ϕ
6	跌水		1.00
7	末端设闸门的跌水		0.97

流速系数中局部水头损失系数 ζ 与泄水建筑物类型、上游堰高和来流条件有关;沿程水头损失系数 λ 主要与单宽流量及流程有关,溢流面糙率和反弧曲率也有一定影响。因为影响这些系数的因素比较复杂,目前仍以统计试验和原型观测资料得出的经验数据或公式来确定流速系数,见表 8-5。

经验公式

$$\phi = 1 - 0.015\,5\,\frac{P}{H} \tag{8-37}$$

适用于 $P/H < 30$ 的实用堰。

当确定了 E_0,q 和选定 ϕ 后,即可通过式(8-38)求得收缩断面水深 h_c,然后由共轭水深关系式(7-28)求得相应的跃后水深 h_c'',再由下游水深 t 和 h_c'' 的关系可判别水流的衔接形式。

(1)当下游水深恰等于 h_c'',即 $t = h_c''$ 时,它所要求的跃前水深即为 $h_c'' = h_c$,此时水跃就发生收缩断面处,即发生临界水跃,如图 8-14(a)所示。

(2)当下游水深小于 h_c'',即 $t < h_c''$,从图 8-14(b)所示的水跃函数曲线可知,较小的跃后水深对应着较大的跃前水深,即此时下游水深 t 要求一个大于 h_c 的跃前水深 h' 与之相对应。这样,从建筑物下泄的急流将从收缩断面继续向下游推进。在流动过程中,由于摩擦阻力的作用而消耗部分动能,使流速逐渐减小,水深逐渐增加。至某一断面处,其水深恰好与下游水深 t 所要求的跃前水深 h' 相等时,水跃就在该断面处发生,形成远离水跃,如图 8-14(b)所示。

(3)当下游水深大于 h_c'',即 $t > h_c''$ 时,这个下游水深要求一个比 h_c 更小的跃前水深 h' 与之对应。因为收缩断面水深 h_c 是建筑物下游的最小水深,所以不可能再找一个比 h_c 更小的水深,因为当下游水深增大到 h_c'' 时,水跃便在收缩断面发生,即为临界水跃。如果下游水深再增大,水跃将继续向前移动,将收缩断面淹没而涌向建筑物,形成淹没水跃,如图 8-14(c)所示。

以上三种底流式衔接都是通过水跃消能,但它们的消能效率和工程保护的范围却不相同。远离水跃衔接因有较长急流段要保护而不经济;淹没水跃衔接,若淹没程度过大则消能效率降低,水跃段长度也比较大;临界水跃衔接消能效率较高,需要保持的范围也最短,但要避免水跃位置不够稳定的缺点。因此,工程中采用稍有淹没的水跃衔接和消能。

8.7.3 消能池的水力计算

根据泄水建筑物下游地基情况,消能池可分为降低护坦和在护坦末端加筑消能坎(Baf-

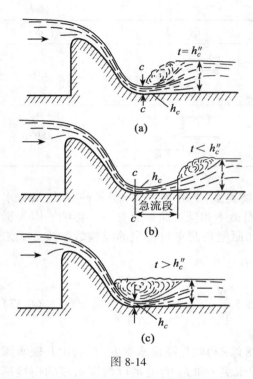

图 8-14

fle Wall)两种基本形式。本节主要讨论降低护坦式消能池的水力计算,即确定池深 s 和池长 L_B,如图 8-15 所示。

降低护坦式消能池的设计原则是让池内发生稍有淹没的水跃,使出池水流为缓流,以便与下游河道缓流平稳衔接,类似于淹没宽顶堰流。

1)池深 s 的确定

池末水深 h_T 略大于临界水跃的跃后水深 h_{c1}'',以保证发生稍有淹没的水跃,即

$$h_T = \sigma h_{c1}'' = h_t + s + \Delta Z \quad (8\text{-}38)$$

式中,σ 称为水跃的淹没安全系数,一般取 $\sigma = 1.05 \sim 1.10$。

对于矩形断面的消能池,应用水跃方程,有:

$$h_T = \sigma h_{c1}'' = \frac{\sigma h_{c1}}{2}\left(\sqrt{1 + 8\frac{q_2}{gh_{c1}^3}} - 1 \right)$$

$$(8\text{-}39)$$

式中,h_{c1} 为以消能池底为基准的收缩水深,可由断面 $0-0$ 到收缩断面 $c_1 - c_1$ 的能量方程得出,即

$$E_{10} = h_{c1} + \frac{q^2}{2g\phi^2 h_{c1}^2} \quad (8\text{-}40)$$

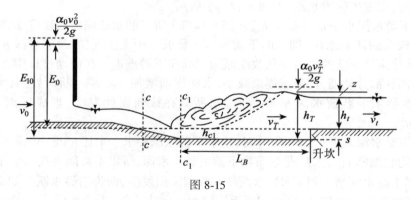

图 8-15

式中,q 为单宽流量;流速系数 ϕ 可由表 8-5 选取。

再对消能池出口水流段写能量方程为:

$$\Delta Z = (1 + \zeta) \frac{v_t^2}{2g} - \frac{v_T^2}{2g}$$

或

$$\Delta Z = \frac{q^2}{2g\phi'^2 h_t^2} - \frac{q^2}{2g h_T^2} \quad (8\text{-}41)$$

式中, h_t 为下游河道水深; $\phi' = \dfrac{1}{\sqrt{1+\zeta}}$ 为池末端出流流速系数, 可取 $\phi' = 0.95$。

由式(8-38)至式(8-41)可算出池深 s, 因总水头 E_{01} 与池深 s 有关, 应采用试算法求解。

2) 池长 L_B 的确定

合理的池长应从平底完全水跃的长度出发来考虑。消能池中的水跃因受升坎阻挡形成强制水跃(Forced Hydraulic Jump), 实验表明它的长度比无坎阻挡的完全水跃缩短 20% ~ 30%, 故从收缩断面起算的消能池长为:

$$L_B = (0.7 \sim 0.8)L_j \tag{8-42}$$

式中, L_j 为平底完全水跃的长度, 可用经验公式

$$L_j = 6.9(h''_{c1} - h_{c1}) \tag{8-43}$$

计算。

例 8-4 某分洪闸如图 8-16 所示, 底坎为曲线型低堰, 泄洪单宽流量 $q = 11(\mathrm{m^2/s \cdot m})$, 其他有关数据见图示。试设计降低护坦消能池的轮廓尺寸。

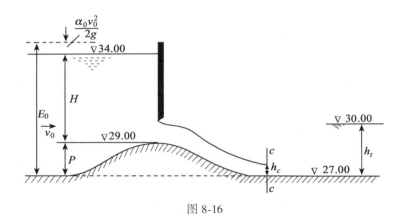

图 8-16

解: (1)首先判别下游自然衔接的形式:

$$v_0 = \frac{q}{P+H} = \frac{11}{2+5} = 1.571 \mathrm{m}$$

$$E_0 = P + H + \frac{v_0^2}{2g} = 2 + 5 + \frac{1.571^2}{2 \times 9.8} = 7.126 \mathrm{m}$$

应用式(8-36) $E_0 = h_c + \dfrac{q^2}{2g\varphi^2 h_c^2}$ 求收缩断面水深 h_c。

取 $\varphi = 0.903$, 故有:

$$7.126 = h_c + \frac{11^2}{2 \times 9.8 \times 0.903^2 \times h_c^2} = h_c + \frac{7.57}{h_c^2}$$

以迭代法求得: $\quad h_c = 1.123 \mathrm{m}$

所以 $\qquad Fr = \dfrac{q}{\sqrt{gh_c^3}} = \dfrac{11}{\sqrt{9.8 \times 1.123^3}} = 2.953$

于是，
$$h_c'' = \frac{h_c}{2}(\sqrt{1 + 8Fr^2} - 1) = \frac{1.123}{2}(\sqrt{1 + 8 \times 2.953^2} - 1) = 4.162\text{m}$$

给定的下游水深 $h_t = 3\text{m}$。因为 $h_t < h_c''$，在自然衔接时将发生远驱水跃，故决定修建降低护坦的消能池。

（2）求池深 s：

为便于计算，将式（8-31）代入式（8-28）整理后为：
$$h_T + \frac{q^2}{2gh_T^2} - s = h_t + \frac{q^2}{2g\varphi'^2 h_t^2}$$

上式左端为池深 s 的函数，可令 $f(s) = h_T + \frac{q^2}{2gh_T^2} - s$；右端为某个常数，可令 $A = h_t + \frac{q^2}{2g\varphi'^2 h_t^2}$。

假设 s 值对函数 $f(s)$ 进行试算，当某个代入的 s 值使 $f(s) = A$ 时，此 s 值即为所求的池深。

本题
$$A = 3 + \frac{11^2}{2 \times 9.8 \times 0.95^2 \times 3^2} = 3.76\text{m}$$

对 $f(s)$ 试算得数据如表 8-6 所示。

表 8-6

$s/(\text{m})$	$h_{c1}/(\text{m})$	$h_{c1}''/(\text{m})$	$h_T/(\text{m})$	$f(s)/(\text{m})$	与 A 值相比
1.30	1.064	4.533	4.76	3.66	偏小
1.20	1.076	4.490	4.74	3.79	偏大

用直线内插法得到池深 $s = 1.22\text{m}$。相应的 $h_{c1} = 1.074\text{m}$；$h_{c1}'' = 4.50\text{m}$；$h_T = 3.763\text{m}$。

（3）求池长 L_B：

由式（8-43）有：
$$L_j = 6.9 \times (h_{c1}'' - h_{c1}) = 6.9 \times (4.50 - 1.074) = 23.64\text{m}$$

得：
$$L_B = 0.75 L_j = 0.75 \times 23.64 = 17.73\text{m}$$

最后确定池深 $s = 1.22\text{m}$，池长 $L_B = 18\text{m}$。

8.8　闸下出流

闸门主要用来控制和调节河流或水库中的流量。闸下出流和堰流不同，堰流上下游水面线是连续的，闸下出流上下游水面线被闸门阻隔中断。因此，闸下出流的水流特征和过水能力，与堰流有所不同。闸下的过水能力与受闸门形式、闸前水头、闸门开度、闸底坎类型和下游水位等因素的影响。下面就平底渠道、平板闸门为例来说明闸下出流的水力学计算原理。

水流自闸下出流（见图 8-17），在闸门下游约等于闸门开启高度 e 的二倍或三倍距离处形成垂直方向收缩，其收缩水深 $h_c < e$，用 $h_c = \varepsilon' e$ 表示，ε' 称为垂直收缩系数。

收缩断面的水深 h_c 一般小于下游渠道中的临界水深 h_K。当闸门下游为缓流，即水深 $h > h_K$ 时，则闸下出流必然以水跃的形式与下游水位衔接。当 h 大于 h_c 的共轭水深 h_c'' 时，将在收缩断面上游发生水跃，此水跃受闸门的限制，称为淹没水跃，此时闸下出流为淹没式，如图 8-18 所示;否则,形成自由式闸下出流,如图 8-17 所示。

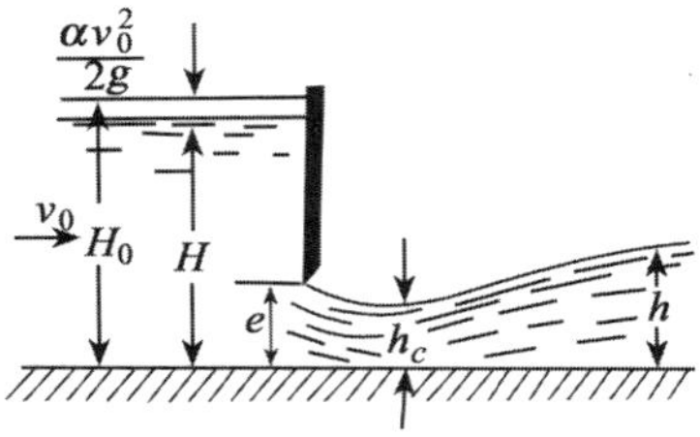

8.8.1 自由式闸下出流

应用总流能量方程在图 8-17 的 H_0 断面及收缩断面,可得矩形闸孔的流量公式:

图 8-17

$$Q = \varphi bh_c\sqrt{2g(H_0 - h_c)} = \varphi be\varepsilon'\sqrt{2g(H_0 - \varepsilon'e)}$$
$$= \mu be\sqrt{2g(H_0 - \varepsilon'e)} \tag{8-44}$$

式中,b 为矩形闸孔宽度;H_0 为包括行进流速水头在内的闸前水头;φ 为流速系数,依闸门形式而异。当闸门底板与引水渠道齐平时,$\varphi \geq 0.95$;当闸门底板高于引水渠道底时,形成宽顶堰堰坎,$\varphi = 0.85 \sim 0.95$;ε' 为垂直收缩系数,它与闸门相对开启高度 $\dfrac{e}{H}$ 有关,可由表 8-7 查得,μ 为流量系数,$\mu = \varepsilon'\varphi$。

表 8-7   **垂直收缩系数 ε'**

$\dfrac{e}{H}$	0.10	0.15	0.20	0.25	0.30	0.35	0.40
ε'	0.615	0.618	0.620	0.622	0.625	0.628	0.630
$\dfrac{e}{H}$	0.45	0.50	0.55	0.60	0.65	0.70	0.75
ε'	0.638	0.645	0.650	0.660	0.675	0.690	0.705

表中的最大 $\dfrac{e}{H}$ 为 0.75,表明当 $\dfrac{e}{H} > 0.75$ 时,闸下出流转变成堰流。

8.8.2 淹没式闸下出流

如图 8-18 所示,此时在闸门后发生了淹没水跃,收缩水深 h_c 被淹没,水深为 h_y,但主流水深仍为 h_c。对闸前过水断面和收缩断面写总流能量方程,得:

$$Q = b\varepsilon'e\varphi\sqrt{2g(H_0 - h_y)} = \mu be\sqrt{2g(H_0 - h_y)} \tag{8-45}$$

从式(8-45)看来,若要计算流量 Q,尚需知道 h_y 的值。关于 h_y 的计算,可取水深为 h_y 及水深为 h 的两个断面及渠底和水面形成的控制面,假设两过水断面上的压强为静水压强分布,忽略渠底切应力写动量方程:

$$\frac{\gamma Q}{g}(v_2 - v_c) = \frac{\gamma bh_y^2}{2} - \frac{\gamma bh^2}{2} \tag{8-46}$$

式中,

$$v_2 = \frac{Q}{bh}, v_c = \frac{Q}{bh_c}$$

联立式(8-45)及式(8-46),可得:

$$h_y = \sqrt{h^2 - M\left(H_0 - \frac{M}{4}\right)} + \frac{M}{2} \tag{8-47}$$

261

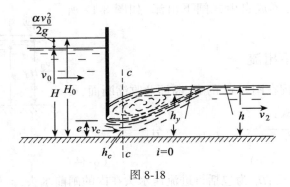

图 8-18

式中，$M = 4\mu^2 e^2 \dfrac{h - h_c}{h h_c}$。$\mu$ 可取与自由式闸下出流相同的数值。

　　式（8-47）即为淹没水跃的跃前水深 h_y 与跃后水深 h 的共轭关系式。当 H、μ、h 及 e 已知时，由式（8-45）及式（8-47）即可求出流量 Q。

　　淹没式闸下出流的另一种计算方法，是将式（8-35）改写成：

$$Q = \mu_s b e \sqrt{2gH_0} \tag{8-48}$$

式中，
$$\mu_s = \varepsilon'\varphi \sqrt{1 - \frac{h_y}{H_0}} \tag{8-49}$$

　　由实验资料得：

$$\mu_s = 0.95 \sqrt{\frac{\ln\left(\dfrac{H}{h}\right)}{\ln\left(\dfrac{H}{h_c''}\right)}} \tag{8-50}$$

式中，h_c'' 为 h_c 的完整水跃的共轭水深，由式（7-28）计算。但要注意，淹没出景会引起闸门振动，工程应用时应当努力避免这种出流方式。

习　　题

　　8-1　一无侧收缩矩形薄壁堰，堰宽 $b = 0.50\text{m}$，堰高 $p = p' = 0.35\text{m}$，水头 $H = 0.40\text{m}$，当下游水深各为 $0.15,0.40,0.55\text{m}$ 时，求通过的流量各为若干？

　　8-2　设待测最大流量 $Q = 0.30\text{m}^3/\text{s}$，水头 H 限制在 0.20m 以下，堰高 $p = 0.50\text{m}$，试设计完全堰的堰宽 b。

　　8-3　已知完全堰的堰宽 $b = 1.50\text{m}$，堰高 $p = 0.70\text{m}$，流量 $Q = 0.50\text{m}^3/\text{s}$，求水头 H（提示：先设 $m_0 = 0.42$）。

　　8-4　在一矩形断面的水槽末端设置一矩形薄壁堰，水槽宽 $B = 2.00\text{m}$，堰宽 $b = 1.20\text{m}$，堰高 $p = p' = 0.50\text{m}$，求水头 $H = 0.25\text{m}$ 时自由式堰的流量 Q。

　　8-5　设欲测流量的变化幅度为 3 倍，求用 90° 三角堰及矩形堰时的水头变化幅度。设矩形堰的流量系数 m_0 为常数。

8-6　一直角进口无侧收缩宽顶堰,堰宽 $b=4.00\text{m}$,堰高 $p=p'=0.60\text{m}$,水头 $H=1.20\text{m}$,堰下游水深 $h=0.80\text{m}$,求通过的流量 Q。

8-7　设上题的下游水深 $h=1.70\text{m}$,求流量 Q。

8-8　一圆角进口无侧收缩宽顶堰,流量 $Q=12\text{m}^3/\text{s}$,堰宽 $b=4.80\text{m}$;堰高 $p=p'=0.80\text{m}$,下游水深 $h=1.73\text{m}$,求堰顶水头 H。

8-9　一圆角进口无侧收缩宽顶堰,堰高 $p=p'=3.40\text{m}$,堰顶水头 H 限制为 0.86m,通过流量 $Q=22\text{m}^3/\text{s}$,求堰宽 b 及不使堰流淹没的下游最大水深。

8-10　设在混凝土矩形断面直角进口溢洪道上进行水文测验。溢洪道进口当做一宽顶堰来考虑,测得溢洪道上游渠底标高 $z_0=0$,溢洪道底标高 $z_1=0.40\text{m}$,堰上游水面标高 $z_2=0.60\text{m}$,堰下游水面标高 $z_3=0.50\text{m}$。求经过此溢洪道的单宽流量 $q=\dfrac{Q}{b}$。

8-11　证明自由式小桥孔径 $b=\dfrac{gQ}{\varepsilon\alpha\psi^3 v'^2}$,此式说明提高桥下允许流速可大大缩小孔径。

8-12　选用定型设计小桥孔径 B。已知设计流量 $Q=15\text{m}^3/\text{s}$,取碎石单层铺砌加固河床,其允许流速 $v'=3.5\text{m}/\text{s}$,桥下游水深 $h=1.3\text{m}$,取 $\varepsilon=0.90$,$\varphi=0.90$,$\Psi=1$(在一些设计部门,小型建筑物的 ψ 值取1),允许壅水高度 $H'=2.00\text{m}$。

8-13　在题 8-12 中,若下游水深 $h=1.6\text{m}$,再选定型设计小桥孔径 B。

8-14　现有一已建成的喇叭进口小桥,其孔径 $B=8\text{m}$,已知 $\varepsilon=0.90$,$\varphi=0.90$,$\Psi=0.80$,试核算最大流量 $Q=40\text{m}^3/\text{s}$(该桥下游水深 $h=1.5\text{m}$),并核算桥下流速 v 及桥前壅水水深 H。

8-15　一钟形进口箱涵形断面的涵洞,已知 $\varepsilon=0.90$,$\varphi=0.90$,$\psi=0.8$,设计流量 $Q=9\text{m}^3/\text{s}$,下游水深 $h=1.60\text{m}$,涵前允许壅水深度 $H'=1.80\text{m}$,试计算孔径 b(暂不考虑标准孔径 B)。

8-16　在一矩形断面渠道末端设置一跌坎,坎高 $p=0.80\text{m}$,流量 $Q=1.05\text{m}^3/\text{s}$,其上游渠道正常水深 $h_0=0.30\text{m}$,渠宽 $b=1.00\text{m}$,求跌水后的收缩水深(设跌水的流速系数 $\varphi=1$)。

8-17　若上题中的 $h_0=0.60\text{m}$,求收缩水深。并从能量观点分析收缩水深增大的原因。

8-18　在题 8-16 中,若在 h_c 后一段距离处有一涵管,当以缓流流过涵管时,其壅水水深 $H=0.50\text{m}$,试设计护坦降深消力池(其流速系数 $\varphi=0.95$)。设涵管距跌坎距离适当,本题不考虑其距离问题。

8-19　若题 8-16 中的正常水深 $h_0=0.55\text{m}$,则跌坎出口附近的水深为 h_K,在上游渠道中形成 b_1 型水面曲线,会使水流流速增大。为了消除这一影响,可在跌坎出口设计一宽顶堰(此题设为圆角进口),堰高为 p。求堰高应为若干,正好可消除 b_1 型水面曲线,而为正常水深 h_0。

8-20　求设计题 8-19 中下游的护坦降深消力池,设跌坎下游渠道水深 $h=0.6\text{m}$。

第9章 渗 流

液体在孔隙介质(Porous Media)中的流动称为渗流(Seepage Flow)。在水利工程中,孔隙介质指的是土壤、沙石、岩基等多孔介质,水力学所研究的渗流,主要为水在土壤中的流动。地下水运动是常见的渗流实例。

9.1 概 述

9.1.1 渗流理论的工程应用

地下水和地表水都是人类的重要水资源。新中国成立以来,我国华北与西北地区开凿了数以万计的灌溉井、工业及民用井,都是典型的渗流应用实例。

渗流理论除了应用于水利、化工、地质、采掘等生产建设部门外,在土木工程方面的应用可列举如下几种:

(1)在给水方面,有井(见图 9-1)和集水廊道等集水建筑物的设计计算问题。

(2)在排灌工程方面,有地下水位的变动、渠道的渗漏损失(图 9-2)以及坝体和渠道边坡的稳定等方面的问题。

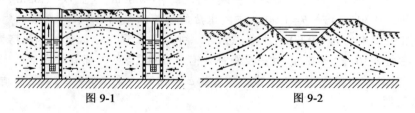

图 9-1   图 9-2

(3)在水工建筑物,特别是高坝的修建方面,有坝身的稳定、坝身及坝下的渗透损失等方面的问题。

(4)在建筑施工方面,需确定围堰或基坑的排水量和水位降落等方面的问题。

9.1.2 水在土壤中的状态

根据水在岩土孔隙中的状态,可分为气态水(Water in Gaseous State)、附着水(Adhesive Water)、薄膜水(Film Water)、毛细水(Capillary Water)和重力水(Gravitational Water)。气态水以水蒸气的状态混合在空气中而存在于岩土孔隙内,数量很少,一般都不考虑。附着水以分子层吸附在固体颗粒表面,呈现出固态水的性质。薄膜水以厚度不超过分子作用半径的膜层包围着土壤颗粒,其性质和液态水近似。附着水和薄膜水都是在固体颗粒与水分子相互作用下形成的,其数量很少,很难移动,在渗流中一般也不考虑。毛细水由于毛细管作用而保持在岩土微孔隙中,除特殊情况外,一般也可忽略。当岩土含水量很大时,除少量液体吸附在固体颗粒四周和毛细区外,大部分液体将在重力作用下运动,称为重力水。本章研究的对象仅为重力水在土壤中的运动规律。

9.1.3 岩土分类及其渗透性质

1)均质岩土

渗透性质与空间位置无关,分成:①各向同性岩土,其渗透性质与渗流的方向无关,如沙土;②各向异性岩土,渗流性质与渗流方向有关,如黄土、沉积岩等。

2)非均质岩土

渗透性质与空间位置有关。

以下仅讨论一种最简单的渗流——在均质各向同性岩土中的重力水的恒定渗流。

9.2 渗流基本定律

9.2.1 渗流模型(Seepage Model)

自然土壤的颗粒在形状和大小上相差悬殊,颗粒间孔隙形成的通道,在形状、大小和分布上也很不规则,具有随机性质。渗流在土壤孔隙通道中的运动是很复杂的,但在工程中常用统计的方法采用某种平均值来描述渗流,即以理想的、简化了的渗流来代替实际的、复杂的渗流。现以简例说明。

图 9-3 为一渗流试验装置。竖直圆筒内充填沙粒,圆筒横断面面积为 A,沙层厚度为 l。沙层由金属细网支托。水由稳压箱经水管 A 流入圆筒中,再经沙层从出水管 B 流出,其流量采用体积法(量筒 C)量测。在沙层的上下两端装有测压管以量测渗流的水头损失,由于渗流的动能很小,可以忽略不计,因此,测压管水头差 $H_1 - H_2$ 即为渗流在两断面间的水头损失。

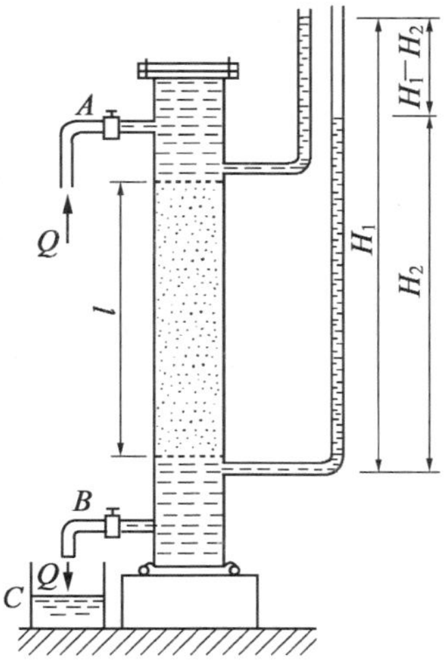

由此实验看出,流经土壤空隙间的液体质点,虽各有其极不规则的形式,但就其总体而言,其主流方向却是向下的。

在土壤中取一与主流方向正交的微小面积 ΔA,但其中包含了足够多的孔隙,重力水流量 ΔQ 流过的空隙面积为 $m\Delta A$,m 为土壤空隙大小的孔隙率,即孔隙体积 Δw 与微小总体积 $\Delta \overline{W}$ 之比 $m = \dfrac{\Delta w}{\Delta \overline{W}}$。则渗流在足够多空隙中的统计平均速度定义为:

图 9-3

$$u' = \frac{\Delta Q}{m\Delta Q} \tag{9-1}$$

它表征了渗流在孔隙中的运动情况。再假设渗流在连续充满圆筒全部的包括土壤空隙和骨架在内的空间,以便引用研究管渠连续水流的方法,即把渗流看成是许多连续的元流所组成

的总流,且可引入与空隙大小和形状无直接关系的参数表示渗流。如定义渗流流速(Seepage Velocity)为:

$$u = \frac{\Delta Q}{\Delta A} \tag{9-2}$$

式中,ΔA 为包括了空隙和骨架在内的过水断面面积,真正的过水断面面积要比 ΔA 小,因此真正的流速要比渗流流速大。这是一个虚拟的流速,它与空隙中的真实平均流速 u' 间的关系是:

$$u = mu' \tag{9-3}$$

这种忽略土壤骨架的存在,仅考虑渗流主流方向的连续水流,称为渗流模型,如图 9-3 所示的圆筒渗流,作为渗流模型的特例,可认为该渗流模型是由无数铅直直线式的元流所组成的。

9.2.2 达西定律

1852—1855 年,法国工程师达西(Henri Darcy)在沙质土壤中进行了大量的试验,得到线性渗流定律。

在图 9-3 所示的渗流试验装置中,实测圆筒面积 A,渗流流量(Seepage Discharge)Q 和相距为 l 的两断面间的水头损失 h_w。经大量试验后发现以下规律,称为达西定律:

$$Q = kA\frac{h_w}{l} \quad \text{或} \quad v = k\frac{h_w}{l} = kJ \tag{9-4}$$

式中,$v = \dfrac{Q}{A}$ 是渗流模型的断面平均流速;k 为渗流系数,它是土壤性质和液体性质综合影响渗流的一个系数,具有流速的量纲,$[K] = [LT^{-1}]$;J 为流程范围内的平均测压管水头线坡度,亦即水力坡度。

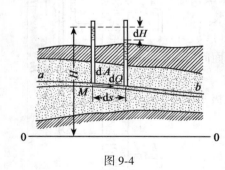

图 9-4

式(9-4)是以断面平均流速 v 表达的达西定律,为了分析的需要,将它推广至用渗流流速 u 来表达。图 9-4 表示处在两个不透水层中的有压渗流,ab 表示任一元流,在 M 点的测压管坡度为:

$$J = -\frac{\mathrm{d}H}{\mathrm{d}s}$$

元流的渗流流速为 u,则与式(9-4)相应的有:

$$u = kJ \tag{9-5}$$

上述达西定律公式(9-4)或公式(9-5)表明,在某一均质孔隙介质中,渗流的水力坡度与渗流流速的一次方成比例,因此也称为线性渗流(Linear Seepage)定律。这一定律是达西的试验结果。下面介绍一些基于假设和概念上的理论分析,来理解这一实验结果。

9.2.3 细管概化模型

可以把地下水在土壤孔隙通道中的运动看成是充满于一系列弯曲细管中的流动,水流流动的距离不是两点间的直线距离 s,而是弯曲的长度 $\alpha \cdot s$,α 是大于 1 的弯曲系数,其与孔

隙率 m 的经验关系为 $\alpha = m^{-0.25}$。

假设细管中的水流为层流,与圆管层流公式(4-10)对照有:

$$u' = \frac{g}{32} \frac{d^2}{\nu\alpha} J \tag{9-6}$$

当细管横断面为圆形时,直径 d 与水力半径 R 的关系为 $d = 4R$;横断面不为圆形时,公式中的 d 以 aR 替换。在土壤中的水力半径 R 定义为单位体积土壤中的孔隙体积,即孔隙率 m 与单位体积土壤中的颗粒表面积 P 之比,即

$$R = \frac{m}{P}$$

将这些关系代入式(9-6)得:

$$u' = \frac{u}{m} = \frac{g}{32} \frac{a^2 R^2}{\alpha\nu} J = \frac{g}{32} \frac{a^2 m^2}{\alpha\nu P^2} J$$

即

$$u = \frac{1}{32} \frac{a^2 m^3}{\alpha P^2} \frac{g}{\nu} J = \frac{Cg}{\nu} J \tag{9-7}$$

式中,$C = \frac{a^2 m^3}{32\alpha P^2}$,称为多孔介质的渗透性系数(Permeability Coefficient),它只与多孔介质本身粒径大小、形状及分布情况有关,其量纲为 $[L^2]$。

将式(9-7)与式(9-5)比较,可见渗流系数为:

$$k = \frac{Cg}{\nu} \tag{9-8}$$

即渗流系数 k 是多孔介质的渗透性系数 C 与液体运动粘性系数 ν 二者的综合影响系数。细管概化模型从物理本质上阐明了渗流系数 k 的物理意义。

9.2.4 渗流系数(Seepage Coefficient)的确定

渗流系数 k 的大小对渗流计算的结果影响很大。以下简述其确定方法和常见土壤的概值。

1) 经验公式法

这一方法是根据土壤粒径形状、结构、孔隙率和影响水运动粘度的温度等参数所组成的经验公式来估算渗流系数 k。这类公式很多,可用作粗略估算,本书不做介绍。

2) 实验室方法

这一方法是在实验室利用类似图 9-3 所示的渗流实验装置,并通过式(9-4)来计算 k。此法施测简易,但不易取得未经扰动的土样。

3) 现场方法

在现场利用钻井或原有井作抽水或灌水试验,根据井的公式(见 9.4 节)计算 k。

作近似计算时,可查表 9-1 中的 k 值。

9.2.5 非线性渗流定律

渗流与管(渠)流相比较,也可定义雷诺数

$$Re = \frac{vd}{\nu}$$

表 9-1 水在土壤中的渗流系数概值

土 壤 种 类	渗流系数 $k/(\text{cm/s})$
黏 土	6×10^{-6}
亚黏土	$6\times10^{-6}\sim1\times10^{-4}$
黄 土	$3\times10^{-4}\sim6\times10^{-4}$
细 砂	$1\times10^{-3}\sim6\times10^{-6}$
粗 砂	$2\times10^{-2}\sim6\times10^{-2}$
卵 石	$1\times10^{-1}\sim6\times10^{-1}$

式中,v 为渗流断面平均流速;ν 为运动粘性系数;d 为土壤的某种特征长度,有人取用土壤骨架的平均粒径,或 d_{10}(通过重量 10% 土壤的筛孔直径),或 d_{50},或 $d=\left(\dfrac{c}{m}\right)^{\frac{1}{2}}$,或 $d=\sqrt{c}$ 等。

许多试验结果表明,当 $Re \leqslant 1-10$ 时,达西线性渗流定律是适用的;相反,当 $Re > 1-10$ 时,J 与 v(或 u)为非线性关系。

1901 年,福希海梅(Forchheimer)首先提出渗流的高雷诺数非线性关系为:

$$J = au + bu^2 \tag{9-9}$$

以前,人们对 bu^2 项的出现,认为仅是紊流的影响。但是,从 20 世纪 50 年代起,一些实验结果表明,紊流开始于 $Re = 60\sim150$;而达西定律在 $Re \geqslant 1\sim10$ 时已不适用了。因此,在 $Re \approx 10\sim150$ 间的层流区,也有 bu^2 项的出现。最近人们把它归于渗流在弯曲通道中水流质点惯性力的影响。

本章仅研究线性渗流,只是在 9.7 节中简单介绍非线性渗流(Non-linear Seepage)。

9.3 均匀渗流和非均匀渗流

采用渗流模型后,可用研究管渠水流的方法将渗流分成均匀渗流和非均匀渗流。由于渗流服从达西定律,使渗流的均匀流和非均匀流具有与明渠的均匀流和非均匀流所没有的某些特点。

9.3.1 恒定均匀渗流和非均匀渐变渗流流速沿断面均匀分布

在均匀渗流中,测压管坡度(或水力坡度)为常数,由于断面上的压强为静压分布,则任一流线的测压管坡度也是相同的,即均匀渗流区域中的任一点的测压管坡度都是相同的。根据达西定律,则均匀渗流区域中任一点的渗流流速 u 都是相等的。换句话说,均匀渗流为均匀渗流流速场。u 沿断面当然也是均匀分布的。

至于非均匀渐变渗流,如图 9-5 所示,任取两断面 1—1 和断面 2—2。因渐变渗流的断面压强也符合静压分布规律,所以断面 1—1 上各点的测压管水头皆为 H;相距 ds 的断面 2—2 上各点的测压管水头皆为 $H + \mathrm{d}H$。由于渐变流是一种近似的均匀流,可以认为断面 1—1 与断面 2—2 之间，沿一切流线的距离均近似为 ds。当 ds 趋于零，则为断面 1—1。从而任一流线的测压管坡度为：

$$J = -\frac{dH}{ds} = 常数$$

根据达西定律，即渐变渗流过水断面上的各点渗流流速 u 都相等，此时断面平均流速 v 也就与断面各点的渗流流速 u 相等，即

$$v = u = kJ \tag{9-10}$$

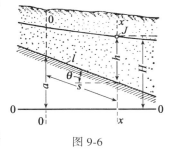

图 9-5

此式称为 A.J.杜比（A.J.Dupuit）公式。

9.3.2 渐变渗流的基本微分方程和浸润曲线

在无压渗流中，重力水的自由表面称为浸润面（Surface of Seepage）。在平面问题中，浸润面为浸润曲线（Deppression Curve）。在工程中需要解决浸润曲线问题，从杜比公式出发，即可建立非均匀渐变渗流的微分方程，积分可得浸润曲线。

如图 9-6 所示，取断面 x—x，距起始断面 0—0 沿底坡的距离为 s，其水深为 h。由杜比公式得：

$$v = kJ = -k\frac{dH}{ds} = k\left(i - \frac{dh}{ds}\right) \tag{9-11}$$

$$Q = Av = Ak\left(i - \frac{dh}{ds}\right)$$

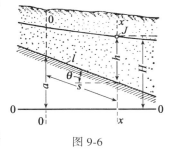

图 9-6

这就是适用于各种底坡的无压渐变渗流基本微分方程。

在分析明渠水面曲线时，正常水深和临界水深起着很重要的作用。现讨论达西渗流定律适用的渗流问题，由于 $Re = \dfrac{vd}{\nu} <$

$1 \sim 10$，即 v 是很小的，流速水头和水深相比可以忽略不计，由于断面单位能量 $Es = h + \dfrac{\alpha v^2}{2g}$，所以断面单位能量实际上就等于水深 h，临界水深失去了意义，或者可以假设临界水深为零。对于均匀渗流，可得平面问题正常水深 h_0，

$$Q = kibh_0$$

即

$$h_0 = \frac{Q}{kib} \tag{9-12}$$

式中，b 为渠宽。

由于达西渗流的临界水深为零，则浸润曲线及其分区比明渠水面曲线少，在三种坡度情况下总共只有 4 条浸润曲线。

现分析顺坡 $i>0$ 的情况，由

$$Q = bh_0ki = bhk\left(i - \frac{dh}{ds}\right)$$

得：

$$\frac{\mathrm{d}h}{\mathrm{d}s} = i\left(1 - \frac{h_0}{h}\right) = i\left(1 - \frac{1}{\eta}\right) \tag{9-13}$$

式中, $\eta = \dfrac{h}{h_0}$。

在顺坡渗流中分为 a、b 两区,见图 9-7。

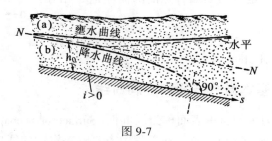

图 9-7

在正常水深 $N - N$ 之上 Ⅰ 区的浸润曲线, $h > h_0$,即 $\eta > 1$。由式(9-13)可见, $\dfrac{\mathrm{d}h}{\mathrm{d}s} > 0$,水深是沿流向增加的,为壅水曲线。

上游:当 $h \rightarrow h_0$ 时, $\eta \rightarrow 1$,则 $\dfrac{\mathrm{d}h}{\mathrm{d}s} \rightarrow 0$。可见,浸润曲线上游与正常水深线 $N - N$ 渐近相切。

下游:当 $h \rightarrow \infty$ 时, $\eta \rightarrow \infty$。则 $\dfrac{\mathrm{d}h}{\mathrm{d}s} \rightarrow i$。可见,浸润曲线下游与水平直线渐近相切。

在正常水深 $N - N$ 以下 Ⅱ 区的浸润曲线, $h < h_0$,即 $\eta < 1$。由式(9-13)可见, $\dfrac{\mathrm{d}h}{\mathrm{d}s} < 0$,水深是沿流程减小的,为降水曲线。

上游:当 $h \rightarrow h_0$ 时, $\eta \rightarrow 1$,则 $\dfrac{\mathrm{d}h}{\mathrm{d}s} \rightarrow 0$。可见,浸润曲线上游与正常水深线 $N - N$ 渐近相切。

下游:当 $h \rightarrow 0$ 时, $\eta \rightarrow 0$,则 $\dfrac{\mathrm{d}h}{\mathrm{d}s} \rightarrow -\infty$。可见,浸润曲线下游的切线趋向与底坡线正交。

正坡上的壅水曲线及降水曲线如图 9-7 所示。

再讨论浸润曲线的计算,即式(9-13)的积分。

如图 9-8 所示,任取两过水断面 1—1 和过水断面 2—2,水深为 h_1 及 h_2,距起始断面的距离为 s_1 及 s_2,两断面相距 $l = s_2 - s_1$。

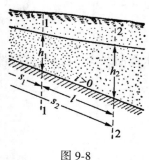

图 9-8

由式(9-13)得:

$$\frac{i\mathrm{d}s}{h_0} = \mathrm{d}\eta + \frac{\mathrm{d}\eta}{\eta - 1}$$

在断面 1—1 及断面 2—2 间积分,得:

$$\frac{il}{h_0} = \eta_2 - \eta_1 + \ln\frac{\eta_2 - 1}{\eta_1 - 1} \tag{9-14}$$

即顺坡平面渗流浸润曲线方程。

至于平坡 $i = 0$ 的浸润曲线形式见图 9-9。浸润曲线方程为:

$$\frac{2q}{k}l = h_1^2 - h_2^2 \tag{9-15}$$

式中，$q = \dfrac{Q}{b}$，即单宽渗流量。

逆坡 $i < 0$ 的浸润曲线形式见图 9-10。浸润曲线方程为：

$$\frac{i'l}{h_0'} = \zeta_1 - \zeta_2 + \ln\frac{1 + \zeta_2}{1 + \zeta_1} \tag{9-16}$$

式中，$i' = -i$；h_0' 为 i' 坡度上的正常水深；$\zeta = \dfrac{h}{h_0'}$。

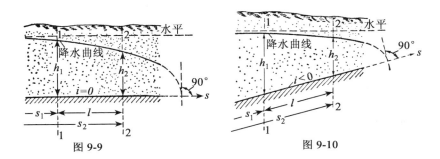

图 9-9　　　　　　　　　　图 9-10

例 9-1　一渠道位于河道上方，渠水沿渠岸的一侧下渗入河流（见图 9-11）。假设为平面问题，求单位渠长的渗流量并作出浸润曲线。已知：不透水层坡度 $i = 0.02$，土壤渗流系数 $k = 0.005(\text{cm/s})$，渠道与河道相距 $l = 180\text{m}$，渠水在渠岸处的深度 $h_1 = 1.0\text{m}$，渗流在河岸渗出处的深度 $h_2 = 1.9\text{m}$。

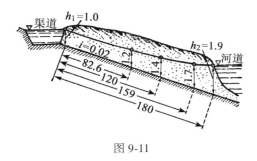

图 9-11

解： 因 $h_1 < h_2$，故渗流的浸润曲线为壅水曲线，具体计算分以下两个步骤进行。

（1）由式（9-14）求出 h_0，从而算出单位渠长的渠岸渗流量 q。

由式（9-14）得：

$$il - h_2 + h_1 = \ln\frac{h_2 - h_0}{h_1 - h_0}$$

试算得 $h_0 = 0.945\text{m}$，从而

$$q = h_0 v_0 = k i h_0 = 0.005 \times 0.02 \times 0.945 \times 100 = 0.009\ 45\text{cm}^2/\text{s}。$$

（2）计算浸润曲线

从渠岸往下游算至河岸为止,上游水深 $h_1 = 1.0\text{m}$,依次给出 $1.0\text{m} < h_2 < 1.9\text{m}$ 的几种渐增值,分别算出各个 h_2 处距上游的距离 l。

由式(9-14)得:

$$l = \frac{h_0}{i}\left(\eta_2 - \eta_1 + \ln\frac{\eta_2 - 2}{\eta_1 - 1}\right)$$

式中, $\dfrac{h_0}{i} = \dfrac{0.945}{0.02} = 47.25$, $\eta_1 = \dfrac{h_1}{h_0} = \dfrac{1}{0.945} = 1.058$, 则

$$l = 47.25\left(\eta_2 - 1.058 + \ln\frac{\eta_2 - 1}{1.058 - 1}\right)$$

注意到 $\eta_2 = \dfrac{h_2}{h_0} = \dfrac{h_2}{0.945}$,并分别给 h_2 以 1.2m、1.4m、1.7m、1.9m 各值,便可求得相应的 l 为 82.6m、120m、159m、180m。其结果绘于图 9-11 上。

9.4 井和集水廊道

井和集水廊道是给水工程吸取地下水源的建筑物,应用甚广。从这些建筑物中抽水,会使附近的天然地下水位降落,可起排水作用。

9.4.1 集水廊道(Seepage Corridor)

设一集水廊道,断面为矩形,廊道底位于水平不透水层上,见图 9-12。底坡 $i = 0$,由式(9-11)得:

$$Q = bhk\left(0 - \frac{dh}{ds}\right)$$

设 q 为集水廊道单位长度上自一侧渗入的单宽流量。上式可写成:

$$\frac{q}{k}ds = -hdh$$

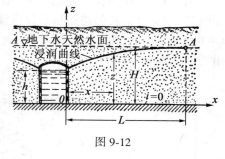

图 9-12

从集水廊道侧壁 $(0, h)$ 至 (x, z) 积分,得浸润曲线方程:

$$z^2 - h^2 = \frac{2q}{k}x \tag{9-17}$$

此式即式(9-15)。如图 9-12 所示,随着 x 的增加,浸润曲线与地下水天然水面 $A - A$(即未建集水廊道或集水廊道不工作时的水面) 的降落 $H - z$ 也随之减小,设在 $x = L$ 处,降落 $H - z \approx 0$。$x \geqslant L$ 的地区天然地下水位不受影响,则称 L 是集水廊道的影响范围。将 $x = L$, $z = H$ 代入式(9-17),得集水廊道自一侧单位长度的渗流量(或称产水量)为:

$$q = \frac{k(H^2 - h^2)}{2L} \tag{9-18}$$

若引入浸润曲线的平均坡度

$$\bar{J} = \frac{H - h}{L}$$

则上式可改写成:

$$q = \frac{k}{2}(H + h)\bar{J} \qquad (9\text{-}19)$$

这一公式可用来初步估算 q。$\bar{J}$ 可根据以下数值选取：对于粗砂及卵石，$\bar{J}$ 为 0.003-0.005；砂土为 0.005-0.015；亚砂土为 0.03；亚黏土为 0.05-0.10；黏土为 0.15。

9.4.2 潜水井（无压井）（Unconfined Well）

具有自由水面的地下水称为无压地下水或潜水。汲取潜水层之水的井称为潜水井或普通井。井的断面通常为圆形，水由透水的井壁渗入井中。这就是第 3 章例 3-1 所述的平面点汇流动。

依潜水井与底部不透水层的关系可分为完全井和不完全井两大类。

凡井底达不透水层的井称为完全井，如图 9-13 所示；井底未达到不透水层的称为不完全井。

9.4.2.1 完全潜水井

设完全井底位于水平不透层土，其含水层厚度为 H，井的半径为 r_0。

若从井内抽水，则井中和井周围地下水面下降，形成对于井中心垂直轴线对称的浸润漏斗面。当连续抽水量不变，假定含水层体积很大，可以无限制地供给一定流量，不致使含水层厚度 H 有所改

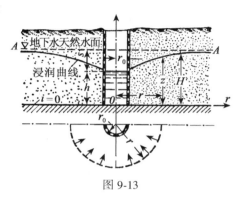

图 9-13

变，即流向水井的地下渗流为恒定渗流时，浸润漏斗的形状、位置随时间变动，井中水深 h，也保持不变。

取半径为 r，并与井同轴的圆柱面为过水断面，其面积 $A = 2\pi rz$。设地下水为渐变流，则此圆柱面上各点的水力坡度皆为 $J = \dfrac{\mathrm{d}z}{\mathrm{d}r}$，应用杜比公式可求通过圆柱面的渗流量：

$$Q = Av = 2\pi rz \cdot k \frac{\mathrm{d}z}{\mathrm{d}r}$$

分离变量得：

$$2\pi z\mathrm{d}z = \frac{Q}{k}\frac{\mathrm{d}r}{r}$$

注意到，经过所有同轴圆柱面的渗流量 Q 皆相等，从 (r,z) 积分到井边 (r_0,h)，得浸润漏斗面方程为：

$$z^2 - h^2 = \frac{Q}{\pi k}\ln\frac{r}{r_0} \qquad (9\text{-}20)$$

利用式（9-20）可绘制沿井的径向剖面的浸润曲线。

为了计算井的产水量 Q，引入井的影响半径（Radius of Influence）R 的概念：在浸润漏斗上，有半径 $r = R$ 的圆柱面，在 R 范围以外，浸润漏斗的下降 $H - z$ 趋于零，即天然地下水位不受影响，$z = H$，R 即称为井的影响半径。并将此关系代入式（9-20）得：

$$Q = \pi k \frac{H^2 - h^2}{\ln\dfrac{R}{r_0}} \qquad (9\text{-}21)$$

此式为完全潜水井产水量公式,也称杜比产水量公式。

在一定产水量 Q 时,地下水面的最大降落 $S = H - h$ 称为水位降深。可改写式(9-21)为:

$$Q = \pi k \frac{2HS}{\ln \dfrac{R}{r_0}} \left(1 - \frac{S}{2H} \right) \qquad (9\text{-}22)$$

当 $\dfrac{S}{2H} \ll 1$ 时,可简化为:

$$Q = 2\pi k \frac{HS}{\ln \dfrac{R}{r_0}} \qquad (9\text{-}23)$$

由此可见,井的产水量 Q 与渗流系数 k,含水层厚度 H 和水位降深 S 成正比;影响半径 R 和井的半径 r_0 在对数符号内,对产水量 Q 的影响微弱。

式(9-22)比式(9-21)的优点是以易测的 S 代替不易测的 h。

影响半径最好用抽水试验测定。在估算时,常根据经验数据来选取。对于中砂,$R = 250 \sim 500\mathrm{m}$;对于粗砂,$R = 700 \sim 1\,000\mathrm{m}$。也可用经验公式计算:

$$R = 3\,000 S \sqrt{k} \qquad (9\text{-}24)$$

其中,水位降深 S 以 m 计;渗流系数 k 以 m/s 计,R 以 m 计。

9.4.2.2　不完全潜水井

不完全潜水井的产水量不仅来自井壁,还来自井底,其流动较为复杂,常用经验公式计算:

$$Q = \pi k \frac{H'^2 - h'^2}{\ln \dfrac{R}{r_0}} \left[1 + 7 \sqrt{\frac{r_0}{2H'}} \cos\left(\frac{\pi H'}{2H} \right) \right] \qquad (9\text{-}25)$$

式中,h' 为井中水深,H' 为由井底计算的浸润面高程。

9.4.3　自流井(Confined Well)

如含水层位于两个不透水层之间,其中渗流所受的压强大于大气压。这样的含水层称为自流层或承压层,由自流层供水的井称为自流井或承压井,如图 9-14 所示。

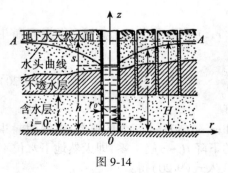

图 9-14

此处仅考虑这一问题的最简单情况,即二不透水层均为水平,两层间的距离 t 一定,且井为完全井。凿穿覆盖在含水层上的不透水层时,地下水位将升到高度 H(见图 9-14 中的 A—A 平面)。若从井中抽水,井中水深由 H 降至 h,井外的测压管水头线将下降形成轴对称的漏斗形降落曲线。

半径为 r 的圆柱形过水断面平坡渗流微分方程为:

$$Q = Av = 2\pi rt \cdot k \frac{\mathrm{d}z}{\mathrm{d}r}$$

式中,z 为相应于 r 点的测压管水头。

分离变量,从 (r, z) 断面到井壁积分得:

$$z - h = \frac{Q}{2\pi kt}\ln\frac{r}{r_0} \qquad (9\text{-}26)$$

此即自流井的测压管水头线方程。自流井产水量 Q 的公式可在式(9-26)中以 $z = H, r = R$ 得：

$$Q = 2\pi kt\frac{H - h}{\ln\dfrac{R}{r_0}} = \frac{2\pi ktS}{\ln\dfrac{R}{r_0}} \qquad (9\text{-}27)$$

水位降深为：

$$S = \frac{Q\ln\dfrac{R}{r_0}}{2\pi kt} \qquad (9\text{-}28)$$

式中, R 为影响半径。

顺便提出, 上述公式是在 $h > t$ 的情况下导出的。若 $h < t$, 请读者自行分析。

9.4.4 大口井与排水基坑

大口井(Big-mouth Well)是集取浅层地下水的一种井, 井径较大, 为 $2 \sim 10$m 或更大些。大口井一般是不完全井, 井底产水量是总产水量的重要组成部分。

由于大口井与排水基坑的性质近似, 其计算方法基本相同。

设有一大口井, 井壁四周为不透水层, 井底为半球形, 与下层深度为无穷大的承压含水层紧接, 供水仅能通过井底(见图 9-15)。

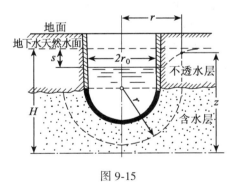

图 9-15

由于半球底大口井的渗流流线是径向的, 过水断面是与井底同心的半球面, 则

$$Q = Av = 2\pi r^2 \cdot k\frac{\mathrm{d}z}{\mathrm{d}r}$$

分离变量积分有：

$$Q\int_{r_0}^{r}\frac{\mathrm{d}r}{r^2} = 2\pi k\int_{H-S}^{z}\mathrm{d}z$$

注意到 $r = R, z = H$, 且 $R \gg r_0$, 则

$$Q = 2\pi kr_0 S \qquad (9\text{-}29)$$

这就是半球底大口井的产水量公式。

对于平底的大口井, 福希海梅认为过水断面是椭圆(见图 9-16), 流线是双曲线, 而产水

量公式是:

$$Q = 4kr_0s \qquad (9\text{-}30)$$

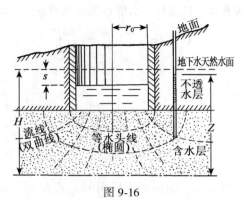

图 9-16

比较式(9-29)及式(9-30),计算结果相差很多。在条件许可时,利用实测的 $Q \sim S$ 关系推求产水量。实践证明,当含水层厚度比井的半径大 8~10 倍时,平底大口井也采用式(9-29)较好。

9.4.5　井群(Multiple Well)

在给水和排水的许多实际问题中,常需建筑井群,它们彼此间的相互位置一般依工程需要而定,如图 9-17 所示的平面图。井群的计算远较单井复杂,因为井群中的任一井工作,对其余的井都会有一定的影响。所以井群区地下水流比较复杂,其浸润面也非常复杂。

如果井的渗流场存在某一函数 Φ,满足某一线性方程,则函数 Φ 可以叠加。

9.4.5.1　完全潜水井井群

将坐标轴 xyz 的 xoy 面取在潜水层的水平不透水层上,如图 9-18 所示。设浸润面方程为 $z = f(x, y)$,从含水层中取一微小柱体,其底面的边长为 $\mathrm{d}x$ 及 $\mathrm{d}y$,柱体高为 z,其浸润面为 $cdgh$。

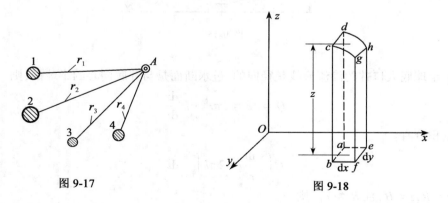

图 9-17　　　　　　　　　　　　　　　图 9-18

根据渗流的达西定律,考虑渗流流经此微小柱体的质量守恒。

从 $abcd$ 面流入柱体的质量流量为:

$$\rho Q_x = \rho A_x v_x = \rho z \mathrm{d}y \cdot k \frac{\partial z}{\partial x} = \frac{\rho k}{2} \frac{\partial(z^2)}{\partial x} \mathrm{d}y$$

由 $efgh$ 面流出柱体的质量流量为:

$$\rho Q_x + \frac{\partial(\rho Q_x)}{\partial x} \mathrm{d}x = \frac{\rho k}{2} \frac{\partial(z^2)}{\partial x} \mathrm{d}y + \frac{\rho k}{2} \frac{\partial^2(z^2)}{\partial x^2} \mathrm{d}x \mathrm{d}y$$

从 $bcgf$ 面流入的质量流量为:

$$\rho Q_y = \rho A_y v_y = \rho z \mathrm{d}x \cdot k \frac{\partial z}{\partial y} = \frac{\rho k}{2} \frac{\partial(z^2)}{\partial y} \mathrm{d}x$$

从 $adhe$ 面流出的质量流量为:

$$\rho Q_y + \frac{\partial(\rho Q_y)}{\partial y} \mathrm{d}y = \frac{\rho k}{2} \frac{\partial(z^2)}{\partial y} \mathrm{d}x + \frac{\rho k}{2} \frac{\partial^2(z^2)}{\partial y^2} \mathrm{d}x \mathrm{d}y$$

对于恒定流,根据质量守恒原理得:

$$\left(\rho Q_x + \frac{\partial(\rho Q_x)}{\partial x} \mathrm{d}x - \rho Q_x \right) + \left(\rho Q_y + \frac{\partial(\rho Q_y)}{\partial y} \mathrm{d}y - \rho Q_y \right) = 0$$

对不可压缩液体(ρ = 常数)有:

$$\frac{\partial^2(z^2)}{\partial x^2} + \frac{\partial^2(z^2)}{\partial y^2} = 0 \tag{9-31}$$

由式(9-31)可见,潜水井的 z^2 是满足线性方程(即拉普拉斯方程)的函数,因此,z^2 可以叠加,这一概念一般称为"叠加原理"。如井群的某一井 i,抽水量 Q_i,井中水深为 h_i,井的半径为 r_{0i},由式(9-20)有:

$$z_i^2 = \frac{Q_i}{\pi k} \ln \frac{r_i}{r_{0i}} + h_i^2 \tag{9-32}$$

式中,z_i 及 r_i 为图 9-17 任一给定点 A 的水深和距第 i 井的距离。

当各井同时作用时,则形成一公共浸润面,任一给定点 A 的 z^2 为各井单独作用的 z_i^2 的叠加,即

$$z^2 = \sum_{i=1}^{n} z_i^2 = \sum_{i=1}^{n} \left(\frac{Q_i}{\pi k} \ln \frac{r_i}{r_{0i}} + h_i^2 \right) \tag{9-33}$$

现考虑各井产水量相同的情况,即 $Q_1 = Q_2 = \cdots = Q_n = \dfrac{Q_0}{n}$,即

$$\sum_{i=1}^{n} Q_i = nQ = Q_0, \qquad h_i = h$$

式中,Q_0 为 n 个井的总产水量。则式(9-33)为:

$$z^2 = \frac{Q}{\pi k} [\ln(r_1 r_2 \cdots r_n) - \ln(r_{01} r_{02} \cdots r_{0n})] + nh^2 \tag{9-34}$$

设井群也具有影响半径,在影响半径上取一点 A,A 点距各井很远,即 $r_1 \approx r_2 \approx \cdots \approx r_n = R$,而 $z = H$,代入式(9-34)得:

$$H^2 = \frac{Q}{\pi k} [n \ln R - \ln(r_{01} r_{02} \cdots r_{0n})] + nh^2 \tag{9-35}$$

式(9-34)与式(9-35)相减,得:

$$z^2 = H^2 - \frac{Q_0}{\pi k} \left[\ln R - \frac{1}{n} \ln(r_1 r_2 \cdots r_n) \right] \tag{9-36}$$

式(9-36)即为完全潜水井井群的浸润曲面方程。式中的井群影响半径 R 可采用

$$R = 575S\sqrt{Hk}$$

式中, S 为井群中心或井群分布面积形心的水位降深, 以 m 计; H 为含水层厚度, 以 m 计; k 为渗流系数, 以 m/s 计。

9.4.5.2　完全自流井井群

对于承压含水层厚度为常数 t 的自流井井群, 用上述潜水井井群的分析方法, 与式(9-31)相对应的是:

$$\frac{\partial^2 z}{\partial x^2} + \frac{\partial^2 z}{\partial y^2} = 0 \tag{9-37}$$

相应于式(9-36)的测压管水头方程是:

$$z = H - \frac{Q_2}{2\pi kt}\left[\ln R - \frac{1}{n}\ln(r_1 r_2 \cdots r_n)\right] \tag{9-38}$$

再注意到单自流井的式(9-26)可化为:

$$z = H - \frac{Q}{2\pi kt}\ln\frac{r}{R}$$

因

$$S_i = \frac{Q}{2\pi kt}\ln\frac{r_i}{R} \tag{9-39}$$

则式(9-38)可化为:

$$S = H - z = \sum_{i=1}^{n} S_i \tag{9-40}$$

式(9-40)称为自流井井群水位降深叠加原理, 它说明自流井群同时均匀抽水时, A 点的水位降深等于各井单独抽水时 A 点的水位降深之和。

9.4.6　渗水井与河边井

9.4.6.1　渗水井

渗水井是从地面灌水到含水层中去的井。用于人工补给地下水, 可防止抽取地下水过多所引起的地面沉降。与前述从含水层抽水的井不同, 井中水深 h 将大于含水层厚度或天然地下水测管水面, 其浸润曲面或测压管水头线, 形状如倒置漏斗, 如图 9-19 所示。这也就是例 3-1 所述的平面点源流动。

用分析抽水井的方法, 可得潜水渗水井的注水流量公式为:

$$Q = \pi k\frac{h^2 - H^2}{\ln\dfrac{R}{r_0}} \tag{9-41}$$

自流渗水井的注水量为:

$$Q = 2\pi kt\frac{h - H}{\ln\dfrac{R}{r_0}} \tag{9-42}$$

9.4.6.2　河边井

紧靠河流岸边的井称为河边井。如图 9-20 所示, 距河岸 A 点右边距离为 d 的地方, 有一

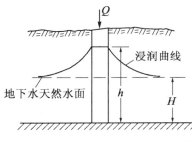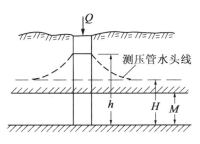

图 9-19

潜水井 ①,井的半径为 r_0,潜水层厚度为 H。如果河流不存在,当从井中抽水时,距井 d 的地方(即现河岸 A 处)的浸润曲线的水深比 H 小。但是,由于河流的存在,河岸的水面限制了河边井的浸润曲线在该处的降低,即河流水面限制了浸润曲线形状,使之不同于普通的潜水井。

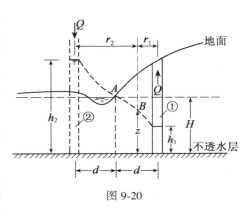

图 9-20

设想对河岸 A 而言,与抽水井 ① 对称有一渗水井 ②,二者的井径皆为 r_0,抽、注的流量皆为 Q。当井 ① 抽水时,在 A 处地下水位下降;当井 ② 灌水时,在 A 处地下水位上升。两井同时工作时,可使 A 处的水位保持为 H。这样,河边井受河流的影响,等同于抽水井和注水井组成的井群。

对距井 ①r_1、距井 ②r_2 的一点 B 而言,当井 ① 单独抽水在 B 点形成水深 z_1 为:

$$z_1^2 = \frac{Q}{\pi k}\ln\frac{r_1}{r_0} + h_1^2 \tag{9-43}$$

当井 ② 单独工作时,在 B 点形成水深 z_2 为:

$$z_2^2 = h_2^2 - \frac{Q}{\pi k}\ln\frac{r_2}{r_0} \tag{9-44}$$

由叠加原理得两井共同作用时在 B 点形成水深 z 为:

$$z^2 = z_1^2 + z_2^2 = h_1^2 + h_2^2 + \frac{Q}{\pi k}\ln\frac{r_1}{r_2}$$

为了消去 $h_1^2 + h_2^2$,再考虑 A 点的情况,$z = H$,$r_1 = r_2 = d$,即

$$H^2 = h_1^2 + h_2^2 + \frac{Q}{k\pi}\ln\frac{d}{d} = h_1^2 + h_2^2$$

以此代入上式,得:

$$z^2 = H^2 + \frac{Q}{\pi k}\ln\frac{r_1}{r_2} \tag{9-45}$$

此式为河边井的浸润曲线方程。

当 $r_1 = r_0$,$r_2 = 2d$,$z = h_1$ 时,式(9-45)为:

279

$$h_1^2 = H^2 + \frac{Q}{\pi k}\ln\frac{r_0}{2d}$$

即

$$Q = \frac{\pi k(H^2 - h_1^2)}{\ln\dfrac{2d}{r_0}} \tag{9-46}$$

式(9-46)为河边井的产水量公式,与式(9-21)比较,式(9-46)中的 $2d$ 相当于普通井的影响半径 R。

9.5　渗流问题的流网解

前面讨论的渗流都是直接或间接引用杜比公式求解。但如果在某一类型的渗流问题中,流线具有显著的弯曲或扩张、收缩,就不能用杜比公式将三元问题简化为一元来处理,而应当寻求更为普遍的解法。

现用三元分析方法来考虑渗流的特点,为解决非渐变流问题开辟道路。

服从达西定律式(9-5)的渗流有:

$$u = kJ = -k\frac{\mathrm{d}H}{\mathrm{d}s}$$

式中,H 为该点的测压管水头。再根据渗流模型的连续介质概念,认为恒定流的 H 是坐标的连续可微函数 $H(x,y,z)$。设渗流流速 u 在 x、y、z 坐标轴上的投影分别为:

$$u_x = -k\frac{\partial H}{\partial x}$$

$$u_y = -k\frac{\partial H}{\partial y}$$

$$u_z = -k\frac{\partial H}{\partial z}$$

在均质各向同性土壤中,k 是常数,令 $\varphi = -kH$,则

$$\left.\begin{array}{l} u_x = \dfrac{\partial(-kH)}{\partial x} = \dfrac{\partial\varphi}{\partial x} \\[2mm] u_y = \dfrac{\partial(-kH)}{\partial y} = \dfrac{\partial\varphi}{\partial y} \\[2mm] u_z = \dfrac{\partial(-kH)}{\partial z} = \dfrac{\partial\varphi}{\partial z} \end{array}\right\} \tag{9-47}$$

由式(3-62)可知,适合式(9-47)的流动称为无旋流或势流,而函数 φ 称为流速势。因此,服从达西定律的渗流是具有流速势 $\varphi = -kH$ 的势流。

设渗流是不可压缩的液体,则渗流流速的连续性方程仍为式(3-19),即

$$\frac{\partial u_x}{\partial x} + \frac{\partial u_y}{\partial y} + \frac{\partial u_z}{\partial z} = 0 \tag{9-48}$$

将式(9-47)代入式(9-48)得:

$$\frac{\partial^2\varphi}{\partial x^2} + \frac{\partial^2\varphi}{\partial y^2} + \frac{\partial^2\varphi}{\partial z^2} = 0 \tag{9-49}$$

或

$$\frac{\partial^2 H}{\partial x^2} + \frac{\partial^2 H}{\partial y^2} + \frac{\partial^2 H}{\partial z^2} = 0 \qquad (9\text{-}50)$$

即渗流流速势 φ 或水头函数 H 均满足拉普拉斯方程。

在讨论平面势流(x,z)中,有:

$$\frac{\partial^2 \varphi}{\partial x^2} + \frac{\partial^2 \varphi}{\partial z^2} = 0 \qquad (9\text{-}51)$$

或

$$\frac{\partial^2 H}{\partial x^2} + \frac{\partial^2 H}{\partial z^2} = 0 \qquad (9\text{-}52)$$

如果能在一定边界条件下解出式(9-49)或式(9-50),或式(9-51),或式(9-52)中的 φ 或 H,则由式(9-47)可得 u,由 $H = \dfrac{p}{\gamma} + z$ 可得压强 p,则渗流问题就得到解决。

为求解式(9-51)的平面拉普拉斯方程,在边界条件简单规则时,可用解析法求解,如复变函数及保角变换的方法;在边界条件较复杂时,可用近似解法和试验方法,近似解法之一就是本节要阐述的流网法。试验方法在下节阐述。

在 3.15 节中已经阐明,在平面势流中流速势 φ 与流函数 ψ 正交而形成流网。

现以水工建筑物地基中的渗流为例,阐明应用流网来解平面势流问题。

图 9-21 所示为一实用剖面堰,其下为渗流层,再下为不透水层。在堰基上、下游两端,各打一排桩,以增加建筑物的稳定性,且减少渗流流量和作用在建筑物基底上的浮托力。从图 9-21 看出,经桩的渗流已不能再看成为渐变渗流。

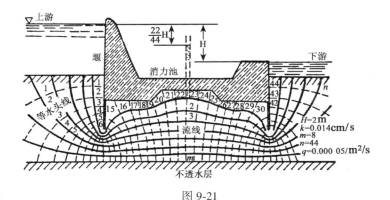

图 9-21

这类渗流计算包括三方面的内容:

(1)经透水层渗入下游的流量;

(2)作用在基底上的渗流压强分布和扬压力;

(3)自基底下游河床处上渗的渗流流速。

用流网法解决这类问题,首先要在渗流区绘出流网,即由流线和等流速势(或等势线)组成。堰基底和不透水层是渗流区的上、下边界,各为一条流线。设将渗流区分成 m 个流槽,即绘出 $m+1$ 条流线,使各流槽的流量 $\mathrm{d}q$ 彼此相等,则总渗流流量 $q = m\mathrm{d}q$。堰上、下游渠底为等水头线的上、下边界,其水头差为 H,设将渗流区分成 $n+1$ 条等势线,形成 n 个流段,每段的水头差 $\mathrm{d}H = \dfrac{H}{n}$,即 $H = n\mathrm{d}H$。流线族和等势线族在渗流区中组成流网,由于流网的正交性质,可以证明,这样形成相互正交的网眼,其相邻两边的比值是固定的。

要证明每个网眼纵横两边的比值相同,可任取一网眼如图 9-22 所示,设两流线间的距离为 b,两等势线的距离为 a。将渗流流量关系应用到网眼所在的流槽,得:

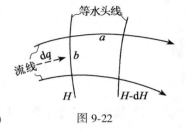

图 9-22

$$\mathrm{d}q = u\mathrm{d}A = kJ\mathrm{d}A = k\frac{\mathrm{d}H}{a}b$$

即

$$\frac{b}{a} = \frac{1}{k}\frac{\mathrm{d}q}{\mathrm{d}H} \tag{9-53}$$

在均质等向土壤中,k 为常数。根据作图条件,一切大小网眼的 $\mathrm{d}q$ 和 $\mathrm{d}H$ 均相同,因此比值 $\dfrac{b}{a}$ 对所有网眼均相同。

利用这一特性,在绘制流网时,对式(9-53)右边的各项选取适当的比例,使 $\dfrac{b}{a} = 1$,则所有的网眼都将成为曲线正方形,这就是流网的最后形式,这也是指导绘制流网的原则。

根据渗流的边界条件勾绘出流线与等势线形成曲线正方形网眼,即流网;数出流槽数 m 和流段数 n。根据 $\dfrac{b}{a} = 1$ 的原则勾绘流网,式(9-53)简化为:

$$\mathrm{d}q = k\mathrm{d}H$$

以 $q = m\mathrm{d}q$,$H = n\mathrm{d}H$,代入上式得:

$$q = k\frac{m}{n}H \tag{9-54}$$

这样,在已知渗流系数 k 的情况下,只要数出流网的 m 和 n,便可求得 q 和 H 的关系,进而解决渗流速度和浮托力的问题。一般说来,流网越密,计算精度越高。以一个具有熟练技巧者所绘制的流网计算,其误差可不超过百分之一,完全满足实际问题的要求。

例 9-2 以图 9-21 为例,渗流层由粗沙组成,渗流系数 $k = 0.014\mathrm{cm/s}$,堰上、下游水位差 $H = 2\mathrm{m}$。根据给定边界条件,绘出流网,得流槽数 $m = 8$,流段数 $n = 44$。

解: (1)求单宽渗流流量 q:

$$q = k\frac{m}{n}H = \frac{0.014}{100} \times \frac{8}{44} \times 2 = 0.000\,051\mathrm{m}^2/\mathrm{s}$$

(2)求堰基底面所受渗流浮托力的分布、大小和作用点。

解决这一问题的关键在于求出沿基底的压强分布。由图 9-21 的流网看出,相邻等势线间的水头差 $\mathrm{d}H = \dfrac{H}{44}$。例如,在第 22 条等势线的基底处安置测压管,则测压管水面低于上游水面 $22 \times \dfrac{H}{44}$。因此,应用等势线在基底上的位置即可绘出基底上的测压管水头,即基底浮托力水头,介于基底与测压管水头线间的面积则代表基底所受总浮托力的大小,合力作用点通过该面积的形心。

（3）自基底下游河底处上渗的渗流流速

如图 9-21 所示,下游河底线是第 45 条等势线。在该流段范围内,沿各流线的平均渗流流速可以认为是该流线与下游河底交点处的渗流流速 u, 即

$$u = kJ = k\frac{\mathrm{d}H}{\mathrm{d}s}$$

式中, k 已知; $\mathrm{d}H = \dfrac{H}{n} = \dfrac{2}{44} = 0.045\,5\mathrm{m}$; $\mathrm{d}s$ 是本流段内各流线的长度,可以在绘出的流网中量取。

在下游河底上,算出几个点的 u 值,便可绘出 u 沿河底的分布曲线。至于空隙中的平均流速 $u' = \dfrac{u}{m}$, m 为孔隙率。如果 u' 超过了下游河底土壤颗粒的稳定值,就必须采用加固措施。

在结束本节前,简述绘制流网的步骤:

（1）堰基底轮廓线和不透水层为边界流线,中间等距离内插 $(n-1)$ 条流线（见图 9-21）,形成 n 条流槽;

（2）把步骤（1）描绘的流槽用等势线划分成许多尽可能接近于曲线正方形的网眼;

（3）检验步骤（2）中划分的网眼是否都接近于曲线正方形的网眼。如果这些小网眼本身都很接近于曲线正方形,则步骤（2）中的划分是可用的,否则应重新划分。

显然,流网的形态特征仅取决于渗流的边界条件。上述描绘流网的方法要求有一定的经验和直观能力。

除流网法这种近似解外,还可用数值解法。常用的数值方法有差分法、有限元法、有限体积法、混合有限分析法等。

9.6 电 拟 法

电拟法是用试验手段解决渗流问题的一种方法,简易可行,应用甚广。

9.6.1 电拟法的原理

渗流和电流的运动具有异类相似性,即服从同一数学物理方程。如达西渗流服从

$$u = -k\frac{\mathrm{d}H}{\mathrm{d}s} = \frac{\mathrm{d}\varphi}{\mathrm{d}s} \tag{9-55}$$

式中, u 为渗流流速; H 为渗流水头; k 为渗流系数。

电流的欧姆定律为:

$$i = C\frac{\mathrm{d}V}{\mathrm{d}s} \tag{9-56}$$

式中, i 为电流密度; V 为电势; C 为导电系数。

比较以上两式可见,渗流与电流具有一定的相似或相应关系,如 u 相应于 i, φ 相应于 V, k 相应于 C, 方程都是线性的。

以上两式为基础,可得到:

渗流场：
$$\frac{\partial^2 H}{\partial x^2} + \frac{\partial^2 H}{\partial y^2} + \frac{\partial^2 H}{\partial z^2} = 0 \qquad (9\text{-}57)$$

电流场：
$$\frac{\partial^2 V}{\partial x^2} + \frac{\partial^2 V}{\partial y^2} + \frac{\partial^2 V}{\partial z^2} = 0 \qquad (9\text{-}58)$$

即 H 和 V 都满足拉普拉斯方程。在渗流的不透水面法线方向 n 上的渗流速度为零，相应有 $\frac{\partial H}{\partial n} = 0$；在电流的绝缘面上，有 $\frac{\partial V}{\partial n} = 0$。

因此，若几何形状相似的渗流场和电流场；在边界条件相似时，电场中的电势 V 可比拟为渗流水头 H，电场中的电流密度可比拟为渗流速度。它们之间的比拟关系列于表 9-2 中。通过电流测量得到的等势线（面）族，从而可得到渗流等水头线（面）族的解答。现以图 9-23 的平面渗流为例来说明。

表 9-2   水、电比拟

恒 定 渗 流 场	恒 定 电 流 场
水头 H	电位 V
渗流系数 k	导电系数 C
渗流流速 $u = k\dfrac{\mathrm{d}H}{\mathrm{d}s}$	电流密度 $i = C\dfrac{\mathrm{d}V}{\mathrm{d}s}$
等势面 $H =$ 常数	等电位面 $V =$ 常数
不透水面 $\dfrac{\partial H}{\partial n} = 0$	绝缘面 $\dfrac{\partial V}{\partial n} = 0$

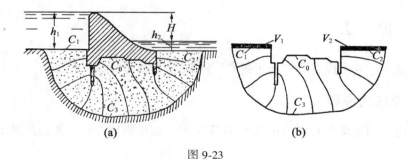

图 9-23

由上述相似关系，如能将电场与渗流场保持几何相似，导电性质和渗流性质相似及边界条件相似，那么电场中的等位线即为渗流场中的等势线。如按适当比尺作一个与图 9-23（a）几何相似、用导电材料（如胶质石墨、导电纸等）或导电溶液制成的电流平面模型（见图 9-23(b)），其中两条粗线表示黄铜或紫铜汇流片，分别连接于电路的两端，各保持一定的电势 V_1 和 V_2，模拟渗流场的等势线 C_1 和 C_2 上的水头 h_1 和 h_2。图中 C_0 及 C_3 各为不透水边界或绝缘边界。电模型的绝缘边界常用木材、胶木或橡皮泥等制作。

当电流通过模型时，两汇流片间的总电势差为 $V = V_1 - V_2$，至于反映这一电势差的等势线在模型中的分布，只决定于模型的边界条件。相应地，渗流场中的等势线的分布也只与渗

流场的边界条件有关。因此,当电模型与渗流场的边界条件有着对应关系时,电模型的等势线和渗流场的等势线也有对应的相似关系。这就是电拟法的原理。

9.6.2 电拟法的施测装置和施测方法

电模型中的电测系统包括电源部分和量测部分。当电模型电流区域用导电溶液时,为了防止模型中发生有害的电化学反应,采用交流电源,如图 9-24 所示,一般通过音频振荡器供给,频率采用 500~2 000Hz。当导电溶液浓度很小时,不易发生电解,可不用电振荡器,直接用变压器降压后供给,为了满足模型电场应有的强度和操作安全,模型极板两端电压一般用 10V 左右。

当模型电流区用导电纸时,可用直流电源,如图 9-25 所示。由蓄电池 E 发出的电流经按钮 AN、变阻器 R_{b1}、汇流片 M_1 到达模型,再经汇流片 M_2 流出模型返回蓄电池。

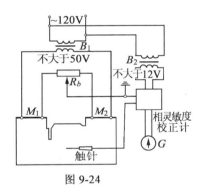

图 9-24

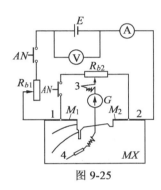

图 9-25

量测电路用惠司顿电桥原理组成。以图 9-25 为例来说明,图中 MX 表示电模型,1、2 为汇流片,可变电阻器 R_{b2} 用来测定模型点电势的可移动触针 4,经过测微电流针 G,连接到可变电阻器 R_{b2} 的活动臂 3 上。1、2、3、4 组成了惠司顿电桥,为了将电路表示得更清楚,绘出相应的电路图如图 9-26 所示。

设电桥各部分的电阻分别为 R_1、R_2、R_3、R_4。按惠司顿电桥原理,当 3、4 两点的电势相等时,即当测微电流计 G 的读数为零时,有:

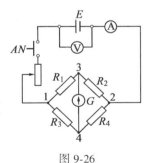

图 9-26

$$\frac{R_1}{R_2} = \frac{R_3}{R_4} = \frac{V_1 - V_4}{V_4 - V_2}$$

即

$$\frac{R_1}{R_1 + R_2} = \frac{V_1 - V_4}{V_1 - V_2} \qquad (9\text{-}59)$$

由式(9-59)可见,当电模型中的测微电流计 G 读数为零时,可变电阻器 1—3 部分(见图9-25)的电阻 R_1 对于其全部电阻 $R_1 + R_2$ 之比,等于模型 1—4 部分的电势差 $V_1 - V_4$ 对于模型全部电势差 $V_1 - V_2$ 之比。根据这一关系,在电拟法试验时,如将可变电阻器的活动臂置于刻度 0.3 处,并且在模型中移动触针 4 找出使测微电流计读数零的许多测点,这些点的连线即为 $0.1(V_1 - V_2)$ 的等势线。将可变电阻的活动臂 3 分别置于刻度为 0.2,0.3,… 处,即可在模型中找到 0.2,0.3… 倍$(V_1 - V_2)$ 的等电势线。

根据水电比拟的特性,这些等电势线就是渗流场中的 $0.1H, 0.2H, \cdots$ 的等水头线。有了等水头线,有关浮托力的计算便可解决。对于要求绘出流网的问题,在已测得等水头线的基础上,描绘出相应的流线族,这比上节所讲的完全依赖试描的方法来得精确。

如果用电拟法研究无压渗流问题,因为浸润曲线是待求的内容之一,因此制作电模型时,必须事先假设浸润曲线的位置,并在试验中逐步修正。

电拟法不仅可用来研究二元渗流问题,也可用来研究三元渗流问题。

用试验手段研究渗流,除电拟法外,还有渗流模型中的砂模拟、热模拟、窄缝槽模拟、薄膜模拟等。

9.7　非线性渗流

当渗流的雷诺数较高时,渗流的水力坡度 J 与渗流流速 u 的关系再不服从达西定律,

$$u = kJ$$

而是非线性关系。1901 年,福希海梅提出

$$J = au + bu^2$$

1969 年,阿满德(Ahmed)等修改为:

$$J = \frac{u}{k} + \frac{u^2}{\sqrt{C} A_1} \tag{9-60}$$

式中, C 为土壤渗透性系数; A_1 为反映土壤特性的常数。

为了检验式(9-60),1973 年有人总结了多人实验结果,结果如图 9-27 所示。

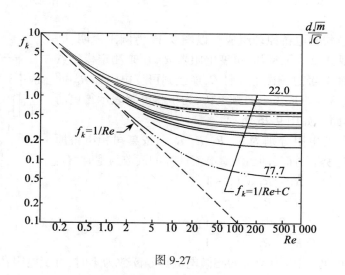

图 9-27

图 9-27 中的坐标及参数说明如下:横坐标为雷诺数 $Re = \dfrac{u\sqrt{C}}{\nu}$,其中,$C$ 为渗透性系数;

纵坐标 $f_k = \dfrac{g\sqrt{C} J}{u^2}$;土壤参数 $\dfrac{d\sqrt{m}}{\sqrt{C}}$,$m$ 为孔隙率。

图 9-27 中的实验曲线族，可表示为：

$$f_k = \frac{1}{Re} + K_1 \tag{9-61}$$

$$K_1 = 100\left[\frac{d\sqrt{m}}{\sqrt{C}}\right] \tag{9-62}$$

而式(9-61)即为式(9-60)的变形。因此，实验检验了式(9-60)的可靠性。

式(9-60)或式(9-61)可看成是渗流的统一公式：当雷诺数 Re 较小时，有：

$$f_k = \frac{1}{Re} \tag{9-63}$$

即

$$J = \frac{u}{k}$$

而当雷诺数 Re 较大时，阻力平方区为：

$$f_k = K_1 \tag{9-64}$$

即

$$J = \frac{u^2}{\sqrt{C}A_1} = bu^2$$

上述特性与管流的 Moody 图很相似。

下面简略讨论非线性渗流的若干特点。

当井的产水量较大时，在井附近的含水层中，由于渗流流速较大，相应的雷诺数也较大，达西定律不再适用。现用统一渗流公式(9-60)来分析自流井的渗流。

参照图 9-14 的自流井，并考虑到渐变渗流时 $u = v$，有：

$$J = \frac{\mathrm{d}z}{\mathrm{d}r} = av + bv^2$$

即

$$bv^2 + av - \frac{\mathrm{d}z}{\mathrm{d}r} = 0$$

得：

$$v = \frac{1}{2b}\left(-a \pm \sqrt{a^2 + 4b\frac{\mathrm{d}z}{\mathrm{d}r}}\right)$$

井的产水量 $Q = Av$，即

$$Q = 2\pi rt\left(-\frac{a}{2b} \pm \frac{\sqrt{a^2 + 4b\dfrac{\mathrm{d}z}{\mathrm{d}r}}}{2b}\right)$$

整理得：

$$\frac{bQ^2}{(2\pi t)^2}\frac{\mathrm{d}r}{r^2} + \frac{aQ}{2\pi t}\frac{\mathrm{d}r}{r} = \mathrm{d}z$$

积分得：

$$\frac{bQ^2}{4\pi^2 t^2}\int_{r_0}^{R}\frac{\mathrm{d}r}{r^2} + \frac{aQ}{2\pi t}\int_{r_0}^{R}\frac{\mathrm{d}r}{r} = \int_{h}^{H}\mathrm{d}z$$

即

$$\frac{bQ^2}{4\pi^2 t^2}\left(\frac{1}{r_0} - \frac{1}{R}\right) + \frac{aQ}{2\pi t}\ln\frac{R}{r_0} = H - h$$

287

当考虑 $\dfrac{1}{R} \ll \dfrac{1}{r_0}$ 及 $a = \dfrac{1}{k}$ 得：

$$s = H - h = \frac{bQ^2}{4\pi^2 t^2 r_0} + \frac{Q}{2\pi tk} \ln \frac{R}{r_0} \tag{9-65}$$

此式与式(9-28)比较可见，当井边渗流为非线性渗流时，井中水位降深 s 比达西渗流增大了 $\dfrac{bQ^2}{4\pi^2 t^2 r_0}$。

再讨论阻力平方区无压渗流的浸润曲线。由堆石砌成的渗水堤坝，在某些情况下可用做过水建筑物，代替小桥或无压涵管。经堆石的渗流雷诺数较大，可用式(9-64)进行计算。

现讨论底坡 $i > 0$ 的堆石渗流。在均匀流时有：

$$Q = A_0 v_0 = A_0 \left(\frac{i}{b} \right)^{1/2} \tag{9-66}$$

在非均匀渐变流时有：

$$Q = Av = A \left(\frac{i - \dfrac{\mathrm{d}h}{\mathrm{d}s}}{b} \right)^{1/2} \tag{9-67}$$

由式(9-66)及式(9-67)得：

$$\frac{\mathrm{d}h}{\mathrm{d}s} = i \left[1 - \left(\frac{A_0}{A} \right)^2 \right]$$

积分得：

$$s - s_1 = \frac{1}{i} \int_{h_2}^{h_1} \frac{\mathrm{d}h}{1 - \left(\dfrac{A_0}{A} \right)^2} \tag{9-68}$$

式中：s_1 为已知水深 h_1 的断面距离。

为了得到 $s = s(h)$ 的近似解析式，可设

$$\left(\frac{A_0}{A} \right)^2 = \left(\frac{h_0}{h} \right)^2$$

式中，h_0 为正常水深。可得：

$$i(s - s_1) = h_1 - h + h_0 \arctan \frac{h_1 - h}{h_0} \tag{9-69}$$

式(9-69)即阻力平方区无压渗流的浸润曲线方程。

习　题

9-1　在实验中用达西实验装置(见图9-3)测定土样的渗流系数 k。已知圆筒直径 $D = 20\mathrm{cm}$，两测压管间距 $l = 40\mathrm{cm}$，两测管的水头差 $H_1 - H_2 = 20\mathrm{cm}$，测得渗流流量 $Q = 100\mathrm{ml}/\mathrm{min}$。

9-2　如题 9-2 图所示的柱形滤水器，其直径 $d = 1.2\mathrm{m}$，滤层高 1.2m，渗流系数 $k = $

0.01cm/s，求 $H = 0.6$m 时的渗流流量 Q。

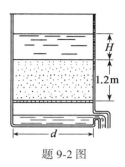

题 9-2 图

9-3　已知渐变渗流浸润曲线在某一过水断面上的坡度为 0.005，渗流系为 0.004cm/s，求过水断面上的点渗流流速及断面平均渗流流速。

9-4　如题 9-4 图所示，在渗流方向布置两完全井 1 和井 2，相距 800m。测得钻井 1 水面高程 19.62m，井底高程 15.80m；井 2 水面高程 9.40m，井底高程 7.60m，渗流系数 $k = 0.009$cm/s，求单宽渗流流量 q。

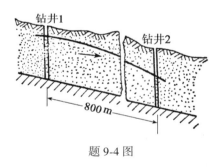

题 9-4 图

9-5　一水平不透水层上的渗流层，宽 800m，渗流系数为 0.000 3m/s，在沿渗流方向相距 1 000m 的两个观测井中，分别测得水深为 8m 及 6m，求渗流流量 Q。

9-6　某铁路路堑为了降低地下水位，在路堑侧边埋置集水廊道(称为渗沟)，排泄地下水。已知含水层厚度 $H = 3$m，渗沟中水深 $H = 0.3$m，含水层渗流系数 $k = 0.002\ 5$cm/s，平均水力坡度 $J = 0.02$，试计算流入长度 100m 渗沟的单侧流量。

9-7　某工地以潜水为给水水源，钻探测知含水层为沙夹卵石层，含水层厚度 $H = 6$m，渗流系数 $k = 0.001\ 2$m/s，现打一完全井，井的半径 $r_0 = 0.15$m，影响半径 $R = 300$m，求井中水位降深 $s = 3$m 时的产水量。

9-8　如题 9-8 图所示，一完全自流井的半径 $r_0 = 0.1$m，含水层厚度 $t = 5$m，在离井中心 10m 处钻一观测孔。在未抽水前，测得地下水的水深 $H = 12$m。现抽水流量 $Q = 36$m³/h，井中水位降深 $s_0 = 2$m，观测孔中水位降深 $s_1 = 1$m，试求含水层的渗流系数 k 及影响半径 R。

9-9　完全自流井(见图 9-14)中 $h < t$ 时，求证：$Q = \pi k \dfrac{2Ht - t^2 - h^2}{\ln \dfrac{R}{r_0}}$

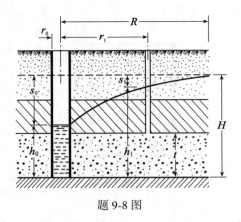

题 9-8 图

9-10 如题 9-10 图所示,完全潜水井井群沿圆周分布,求证圆心的水深 $z_0^2 = H^2 - \dfrac{Q_0}{\pi k}$ $\ln \dfrac{R}{r}$。

9-11 如题 9-11 图所示,为降低基坑中的地下水位,在长方形基坑长 60m,宽 40m 的周线上布置 8 眼完全潜水井,各井抽水量相同,总抽水量为 $Q_0 = 100\mathrm{L/s}$,潜水层厚度 $H = 10\mathrm{m}$,渗流系数 $k = 0.001\mathrm{m/s}$,井群的影响半径为 300m,求基坑中心点 O 的地下水位降深。

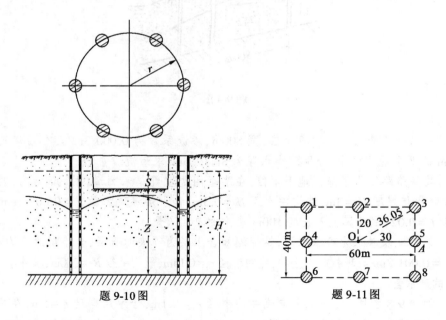

题 9-10 图   题 9-11 图

9-12 如上题的基坑改为圆形,其底面积仍为 $2\,400\mathrm{m}^2$,如总抽水量仍是 100L/s,直接从基坑中抽水,求此时基坑中的地下水位降深。

9-13 若将题 9-11 图的 8 个井布置在面积仍为 $2\,400\mathrm{m}^2$ 的圆周上,求圆周中心点的地下水位降深。

9-14 试推导河边集水廊道的流量公式。

第10章　模型试验基础

处理水力学问题的一个基本途径是直接应用前面所述的描述液体运动的基本方程进行求解,但由于液流运动基本方程的非线性和液流边界条件的复杂性,在求解这些基本方程时,往往在数学上会遇到难以克服的困难。因而不得不寻求其他分析途径和实验方法来解决工程中所遇到的复杂水力学问题。而量纲分析和液流相似理论将为解决这一类问题提供十分有效的手段。

本章的重点在于应用量纲分析方法,在观测水力现象的基础上,建立其影响因素间的正确关系以及从液流相似原理出发,在建立各种力的相似条件下,得到所应遵从的各种相似准则和由此而得出的各种比尺关系,为水力学问题的试验研究提供理论依据。

10.1　量纲、单位和无量纲数

10.1.1　量纲和单位

绪论中已经提到,水力学中常见的物理量有长度、时间、速度、质量、力等。每一个物理量都具有数量的大小和种类的差别。表征物理量的性质和类别的符号称为物理量的量纲(或因次)。例如,长度和时间就是不同性质的量,而管径 d 和水力半径 R 都是具有长度性质的同一类的物理量,它们在性质上都具有长度的量纲。

量度各种物理量数值大小的标准称为单位。如长度的单位用米、厘米、尺、英尺等;时间的单位是秒、分、时等。虽然测量某一类物理量的单位可以有不同的选择,表示该物理量的数值大小也就不同,但是所有同类物理量均具有相同的量纲。所以,量纲是物理量"质"的表征,而单位是物理量"量"的表征。

通常表示量纲的符号为物理量加方括号[ ]。如长度 L 的量纲为 $[L]$,时间 T 的量纲为 $[T]$,质量 M 的量纲为 $[M]$ 等。

全部物理量的量纲分为基本量纲和导出量纲两大类。所谓基本量纲指的是这样一组量纲:用它们的组合可以表示其余物理量的量纲,而它们之间却是彼此独立不能相互表示的。其余的量纲可由基本量纲导出,故称为导出量纲。在力学问题中,国际单位制(简称 SI)规定 $[L]$、$[T]$、$[M]$ 为基本量纲,对应的基本单位长度用米(m)、质量用公斤(kg)、时间用秒(s)表示。力 F 的量纲 $[F]$ 可由基本量纲 $[L]$、$[T]$、$[M]$ 直接导出,故 $[F]$ 为导出量纲。但在工程界,20 世纪 80 年代以前习惯用 $[L]$、$[T]$、$[F]$ 作为基本量纲,简称 LTF 制,而将质量的量纲 $[M]$ 作为导出量纲。LTF 制现已被 LTM 基本量纲所取代。

在力学中通常遇到三方面的物理量。几何学量:如长度 L、面积 A、体积 V 等;运动学量:如速度 u、加速度 a、角速度 ω、流量 Q、运动粘性系数 ν 等;动力学量:如质量 m、力 F、密度 ρ、

动力粘性系数 μ、切应力 τ、压强 p 等。

10.1.2 有量纲量和无量纲量

力学中的某个物理量 U，它的量纲可以用 $[L]$、$[T]$、$[M]$ 这一组基本量纲的组合来表示，即

$$U = [L]^{\alpha}[T]^{\beta}[M]^{\gamma} \tag{10-1}$$

式中，基本量纲的指数 α、β、γ 的数值由该物理量的性质来决定。

例如，当 U 为速度时，$\alpha=1,\beta=-1,\gamma=0$；当 U 为力时，$\alpha=1,\beta=-2,\gamma=1$ 等。公式 (10-1) 称为量纲表达式，只要指数 α、β、γ 中至少一个不为零，则说明该物理量 U 是有量纲的量。

当 $\alpha \neq 0,\beta=0,\gamma=0$ 时，称为几何量；而当 $\alpha=\beta=\gamma=0$ 时，为无量纲量；当 $\beta \neq 0,\gamma=0$ 时，称为运动学量；当 $\gamma \neq 0$ 时，称为动力学量；当 $\alpha=\beta=\gamma=0$，则称此物理量 U 为无量纲量，记为：

$$[U] = [L]^0[T]^0[M]^0 = [1] \tag{10-2}$$

此时，物理量 U 的数值与基本单位 (L,M,T) 的选择无关，而为一个纯粹的数，它在所有单位制中保持同样的数值。例如，底坡 i 是落差对流程长度的比值 $i = \Delta h/L$，其量纲为 $[L/L]=[L^0]=[1]$，即为无量纲量。圆周率 π 为圆的周长与直径之比，在任何单位制中其数值都不变；此外，无量纲数还可以是几个物理量综合比较后的结果。如前面所介绍过的雷诺数 $Re = \dfrac{vR}{\nu}$、弗劳德数 $Fr = \dfrac{V}{\sqrt{gL}}$ 等，都是无量纲量。无量纲量的值与单位的选择无关（组合成无量纲量的各物理量所选的单位必须一致），这是无量纲量的重要特点之一。

10.2 量纲齐次性原理和量纲分析法

10.2.1 量纲齐次性原理（Principle of Dimensional Homogeneity）

在各种物理现象中，各物理量存在着一定关系，可表示为物理方程。如果一个物理方程完整地反映了某一个物理现象的客观规律，则方程中的每一项和方程的两边一定具有相同的量纲，物理方程的这种性质就叫做量纲的齐次性原理。例如，作为推导力学相似准则基础的牛顿第二定律

$$F = ma$$

显然方程量纲是相同的，因为当采用基本量纲为 M、L 和 T 时，方程左边力的量纲是 MLT^{-2}，而方程右边的量纲也是 MLT^{-2}，即方程两边的量纲是相同的。

众所周知，正确的物理规律不应随单位的选择而改变其形式。所以，为了正确地反映客观规律，物理公式可以由无量纲形式组成；或者说，它们能够化为无量纲形式。由于量纲的齐次性，任何完整的物理公式都是可以化为无量纲形式的。

例如，理想液体的伯努利能量方程为：

$$z_1 + \frac{p_1}{\gamma} + \frac{u_1^2}{2g} = z_2 + \frac{p_2}{\gamma} + \frac{u_2^2}{2g}$$

可改写为:

$$\frac{z_1 - z_2}{u_1^2/2g} + \frac{p_1 - p_2}{u_1^2/2g} = \left(\frac{u_2}{u_1}\right)^2 - 1$$

上式中的各式均为无量纲量。

10.2.2　量纲分析法

由于实际液流运动的复杂性,有时候通过实验或现场观测可得知影响液流运动的若干因素,但是得不出这些因素之间的关系式。在这种情况下,就可利用量纲分析法快速得出各种因素之间的正确结构形式,这是量纲分析法最显著的特点和优点。

量纲分析通常采用两种方法:一种称为雷利(L.Rayleigh)法,它适用于那些影响因素较少(≤3)的物理过程;另一种是具有普遍性的方法,称为 π 定理(Buckingham π-Theorem)。它们都是以量纲一致性原则作基础的。

10.2.2.1　雷利法(Leyleigh's Merhod)

雷利法的意义是直接应用量纲齐次性原理建立物理量间的指数关系式,其基本步骤通过下面的实例进行说明。

例 10-1　一个质量为 m 的物体从空中自由降落,经实验认为其降落的距离 s 与重力加速度 g 及时间 t 有关。试用雷利法得出自由落体的公式。

解:假定此自由落体的距离 s 与重力加速度 g、时间 t 及物体质量 m 有关,而其关系式可以写成各变量的某种指数的乘积,即

$$s = kg^x t^y m^z$$

式中,比例常数 k 为纯数。

把上式写成量纲关系式

$$[L] = [LT^{-2}]^x [T]^y [M]^z$$

由量纲齐次性原理,上式方程左右两边的量纲必须一致,从而得:

$$[L]: \qquad 1 = x \qquad\qquad x = 1$$
$$[T]: \qquad 0 = -2x + y \qquad y = 2$$
$$[M]: \qquad 0 = z \qquad\qquad z = 0$$

将指数 x、y、z 值代入关系式,得:

$$s = kgt^2$$

注意式中质量指数为零,表明距离应与质量无关,常数 k 由实验确定。

例 10-2　由实验观察得知,矩形量水堰的过堰流量 Q 与堰上水头 H_0、堰宽 b、重力加速度 g 等物理量之间存在着以下关系:

$$Q = kb^\alpha g^\beta H_0^\gamma$$

式中,比例系数 k 为一纯数,试用量纲分析法确定堰流流量公式的结构形式。

解:由已知关系式写出其量纲关系式为:

$$[L^3 T^{-1}] = [L]^\alpha [LT^{-2}]^\beta [L]^\gamma = [L]^{\alpha+\beta+\gamma} [T]^{-2\beta}$$

由量纲一致性原理得:

$$[L]: \quad \alpha + \beta + \gamma = 3$$
$$[T]: \quad -2\beta = -1$$

联解以上两式,可得:　　　$\beta = 1/2$　　$\alpha + \gamma = 2.5$

根据经验,过堰流量 Q 与堰宽 b 的一次方成正比,即 $\alpha = 1$,从而可得 $\gamma = 3/2$。将 α、β、γ 的值代入量纲关系式,并令 $m = K/\sqrt{2}$,得:

$$Q = mb\sqrt{2g}H_0^{3/2}$$

此式为堰流基本公式(8-1),从中可看出,量纲分析法开拓了研究此问题的途径。

10.2.2.2　π 定理(Buchingham π-Theorem)

另一种具有普遍性的量纲分析方法,叫做 π 定理,是 1915 年由白金汉(E.Buckinghan)提出的,故又叫白金汉定理。其基本意义可表述为:任何一个物理过程,如包含有 N 个物理量,涉及到 r 个基本量纲,则这个物理过程可由 $(N-r)$ 个无量纲量关系式来描述。因这些无量纲量用 $\pi_i (i = 1,2,3,\cdots)$ 表示,故简称为 π 定理。

设影响物理过程的 N 个物理量为 $x_1, x_2, \cdots, x_N$,则这个物理过程可用一完整的函数关系式表示如下:

$$f(x_1, x_2, \cdots, x_N) = 0 \tag{10-3}$$

设物理过程中的 N 个物理量包含有 r 个基本量纲。根据国际单位制,水力学中的基本量纲一般是 $[L]$、$[T]$、$[M]$,即 $r = 3$,因此可在 N 个物理量中选出 3 个基本物理量,这三个基本物理量应满足:① 包含所有物理量的基本量纲;② 它们之间的量纲相互独立。作为基本量纲的代表,这 3 个基本物理量一般可在几何学量、运动学量和动力学量中各选一个即可;然后,在剩下的 $(N-r)$ 个物理量中,每次轮取一个分别同所选的 3 个基本物理量一起,组成 $(N-r)$ 个无量纲的 π 项,然后根据量纲分析原理,分别求出 $\pi_1, \pi_2, \cdots, \pi_{(N-r)}$。

因此,原来的方程式(10-3)可写成:

$$F(\pi_1, \pi_2, \cdots, \pi_{(N-r)}) = 0 \tag{10-4}$$

这样,就把一个具有 N 个物理量的关系式(10-3)简化成具有 $(N-r)$ 个无量纲数的表达式,这种表达式一般具有描述物理过程的普遍意义,可作为对问题进一步分析研究的基础。

例10-3　实验表明,液流中的边壁切应力 τ_0 与断面平均流速 v、水力半径 R、壁面粗糙度 Δ、液体密度 ρ 和动力粘度 μ 有关,试用 π 定理导出边壁切应力 τ_0 的一般表达式。

解:根据题意,此物理过程可用函数表达式 $F(\tau_0, v, \mu, \rho, R, \Delta) = 0$ 来表示。选定几何学量中的 R、运动学量中的 v、动力学量中的 ρ 作为基本物理量,本题中物理量的个数 $N = 6$,基本物理量 $r = 3$,因此,可组成 $N - r = 6 - 3 = 3$ 个无量纲数的方程,即

$$F_1\left(\frac{\tau_0}{\rho^{x_1}v^{y_1}R^{z_1}}, \frac{\mu}{\rho^{x_2}v^{y_2}R^{z_2}}, \frac{\Delta}{\rho^{x_3}v^{y_3}R^{z_3}}\right) = 0$$

比较上式中每个因子的分子和分母的量纲,它们应满足量纲齐次性原则。

第一个因子的量纲关系有:

即　　　　　　　　　　$[\tau_0] = [\rho]^{x_1}[x]^{y_1}[R]^{z_1}$

$$[ML^{-1}T^{-2}] = [ML^{-3}]^{x_1}[LT^{-1}]^{y_1}[L]^{z_1}$$

由等式两边量纲相等,得到:

$$[M]: x_1 = 1$$
$$[L]: -3x_1 + y_1 + z_1 = -1$$
$$[T]: -y_1 = -2$$

联解得: $\begin{cases} x_1 = 1 \\ y_1 = 2 \\ z_1 = 0 \end{cases}$ 求得: $\qquad \pi_1 = \dfrac{\tau_0}{\rho v^2}$

第二个因子的量纲关系为:

$$[\mu] = [\rho]^{x_2}[v]^{y_2}[R]^{z_2}$$

即 $\qquad [ML^{-1}T^1] = [ML^{-3}]^{x_2}[LT^{-1}]^{y_2}[L]^{z_2}$

由等式两边量纲相等,得:

$$[M]: x_2 = 1$$
$$[L]: -3x_2 + y_2 + z_2 = 1$$
$$[T]: -y_2 = -1$$

联解得: $\qquad \begin{cases} x_2 = 1 \\ y_2 = 1 \\ z_2 = 1 \end{cases}$

求得: $\qquad \pi_2 = \dfrac{\mu}{\rho v R}$

仿此,再求得: $\qquad \pi_3 = \dfrac{\Delta}{R}$

因此,对于任意选取的独立的物理量 ρ、v、R,上述物理量之间的关系为:

$$F(\pi_1, \pi_2, \pi_3) = 0$$

无量纲量 $\rho v R/\mu$ 即雷诺数 Re,而 Δ/R 为相对粗糙度。上式也可以写成:

$$\frac{\tau_0}{\rho v^2} = f\left(Re, \frac{\Delta}{R}\right)$$

或 $\qquad \tau_0 = f\left(Re, \dfrac{\Delta}{R}\right)\rho v^2$

这就是液流中边壁切应力 τ_0 与流速 v、密度 ρ、雷诺数 Re、相对粗糙度 Δ/R 之间的关系式。这里只是由量纲分析求得的量纲关系,至于 $f(Re, \Delta/R)$ 的具体关系必须通过物理模型试验来确定。本例题已在第四章讨论水头损失时,给出了它的实验研究成果。

通过以上分析可知,在应用雷利法和 π 定理进行量纲分析时,都是以量纲齐次性原理作为基础的。

在水力学中,当仅知道一个物理过程包含有哪些物理量而不能给出反映该物理量过程的微分方程或积分形式的物理方程时,量纲分析法可以用来导出该物理过程各主要物理量之间的量纲关系式,并可在满足量纲齐次性原理的基础上指导建立正确的物理公式的构造形式,这是量纲分析法的主要用处。

尽管量纲分析法具有如此明显的优点,但其毕竟是一种数学分析方法,具体应用时还需注意如下几点:

(1) 在选择物理过程的影响因素时,绝对不能遗漏重要的物理量,也不要选得过多、重复或选得不完全,以免导致错误的结论;

(2) 在选择 3 个基本物理量时,所选的基本物理量应满足彼此独立的条件,一般在几何学量、运动学量和动力学量中各选一个;

（3）当通过量纲分析所得到物理过程的表达式存在无量纲系数时,量纲分析无法给出其具体数值,只能通过实验求得;

（4）量纲分析法无法区别那些量纲相同而物理意义不同的量。例如,流函数 ψ、势函数 φ、运动粘度 ν,它们的量纲均为 $[L^2/T]$,但其物理意义在公式中应是不同的。

10.3　相似原理（Similarity Theory）

10.3.1　流动现象相似的原理

许多水力学问题常常需要进行实验和模拟。如何进行实验以及如何把实验成果推演到实际问题中去? 相似原理（Similarity Theory）作为实验和模拟的理论依据就是回答这类问题的。液流相似原理不仅是试验研究的理论根据,同时也是对液流现象进行理论分析的另一个重要手段,其应用非常广泛,从局部流动现象到大气环流、海洋流动等,都可借助液流相似原理的理论来探求其运动规律。在水力学的研究中,从水流的内部机理直至与水流接触的各种复杂边界,包括水力机械、水工建筑物等多方面的设计、施工、与运行管理等有关的水流问题,都可应用水力学模型实验来进行研究。即在一个和原型水流相似而缩小了几何尺寸的模型中进行实验。如果在这种缩小了几何尺寸的模型中,所有物理量都与原形中相应点上对应物理量保持一定的比例关系,则这两种流动现象就是相似的,这就是流动相似的基本涵义。

两个相似的水流系统中,每一种物理量的比尺常数都有各自的数值,如长度 L、速度 u、力 F 的比尺常数可分别为:

$$\lambda_l = \frac{l_p}{l_m}, \quad \lambda_u = \frac{u_p}{u_m}, \quad \lambda_F = \frac{F_p}{F_m}$$

式中,角标"p"表示原型（Prototype）量;"m"表示模型（Model）量;而 λ_l、λ_u、λ_F 分别表示各种物理量的相似比例常数,称为各种量的比尺（Scale）,它们分别表示原型量与对应的模型量之比。如 λ_l 称为长度比尺,λ_u 称为速度比尺,λ_F 称为力的比尺。比尺越大,模型越小。

10.3.2　液流相似的特征

表征液流现象的基本物理量一般可分为三类:第一类是描述液流几何形状的量,如长度、面积、体积等;第二类描述液流运动状态的量,如时间、速度、加速度、流量等;第三类是描述液流运动动力特征的量,如质量、动量、密度等。因此,两个系统的相似特征可用几何相似、运动相似和动力相似以及初始条件和边界条件保持一致来描述。

10.3.2.1　几何相似（Geometric Similarity）

如果两个液流系统中对应点上的每一种几何量都存在着固定的比例关系,则这两个流动称为几何相似的。保证了这一点,就可使得原型和模型两个流场的几何形状相似。

如以 l 表示某一几何长度,其长度比尺（Length Scale）为:

$$\lambda_l = \frac{l_p}{l_m} \tag{10-5}$$

由此可推得相应的面积 A 和体积 V 的比例,即

$$\lambda_A = \frac{A_p}{A_m} = \frac{l_p^2}{l_m^2} = \lambda_l^2 \tag{10-6}$$

$$\lambda_V = \frac{V_p}{V_m} = \frac{l_p^3}{l_m^2} = \lambda_l^3 \tag{10-7}$$

几何相似时,对应的夹角相等。严格地说,原型与模型表面的粗糙度也应该同其他长度尺度一样成相同的比例,而实际上往往只能近似地做到这点。

10.3.2.2 运动相似(Kinematic Similarity)

运动相似是指液体运动的速度场相似,也就是指两个流场各相应点(包括边界上各点)的速度 u 方向相同,其大小成一固定比例 λ_u。如以 u_p 表示原型某一点的速度,u_m 表示模型相应点的速度,则速度比尺(Velocity Scale)为:

$$\lambda_u = \frac{u_p}{u_m}$$

注意到流速是位移对时间 t 的微商 $\frac{\mathrm{d}l}{\mathrm{d}t}$,令 λ_t 为相应点处液体质点运动相应位移所需时间的比例,

$$\lambda_t = \frac{t_p}{t_m} \tag{10-8}$$

则有:

$$\lambda_u = \frac{u_p}{u_m} = \frac{\dfrac{\mathrm{d}l_p}{\mathrm{d}t_p}}{\dfrac{\mathrm{d}l_m}{\mathrm{d}t_m}} = \frac{\mathrm{d}l_p}{\mathrm{d}l_m} \cdot \frac{\mathrm{d}t_m}{\mathrm{d}t_p} = \frac{\lambda_l}{\lambda_t} \tag{10-9}$$

分析式(10-9)看出,长度比尺 λ_l 已由几何相似定出,因此运动相似就已规定了时间比尺。

由于各相应点速度成比例,所以相应断面的平均流速有同样的比尺,即

$$\lambda_v = \frac{v_p}{v_m} = \lambda_u$$

同样,在运动相似的条件下,流场中相应位置处液体质点的加速度也是相似的,即

$$\lambda_a = \frac{a_p}{a_m} = \frac{\dfrac{\mathrm{d}u_p}{\mathrm{d}t_p}}{\dfrac{\mathrm{d}u_m}{\mathrm{d}t_m}} = \frac{\lambda_l}{\lambda_t^2} = \frac{\lambda_u}{\lambda_t} \tag{10-10}$$

10.3.2.3 动力相似(Dynamic Similarity)

若两液流相应点处质点所受同名力 F 的方向互相平行,其大小之比均成一固定 λ_F 值,则称这两个液流是动力相似。所谓同名力是具有同一物理性质的力,如两水流相应点所受的压力。于是力的比尺(Force Scale)为:

$$\lambda_F = \frac{F_p}{F_m} \tag{10-11}$$

若作用在原型和模型上相应液流质点 M_p 和 M_m 上的力分别为 F_{1p}、F_{2p}、F_{3p} 和 F_{1m}、F_{2m}、F_{3m}。根据达伦贝尔原理,对于任一运动的质点,设想加上该质点的惯性力,则惯性力与质

点所受主动力平衡,构成封闭的力多边形。即动力相似就表征为液流相应点上的力多边形相似,其相应力(即同名力)成比例。即

$$\frac{F_{1p}}{F_{1m}} = \frac{F_{2p}}{F_{2m}} = \frac{F_{3p}}{F_{3m}} = \frac{(ma)_p}{(ma)_m} \tag{10-12}$$

以上就是流动相似的含义。表明:凡流动相似的两液流,必是边界相似、运动相似和动力相似的流动。这三种相似是相联系的,几何相似是运动相似和动力相似的前提,动力相似是决定两个水流运动相似的主导,运动相似是几何相似和动力相似的表现。

10.3.2.4　初始条件和边界条件的相似

初始条件和边界条件的相似是保证相似的充分条件,正如初始条件和边界条件是微分方程的定解条件一样。

在非恒定流中,初始条件是必须的;在恒定流中,初始条件则失去实际意义。

边界条件在一般条件下,可分为几何的、运动的和动力的三个方面,如固体边界上的法线流速为零,自由表面上的压强为大气压强等。

所谓初始条件和边界条件的相似是指模型及原型都应满足的条件。

10.4　液流相似准则

根据几何相似、运动相似和动力相似的定义,得到长度比尺 λ_l、速度比尺 λ_u 或 λ_v、力的比尺 λ_F 等,这些比尺之间有一定的约束关系。这些约束关系是由力学基本定律决定的。

流动由于运动的惯性引起惯性力,企图维持原有运动状态。主动力有重力、粘滞力、压缩性所引起的弹性力以及液体的表面张力等,都是企图改变运动状态的力。流动的变化就是惯性力与各主动力共同作用的结果。因此,各种力之间的比例关系应以惯性力为一方来相互比较。在两相似的流动中,这种比例关系应保持固定不变。

惯性力 I 为 $m \cdot a = \rho Va$(ρ 为密度,V 为体积),则惯性力的比尺为:

$$\lambda_I = \frac{(\rho Va)_F}{(\rho Va)_m} = \lambda_\rho \lambda_l^3 \lambda_a = \lambda_\rho \lambda_l^2 \lambda_v^2 \tag{10-13}$$

若某一企图改变运动状态的力为 F,则两相似流动的 F 力的比尺为:

$$\lambda_F = \frac{F_p}{F_m}$$

根据动力相似有:

$$\lambda_F = \lambda_I$$

即

$$\frac{F_p}{F_m} = \lambda_I = \lambda_\rho \lambda_l^2 \lambda_v^2 = \frac{\rho_p l_p^2 v_p^2}{\rho_m l_m^2 v_m^2} \tag{10-14}$$

根据式(10-14)比尺的关系有:

$$\lambda_F = \lambda_\rho \lambda_l^2 \lambda_v^2 \tag{10-15}$$

此式表明了两相似流动力的比尺 λ_F 决定于 λ_ρ、λ_l 和 λ_v。

根据式(10-15)也可写成:

$$\frac{F_p}{\rho_p l_p^2 v_p^2} = \frac{F_m}{\rho_m l_m^2 v_m^2} \tag{10-16}$$

令

$$Ne = \frac{F}{\rho l^2 v^2} \tag{10-17}$$

Ne 称为牛顿数(Newton Number),它表示了液流所受的物理力与惯性力之比。

式(10-17)表示两相似流动的牛顿数应相等,这是流动相似的重要标志和准则,称为牛顿相似准则(Newton's Similarity Criterion)。

下面分析讨论粘性力、重力、压力、表面张力、弹性力等的相似关系。

10.4.1 雷诺准则(Reynolds Criterion)

若作用在相应质点上的粘性阻力 T 成一固定比例 λ_T,根据牛顿内摩擦定律式

$$\lambda_T = \frac{T_p}{T_m} = \frac{\mu_p A_p \dfrac{\mathrm{d}u_p}{\mathrm{d}y_p}}{\mu_m A_m \dfrac{\mathrm{d}u_m}{\mathrm{d}y_m}} = \lambda_\rho \lambda_\nu \lambda_l \lambda_u \tag{10-18}$$

式中,$\lambda_\nu = \dfrac{\nu_p}{\nu_m}$ 为两液流运动粘性系数之比。

要满足粘性阻力的动力相似,就必须要求作用在任意相应质点上的惯性力比与粘性阻力比为同一比例常数,即

$$\lambda_I = \lambda_T$$

或

$$\lambda_\rho \lambda_l^2 \lambda_u^2 = \lambda_\rho \lambda_\nu \lambda_l \lambda_u$$

因而得:

$$\frac{\lambda_u \lambda_l}{\lambda_\nu} = 1 \tag{10-19}$$

此式说明,若需满足粘性阻力相似,λ_u、λ_l、λ_ν 三相似常数的选择受式(10-18)控制。

式(10-19)也可写成:

$$\frac{u_p l_p}{\nu_p} = \frac{u_m l_m}{\nu_m}$$

即

$$(Re)_p = (Re)_m \tag{10-20}$$

$Re = \dfrac{ul}{\nu}$ 为雷诺数。此式说明,两流动的粘性相似时,原型与模型的雷诺数相等,这就是雷诺准则,也称粘性力相似准则(Viscosity Force Similarity Criterion)。

10.4.2 弗劳德准则(Froude Criterion)

若作用在两液流相应质点上的重力 G 成一固定比例 λ_G,则

$$\lambda_G = \frac{\lambda_p}{\lambda_m} = \frac{m_p g_p}{m_m g_m} = \lambda_\rho \lambda_l^3 \lambda_g \tag{10-21}$$

式中,$\lambda_g = \dfrac{g_p}{g_m}$ 为两液流相应质点重力加速度之比,通常比值为 1。

要满足动力相似,就必须要求作用在相应质点上的重力与惯性力之比为同一比尺,即式(10-21)应等于式(10-13):

$$\lambda_G = \lambda_I$$

或

$$\lambda_\rho \lambda_l^3 \lambda_g = \lambda_l^2 \lambda_\rho \lambda_u^2$$

因而得:

$$\frac{\lambda_u^2}{\lambda_g \lambda_l} = 1 \tag{10-22}$$

此式说明,若须满足重力相似,λ_u、λ_l、λ_g 三比例的选择受该式控制,其中只有两个是独立的。式(10-22)一般可写成:

$$\frac{u_p^2}{g_p l_p} = \frac{u_m^2}{g_m l_m} \tag{10-23}$$

$$(Fr)_p = (Fr)_m$$

式(10-23)表明,两个流动相应点的弗劳德数相等,这就是弗劳德准则,也称重力相似准则(Gravity Force Criterion)。

10.4.3　欧拉准则(Euler Criterion)

若作用在相应质点上的动水总压力成一固定的比例 λ_P,根据 $P = pA$ 有:

$$\lambda_P = \frac{P_p}{P_m} = \frac{p_p A_p}{p_m A_m} = \lambda_p \lambda_l^2 \tag{10-24}$$

式中,$\lambda_p = \dfrac{p_p}{p_m}$ 为两液流相应点动水压强之比。

要满足动力相似,就必须要求作用在相应质点上的动水压力与惯性力之比为同一比值,即式(10-24)应等于式(10-13):

$$\lambda_P = \lambda_I$$

即

$$\lambda_p \lambda_l^2 = \lambda_l^2 \lambda_\rho \lambda_u^2$$

因而得:

$$\frac{\lambda_p}{\lambda_u^2 \lambda_\rho} = 1 \tag{10-25}$$

此式说明,若须满足动水压力相似,λ_p、λ_u 与 λ_ρ(原型与模型通常采用同一液体,即 $\lambda_\rho = 1$)三比例的选择受该式的控制,其中只有两个可以是独立的。式(10-25)一般可写成:

$$\frac{p_p}{u_p^2 \rho_p} = \frac{p_m}{u_m^2 \rho_m} \tag{10-26}$$

或

$$(E_u)_p = (E_u)_m$$

E_u 称为欧拉数(Euler Number),欧拉数的物理意义在于,它反映了压力与惯性力的比值。式(10-26)表明,两个流动相应点的欧拉数相等,这就是欧拉准则,也称压力相似准则(Pressure Force Similarity Criterion)。

有时以液流中相应两点压强差 Δp 代替式(10-26)中的压强 p,于是欧拉数为:

$$E_u = \frac{\Delta p}{v^2 \rho}$$

在此还应指出,只要满足了雷诺准则或弗劳德准则,欧拉准则将自动满足。

10.4.4 紊流阻力相似准则(Turbulent Resistance Fore Similarity Criterion)

在分析阻力的时候,已经注意到水流阻力主要由切应力所引起,而切应力包括粘滞切应力与紊流附加切应力两部分。由于两者的性质不同,所引起的阻力性质即相似准则也不同。当水流的雷诺数较小,粘滞性阻力占主要地位,此时雷诺相似准则起主导作用;当水流雷诺数较大时,紊流阻力的作用随之增大,粘滞性阻力的作用相对减少;当雷诺数很大时,水流紊动充分发展,水流阻力达到阻力平方区,此时紊流附加阻力占主导地位,粘滞阻力的作用可忽略不计,雷诺相似准则在此种情况下已不适用。下面讨论充分发展的紊流阻力相似准则。

由于流动的紊流边壁阻力可表示为切应力乘其作用面积,即

$$F_\tau = \tau_0 \chi l \tag{10-27}$$

在例10-3中,通过量纲分析已经得到切应力的关系式为 $\tau_0 = f(Re, \Delta/R)\rho v^2$,以此代入式(10-27),并引入特征长度,则

$$F_\tau = f(Re, \Delta/R)\rho l^2 v^2 \tag{10-28}$$

在第4章中,已对 $f(Re, \Delta/R)$ 作过深入的分析:当 Re 数越大,意味着粘滞性作用越小;当 Re 大到一定程度后,粘滞性作用即可不予考虑,以函数 $f(Re, \Delta/R)$ 表示的阻力系数与 Re 数不再有依赖关系,只是相对光滑度 R/Δ(相对粗糙度的倒数)的函数。因此

$$F_\tau = f(\frac{\Delta}{R})\rho l^2 v^2 \tag{10-29}$$

写成比尺关系为:

$$\lambda_{F\tau} = \lambda_f \lambda_\rho \lambda_l^2 \lambda_v^2 \tag{10-30}$$

将式(10-30)与以比尺表示的牛顿相似准则式(10-15)相比较,可得:

$$\frac{\lambda_{F\tau}}{\lambda_F} = \frac{\lambda_f \lambda_\rho \lambda_l^2 \lambda_v^2}{\lambda_\rho \lambda_l^2 \lambda_v^2} = 1$$

即

$$\lambda_f = 1 \tag{10-31}$$

因此,如要保证两个液流系统的紊流阻力相似,则必须要求原型和模型中的阻力系数 $f(\Delta/R)$ 相等,亦即两个液流系统的流动都必须处于阻力平方区。或者说,在两个相似的液流中,只要流动的 Re 数足够大,保证水流进入阻力平方区,原型与模型保持了相对粗糙度相等,则无须再考虑 Re 数是否相等,阻力作用将自动相似。这种流区称为自动模型区,简称为自模区。

根据常用的谢才公式

$$v = C\sqrt{RJ}$$

其中谢才系数 C 与阻力系数 f 的关系为:$f = g/C^2$。由于 $\lambda_f = 1$,即 $\lambda_g/\lambda_c^2 = 1$,又因 $\lambda_g = 1$,故

$$\lambda_c^2 = 1 \tag{10-32}$$

即紊流阻力相似要求原型与模型的谢才系数相等,即

$$C_p = C_m \tag{10-33}$$

301

根据曼宁公式 $C = \frac{1}{n}R^{1/6}$ 可知，$\lambda_C = \lambda_R^{1/6}/\lambda_n = 1$，则明渠或河道糙率 n 的比尺为：

$$\lambda_n = \lambda_R^{1/6} = \lambda_l^{1/6} \quad \text{或} \quad n_m = n_p/\lambda_l^{1/6} \tag{10-34}$$

因此，在紊流充分发展的情况下，若要保证原型与模型的紊流阻力相似，就要保证两个流动系统的阻力系数 f（即相对粗糙程度 Δ/R）或谢才系数 C 相等，或是保证两者的糙率 n 有式（10-34）的关系。

10.4.5　其他准则（Other Criterion）

若作用在相似液流上的同名力不止以上三类，还会引出另外一些需要满足的准则。

（1）若考虑到液体运动时的表面张力作用，由液体所受到的惯性力与表面张力之比可得韦伯数（We）。要满足两流动表面张力相似，必须保证韦伯数（Weber Number）相等，即

$$\frac{\rho_p v_p^2 l_p}{\sigma_p} = \frac{\rho_m v_m^2 l_m}{\sigma_m} \tag{10-35}$$

或

$$(We)_p = (We)_m$$

式中，σ 为表面张力系数。

（2）若考虑到液体运动的弹性作用时，由液体所受到的惯性力与弹性力之比可得柯西数（Ca）。如两流动弹性力相似，必须保证柯西数（Cauchy Number）相等，即

$$\frac{\rho_p v_p^2}{K_p} = \frac{\rho_m v_m^2}{K_m} \tag{10-36}$$

或

$$(Ca)_p = (Ca)_m$$

式中，K 为液体的体积弹性系数。

因为声音在流体中传播速度（音速）$C = \sqrt{\frac{K}{\rho}}$，代入柯西数

$$\sqrt{Ca} = \frac{v}{C} = Ma$$

Ma 称为马赫数（Mach Number）。在空气流速接近或超过音速时，要保证流动相似，还需保证马赫数相等，即

$$\frac{v_p}{C_p} = \frac{v_m}{C_m} \tag{10-37}$$

或

$$(Ma)_p = (Ma)_m$$

回顾本节叙述的相似准则可知：

（1）相似数（如 Re、Fr 等）都是多个物理量组合的无量纲量；

（2）两个相似流动的各个相似数之间存在互相制约关系；

（3）对于受粘性力、重力和压力同时作用的两个流动，在忽略表面张力及压缩性时，要同时满足雷诺、弗劳德和欧拉准则才能实现动力相似。然而，动力相似是指相应点上上述三力与惯性力构成的封闭力多边形相似，那么只要惯性力及其他任意两个同名力相似（方向相同、大小成比例），另一个同名力必将相似。由于压强通常是待求的量，所以只要相应点的惯性力、粘性力和重力相似，压强会自行相似。换言之，当雷诺准则、弗劳德准则得到满足，欧拉准则可自行满足。因而，雷诺准则、弗劳德准则称为独立准则，欧拉准则称为导出准则。

10.5 模 型 实 验

10.5.1 模型律的选择

若仅满足粘性阻力（即两液流的雷诺数相等），由式（10-19）求得两液流粘性系数的比尺 λ_ν 应为：

$$\lambda_\nu = \lambda_u \lambda_l \qquad (10\text{-}38)$$

这就是说，λ_ν 取决于 λ_u 与 λ_l 的乘积，不能任意选择；反之，如 λ_ν 已经确定（通常等于1，即原型与模型的运动粘性系数相同），则 λ_u 与 λ_l 两个比值就只有一个可以任意确定，若模型尺寸较实物缩小 λ_l 倍，那么模型中的液流流速就应较原型的流速放大 λ_l 倍。显然，这一要求不难实现，只要模型中的流量较实物中的流量减小 λ_l 倍即可达到。管中的有压流动以及飞行体在空气压缩性影响可以忽略的速度下飞行等的相似都仅仅依赖于雷诺准则。

若仅满足重力相似，此时就要保证模型的弗劳德数与原型的相等。设 $\lambda_g = 1$（即重力加速度相等），由式（10-22）得两液流流速的比尺应为：

$$\lambda_u = \sqrt{\lambda_l} \qquad (10\text{-}39)$$

这就是说，λ_u 取决于 λ_l 的平方根，不能任意选择。若模型比尺为 λ_l，即模型中的流速比尺为 $\sqrt{\lambda_l}$。显然，这一要求不难实现，只要模型中流量的 $\lambda_l^{5/2}$ 即可。自由式孔口出流、坝上溢流、围绕桥墩的水流以及大多数的明渠流动是重力起主要作用，一般应首先受弗劳德准则控制。

若粘性阻力与重力同时相似，也就是说，要保证模型和原型的雷诺数和弗劳德数一一对应相等。在这种情况下，若模型与原型采用同一种介质，由雷诺数相等条件，有：

$$\lambda_u = \frac{1}{\lambda_l}$$

由弗劳德数相等条件，有：

$$\lambda_u = \sqrt{\lambda_l}$$

显然，λ_l 与 λ_u 的关系要同时满足以上两个条件，则 $\lambda_l = 1$，即模型不能缩小，否则失去了模型实验的价值。若要同时满足雷诺与弗劳德准则，必须

$$\lambda_\nu = \lambda_u \lambda_l = \sqrt{\lambda_l} \cdot \lambda_l = \lambda_l^{3/2} \qquad (10\text{-}40)$$

这就是说，实现流动相似有两种可能：一是模型流的流速应为原型流流速的 $\lambda_l^{1/2}$ 倍；二是必须按长度比尺的二分之三次方来选择粘性运动系数的比尺 λ_ν，后一条件目前还难以实现。

为了解决这一矛盾，就需要对粘性阻力的作用和影响作深入的分析。在第 4 章讨论水流阻力得知，当雷诺数大到一定的程度后，阻力相似并不要求雷诺数相等，只要单独考虑到弗劳德准则即可。

10.5.2 模型的设计

在模型设计中，通常是根据试验场地、供水设备和模型制作的条件选定出长度比例尺 λ_l，然后要求选定的 λ_l 缩小原型的几何尺寸，得出模型流动的几何边界。在一般情况下，模型液体就采用原型液体，即 λ_ρ、λ_ν 为 1，然后按所选用的准则（如雷诺准则或弗劳德准则）确定相应的速度比例尺 λ_v，这样可按下式定出模型的流量比尺：

$$\lambda_Q = \frac{Q_p}{Q_m} = \frac{v_p A_p}{v_m A_m} = \lambda_v \lambda_l^2$$

或
$$Q_m = \frac{Q_p}{\lambda_v \lambda_l^2} \qquad\qquad (10\text{-}41)$$

根据这些步骤便可实现原型、模型流动在相应准则控制下的流动相似。

上面谈到几何相似是液流相似的前提,即长度比尺 λ_l 无论在水平方向或竖直方向都是一致的,这种几何相似模型称为正态模型(Normal Model)。但是,在河流或港口水工模型中,水平长度比值较大,如果竖直方向也采用这种大的长度比值,则模型中的水深可能很小。在水深很小的水流中,表面张力的影响将很显著,这样模型并不能保证水流相似。为了克服这一困难,可取竖直线性比值较水平线性比值稍小,而形成了广义的"几何相似",这种水工模型称为变态模型(Abnormal Model)。变态模型改变了水流的流速场,因此,它是一种近似模型,为了保证一定程度的精度,竖直长度比值不能与水平长度比值相差太远。

以上介绍的是相似现象存在于同类现象之中,称为"同类相似"。相似也可存在于不同类现象之间,如力和电的相似,这种相似称为异类相似。在第九章中已有介绍。

例 10-4 混凝土溢流坝如图 10-1 所示,其最大下泄流量 $Q_p = 1\,200\text{m}^3/\text{s}$,几何比尺 $\lambda_l = 60$,试求模型中的最大流量 Q_m 为多少?如在模型中测得坝上水头 $H_m = 8\text{cm}$,模型中坝趾断面流速 $v_m = 1\text{m/s}$,试求原型溢流坝相应的坝上水头 H_p 及收缩断面(坝趾处)流速 v_p 为多少?

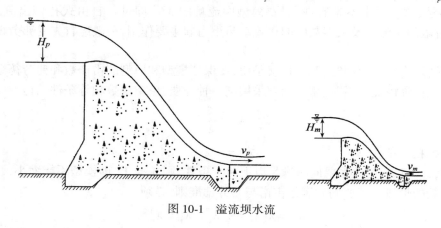

图 10-1 溢流坝水流

解:溢流坝过坝水流主要受重力作用,按重力相似准则,其比尺关系为:$\lambda_{Fr} = 1$

流量比尺为:$\lambda_Q = \lambda_l^{2.5}$

流速比尺为:$\lambda_v = \lambda_l^{1/2}$

模型流量为:$Q_m = Q_p / \lambda_l^{5/2} = 1\,200/60^{5/2} = 0.043\text{m}^3/\text{s} = 43\text{L/s}$

原型坝上水头为:$H_p = H_m \cdot \lambda_l = 8 \times 60 = 480\text{cm} = 4.8\text{m}$

原型坝趾收缩断面处的流速为:$v_p = v_m \lambda_v = v_m \lambda_l^{1/2} = 1 \times 60^{1/2} = 7.75\text{m/s}$

例 10-5 有一混凝土溢流坝的拟定坝宽 $b_p = 210\text{m}$,根据调洪演算坝顶的设计泄流量 $Q_p = 3\,500\text{m}^3/\text{s}$,坝面糙率 $n_p = 0.018$。现需一槽宽 $b_m = 0.3\text{m}$ 且只能提供最大流量为 20L/s 的玻璃水槽中做断面模型试验,试确定实验的有关比尺并用阻力相似准则校核模型的制造工艺是否满足要求。

解：由于溢流坝溢流的作用力主要为重力，模型设计按重力（弗劳德）相似准则决定比尺，但因原型溢流坝较长，现只需做断面模型试验。根据 $\lambda_Q=\lambda_l^{2.5}=\lambda_l^{1.5}\lambda_b$，$\lambda_q=\lambda_Q/\lambda_b$，故可先按单宽流量进行比较以确定长度比尺。

原型的单宽流量为：
$$q_p=\frac{3\,500}{210}=16.67\text{m}^3/\text{s}\cdot\text{m}=166.7\text{L}/\text{s}\cdot\text{cm}$$

模型水槽中的最大单宽流量为：
$$q_m=\frac{20}{30}=0.667\text{L}/\text{s}\cdot\text{cm}$$

因此有长度比尺为：
$$\lambda_l=\left(\frac{166.7}{0.667}\right)^{2/3}=39.67$$

选取
$$\lambda_l=40$$

由于坝面水还受到边壁阻力的影响，因而在确定比尺后，还应考虑阻力相似准则以核定模型的制造工艺是否能满足糙率的要求：
$$n_m=\frac{n_p}{\lambda_l^{1/6}}=\frac{0.018}{40^{1/6}}=0.009\,73\approx0.01$$

模型的表面选用刨光的木板可以达到这一糙率要求，故选定 $\lambda_l=40$ 是可行的。

最后确定出相应的其他比尺：
$$\lambda_Q=\lambda_l^{5/2}=40^{5/2}=10\,119$$
$$\lambda_v=\lambda_l^{1/2}=40^{1/2}=6.32$$
$$\lambda_t=\lambda_l^{1/2}=6.32$$
$$\lambda_F=\lambda_l^3=6\,400$$
$$\lambda_{(\Delta p/\gamma)}=\lambda_l=40$$

注意此时 30cm 宽的水槽相当于原型中的坝段宽度为：
$$b_p=b_m\cdot\lambda_l=0.3\times40=12\text{m}$$

例 10-6 有一直径为 15cm 的输油管，管长 10m，通过流量为 $0.04\text{m}^3/\text{s}$ 的油。现用水来做实验，选模型管径和原型相等，原型中油的运动粘度 $\nu=0.13\text{cm}^2/\text{s}$，模型中的实验水温为 $t=10℃$。（1）求模型中的流量为若干才能达到与原型相似？（2）若在模型中测得 10m 长管段的压差为 0.35cm，反算原型输油管 1 000m 长管段上的压强差为多少（用油柱高表示）？

解：（1）输油管路中的主要作用力为粘滞力，所以相似条件应满足雷诺准则，即
$$\lambda_{Re}=\frac{\lambda_v\lambda_d}{\lambda_v}=1$$

因 $\lambda_d=\lambda_l=1$，故 $\lambda_v=\lambda_\nu=\upsilon_p/\upsilon_m$

已知 $\upsilon_p=0.13\text{cm}^2/\text{s}$，而 10℃ 水的运动粘度查表可得：$\nu_m=0.013\,1\text{cm}^2/\text{s}$

当以水做模拟介质时，$Q_m=\frac{Q_p}{\lambda_\nu\lambda_l^2}=\frac{Q_p}{\lambda_\nu}=\frac{0.04}{10}=0.004\text{m}^3/\text{s}$

（2）要使粘滞力为主的原型与模型的压强高度相似，就要保证两种液流的雷诺数和欧拉数的比尺关系式都等于1，即要求
$$\lambda_{\Delta p}=\lambda_\rho\lambda_v^2,\ \lambda_v=\lambda_v\lambda_l$$

或
$$\lambda_{(\Delta p/\gamma)}=\frac{\lambda_{\Delta p}}{\lambda_\gamma}=\frac{\lambda_v^2}{\lambda_g}=\frac{\lambda_\nu^2}{\lambda_g\lambda_l^2}$$

故原型压强用油柱高表示为：
$$h_p = \left(\frac{\Delta P}{\gamma}\right)_p = \frac{h_m \lambda_\nu^2}{\lambda_g \lambda_l^2}$$

已知模型中测得 10m 长管段中的水柱压差为 0.003 5m，则相当于原型 10m 长管段中的油柱压差为：

$$h_p = \frac{0.003\ 5 \times (0.13/0.013\ 1)^2}{1 \times 1^2} = 0.345\mathrm{m}\,(油柱高)$$

因而在 1 000m 长的输油管段中的压差为 0.345×1 000/10 = 34.5m（油柱高）

注：工程上往往根据每 1km 长管路中的水头损失来作为设计管路加压泵站扬程选择的依据。

习　题

10-1　按基本量纲为 [L、T、M] 推导出动力粘性系数 μ、体积弹性系数 K、表面张力系数 σ、切应力 τ、线变形率 ε、角变形率 θ、旋转角速度 ω、势函数 φ、流函数 ψ 的量纲。

10-2　将下列各组物理量整理成为无量纲数：(1) τ、v、ρ；(2) Δp、v、p、γ；(3) F、l、v、p；(4) σ、l、v、ρ。

10-3　作用沿圆周运动物体上的力 F 与物体的质量 m、速度 v 和圆的半径 R 有关。试用雷利法证明 F 与 mv^2/R 成正比。

10-4　假定影响孔口泄流流量 Q 的因素有孔口尺寸 a、孔口内外压强差 Δp、液体的密度 ρ、动力粘度 μ，又假定容器甚大，其他边界条件的影响可忽略不计，试用 π 定理确定孔口流量公式的量纲关系式。

10-5　圆球在粘性流体中运动所受的阻力 F 与流体的密度 ρ、动力粘度 μ、圆球与流体的相对运动速度 v、球的直径 D 等因素有关，试用量纲分析方法建立圆球受到流体阻力 F 的公式。

10-6　用 π 定理推导鱼雷在水中所受阻力 F_D 的表示式，它和鱼雷的速度 v、鱼雷的尺寸 l、水的粘度 μ 及水的密度 ρ 有关。鱼雷的尺寸 l 可用其直径或长度代表。

10-7　水流围绕一桥墩流动时，将产生绕流阻力，该阻力和桥墩的宽度 b（或柱墩直径 d）、水流速 v、水的密度 ρ 和粘度 μ 及重力加速度 g 有关。试用 π 定理推导绕流阻力表示式。

10-8　试用 π 定理分析管流中的阻力表达式。假设管流中阻力 F 和管道长度 l、管径 d、管壁粗糙度 Δ 管流断面平均流速 v、液体密度 ρ 和粘度 μ 等有关。

10-9　试用 π 定理分析管道均匀流动的关系式。假设流速 v 和水力坡度 J、水力半径 R、边界绝对粗糙度 Δ、水的密度 ρ、粘度 μ 等有关。

10-10　试用 π 定理分析堰流关系式。假设堰上单宽流量 q 和重力加速度 g、堰高 P、堰上水头 H、粘度 μ、密度 ρ 及表面张力 σ 等有关。

10-11　在深水中进行炮弹模型试验，模型的大小为实物的 1/1.5，若炮弹在空气中的速度为 500km/h，问欲测定其粘性阻力时，模型在水中的试验速度应当为多少（设温度 t 均为 20℃）？

10-12　有一圆管直径为 20cm，输送 $\nu = 0.4\mathrm{cm}^2/\mathrm{s}$ 的油，其流量为 121 L/s，若在实验中用 5cm 的圆管做模型实验，假如：(1) 采用 20℃ 的水或 (2) 采用 $\nu = 0.17\mathrm{cm}^2/\mathrm{s}$ 的空气做试

验,则模型流量各为多少? 假定主要的作用力为粘性力。

10-13 采用长度比尺为 1:20 的模型来研究弧形闸门闸下出流情况,如题 10-13 图所示,重力为水流主要作用力,试求:

(1)原型中如闸门前水深 $H_p=8\mathrm{m}$,模型中相应水深为多少?

(2)模型中若测得收缩断面流速 $v_m=2.3\mathrm{m/s}$,流量为 $Q_m=45\mathrm{L/s}$,则原型中相应的流速和流量为多少?

(3)若模型中水流作用在闸门上的力 $P_m=78.5\mathrm{N}$,原型中的作用力是多少?

10-14 一座溢流坝如题 10-14 图所示,泄流流量为 $150\mathrm{m^3/s}$,按重力相似设计模型。如实验室水槽最大供水流量仅为 $0.08\mathrm{m^3/s}$,原型坝高 $P_p=20\mathrm{m}$,坝上水头 $H_p=4\mathrm{m}$,问模型比尺如何选取,模型空间高度 p_m+H_m 最高为多少?

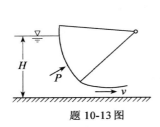

题 10-13 图

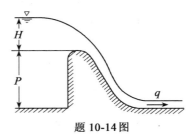

题 10-14 图

参 考 文 献

1 徐正凡.水力学.北京:高等教育出版社,1986.

2 清华大学水力学教研组.水力学.北京:人民教育出版社,1981.

3 吴持恭.水力学.北京:高等教育出版社,1984.

4 西南交通大学水力学教研组.水力学(第3版).北京:高等教育出版社,1986.

5 陈椿庭.关于高坝挑流消能和局部冲刷深度的一个估算公式.水利学报,1963,卷(2).

6 杜延龄,许国安.渗流分析的有限元法和点网络法.北京:水利电力出版社,1992.

7 黄克中.环境水力学.广州:中山大学出版社,1997.

8 孔珑.工程流体力学(第二版).北京:水利电力出版社,1997.

9 李建中.高速水力学.西安:西北工业大学出版社,1994.

10 刘润生.水力学.上海:上海交通大学出版社,1987.

11 南京水利科学研究院.水工模型试验(第2版).北京:水利电力出版社,1985.

12 闻德荪.工程流体力学(水力学).北京:高等教育出版社,1991.

13 武汉水利电力学院水力学教研室.水力计算手册.北京:水利出版社,1980.

14 武汉水利电力学院水力学教研室堰闸水力特性科研小组.闸孔出流水力特性的研究.武汉水利电力学院学报,1974,卷(1).

15 水利电力部第五工程局,水利电力部东北勘测设计院.土坝设计.北京:水利电力出版社,1978.

16 谢象春.湍流射流理论与计算.北京:科学出版社,1975.

17 夏震寰.现代水力学(Ⅰ)(Ⅱ).北京:高等教育出版社,1990.

18 薛禹群.地下水动力学原理.北京:地质出版社,1986.

19 赵文谦.环境水力学.成都:成都科技大学出版社,1986.

20 张红武,吕昕.弯道水力学.北京:水利电力出版社,1993.

21 张瑞瑾,谢鉴衡,王明甫等.河流泥沙动力学.北京:水利电力出版社,1989.

22 阿格罗斯金 ИИ.水力学(下).天津大学水利系水力学及水文学教研室译.北京:高等教育出版社,1958.

23 椿东一郎.水力学(Ⅰ).杨景芳译.北京:高等教育出版社,1982.

24 怀特 FM.粘性流体动力学.魏中磊等译.北京:科学出版社,1992.

25 罗森诺 W M.传热学基础手册(上).齐欣译.北京:科学出版社,1992.

26 科巴斯 H.水力模拟.清华大学水利系泥沙研究室译.北京:清华大学出版社,1988.

27 李文勋,韩祖恒等译.水力学中的微分方程及其应用.上海:上海科学技术出版社,1982.

28 美国陆军工程兵团.水力设计准则.王诰昭等译.北京:水利出版社,1982.

29 切尔陀乌索夫 M Д.水力学专门教程.沈清濂译.北京:高等教育出版社,1958.

30 Ven Chow T. Open Channel Hydraulics. McGraw-Hill Book Company Inc., 1959.

31 Crand J. The Mathematics of Diffusion(2nd). Oxford University Press, 1975.

32 Garslaw H S,Jaeger J C. Conduction of Heat in Solids(2nd). Oxford University Press, 1959.

33 Henderson F M. Open Channel Flow. Macmillan Publishing Company Inc., 1996.

34 Hinze J O. Turbulence. McGraw-Hill Book Company Inc., 1975.

35 Schlichting H. Boundary-Layer Theory (7th ed.). McGraw-Hill Book Company Inc., 1979.